U0382128

此书获得2023年全国教育规划项目资助

（项目号：BIA230219）

陆小兵　黄蓓蓓　钱小龙　著

世界一流大学人工智能人才培养研究

中国社会科学出版社

图书在版编目（CIP）数据

世界一流大学人工智能人才培养研究／陆小兵，黄蓓蓓，钱小龙著． -- 北京：中国社会科学出版社，2024.9． -- ISBN 978 - 7 - 5227 - 4108 - 6

Ⅰ．TP18

中国国家版本馆 CIP 数据核字第 2024F7B797 号

出 版 人	赵剑英	
责任编辑	孔继萍	
责任校对	杨 林	
责任印制	郝美娜	

出 版	中国社会科学出版社	
社 址	北京鼓楼西大街甲 158 号	
邮 编	100720	
网 址	http://www.csspw.cn	
发 行 部	010 - 84083685	
门 市 部	010 - 84029450	
经 销	新华书店及其他书店	

印 刷	北京君升印刷有限公司	
装 订	廊坊市广阳区广增装订厂	
版 次	2024 年 9 月第 1 版	
印 次	2024 年 9 月第 1 次印刷	

开 本	710×1000 1/16	
印 张	29.25	
插 页	2	
字 数	465 千字	
定 价	168.00 元	

凡购买中国社会科学出版社图书，如有质量问题请与本社营销中心联系调换
电话：010 - 84083683

目　　录

表 目 录

图 目 录

图目录

第 一 章

人工智能人才培养的历史考察

当前，迅速发展的人工智能正在深刻地改变人类的社会生活和生产方式。中国在全球性的人工智能科研与产业竞争中面临着严峻的挑战，加快人工智能人才培养，构建人才培养和科技创新体系对我国在世界科研竞争中占领高地具有深远意义。2017 年国务院发布文件将人工智能发展提升到了国家战略高度。① 2018 年 4 月 3 日，教育部印发《高等学校人工智能创新行动计划》，要求积极推动高校人工智能领域科研创新体系和人才培养体系建设，加快科研成果转化与应用。② 截至 2019 年 4 月，全国共有 35 所高校获得人工智能本科专业的建设资格，③ 清华大学、北京大学、复旦大学、浙江大学等高校都相继成立了人工智能学院。④ 在此背景下，我国高校应借助人工智能发展的有利契机，加强人工智能学科专业的战略规划和长远布局，加快推进人工智能一级学科建设和人才培养进程。⑤ 考察世界一流大学的人工智能人才培养历史，以时代的眼光审视人才培养的发展进程，有利于我国人才培养战略布局的完善与实施，建立起高效运转、协同有力的人才培养机制。纵观人工智能人才培养的

---

① 国务院：《国务院关于印发新一代人工智能发展规划的通知》，http：//www. gov. cn/zhengce/content/2017 – 07/20/content_5211996. htm，2020 年 5 月 7 日。

② 中华人民共和国教育部：《教育部关于印发〈高等学校人工智能创新行动计划〉的通知》，http：//www. moe. gov. cn/srcsite/A16/s7062/201804/t20180410 _ 332722. html？from = groupmessage&isappinstalled = 0，2020 年 3 月 3 日。

③ 中国新闻网：《中国 35 所高校将开设人工智能本科专业》，https：//baijiahao. baidu. com/s？id = 1629349600429171675&wfr = spider&for = pc，2020 年 5 月 7 日。

④ 科技日报：《定了！这 35 所高校将设人工智能本科专业》，https：//baijiahao. baidu. com/s？id = 1629344458732496198&wfr = spider&for = pc，2020 年 5 月 7 日。

⑤ 刘博超：《人工智能时代的高校担当》，《光明日报》2018 年 6 月 11 日第 12 版。

发展历程，可将其大体划分为四个阶段，即萌芽期、发展期、转折期和变革期。

第一节　萌芽期（20 世纪 40—50 年代）

一　"人工智能"从设想变为现实

现代人工智能的起源可以追溯到古典哲学家将人类思维描述为符号系统的尝试，这项工作以 20 世纪 40 年代的可编程数字计算机的发明为高潮，该设备及其背后的思想激发了一部分科学家开始认真讨论和构建电子大脑的可能性。1950 年，艾伦·图灵（Alan Turing）发表了《计算机器与智能》（Computing Machinery and Intelligence），这是一篇在人工智能发展史上具有里程碑意义的论文，他在文中推测了创造具有思考能力机器的可能性，文中提出的著名的"图灵测试"（Turing Test）成为人工智能哲学中第一个严肃的议题，[①] 并由此引发了学术界对机器思考的关注与讨论。

20 世纪 50 年代，一些初级计算机程序的出现将人工智能从设想拉进现实。例如 1952 年，计算机科学家亚瑟·塞缪尔（Arthur Samuel）开发了一种跳棋计算机程序，该程序是世界上第一个成功的自学程序，最早证明了人工智能的基本概念。[②] 1955 年，艾伦·纽厄尔（Allen Newell）、希尔伯特·西蒙（Herbert Simon）和克里夫·肖（Cliff Shaw）共同撰写了世界第一个人工智能计算机程序"逻辑理论家"。但直到 1956 年，约翰·麦卡锡（John McCarthy）、奥利弗·塞尔弗里奇（Oliver Selfridge）等科学家组织达特茅斯人工智能会议［Dartmouth Artificial Intelligence（AI）Conference］并研讨"如何用机器模拟人的智能"时，才首次提出了"人工智能"这一确切的概念，这标志着人工智能学科的诞生，人工智能领

---

① Pamela McCorduck, *Machines Who Think*（2nd ed.）, Natick, MA: A. K. Peters, 2004, pp. 137 – 170.

② Stanford University, "Stanford Professor Arthur Samuel", 2020 – 03 – 03, https: //cs. stanford. edu/memoriam/professor – arthur – samuel.

域自此正式成立。① 此后几年间，一些科学家在该领域取得了令人瞩目的成果，如约翰·麦卡锡发明的 Lisp 编程语言、亚瑟·塞缪尔提出的"机器学习"等。

二　人工智能专业领域的形成和人才培养机构的设立

（一）人工智能专业领域的初步形成

在 19 世纪 50 年代初期，关于"思维机器"（Thinking Machines）的研究与讨论有各种名称：控制论（Cybernetics）、自动化理论（Automata Theory）、复杂的信息处理程序（Complex Information Processing），② 名称的多维性暗示了概念取向的多样性。直到 1955 年，时任达特茅斯学院（Dartmouth College）数学助理教授的麦卡锡决定组建一个小组，以澄清和发展关于思维机器的思想。他最终为新领域选择了"人工智能"的名称，之所以选择该名称，很大一部分原因是其取向的中庸性，既避免了将注意力集中在狭义的自动化理论上，又避免使其专注于模拟反馈的控制论。③ 在 1956 年夏季的达特茅斯（AI）会议中，与会者就人工智能主题进行了广泛的讨论，涉及计算机、自然语言处理、神经网络、计算理论、抽象和创造力等领域（目前这些领域仍被认为与人工智能领域的工作相关）。④ 尽管讨论涵盖了许多主题，但研讨会提出并鼓励了几个发展方向：象征性方法，专注于有限领域的系统（早期的专家系统）以及演绎系统与归纳系统。⑤ 这次会议在一定程度上限定了人工智能的专业研究领域，引导了人工智能的发展方向，还确定了该领域的研究目的、早期重大成果及其主要贡献者。

（二）开始尝试设立人工智能人才培养机构

随着人工智能专业领域的形成，一些高校开始开设专门的人工智能

---

① DanielCrevier, *AI：The Tumultuous Search for Artificial Intelligence*, New York：BasicBooks, 1993, p. 49.

② Pamela McCorduck, *Machines Who Think*（2nd ed.）, Natick, MA：A. K. Peters, 2004.

③ Nils J. Nilsson, "The Quest for Artificial Intelligence：A History of Ideas and Achievements" *Kybernetes*, Vol. 102, No. 3, 2011, pp. 588 – 589.

④ Stanford University, "A Proposal for the Dartmouth Summer Research Project on Artificial Intelligence", 2020 – 03 – 03, http：//www – formal. stanford. edu/jmc/history/dartmouth/dartmouth. html.

⑤ Pamela McCorduck, *Machines Who Think*（2nd ed.）, Natick, MA：A. K. Peters, 2004.

实验室，这些实验室主要致力于人工智能相关项目的深入研究与开发，事实上它们也同时承担着专业人才培养的任务。1959 年，在马温·明斯基（Marvin Minsky）的带领下，麻省理工学院（Massachusetts Institute of Technology，MIT）创立了人工智能实验室（Artificial Intelligence Laboratory，AI Lab）。[1] 该实验室开创了图像引导技术和基于自然语言的网络访问的新方法，开发出新一代微型显示器，使触觉界面成为现实，同时开发出了用于行星探索、军事侦察和消费设备的机器人。1962 年，约翰·麦卡锡在斯坦福大学（Stanford University）创立了斯坦福人工智能实验室（Stanford Artificial Intelligence Laboratory，SAIL），[2] 开始了对机器视觉和机器人的早期研究。这些实验室都在专业领域取得了瞩目的突破，而在人才培养方面，尽管由于时间和规模的限制，既没有明确的培养目标，也并未有意地去设计人才培养的方法和模式，但无疑为后来 AI 人才的培养起到了良好的启蒙作用，斯坦福大学目前对 AI 专业人才的培养主要采取以项目为依托的培养方式，就是在这种实验室人才培养文化的浸润下产生的。

（三）计算机科学在高校中的发展助力 AI 人才培养

人工智能专业是计算机科学的分支学科，人工智能专业人才的发展有赖于良好的计算机科学基础。在 AI 人才培养的萌芽期，计算机科学相关机构和课程在高校中逐步开设并得到进一步发展。早在 1955 年，斯坦福大学的艾伦·彼得森（Ellen Petersen）教授就开设了斯坦福的第一节计算机课程。[3] 牛津大学（University of Oxford，Oxford）于 1957 年成立了计算机实验室，实验室拥有一台大型计算机，在成立之初主要是为大学提供数字化服务，在 1965 年后将发展重心逐渐转向人工智能相关方向。[4] 1956 年卡内基梅隆大学（Carnegie Mellon University，CMU）在时任校领

---

① MIT，"Marvin Minsky"，2020 - 04 - 05，https：//betterworld. mit. edu/artificial - intelligence/.

② Stanford University，"Stanford Artificial Intelligence Laboratory"，2020 - 04 - 06，http：// ai. stanford. edu/.

③ Stanford University，"Beginnings - Stanford 125"，2020 - 04 - 04，https：//125. stanford. edu/timelines/beginnings/#event - first - computing - courses.

④ University of Oxford，"About the Department of Computer Science"，2020 - 04 - 04，http：//www. cs. ox. ac. uk/aboutus/cshistory. html.

导赫伯特·西蒙（Herbert A. Simom）的主持下建立起了计算机中心，为全校教育教学提供计算机技术上的支持。① 这些机构的建立和课程的开设为人工智能人才培养的发展提供了一定依托。

总的来说，在这一时期人工智能的发展尚处于起步阶段。首先，对专业人才的培养尚未形成规模，主要集中在世界少数几所研究型大学中，并且在这些学校中人工智能实验室往往是唯一的 AI 人才培养机构，其所承担的人才培养工作也是作为科研工作的附属而存在的；其次，师资力量也十分匮乏，以人工智能项目的参与人员和实验室的研究成员为主力，他们往往具有研究者和教师的双重身份，并且以研究为工作主体；最后，培养方式也十分单一和局限，并没有对人工智能人才培养进行有针对性的设计与规划，培养机构在数量和规模上尚未形成气候，并且机构间相互独立，各自为营。

第二节　发展期（20 世纪 50—70 年代初）

一　自然语言和机器人研究取得进展并推动人工智能人才培养

达特茅斯会议之后的几年，是一个发现、冲刺和飞跃的时代。人工智能发展初期的突破性进展大大提升了人们对人工智能的期望，人们开始尝试更具挑战性的任务。在这一阶段，人工智能领域有许多成功的计划和新的方向，其中最具影响力的两个领域是自然语言的开发以及机器人技术的发展应用，这些领域的发展和成功引导着人才培养目标的设立，同时形成了一些 AI 人才就业的方向和领域。

在自然语言领域，1964 年，计算机科学家丹尼尔·博布罗（Daniel Bobrow）创建了 STUDENT，一个用 Lisp 编写的早期 AI 程序，解决了代数词问题。② STUDENT 被认为是人工智能自然语言处理的早期里程碑。1965 年，计算机科学家兼教授约瑟夫·维森鲍姆（Joseph Weizenbaum）

---

① CMU, " Mission & History Carnegie Mellon University – Computer Science Department ", 2020 - 04 - 04, https: //csd. cs. cmu. edu/mission – history.

② Peter Norvig, *Paradigms of Artificial Intelligence Programming*: *Case Studies in Common Lisp*, San Francisco, CA: MorganKaufmann Publishers Inc, 1999, pp. 3 - 5.

开发了第一个聊天机器人 ELIZA，这是一个交互式计算机程序，可以按照脚本的规则和说明实现人与机器之间的简单交流。[1] 1968 年，特瑞·威诺格拉德（Terry Winograd）在麻省理工学院人工智能实验室编写了 SHRD-LU，[2] 它是一种早期的自然语言理解计算机程序，被视为这一时期人工智能领域的重要成就之一。它使用 AI 来解释人类用户的自然语言，通过发出命令进行应答。

在机器人开发领域，1961 年，乔治·德沃尔（George Devol）发明了机器人手臂——Unimate，后被用于工业领域，在新泽西州通用汽车工厂的装配线上工作[3]。1966 年，斯坦福研究所（Stanford Research Institute, SRI）研发了第一台智能机器人——Shakey[4]，Shakey 是第一个通用移动机器人，也被称为"第一个电子人"。日本早稻田大学于 1967 年发起了 WABOT 项目，并于 1972 年完成了界上第一个全尺寸智能人形机器人——WABOT - 1。[5] 20 世纪 60 年代至 70 年代被称为人工智能发展的黄金时期，这一阶段人工智能的研究领域得到了进一步的扩展与丰富，人工智能领域取得的令人瞩目的成果，使得研究人员和各国政府普遍对 AI 持有积极乐观的态度，人工智能也越来越受到大众的欢迎。

二 人工智能人才就业方向的形成和培养内容的初步建设

（一）人工智能人才就业方向的形成

在 20 世纪 50—70 年代，人工智能在自然语言领域和机器人领域的迅速发展，使得人工智能走入现实生活，从聊天机器人 ELIZA 到应用于工业领域的机器人手臂，人们看到了人工智能在实际应用中的无限可能，并由此逐渐形成了人工智能的就业方向。除此之外，随着专家系统的成

---

[1] Pamela McCorduck, *Machines Who Think* (2nd ed.), Natick, MA: A. K. Peters, 2004, pp. 291 - 296.

[2] Computer Hope, "SHRDLU", 2019 - 04 - 07, https://www.computerhope.com/jargon/s/shrdlu.htm.

[3] Shimon Y. Nof, *Handbook of Industrial Robotics* (2nd ed.), Hoboken, NJ: JohnWiley & Sons, 1999, pp. 3 - 5.

[4] CHM, "Shakey - CHM Revolution", 2020 - 04 - 04, https://www.computerhistory.org/revolution/artificial - intelligence - robotics/13/289.

[5] Waseda University, "Humanoid History - WABOT -", 2020 - 03 - 03, http://www.humanoid.waseda.ac.jp/booklet/kato_2 - j.html.

熟，人工智能得以在医学领域实现应用价值。1972 年，斯坦福大学研究出了专家计算机系统——MYCIN，用于鉴定导致感染的细菌和推荐抗生素。MYCIN 将根据报告的症状和医学检查结果尝试诊断患者，给患者提供可能需要的其他医学检查的建议。如有需求，MYCIN 也可以解释导致其诊断结果和推荐额外检查的原因。实验结果表明，MYCIN 的能力水平与专家大致相同，甚至比全科医生更好。MYCIN 的成功打开了人工智能应用于医学领域的大门，也为后续开展更多应用于医学领域的人工智能项目奠定了基础，同时也进一步开拓了人工智能的就业方向。

（二）人工智能专业培养内容初步建设

在人工智能的稳定发展期，各高校逐渐开设人工智能课程，开始进行人工智能人才培养的内容建设，例如，爱丁堡大学人工智能专业本科学段于 1974 年开设了第一节计算机建模课程。但由于人工智能还未成为一门独立的专业，因此人工智能课程主要作为辅修课程提供给学生进行选修，从属于其他一级学科（比如计算机专业、信息工程专业等）。这类课程往往学时较少，没有蓝图，在很多情况下，教学大纲都必须从研究机构中划分出来，缺乏系统化的知识结构，也没有固定的教学内容和参考资料，学生无法系统地掌握人工智能的专业知识，进行深入的学习。另外，在这一阶段人工智能人才培养大多只限于硕士和博士学位阶段的教学，参与人才培养的机构仍然主要局限于部分高校的人工智能实验室，并未与校内其他部门产生联系。

第三节　转折期（20 世纪 70 年代后期至 90 年代初）

一　人工智能遭遇两个"寒冬"

（一）多个项目的失败致使人工智能走入困境

1974—1980 年被称为第一个 AI 冬季，究其根本，是源于 AI 研究人员未能意识到他们所面临问题的难度。他们强烈的乐观情绪使人们对结果的期望过高，而当预期结果未能兑现时，就招致了公众和媒体的质疑与批评，失去了大部分资金支持。1971 年美国国防高级研究计划局（Defense Advanced Research Projects Agency，DARPA）启动的语音理解研究（Speech Understanding Research，SUR）项目资金的撤回①，再加上机器翻译的失败、联结主义废弃和 1973 年英国政府的莱特希尔报告（Lighthill Report）②，使人工智能的发展陷入困境。

（二）"专家系统"的兴起为人工智能注入新活力

1980—1987 年，"专家系统"（Expert Systems）的兴起推动人工智能研究迎来第二次快速发展。所谓"专家系统"，是人工智能的一个研究分支，它使用逻辑规则回答问题或解决有关特定知识领域的问题，实现了人工智能从理论研究走向实际应用，在很大程度上被视为维持行业技术优势的竞争工具。③ 1980 年，卡内基梅隆大学为美国 DEC（Digital Equipment Corporation）公司完成了一个名为 XCON 的专家系统，被视为最成功的专家系统，到 1986 年，XCON 每年能够为公司节省 4000 万美元。到 20 世纪 80 年代末，超过一半的财富 500 强公司参与了专家系统的开发或维护。④ 到 1985 年，他们在 AI 上的投入超过了 10 亿美元。⑤

（三）"专家系统"的淘汰使人工智能进入第二次"寒冬"

1987—1993 年，人工智能遭受了一系列财务挫折，进入了第二个冬天。苹果和 IBM 台式机逐渐提高了速度和功率，导致专家系统主要依靠的 Lisp 机器市场崩溃，最终由于昂贵的维护费用和局限性逐渐走向低迷。⑥ 在 20 世纪 80 年代后期，美国的"战略计算倡议"深深地、残酷地削减了对 AI 的资助。1990 年，由于日本投资 8.5 亿美元的第五代计算机系统项目未达到预期目标，政府也停止对其资金资助，到 1993 年年底，

---

① Nuance，"History of Speech & Voice Recognition and Transcription Software"，2020 – 04 – 08，http：//www. dragon – medical – transcription. com/history_speech_recognition_timeline. html.

② Javier Andreu Perez，Fani Deligianni，Daniele Ravi and Guang – Zhong Yang，"Artificial Intelligence and Robotics"，2020 – 04 – 08，https：//arxiv. org/ftp/arxiv/papers/1803/1803. 10813. pdf.

③ Johan Hagelback，"What is Artificial Intelligence?"，2020 – 04 – 10，http：//kltf. se/files/What – is – AI_short. pdf.

④ Enslow B.，"The payoff from expert systems"，2020 – 04 – 10，https：//stacks. stanford. edu/file/druid：sb599zp1950/sb599zp1950. pdf.

⑤ AIMA，"Artificial Intelligence：A Modern Approach"，2020 – 03 – 03，http：//aima. cs. berkeley. edu/.

⑥ University of Washington，"The History of Artificial Intelligence"，2020 – 04 – 10，https：//courses. cs. washington. edu/courses/csep590/06au/projects/history – ai. pdf.

超过 300 家 AI 公司倒闭、破产或被收购，这宣告了第一次 AI 商业浪潮的结束。①

二　人才培养面临的问题

(一) 政府资金支持的撤回

人工智能在萌芽期和发展期取得了较好的研究进展，这使得人们普遍对人工智能抱有很高的期待，这种正面积极的态度无疑对人工智能人才的培养是利好的，然而 20 世纪 70—90 年代人工智能项目的缓慢进展和一些项目的失败立刻招致了各国政府的质疑与批评，英、美、日纷纷停止了对人工智能项目的资助。在这一时期，美国的 DARPA 停止了对 SUR 项目的资金投入，② 英国政府叫停了其斥资 3.5 亿英镑资助的 ALVEY 计划，日本政府也中断了对第五代计算机系统项目的资金支持。这些大型 AI 项目的中止给人工智能人才的培养造成了冲击，一些依托于这些项目展开的 AI 人才培养活动也随之被迫中止。

(二) 来自大众和学术界的舆论压力

除了各国政府，对于人工智能的质疑声音还来自大众和学术界的科学家们。80 年代专家系统被广泛地应用于医疗、化学、地质等社会公共领域，系统一旦决策出错将会产生严重的后果，这引起了大众对人工智能这一新生事物的担忧。除此之外，一些科学家强烈反对 AI 研究人员提出的主张，甚至麻省理工学院的计算机科学家，同时也是人类早期自然语言程序 ELIZA 的创始人约瑟夫·维森鲍姆也对 AI 发出了道德质疑，③ 并在 1976 年发表的《计算机能力与人的理性》（Computer Power and Human Reason）一书中提出，人类滥用人工智能有可能将放弃自主权而且贬低自己，成为机器的奴隶。这些担忧与怀疑给人工智能蒙上了一层阴影，人们不再看好人工智能的未来发展，这使得 AI 对学生的吸引力大大降

---

① Harvey P. Newquist, *The Brain Makers：Genius, Ego, and Greed in the Quest for Machines That Think*, NewYork：SamsPublishing, 1994, p. 58.

② Centre for Computing History, "UK Government Launches the Alvey Programme", 2019 – 04 – 10, http：//www. computinghistory. org. uk/det/43927/UK – Government – Launches – the – Alvey – Programme/.

③ Stanford University, "A computer method of psychotherapy：Preliminary communication", 2020 – 03 – 03, https：//exhibits. stanford. edu/feigenbaum/catalog/hk334rq4790.

低，人们开始对投入人工智能领域保持谨慎的态度，一定程度上对 AI 人才培养的规模产生了影响。

三 人才培养面临的机遇

（一）国家的资金投入

20 世纪 70—90 年代是人工智能的寒冬，无疑也是人工智能人才培养的寒冬。尽管这一时期人工智能的发展暂时陷入了困境，发展进程有所停滞，但总的来说仍然在缓慢前进。这一时期，英、美、日等许多国家的政府机构都对人工智能领域进行了大量资金的投入，例如美国 DARPA 在 1984 年至 1988 年期间建立了"战略计算计划"，并将其对 AI 的投资在每年 300 万美元的基础上增加了三倍，[①] 以期能在这场科技竞争中拔得头筹。尽管这些项目最终都没能达到预期的效果，但从客观上拓展了人工智能的研究领域，推动了人工智能同产业的结合，国家大量资金的注入也使人工智能的人才培养获得了更多的可利用资源，从而能够更好地完善和发展人工智能人才培养的基础设施、师资建设以及教育资源建设等。

（二）商业资金的涌入

80 年代专家系统的兴起与广泛应用使大量的商业资金涌入人工智能领域，有力地推动了人工智能领域的专业发展。在此之前，AI 项目的发展资金主要来源于国家政府的援助。80 年代全世界的公司开始开发和部署专家系统，到 1985 年，他们在 AI 上的投入超过 10 亿美元，其中大部分用于内部 AI 部门，[②] 以支持它们的行业不断发展，包括 Symbolics 和 Lisp Machines 等硬件公司以及 IntelliCorp 和 Aion 等软件公司。企业力量的加入不仅为 AI 的发展提供了资金支持，更拓展了人工智能人才培养的方式，使校企合作成为可能，市场源源不断为 AI 专业人才培养提供动力，同时在一定程度上引导着人才培养的方向，使得产出人才的质量和规格能够迎合市场的需要。

---

① Pamela McCorduck, *Machines Who Think* (2nd ed.), Natick, MA: A. K. Peters, 2004, pp. 426 – 432.

② AIMA, "Artificial Intelligence: A Modern Approach", 2020 – 03 – 03, http://aima. cs. berkeley. edu/.

（三）日渐完善的专业人才培养体系

1. 人工智能专业独立化

在这个时期，人工智能开始作为一个独立专业被纳入一些高校的学位体系中，并且出现了专门的人工智能系。爱丁堡大学知识系统硕士学位于 1983 年成立，提供人工智能、专家系统、智能机器人和自然语言处理基础的专业研究主题，多年来一直是该学院最大的研究生班，每年大约会招收 40—50 名人工智能硕士研究生。1970 年，在诺曼·费瑟（Norman Feather）教授的主持下，麻省理工学院的人工智能实验室被改组成一个独立的人工智能系。在新的组织形式下，麻省理工学院确立了未来十年的研究方向，并取得了一些成就，如大卫·沃伦（David Warren）设计和开发的爱丁堡 Prolog 编程语言强烈地影响了 20 世纪 80 年代日本政府的第五代计算项目。细化而明确的专业定位意味着人工智能开始作为一个独立的人才培养方向得到了高校的认可，被纳入到正式的人才培养体系中，同时也意味着人工智能专业人才培养具备了更宏观的人才培养规划，更高效的组织管理，更完善的基础设施，更专业的师资力量和更高质量的人才产出。

2. 人工智能人才联合培养体系雏形初现

人工智能人才培养同外部的联系更为紧密，联合培养体系雏形初现。爱丁堡大学在 1982 年推出了第一个人工智能联合培养学位——人工智能语言学。在同一时期，该校人工智能系还同意与巴里·理查兹（Barry Richards）负责的认知学院合作，帮助其引入认知科学专业的博士学位。由此，爱丁堡大学的认知科学中心诞生，并在 1985 年成为独立部门。在爱丁堡大学 1987—1988 年人工智能和计算机科学联合学位的带动下，人工智能和数学、人工智能和心理学的联合学位得以引入。人工智能本身是一个厚基础、宽口径的专业，人工智能项目的实践与应用往往需要以其他学科的背景知识为依托。联合培养体系的出现，加强了与其他部门的跨学科联系，有利于培养出具有多元学科背景的复合型 AI 人才，从而为核心计算机科学做出重要贡献，实现专业领域的不断创新与发展。

3. 专门的计算机科学系的设立为 AI 人才培养提供坚实基础

计算机科学系是许多高校进行 AI 人才培养的主要机构，在这一时期一些高校的计算机科学从其他学科中独立出来，发展成为一个单独的科系或学院，为人工智能人才培养提供了一个专业性更强的学科环境。英国伦敦大学于 1980 年成立了独立的计算机科学系，1985 年计算机科学系开始设有数据通信、网络和分布式系统专业理科硕士。1986 年，在卡内基梅隆大学，以佩利（Alan J. Perlis）和纽厄尔（Allen A. Newell）为首的一批教师以计算机中心为基础，建立了全美第一个计算机科学系。1990 年，佐治亚理工学院成为美国第一所将计算机学科提升到学院层面上的公立大学，正式成立计算机学院（The School of Computer）。① 计算机科学系为各高校人工智能的人才培养提供了全面的物质保障和管理保障，同时为 AI 人才的培养奠定了坚实的计算机科学理论基础，从而更好地支撑 AI 人才的专业发展。

第四节　革新期（20 世纪 90 年代后期至今）

一　人工智能人才培养的时代背景

（一）人工智能市场飞速发展

进入 21 世纪，大数据、深度学习的发展使人工智能在世界范围内掀起了一波新的浪潮。2016 年，谷歌研发的 AlphaGo 以 4∶1 战胜韩国围棋九段高手李世石的事件，使得人工智能在全球受到了极大关注，由此推动了人工智能的飞速发展。② 到 2016 年，与 AI 相关的产品、硬件和软件的市场规模超过 80 亿美元，《纽约时报》报道称，对 AI 的兴趣已达到"疯狂"。③ 报告显示，从 1995 年 1 月到 2018 年 1 月，人工智能创业公司的数量呈指数级增长。特别在 2015 年 1 月到 2018 年 1 月间，活跃的 AI

---

① Peter A. Freeman, "A Brief History of The College Of Computing", 2020 - 05 - 11, https：//www. cc. gatech. edu/sites/default/files/documents/brief_history10 - 19 - 15. pdf.

② 读览天下：《2016 围棋人机大战谷歌 AlphaGo 4 比 1 击败李世石》，http：// beta. dooland. com/index. php？ s =/magazine/article/id/860152. html，2020 年 4 月 11 日。

③ The New York Times, "IBM Is Counting on Its Bet on Watson and Paying Big Money for It", 2020 - 03 - 03, https://www. nytimes. com/2016/10/17/technology/ibm - is - counting - on - its - bet - on - watson - and - paying - big - money - for - it. html？ emc = edit_th_20161017&nl = todaysheadlines&nlid =62816440.

创业公司增长了113%，而所有活跃的创业公司增长了28%。同时，涌入AI创业公司的风投资金数额也非常可观。2013年至2017年，所有活跃创业公司的风险投资资金增加了2倍，而美国人工智能创业公司的风险投资资金增加了3.5倍（图1-1、图1-2）。

AI初创公司（美国，1995年1月—2018年1月）
来源：山德希尔咨询公司

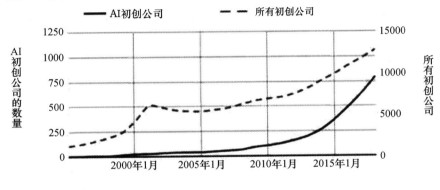

图1-1　AI初创公司

风投提供给AI初创公司的年度融资金额（美国，1995—2018年）
来源：山德希尔咨询公司

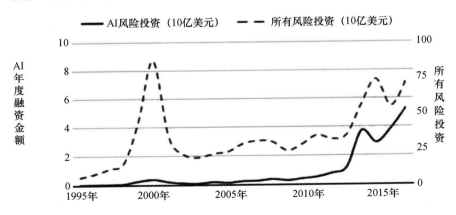

图1-2　风险投资公司提供给AI初创公司的年度融资金额

（二）人工智能人才需求量大

随着 AI 技术在企业中的广泛应用、人工智能市场的迅猛发展，全球对 AI 人才的需求量也与日俱增。根据世界经济论坛的数据，到 2022 年，人工智能将创造 5800 万个新的就业机会（Ministry of Cabinet Affairs and The Future，2019）。据 Gartner 公司的数据发现，尤其是教育、医疗和公共部门，更会因人工智能技术的发展受益（Forbes，2018）。从 AI 技能相关的空缺岗位图可以看出，2015 年到 2017 年，人工智能子领域空缺岗位的数量都在增长，其中机器学习相关的空缺岗位增长速度最快。从长远角度来看，人工智能的崛起势必会带动各行各业发展更迭，催生出大批针对 AI 专业人才的岗位（图 1 - 3）。

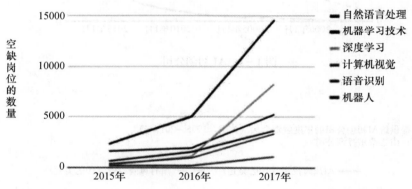

图 1 - 3　需要 AI 技能的空缺岗位（2015—2017 年）

（三）人工智能上升为国家政策

人工智能作为引领世界未来的科技前沿技术，近年来许多国家将其纳入了发展战略计划。2016 年，美国发布了《国家人工智能发展与研究战略计划》（The National Artificial Intelligence Research and Development Strategic Plan）和《为人工智能的未来做好准备》（Preparing for the Future of the Artificial Intelligence），明确提出了人工智能的发展方向和愿景。① 2018 年 4 月，英国议会发布《人工智能行业新政》（AI Sector Deal）报告，认为英国有能力成为人工智能技术的领导者。② 2017 年，加拿大启动了联邦政府资助泛加人工智能战略（Pan - Canadian AI Strategy）的计划，以加强研究、招聘人才、促进校企业之间的合作。③

二　人工智能人才培养的变革

（一）成熟的人工智能专业培养体系

20 世纪 90 年代以来，各高校人工智能的人才培养机制进一步完善，并开始在本科阶段开设人工智能专业，形成了一套自下而上的一体化、专业化的人才培养体系。一方面，人工智能作为高校内的独立部门，其内部结构和功能得到了不断完善与细化。例如麻省理工学院在 2018 年 10 月宣布建设一所新的计算机学院，致力于将人工智能纳入每个研究生的培养过程，推动研究交叉、重塑人才培养模式。④ 另一方面，各高校开始将本科阶段纳入到人工智能人才培养系统中。2018 年秋季，卡内基梅隆大学计算机科学学院（School of Computer Science，SCS）开设美国第一个人工智能学士学位（Bachelor of Science in Artificial Intelligence，BSAI）。⑤ 同年新加坡的南洋理工大学（Nanyang Technology University，NTU）开设数据科学与人工智能本科专业。高效合理、协同运作的人工智能人才培养机制有力地保障着人工智能人才培养活动的展开。

（二）跨学科的人才培养理念

人工智能作为一个宽口径的专业，涉及的领域包括计算机科学、哲学、心理学、语言学、工程学、教育学、数学等，加强与其他部门的跨学科联系，有利于人工智能领域的不断开拓与创新。因此各个高校在

---

① NITRD, "The National Artificial Intelligence Research and Development Strategic Plan", 2020 - 04 - 12, https：//www. nitrd. gov/news/national_ai_rd_strategic_plan. aspx.

② Government UK, "Artificial Intelligence Sector Deal", 2020 - 04 - 13, https：//www. gov. uk/government/publications/artificial - intelligence - sector - deal.

③ Jennifer Pascoe, "UAlberta expertise brings Deep Mind lab to Edmonton", 2020 - 04 - 18, https：//www. folio. ca/ualberta - expertise - brings - deepmind - lab - to - edmonton.

④ 吴飞、杨洋、何钦铭：《人工智能本科专业课程设置思考：厘清内涵、促进交叉、赋能应用》，《中国大学教学》2019 年第 2 期，第 14—19 页。

⑤ CMU, "B. S. in Artificial Intelligence", 2020 - 04 - 14, https：//www. cs. cmu. edu/bs - in - artificial - intelligence.

AI 人才培养的实施过程中，都强调了多元知识背景建构的重要性。斯坦福大学的 AI 实验室（SAIL）是世界瞩目的 AI 研究中心，更是 AI 人才培养的圣地，在 SAIL 的教师团队中不仅有人工智能领域的大师级人物，更汇集了医学、语言学、生物学等领域的顶尖人才，多元的师资背景保证了斯坦福高水平 AI 人才的输出。伦敦大学学院在 2012 年提出一种新的人才培养方案——文理学位项目（Bachelor of Artsand Sciences programmes，BASc），该项目主要是通过"主修 + 辅修"的形式，让学生在不同的领域中都能得到发展。各个高校秉持着跨学科的 AI 人才培养理念，从不同学科的专业角度指导着人才培养的过程，引导着人才培养体系的变革，不仅有利于学生构建丰富的知识体系，同时为人工智能的研究提供了更加多元的方法和视角，深化了不同领域不同学科间的融合与发展。

（三）跨校合作的人才培养模式

人工智能是一门交叉学科，由于各高校研究人工智能方向的侧重点不同，导致培养的人才所擅长的领域也是各不相同，近年来各高校的联系日益紧密。学校间联合培养人才的模式能有效地整合、利用两所学校的资源，对学校来说，双方能更频繁地交流人工智能领域的研究成果、技术，形成优势互补，最终实现共同进步，2010 年，新加坡南洋理工大学和卡内基梅隆大学合作推出 NTU – CMU 双博士学位课程。这个项目给学生提供了可以与顶尖人才合作的机会，学习两所高校前沿的机器人和智能系统方面的知识。[1] 2015 年，英国政府组建艾伦·图灵研究所（Alan Turing Institute），[2] 该研究所拥有以剑桥大学、牛津大学、爱丁堡大学、华威大学和伦敦大学学院为中心的最好的人工智能相关学科群，形成多学科交叉状态，这些机构和高校源源不断地培育出全球稀缺的人工智能人才。

----

[1] NTU, "NTU, Carnegie Mellon University establish dual PhD degree programme in Engineering", 2020 – 04 – 20, http：//admissions. ntu. edu. sg/graduate/Documents/NTU,% 20Carnegie% 20Mellon% 20University% 20establish% 20dual% 20PhD% 20degree% 20programme% 20in% 20Engineering. pdf.

[2] 英伦网：《钻研大数据，剑桥等名校领导艾伦·图灵研究所》，http：//edu. sina. com. cn/bbc/abroad/educationintheuk/150129alanturinginstitutepartners. html，2020 年 5 月 15 日。

（四）校企合作的人才培养模式

人工智能专业人才培养是与社会需求密切相关的，人工智能本身也是一个实践性较强的专业，在人才培养过程中，加强与企业的合作，积极引入市场力量，不仅能够加快研究成果的转化，而且可以为 AI 专业的学生提供更多实践和发展的空间，同时对 AI 人才的培养方向具有导向作用。早在 2014 年 10 月，谷歌与牛津大学计算机科学与工程科学系建立研究合作关系，其中包括学生实习计划和一系列联合讲座和研讨会，为人工智能专业的学生分享专业知识。① 2018 年，南洋理工大学与阿里巴巴合作，建立联合人工智能研究所。同年，阿里巴巴和南洋理工大学启动了博士生培养计划。② 2019 年，英国政府明确提出要大力发展人工智能产业，将对人工智能专业的学生进行资助，包括 Google DeepMind，BAE Systems 和思科在内的一系列企业也承诺为英国大学的 200 个新的 AI 硕士课程提供资金支持。③ 校企合作的 AI 人才培养模式已经在高校中得到了广泛的应用，并且必将得到持续发展与深入推广。

（五）线上线下相结合的人才培养方式

互联网的出现深刻地影响着每一个人，也使教育方式产生了巨大的变革。在互联网的推动下，在线教育应运而生，它为学习者提供了另一条获取知识的途径，也被视为推进教育公平的有力抓手。总之，在这样的时代形势下，各个高校纷纷开设了人工智能在线课程，甚至提供了在线学位。斯坦福大学人工智能专业在知名在线课程聚合社区（Class Central）上提供了丰富的线上开放资源，例如机器学习、人工智能概论、自动化理论、神经网络与深度学习、机器学习课程简介、建构机器学习项目、自认语言处理等大量 AI 相关的慕课。④ 2012 年 5 月，麻省理工学院

① Oxford of University，"University of Oxford Teams up with Google DeepMind on Artificial Intelligence"，2020 - 04 - 01，http：//www. cs. ox. ac. uk/news/847 - full. html.

② 参考消息网：《阿里巴巴联手新加坡培养 AI 博士：帮科学从实验室迈进现实》，http：//tech. qq. com/a/20180904/066339. htm，2020 年 4 月 24 日。

③ Sam Shead，"U. K. Government to Fund AI University Courses with £115m"，2020 - 03 - 03，https：//www. forbes. com/sites/samshead/2019/02/20/uk - government - to - fund - ai - university - courses - with - 115m/#654ee9f430dc.

④ Class Central，"Stanford University Courses & MOOCs"，2020 - 02 - 11，https：//www. classcentral. com/university/stanford？ subject = cs.

和哈佛大学联合推出了 Edx 在线学习平台，该平台最大的一个特点是其教学目标不只是为了提供在线课程，而是想要通过研究线上、线下混合教学的模式，以提高线下传统教学和学习的效率。[①] 线上线下相结合的人才培养方式，一方面能够充分整合和利用学习资源，实现优秀资源的共建共享，扩大课程传播的覆盖范围；另一方面，可以发挥线上教育的优势，通过增强教学过程评估的全面性和及时性等方式增强教学的完整性，加强师生间的沟通和交流，优化学习过程，线上线下相结合的教学方式已成为许多学校培养 AI 人才的流行趋势。

第五节　总结

随着人工智能技术的不断发展，其在城市建设、医疗、金融和交通等领域都得到了广泛的应用。当前，人工智能市场迅猛发展，全球人工智能人才缺口很大，各国纷纷将人工智能上升成国家战略，并加强人工智能的人才培养。纵观整个发展过程，不同时期呈现出不同的特点。1956 年，随着达特茅斯会议正式提出"人工智能"一词，以麻省理工学院为首的高校开始成立实验室，在政府的资助下进行项目研究，人工智能人才培养机构开始了初步的构建。到了 20 世纪 90 年代后期，人工智能人才培养模式逐渐多元化。世界一流高校不仅开设了独立的专业，而且注重人才培养过程中的开放性，加强人工智能专业同其他学科的联系，同时不断扩大和深化校企间合作、高校间合作，以实现资源共享、优势互补。人工智能人才培养是一个长期而艰巨的过程，各高校都在尝试开发新的培养模式，虽然会存在基础教育薄弱、资金投入不均、师资力量不足等问题，但是各高校仍然不断探索与创新。随着全球人工智能的竞争日趋激烈，各国纷纷鼓励高校开设人工智能专业，革新人才培养模式，构建人才培养体系，以期培养出更多具有多元知识结构、过硬专业素质的高质量人工智能专业人才。

---

① MIT，"Certificate Online"，2020 – 03 – 03，http：//gradadmissions. mit. edu/programs/ degrees/certificate – online.

第 二 章

南洋理工大学人工智能专业
人才培养研究

在互联网技术的推动下，人工智能已逐渐渗透到日常生活的各个领域。随着各行各业对人工智能人才需求量的增长，各国开始重视人工智能，将其上升成国家战略，并加强人才培养。因建设"智慧国家2025"计划的提出，新加坡非常注重人工智能在本国的发展。南洋理工大学（Nanyang Technological University，NTU）作为新加坡一所年轻的公立大学，近几年在人工智能领域取得了优异的成绩。南洋理工大学拥有优秀的机器人研究团队，在人工智能和数据科学、自动驾驶汽车系统、区块链、物联网、个性化医疗等领域都进行了研究。2018年，南洋理工大学新增了人工智能本科专业和硕士专业，在人工智能专业人才培养上，南洋理工大学已经形成了极具特色的理念和模式。

第一节　南洋理工大学人工智能专业
人才培养的发展概况

一　关于南洋理工大学

南洋理工大学成立于1991年，是新加坡最大的两所公立大学之一，也是全球最年轻的大学之一。南洋理工大学的前身是1955年创办的南洋大学（Nanyang University），之后于1981年成立南洋理工学院，为新加坡培育工程专才。最后在1991年经过重组，成为现在的南洋理

· 19 ·

工大学。①

南洋理工大学设有工、理、商、文四大学院，还有与帝国理工学院（Imperial College London）联办的李光前医学院（Lee Kong Chian School of Medicine），该校共为 33000 名本科生和研究生提供高质量的跨学科教育。其中，南洋理工大学的化学、计算机科学、材料科学、工程学以及物理学等学科较为著名。南洋理工大学共有主校区（Main Campus）和诺维娜校区（Novena Campus）两个校区，其中主校区是一个 200 公顷的住宅花园校园，拥有 57 个绿色标志建筑，被评为世界十大最美丽的校园之一。② 南洋理工大学拥有四所世界级的自主机构，包括拉惹勒南国际关系研究院（S. Rajaratnam School of International Studies）、国立教育学院（National Institute of Education）、新加坡地球观测与研究所（Earth Observatory of Singapore）以及新加坡环境生物工程中心（Singapore Centre on Environmental Life Sciences Engineering）。同时还设有包括南洋环境与水源研究院（Nanyang Environment & Water Research Institute，NEWRI）和南洋理工大学能源研究所（Energy Research Institute）在内的许多顶尖研究中心。③ 在 2019 年《美国新闻与世界报道》（U. S. News & World Report）排名中，南洋理工大学综合实力排名第 49 位，居亚洲第 2 位。④

二　南洋理工大学人工智能专业人才培养的历史考察

南洋理工大学研究人工智能的时间相对较晚，自 2010 年新加坡政府认识到人工智能重要性之后，南洋理工大学逐渐加大对人工智能的研究。起初，南洋理工大学的研究重心主要是无人驾驶技术和机器人。由于在无人驾驶技术上缺乏相关经验，早年，在总理李显龙的极力促成下，南

---

① NTU, "Our History", 2019 – 04 – 16, https：//www. ntu. edu. sg/AboutNTU/CorporateInfo/Pages/OurHistory. aspx.

② NTU, "Visiting NTU", 2019 – 04 – 16, https：//www. ntu. edu. sg/AboutNTU/visitingntu/Pages/location. aspx.

③ NTU, "NTU Singapore and Alibaba Group Launch Joint Research Institute on Artificial Intelligence Technologies", 2019 – 04 – 17, https：//www. alibabagroup. com/en/news/press _ pdf/p180228. pdf.

④ U. S. News, "Best Global Universities Rankings", 2019 – 04 – 17, https：//www. usnews. com/education/best – global – universities/rankings?page = 5.

洋理工大学与麻省理工学院开展合作，进行无人驾驶汽车试验，以应用在公共汽车、道路清洁车、自动化出租车和货车上。[①] 此时，南洋理工大学还未形成相关的专业，人才培养规模较小，学生主要在参与试验、学校交流的过程中学习。机器人的研究主要是在黄广斌等专家的带领下展开的，在 2012 年至 2015 年间，机器人研究取得重大进展，包括识别面孔和记忆对话的能力。南洋理工大学主要采用的是导师负责制，根据导师项目的不同，带领不同的学生参加，学生主要在项目进行的过程中学习。

三　南洋理工大学人工智能专业人才培养的现状分析

随着新加坡创立"智慧国家"目标的提出，对人才的需求也在不断增长，因此各高校也加快了人才培养的步伐。目前，南洋理工大学已设立了多所研究中心和实验室，具体有数据科学与人工智能研究中心、南洋理工大学企业认知与人工智能实验室、计算智能实验室和机器人研究中心，分别进行不同的项目研究。比如数据科学与人工智能研究中心主要研究的是人工智能的基础设施和应用等。计算智能实验室主要进行的是模型和技术的设计与开发，构建实用的计算系统。经过研究团队的不懈努力，他们也取得了丰富的研究成果。比如机器人研究中心在医疗机器人、康复机器人、仿生机器人以及精密机电一体化和执行器领域赢得了国际声誉。

除了在校设立研究中心，南洋理工大学还积极与企业、政府和高校等展开合作，共同参与项目研究，培养优质人才。2018 年，苏布拉·苏雷什（Subra Suresh）教授成为南洋理工大学第四任校长。他非常重视对人工智能的研究，上任后的第一个举措就是促进南洋理工大学与阿里巴巴的合作，建立联合人工智能研究所。[②] 此次合作将探讨人工智能在解决现实问题中的应用，例如疾病的诊断和预防以及城市设计等。同年，阿

---

① 环球网：《新加坡试验无人驾驶公交车预计年底前投入使用》，http：//world. huanqiu. com/exclusive/2015 - 10/7755043. html？agt = 15438，2019 年 4 月 17 日。

② Nurfilzah Rohaidi，"NTU Singapore turns to Alibaba on Artificial Intelligence"，2019 - 04 - 19，https：//govinsider. asia/inclusive - gov/ntu - singapore - alibaba - artificial - intelligence - research - subra - suresh/.

里巴巴和南洋理工大学启动了博士生培养计划。① 对于学生和教师来说，他们可以充分运用阿里巴巴丰富的资源进行实践锻炼，将所学的基础理论应用到现实生活中，开发出新技术。若是学生表现优秀，未来将有机会留在阿里巴巴工作，获得很好的就业机会。

为了满足社会日益增长的人才需求，南洋理工大学先后在 2018 年、2019 年开设数据科学与人工智能本科专业以及人工智能科学硕士专业，培养优质的应用型人才。其中数据科学与人工智能本科专业主要是以教授基础知识为主，专业课程只涉及人工智能部分领域，学生只需完成课程学习和实践任务便可顺利毕业；硕士阶段的人工智能科学专业比较强调对专业跨学科知识的理解，重视培养学生开发、解决人工智能技术的技能。

总的来说，南洋理工大学通过校企合作、建立研究中心和设立人工智能专业等方式加强对人工智能专业的人才培养，迄今为止也取得了较好的成绩。南洋理工大学曾获得人工智能和数据科学领域研究论文的引用率。② 在政府、企业的资助下，南洋理工大学还在不断加强地对 AI 前沿的研究，以助力新加坡建立智慧国家的愿景。

第二节 南洋理工大学人工智能专业
人才培养的目标定位

一 价值取向

作为新加坡最大的公立大学之一，南洋理工大学肩负着为国家培养优秀人才的使命。在培养人工智能专业人才时，南洋理工大学一直遵循着为社会服务、以学生为中心和以研究为基础的价值取向。

（一）为社会服务的价值取向

迄今为止，人工智能技术已被应用到医疗、交通、金融等多个领域，

---

① 参考消息网：《阿里巴巴联手新加坡培养 AI 博士：帮科学从实验室迈进现实》，http://tech.qq.com/a/20180904/066339.htm，2019 年 4 月 24 日。

② NTU, "2 in the world for AI", 2019 – 04 – 19, http://www.hey.ntu.edu.sg/issue35/2 – in – the – world – for – ai.html.

给人们的日常生活带来了极大的便利。随着 AI 在各行业的不断深入，全球对人工智能人才需求量也在不断增长。为了尽快实现新加坡"智慧国家 2025"计划，新加坡积极推进本国人工智能的发展。2017 年，新加坡发起国家人工智能项目——新加坡人工智能（AI Singapore），旨在巩固国家的人工智能实力，培养当地人才，建立人工智能生态系统，从而创造社会和经济效益。① 南洋理工大学作为该项目的研究合作伙伴，不仅推出数据科学与人工智能本科专业，还成立了多所研究中心，培养人工智能人才。

南洋理工大学的机器人研究中心（Robotics Research Centre，RRC）一直致力于培养新加坡未来的机器人研究人员以及进行机器人技术的前沿研究以造福社会。② 由于新加坡劳动力老龄化，RRC 一直在深入研究工业和基础设施机器人和自动化，未来将协助工人建设、检查和维护民用基础设施，降低工人劳动的危险系数。在医疗保健领域，RRC 会重点研究医疗机器人和康复机器人等，帮助医生解决一些现实问题。

（二）以学生为中心的价值取向

近年来，南洋理工大学十分重视通识教育，人才培养目标从以前的培养某一专业领域的人才逐步向培养全能型人才转变。在列出的数据科学与人工智能专业的课程计划中，学生除了要学习专业基础知识外，还新增了通识课程。其中，通识核心课程主要是"沟通与交际能力""环境可持续发展"和"国防科学"三门课程，旨在提高学生的人际交往能力、环境保护意识以及对国家问题的关注度；通识限制性课程主要集中在商业管理（Business Management）、人文和社会科学（Humanities and Social Sciences）、技术和社会（Technology and Society）和博雅研究（Liberal Studies）四大领域，学校会统一安排好选修课程，然后要求学生从中选择，意在培养学生对整体知识的通达能力；通识非限制性课程涵盖了所

---

① AI Singapore，"About AI Singapore"，2019 - 04 - 19，https：//www. aisingapore. org/about - us/.

② RRC，"Our Mission"，2019 - 04 - 19，http：//rrc. mae. ntu. edu. sg/aboutus/Pages/Mission. aspx.

有领域的内容，学生可以根据爱好自由选择。① 这种模式极大地拓宽了学生的知识面，有利于学生的均衡发展，培养博学、全能型人才。

（三）以研究为基础的价值取向

如今，人工智能领域的世界竞争十分激烈，各国也十分重视对人工智能技术的研发。专业学生作为学校培养的新一代年轻群体，是推动人工智能未来发展和创新的中坚力量。为了提高研究水平，南洋理工大学开展了跨学院合作，建立了不同的研究中心，如数据科学与人工智能研究中心（Data Science & Artificial Intelligence Research Centre @ NTU，DSAIR）等，供团队进行项目研发。

目前 DSAIR 正在开展几个创新项目，其中一个项目是由王业松（Ong Yew Soon）教授领导的研究小组开发的名为 IntelliK 的原型软件。它能让具有创造性的个人在短时间内开发出复杂且具有视觉吸引力的游戏，用户只需通过简单的拖放式图形界面输入个人想法，之后自动编码模块会在后台工作以启动 AI 功能，极大地降低了开发游戏所需的成本和时间。这一软件适用于任何用户，即使没有编程基础的用户也能很快设计出游戏和应用程序。另一个项目涉及使用 LED（发光器件）的新人群感应技术，用于检测房间内的乘客数量或道路上的汽车数量。此外，南洋理工大学的硕士和博士生也和数字支付领域的全球领导者 PayPal 展开了合作，共同研究金融行业的支付系统。②

二 基本要求

在培养人工智能专业人才上，南洋理工大学都要按照基本的要求来实施，具体可分为基础性要求、专业性要求和层次性要求。

（一）基础性要求

南洋理工大学一直坚持"博雅人才，全人教育"的教育理念，对任

---

① NTU，"Shaping NTU undergraduates"，2019 - 04 - 20，https：//www. ntu. edu. sg/Academics/NTUEducation/Pages/Shaping% 20NTU% 20undergraduates. aspx.

② DSAIR，"NTU launches research centre for big data analytics and Artificial Intelligence"，2019 - 04 - 20，https：//dsair. ntu. edu. sg/NewsnEvents/Pages/News - Detail. aspx？news = d54b419c - 0070 - 4430 - aa4f - 7f761598c52e.

何专业的学生都遵循"5C"人才培养理念。① 第一，每个学生都必须具备优秀的个人品质（Character）。学校教育的目的在于培养身心健康、高素质的人，而不仅仅是培养单一的专业型人才。毕竟获取知识是人们追求幸福生活的一种途径，而正直的品质才是人们能在世界生存和成功必备的条件。第二，学生要有意识地培养自己的创造力（Creativity）。学生经常是"边做边学"，除了学习正规的课程，还经常与不同背景的人进行跨学科合作，提高创新能力。尤其对于人工智能人才来说，创新力是推动人工智能发展的重要因素。第三，学生要积极锻炼个人能力（Competence）。个人能力的高低对未来进入职场后的影响是非常大的，只有不断地学习、提升自己的能力才是最重要的。第四，学生要提高沟通技巧（Communication）。日常生活中，我们都需要与人交际。如何与人沟通，用语言表达来展现自己也是一种学问。第五，学生必须要有公民意识（Civic－Mindedness）。南洋理工大学非常注重培养学生的社会责任感，一直将公民意识作为在校生的核心价值，因此学生在读期间会参与多个新加坡、东南亚和世界其他地区的公共服务或社区共享项目。

（二）专业性要求

人工智能是一个应用领域较广的专业，因此在设计相关技术或是解决复杂问题的时候，对该领域人才有较高的专业要求。目前，人工智能比较热门的领域有深度学习、计算机视觉、机器人等，在技术开发或是解决复杂问题的过程中，难免会涉及算法分析、程序设计、计算系统等方面的问题，因此要具备扎实的数学基础和计算机科学功底。就数据科学与人工智能专业来看，它开设了大量数学、数据分析、算法和编程等基础课程，以巩固学生的计算和数学基础。同时还开设了机器学习、人机交互和自然语言处理等较为热门的专业课程。② 学生在经过一段时间的理论学习后，将有机会到实习单位进行锻炼，以提高学生的实践能力与专业技能。

---

① Prof Kwok Kian Woon，"Welcome to NTU"，2019－04－20，https：//www.ntu.edu.sg/CampusLife/StudentLife/Pages/WelcometoNTU.aspx.

② SCSE，"Course Content"，2019－04－20，https：//scse.ntu.edu.sg/Programmes/Current-Students/Undergraduate/Documents/2018/CourseContentsDSAI.pdf.

（三）层次性要求

在培养人工智能人才上，南洋理工大学设立了本科专业和硕士专业。由于受教育对象不同，培养方式也有所不同。对于本科生来说，四年的学习时间有限，学生必须学习规定学分的通识课程和专业课程。在专业课程安排上，大部分时间是以数学、计算机等基础课程和专业课程为主，另外一部分时间则是实习。在课程学习上，学校主要安排了部分专业课，比如自然语言、人机交互、机器人等。虽然学校也推出了专业相关的跨学科选修课，但培养重心依旧是以基础知识和部分专业知识为主。在实践中，得益于南洋理工大学良好的伙伴关系，所以学生有很多在知名企业实习的机会。学生在经过四年学习后，将会具备数据科学计算方面的基本技能，满足行业的人才需求。对于硕士生来说，虽然他们只有两年左右的学习时间，但由于他们本科阶段已学习过计算机和数学等基础课程，有一定的基础，所以在校是以学习跨学科专业知识、技术和工具为主。通过学习，能够提高学生对专业化知识的理解，提升专业技能。

三　目标构成

由于人工智能专业挂靠在计算机科学与工程学院，所以在目标构成上分为学院总目标、专业目标和课程目标。

（一）计算机科学与工程学院总目标

对于学院的学生而言，需要达到 4 个教育目标。[①] 第一，在一定约束和可用资源内，应具备解决复杂技术问题的能力；第二，能够基于高标准做出合理科学的决策；第三，在各自专业领域内，充分展示有效的领导力和管理技能；第四，为跟上技术发展的脚步，不被行业淘汰，应时刻摆正学习态度，致力于终身学习和从事专业发展。

（二）专业目标

目前全球范围内人工智能人才缺口很大，近两年，南洋理工大学专门设立了本科专业和硕士专业。数据科学与人工智能专业是为了满足数

---

① SCSE, "Programme Educational Objectives", 2019 – 04 – 20, http://scse.ntu.edu.sg/aboutus/Pages/VisionAndMission.aspx.

据科学和人工智能领域的人才需求而开设的。该专业的培养目标就是培养下一代高技能毕业生，为推动新加坡的高价值经济增长输送优质人才。① 未来学生将有丰富的工作机会，尝试在跨越数字经济的多个领域工作，并为提升新加坡全球竞争力贡献力量。人工智能科学专业主要是为了提升学生研究开发 AI 系统的能力，加强对人工智能专业各领域知识的理解和认识。该专业非常重视理论学习和实践锻炼，以提升学生解决现实中多种类型问题的能力。

（三）课程目标

为了培养专业人才，南洋理工大学开设了一系列核心课程、选修课程和通识课程。其中每门课程都有相应的课程目标，学生须按时完成相应的课程任务。② 比如开设《科学的微积分》（Calculus for the Sciences），就是培养学生数学知识和分析技能，使他们能够运用微积分技术以及现有的数学技能，及时地解决科学问题；开设《数学阅读技巧》，使他们能够阅读和理解基础与流行的科学和工程文献中的相关数学内容；还有开设《数学沟通技巧》，以便他们能够有效和严格地向数学家、科学家和工程师展示他们的数学思想。

作为人工智能的入门课程，人机交互（Human – Computer Interaction）的课程目标主要有以下方面：第一，明晰在界面开发中考虑可用性问题的重要性，包括用户需求、测量和各种可用性测试；第二，阐明不同计算应用程序的人机交互问题和注意事项；第三，学习用户界面设计的第一原则，并培养将设计元素应用于当前和未来界面形式的基本能力；第四，了解人机交互是如何与人类思维过程和身体能力保持一致；第五，了解当今社会中的用户界面案例，并了解人机交互是如何应用于计算行业的各个领域。

---

① SCSE，"Bachelor of Science in Data Science and Artificial Intelligence"，2019 – 04 – 20，https：//scse. ntu. edu. sg/Programmes/CurrentStudents/Undergraduate/Pages/DSAI. aspx.

② SCSE，"Course Content"，2019 – 04 – 21，https：//scse. ntu. edu. sg/Programmes/Current-Students/Undergraduate/Documents/2018/CourseContentsDSAI. pdf.

第三节 南洋理工大学人工智能专业
人才培养的内容构成

一 主要分类

为培养人工智能和数据科学领域的人才，南洋理工大学计算机科学与工程学院（School of Computer Science and Engineering，SCSE）推出了人工智能相关的本科专业和研究生专业。

（一）数据科学与人工智能本科专业

数据科学与人工智能专业（Data Science and Artificial Intelligence）是由 SCSE 和物理与数学科学学院（School of Physical and Mathematical Sciences，SPMS）联合推出的四年全日制本科专业，学生毕业后可以拿到理学学士学位。[①] 为了能同时提升学生在计算机和数学方面的能力，该专业非常注重对学生的实践培训。对于 2018 年以后入学的数据科学与人工智能专业的学生来说，他们需要在本科四年修完 79 门课程。南洋理工大学将这些课程具体细分为核心课程（Core）、主要选修课（Major Prescribed Elective，MPE）、通识教育课程（General Education Requirement，GER）和非限制性选修课程（Unrestricted Elective，UE）。其中，核心课程主要是一些专业基础课程，如微积分、算法、数据库和人机交互等数学、计算机和人工智能类的课程；主要选修课是指适合本专业学习需要的其他专业课程，学生通常只能在第二学期后才能选修；此外，南洋理工大学在借鉴国外通识教育的经验后，也制定出本地特色的通识教育新模式。通识教育的目标是培养学生的社会责任感、树立正确的价值观。其一，"通识核心课程"是全体学生必修的，主要有"沟通与交际能力""环境可持续发展""国防科学"三门课程，目的在于培养学生的人际交往能力、环境保护意识和国家问题等核心素养。其二，"通识限制性课程"主

---

① SCSE, "Bachelor of Science in Data Science and Artificial Intelligence（New programme from AY18/19 onward）", 2019 - 04 - 21, http：//scse. ntu. edu. sg/Programmes/CurrentStudents/Undergraduate/Pages/DSAI. aspx.

要来源于四类领域："人文和社会科学"、"技术和社会"、"博雅研究"和"商业与管理"。这些领域覆盖的范围较广，学生必须认真研究、学习文学、艺术、哲学、技术等领域的知识，拓宽知识面，提高对整体知识的掌握度。但一般来说，南洋理工大学会明确要求学生尽量避开与自己专业相近的领域，交叉选修课程。非限制性选修课程选择的学习领域更广，学生可根据自身兴趣或是学习需要选择课程。在非限制性课程与限制性课程的模式下，学生可以将本专业知识与跨专业知识联系起来，形成更完善的知识网络，实现知识互补。南洋理工大学对每个学期相关课程的学分做出明确规定，具体见表2-1和表2-2所示。

表2-1　　　　　　　　　　　　　课程安排

学习年份		核心课程	主要选修课	通识教育要求		非限制性选修课程
				核心课程	限制性选修课	
1	学期一	3		2	1	1
	学期二	3		1	1	1
2	学期一	5				
	学期二	4		2		1
3	学期一	2	2	1		2
	学期二	1				
4	学期一	2	3	2		
	学期二	1	2			
总计		21	7	8	2	5

资料来源：NTU，"Course schedule"，Singapore：Nanyang Technological University，2019。

表2-2　　　　　　　　　　　　　学分要求概述

学习年份		核心课程	主要选修课	通识教育要求				非限制性选修课程	总计
				核心课程	限制性选修课				
					BM	LA	STS		
1	学期一	10		2	3			3	18
	学期二	9		3		3		3	18

学习年份		核心课程	主要选修课	通识教育要求				非限制性选修课程	总计
				核心课程	限制性选修课				
					BM	LA	STS		
2	学期一	17							17
	学期二	13		3				3	19
3	学期一	6	7	1				6	20
	学期二	10							10
4	学期一	3	10	1					14
	学期二	11	7	1					19
总计		79	24	11	3	3		15	135
				17					

资料来源：NTU，"Overview of AUs requirement"，Singapore：Nanyang Technological University，2019。

（二）人工智能科学硕士专业

人工智能科学硕士专业（The Master of Science in Artificial Intelligence，MSAI）是为对开发、设计和实施人工智能系统有强烈兴趣的学生设计的，同时在项目管理和政策制定上促进学生对人工智能的深入理解。该计划强调应用 AI 理论、技术和工具解决多种类型的现实问题。[①]例如：有限的培训数据和大数据问题。配备理论和基于活动的学习，使毕业生能够提升他们的能力和技能。核心课程侧重于人工智能计算基础理论与方法、机器学习和深度学习等，而各种跨领域的选修课，如图像处理、模式识别、文本和物联网数据等，可以加深对专业的认识。

MSAI 的学制为 1—2 年，课程分为全职和兼职两种形式，学生可根据个人情况自行选择。如表 2-3 所示，学生需要修满 30 学分才能毕业，其中 12 个学分为核心课程，硕士项目和选修课程占 18 个学分，包括人工智能基本技术，特别是图像、视频、物联网和时间序列数据。[②] 在专业学

[①] NTU，"The Master of Science in Artificial Intelligence（MSAI）"，2019 - 04 - 23，http：// scse. ntu. edu. sg/Programmes/ProspectiveStudents/Graduate/msc - AI/Pages/Home. aspx.

[②] NTU，"Programme Structure"，2019 - 04 - 24，http：//scse. ntu. edu. sg/Programmes/ProspectiveStudents/Graduate/msc - AI/Pages/ProgrammeStructure. aspx.

习中，有 39 个小时用于讲座、教程和示例课程，同时还安排了 13 周以上的实验课。此外，针对没有编程基础或者较少相关经验的同学，学院还推出了 Python 编程课程，以帮助学生更好地掌握课程内容。

表 2 - 3 课程结构

课程结构	
核心课程	12 学分
AI 选修课程/硕士项目	18 学分
总毕业要求	30 学分

资料来源：MSAI，"Programme Structure"，2019 - 04 - 25，http：//scse. ntu. edu. sg/Programmes/ProspectiveStudents/Graduate/msc - AI/Pages/ProgrammeStructure. aspx。

二 选择标准

（一）数据科学与人工智能专业的选择标准

为满足所有学生的教育需求，南洋理工大学教育（BRC 课程）既注重深度，又兼顾广度。学生既要在规定的时间内修完核心课程和主要选修课程，又要选修通识核心课、限制性选修课和非限制性选修课。对于数据科学与人工智能专业的学生来说，也必须遵循相应的选课标准。

大学第一年，首先，学生必须修完 6 门核心课程，主要以数学、计算机类的基础知识为主，每门课程每周需上 3—4 个小时，一般以集体讲授的大组课为主，偶尔也上小组课和实验课。其次，学生还要学习国防科学、英语水平等 3 门通识核心课程，培养自己的沟通能力和科学素养。最后，学生还要根据要求选修通识限制性课程和非限制性课程（表 2 - 4）。

表 2 - 4 2018 年南洋理工大学数据科学与人工智能专业大一选课要求

课程代码和标题	类型	每周小时数				学分	先决条件/备注
		大组课	小组课	实验课	总计		
大一第一学期							
MH1802 科学的微积分	核心课程	3	1		4	4	无
CZ1003 计算思维简介	核心课程	2 *	1	2 *	4	3	无
MH1812 离散数学	核心课程	2	1	1 *	3	3	

课程代码和标题	类型	每周小时数				学分	先决条件/备注
		大组课	小组课	实验课	总计		
大一第一学期							
HW0128 科学传播I	通识核心课程		2		2	2	HW0001（并修课程）
HW0001 英语水平	通识核心课程		2		2	0	
通识限制性选修课程	通识限制性选修课程					3	
非限制性选修课程	非限制性选修课程3					3	
总计		5＋2＊	7	3＊	15	18	
大一第二学期							
MH2802 科学家的线性代数	核心课程	2	1		3	3	
CZ1016 数据科学概论	核心课程	2	1	1	4	3	CZ1003
CZ1007 数据结构	核心课程	2	1	1	4	3	CZ1003
PS8001 国防科学	通识核心课程					3	在线课程
通识限制性选修课程	通识限制性选修课程					3	
非限制性选修课程	非限制性选修课程					3	
总计		6	3	2	11	18	

大学第二年，学生学习核心课程逐渐增多，共有9门。除了大部分数学、计算机类的基础课程之外，还增加了如人机交互等人工智能领域的专业课程。每门课程学习时长依旧是3—4个小时，但随着课程难度的增加，学生还要花额外的时间学习其他课程来打好专业基础。同时，学生还要选修科学、职业生涯等通识核心课程以及通识非限制性课程，让学生尽早形成规划个人职业生涯的意识（表2-5）。

表2－5　2018年南洋理工大学数据科学与人工智能专业大二选课要求

课程代码和标题	类型	每周小时数				学分	先决条件/备注
		大组课	小组课	实验课	总计		
大二第一学期							
MH2100 微积分Ⅲ	核心课程	3	1		4	4	MH1101（可由 MH1802 实现）
MH2500 概率和统计学概论	核心课程	3	1		4	4	{MH1100 & MH1101} 或 {MH1800 & MH1801}
CZ2001 算法	核心课程	2	1	1＊	4	3	CZ1007，MH1812
CZ2002 面向对象的设计与编程	核心课程	2	1	1	4	3	CZ1007
CZ2004 人机交互	核心课程	2	1	1	4	3	无
总计		12	5	2＋1＊	20	17	
大二第二学期							
MH3500 统计	核心课程	3	1		4	4	MH2500
MH3511 计算机数据分析	核心课程	2		2	4	3	MH2500
CZ2006 软件工程	核心课程	2	1	1	4	3	CZ2002（并修课程）
CZ2007 数据库系统简介	核心课程	2	1	1	4	3	CZ2001（并修课程）
HW0228 科学传播Ⅱ	通识核心课程		2		2	2	HW0128
非限制性选修课程	非限制性选修课程					3	
ML0003 开启你的职业生涯	通识核心课程					1	
总计		9	5	4	18	19	

世界一流大学人工智能人才培养研究

大学第三年，学生主要学习人工智能以及数据挖掘等课程，还要完成从规定选课单中选择的 2 门主要选修课，都是人工智能涉及的跨学科知识。此外，学生还要学习通识核心课程和非限制性选修课。这一年中，学生需要到公司实习，通过项目实践将所学技术变成现实，提高实践能力（表 2 - 6）。

表 2 - 6 　　2018 年南洋理工大学数据科学与人工智能专业大三选课要求

课程代码和标题	类型	每周小时数				学分	先决条件/备注
		大组课	小组课	实验课	总计		
大三第一学期							
CZ3005 人工智能	核心课程	2	1	1	4	3	CZ1003，CZ2001
CZ4032 数据分析和挖掘	核心课程	2	1	1	4	3	CZ2001
限制性选修课，MHxxxx / PHxxxx	主要选修课	3	1		4	4	
限制性选修课，CZxxxx	主要选修课	2	1	1	4	3	
GC0001 可持续性：透视雾霾	通识核心课程					1	在线课程
非限制性选修课程	非限制性选修课程					3	
非限制性选修课程	非限制性选修课程					3	
总计		9	4	3	16	20	
大三第二学期							
专业实习	核心课程					10	学期开始
总计						10	

大学第四年，学生还要完成 3 门主要选修课以及 1 门编程课，学习跨学科专业知识，为以后人工智能应用到其他领域奠定基础。同时，学生也要完成大学四年中的最后一项任务——论文，为本科学习画上圆满的句号（表 2 - 7）。

表2-7 **2018年南洋理工大学数据科学与人工智能专业大四选课要求**

课程代码和标题	类型	每周小时数				学分	先决条件/备注
		大组课	小组课	实验课	总计		
大四第一学期							
最后一年项目	核心课程						最后一年开始
CZ4xxx 并行编程	核心课程	2	1		3	3	
限制性选修课，MHxxxx / PHxxxx	主要选修课	3	1		4	4	
限制性选修课，CZxxxx	主要选修课	2	1	1	4	3	
限制性选修课，CZxxxx	主要选修课	2	1	1	4	3	
HY0001 道德与道德推理	通识核心课程					1	在线课程
总计		7	3	2	12	14	
大四第二学期							
最后一年项目	核心课程	2				8	最后一年开始
CZ4041 机器学习	核心课程	3	1		3	3	CZ1011（MH2802、MH2500），CZ1007
规定的选修课，MHxxxx / PHxxxx	主要选修课	2	1		4	4	
规定的选修课，CZxxxx	主要选修课		1	1	4	3	
ET0001 企业与创新	通识核心课程					1	在线课程
总计		7	3	1	11	19	

表2-4至表2-7来源：NTU，"Suggested Curriculum"，Singapore：Nanyang Technological University，2018。

根据学校要求，学生在修完规定课程后，可以：

（1）为成功的职业生涯做好准备，并有能力参与终身学习；

（2）培养运用数学、科学和工程知识解决工程问题；

（3）培养专业技能，包括解决问题的能力、创造性思考、有效沟通、综合解决方案以达到预期需求；

（4）学会团队协作，了解项目管理的基础知识；

（5）进行有效的实验和分析，并能解释实验数据，得出有效结论；

（6）了解社会对本专业的需求以及肩负的道德责任。

（二）人工智能科学专业的选择标准

人工智能科学专业共安排了核心课程、衔接课程和选修课程,[①] 其中核心课程主要是人工智能热门领域的知识，包括"人工智能与人工智能概论""机器学习：方法和应用""深度学习和应用程序"和"AI 数学基础"；衔接课程是专为没有编程基础的本科毕业生和不写代码的在职人员准备的，且不计入学分；选修课程主要分为 AI 技术、用于物联网数据的 AI、AI 文本处理、用于图像和视频处理的 AI、项目五类，这些是开发人工智能必备的知识。此外还有一个为期一年的 AI 主项目，占 6 个学分（表 2 - 8）。

表 2 - 8 人工智能科学专业课程内容

核心课程	衔接课程	选修课程
AI6101 人工智能与人工智能概论 AI6102 机器学习：方法和应用 AI6103 深度学习和应用程序 AI6104 AI 数学基础	AI6120 Python 编程	AI6121 计算机视觉 AI6122 文本数据管理和处理 AI6123 时间序列分析 AI6124 神经进化与模糊智能 AI6125 多代理系统 AI6126 高级计算机视觉 AI6127 用于自然语言处理的深度神经网络 AI6128 城市计算 AI6129 AI Master 项目

资料来源：MSAI，"Course Content"，2019 - 04 - 25，http：//scse. ntu. edu. sg/Programmes/ProspectiveStudents/Graduate/msc - AI/Pages/CourseContent. aspx。

三 设计原则

根据上文有关人工智能专业的介绍，可以看出在专业设计上，南洋理工大学注重知识的基础性、课程的系统性，重视拓宽学习的广度以及

---

① SCSE，"Master of science in artificial intelligence"，2019 - 04 - 25，http：//scse. ntu. edu. sg/Programmes/ProspectiveStudents/Graduate/msc - AI/Documents/190607_Brochure. pdf.

专业的实践性。

（一）注重知识的基础性

掌握扎实的基础知识是学好任何专业的前提。虽然人工智能的研究主要集中在自然语言处理、机器学习、计算机视觉、知识表示、自动推理和机器人学六大领域，但都需要计算机科学、统计学和数学学科的基础知识。因此，该专业开设了诸如离散数学、面向对象的设计和编程、算法和微积分等核心和选修课程，学生需完成相关学习以此来奠定专业学习的基础。

（二）注重课程的系统性

如今，社会对复合型人才的需求逐渐增多，对高校和学生都是一个极大的挑战。从高校这一层面来说，如何培养复合型人才，增加其专业技能水平，培养学生的创新能力是一个极大的挑战。从学生这一层面来说，不仅要学好基础知识，还要拓宽知识面，充实自己，以应对未来社会的挑战。南洋理工大学充分考虑到对学生的全面培养，不仅通过广泛的项目工作和全面的课堂展示，提升学生在计算机科学、统计学方面解决问题的能力，还注重培养学生口头表达和书面写作的技巧。

（三）适当拓宽学习的广度

如今，全球对人工智能技术的研发力度越来越大，其应用的领域也越来越广。相应地，它涉及的专业知识也比较广泛。由于在校学习时间有限，人工智能涵盖的范围又较广，所以学校无法教授学生所有人工智能相关的课程知识。然而随着社会的发展，人工智能技术也在不断创新中，对于人才的要求也越来越高。基于此，学生还要适当选修计算和统计等领域之外的科目，不断充实个人的专业知识储备，提高认识的广度和深度，培养创造力，这对日后提升个人专业能力也大有裨益。

（四）重视专业的实践性

南洋理工大学开设的专业是专门培养数据科学和人工智能人才以解决社会各领域现实问题的，非常注重人才的实践能力，因此学校给学生安排了大量的实践培训。学生将有机会参加一些研究课题、系列行业研讨会和小型项目，学生能有机会在金融服务、旅游—酒店—零售、政府服务、医疗保健、生物技术和制造等关键行业的一些技术或业务中用到所学知识。实践环节是人工智能专业的一个重要部分，是锻炼学生能力的重要手段，直接影响了学生的未来就业。

四　组织形式

在组织形式上，南洋理工大学没有拘泥于单一的课堂授课，还采取了不同的形式，具体如下。

（一）采取三大教学模式的课堂授课

南洋理工大学各专业基本上采用的是课堂授课的形式，根据课程性质的不同，上课模式可进一步划分成实验课、大组课和小组课三种。其中大组课面向的是所有选修学生，一般由讲师集中授课；小组课的授课群体少，主要是围绕一个主题，师生之间展开交流；实验课则根据课程的要求灵活设置。比如虚拟和增强现实（Virtual and augmented reality）课程的上课模式分成了大组课和小组课，学生将围绕虚拟现实平台等12个主题展开学习，分别是2小时的大组课和1小时的小组课。课程结束后，学生将会有一个3小时的项目演讲。[1] 整个课程覆盖了虚拟和增强现实的基础、硬件、软件和算法，学生也能从中掌握解决问题的方法。

（二）开展不同领域研究的项目实验

南洋理工大学非常注重对人工智能的研究，为此还成立了数据科学与人工智能研究中心、南洋理工大学企业认知与人工智能实验室、计算智能实验室和机器人研究中心，用于不同领域的专业研究。就 DSAIR 而言，它的研究重心在人工智能的核心、应用和基础设施上，目前主要开展了实现智慧国家数据分析、稀疏学习：使用自校准正则化进行直接估计和从医学笔记中提取信息等5个项目，[2] 从而为新加坡人工智能的应用与发展做出贡献。

（三）举办基于实际需求的行业对话

人工智能人才的培养是为了满足各行业的人才需求，那么企业需要

---

[1]　NTU，"Programmes"，2019 – 04 – 26，https：//scse. ntu. edu. sg/Programmes/CurrentStu-dents/Undergraduate/Documents/2018/CE/CourseContentCE_Year4. pdf.

[2]　NTU，"Projects"，2019 – 04 – 26，http：//dsair. ntu. edu. sg/Research/Pages/Projects. aspx.

什么样的人才一直是培养过程中的一个难点。为了有个清晰的认识，SCSE 创新实验室邀请了来自行业和学术界的领导者，分享他们对人工智能及其应用新趋势的见解，以解决实际问题。① 这一行业对话为本科生、研究生、研究人员和教师提供了一个很好的交流机会，既能了解当下行业对人才的需求，又可以建立潜在的合作关系，未来给学生争取实习机会。行业演讲者主要是来自各高校的专家、来自跨境电商 Shopee、华为和安克诺斯（Acronis）等各行业的领导者和研究人员。他们都具有丰富的工作背景和研究经验，能够为南洋理工大学人工智能的人才培养提供宝贵的建议。

（四）开展围绕专业前沿的研讨会

秉承互相学习、共同进步的原则，南洋理工大学会定期举办研讨会，围绕人工智能领域的前沿话题或某种技术，邀请一些专家在特定时间作报告，并与老师同学们集中研究、交流。例如 2018 年，南洋理工大学与神户大学（Kobe University，K U）联合举办了研讨会。与会专家和研究生讨论了一系列 AI 主题及其在金融科技、医疗保健、网络安全和智能国家等领域应用中会遇到的挑战、机遇和采用的应用研究方法。② 斯特凡·康拉迪（Stefan Conrady）先生曾受到邀请，就"人机组合的实践：贝叶斯网络作为人工智能的协作方法"主题和大家交流。③ 斯特凡曾在北美、欧洲和亚洲的财富 100 强企业工作，拥有超过 20 年的决策分析、市场情报和产品战略经验，在应用贝叶斯网络进行研究、分析和推理上有独到的看法。通过分析建模与推理的概念图、介绍贝叶斯网络的研究框架以及它在实践中的应用，对促进人工智能的研究具有非常重要的意义。

---

① NTU，"Industry – NTU Dialogue：AI Research，Innovation and Talent"，2019 – 04 – 27，http：//scse. ntu. edu. sg/Research/i – lab/NewsnEvents/Pages/News – Detail. aspx？news = fa6a85b7 – f9aa – 4b2a – b900 – 68f03d03c4ee.

② NTU，"NTU – Kobe UJoint Workshop 2018"，2019 – 04 – 27，https：//dsair. ntu. edu. sg/.../Workshop/NTUKobeWorkshop8Mar2018. pdf.

③ NTU，"Human – Machine Teaming in Practice：Bayesian Networks as a Collaborative Approach to Artificial"，2019 – 04 – 27，http：//www. bayesia. com/ntu – seminar.

第四节　南洋理工大学人工智能专业人才培养的实施过程

一　主要部门

南洋理工大学十分注重对人工智能的研究，迄今为止，不同的学院、企业和基金会之间已展开合作，成立了多所实验室，主要有数据科学与人工智能研究中心、南洋理工大学企业认知与人工智能实验室、计算智能实验室和机器人研究中心。

（一）数据科学与人工智能研究中心（Data Science & Artificial Intelligence Research Centre DSAIR）

DSAIR 是由南洋理工大学的 SCSE 和 SPMS 共同建立的，分别由两个学院的王业松（Ong Yew Soon）和徐育蒙（Chee Yeow Meng）教授共同管理。[①] DSAIR 将南洋理工大学在人工智能和机器学习方面深厚的专业知识与大数据分析相结合，积极开创新技术。在研究方面，DSAIR 可与领先的实验室相媲美，进一步加深了对人类、企业和社会依赖结果的神经和认知能力的理解。DSAIR 也是一站式解决方案中心，既注重提升学生的能力，也为他们与实验室的工程师和数据科学家共同解决现实问题创造机会。[②] 目前，DSAIR 的研究重点主要在三个层面，分别是人工智能的核心、应用和基础设施，致力于为城市流动性、医疗 ICT、金融科技、制造业、安全等领域提供服务。[③] 长期以来，DSAIR 一直在为人工智能的人才培养、技术开发成果转化等方面努力，以支持"智慧国家"的建设。[④]

[①]　School of Computer Science and Engineering, "Research Report", 2019 – 04 – 30, http：// scse. ntu. edu. sg/Research/Documents/ResearchReportNTUSCSE2018. pdf.

[②]　NTU, "Research Institutes", 2019 – 04 – 30, https：//research. ntu. edu. sg/researchatntu/ Pages/ResearchCentresandInstitutes. aspx.

[③]　DSAIR, "Research Focus", 2019 – 04 – 30, https：//dsair. ntu. edu. sg/Research/Pages/ ResearchFocus. aspx.

[④]　DSAIR, "About us", 2019 – 04 – 30, https：//dsair. ntu. edu. sg/aboutus/Pages/VisionMission. aspx.

（二）南洋理工大学企业认知与人工智能实验室（The Singtel Cognitive and Artificial Intelligence Lab for Enterprises at NTU，SCALE）

SCALE 是由南洋理工大学、新加坡电信有限公司（Singtel）和新加坡国立研究基金会（National Research Foundation Singapore）于 2017 年 12 月合作建立的一个为期五年的实验室，共花费 4240 万新元，以支持新加坡向"智慧国家"转变，推动国家的数字经济发展。[①] SCALE 主要研究的是人工智能、数据分析、机器人技术和智能计算。未来，研究人员将开发用于公共安全、智能城市、运输、医疗保健和制造领域的应用程序，同时它还致力于解决城市在保持基础设施处于最佳状态时所面临的各种挑战。

此次合作，不仅有利于扩大 Singtel 及其区域信息通信技术子公司 NCS 的产品范围，而且来自南洋理工大学和 Singtel 的研究人员、工程师和学生也将会得到人工智能、数据分析等领域的培训，这些能力对未来新加坡建设智慧城市生态系统大有裨益。

（三）计算智能实验室（Computational Intelligence Lab，CIL）

CIL 前身是全球智能和智能系统实验室（Coumptational Intelligence and Intelligent Systems Laboratory，ISL），后来于 2004 年 4 月在计算机科学与工程学院（SCSE）成立新研究中心，同时也作为教学实验室。[②] 由于研究人员擅长的是知识密集型人工智能（从机器学习和自适应系统到自然启发的计算智能），所以 CIL 的工作重点是调查、设计并开发新颖的模型和技术，构建实用的计算系统和设备的应用程序。

一直以来，CIL 致力于为大学的计算能力和资源的发展做出贡献，并在计算智能领域建立一个国际公认的卓越中心；为员工和学生提供发展技能和提高声誉的机会，促进研究合作、国际交流，并制定必要的框架来支持这些活动；专注于复杂的现实问题并设计创新技术、工具和解决方案，改进我们对认知架构、推理、问题解决和通用智能的理解；促进计算智能技术的应用，促进其从研究转移到用户社区，为工业项目和商

---

① SCALE，"About us"，2019 - 04 - 30，http：//scale. ntu. edu. sg/aboutus/Pages/index. aspx.

② CIL，"About us"，2019 - 04 - 30，http：//scse. ntu. edu. sg/Research/CIL/Pages/AboutUs. aspx.

业企业寻找新的机会。

（四）机器人研究中心（Robotics Research Centre，RRC）

1994 年，由机械与航空航天工程学院主办，计算机科学与工程学院和电气与电子工程学院联合成立的大学中心——RRC，它是新加坡第一个机器人学跨学科研究中心。RRC 主要有两个实验室，分别是讨论区与限量制造和装配车间。RRC 目前有来自三所学院的 23 名活跃教师、50 名研究人员、50 名博士生和 3 名技术支持人员，研究重心主要是以人为本的机器人技术与工业和基础设施机器人。[①] 具体而言，主要在医疗保健和辅助机器人、社交机器人与人机交互、工业机器人与制造自动化、基础设施机器人、自治系统和无人驾驶飞行器（UAV）等领域。[②] 多年来，RRC 一直为工业界提供咨询服务。同时，南洋理工大学也积极开展海外合作项目，正在进行的 NTU – CMU（卡内基梅隆大学）机器人双博士课程将为新加坡培训未来的机器人人才。

二　路径选择

人工智能是个以统计学、计算机科学为基础的学科，因此在路径选择上，南洋理工大学采取了不同的人才培养模式。

（一）建立跨学科的人才培养模式

近几年，南洋理工大学一直采用通识教育模式培养本科生。这意味着学生必须接受广泛的教育，其中 70% 的课程来自主要学科，至少 30% 的课程来自其他领域。核心课程中，学生必须学习沟通技巧、新加坡研究和环境可持续性的课程；限制性课程主要是商业管理、人文和社会科学、技术和社会、博雅研究领域的课程；非限制性选修课选择面更广，学生可以从学科之外的 35 个模块中选择课程。[③] 对于人工智能这门交叉性学科来说，学生掌握的跨学科知识能与专业知识之间产生联系，对于

[①] RRC，"About us"，2019 – 04 – 30，http：//rrc. mae. ntu. edu. sg/aboutus/Pages/default. aspx.

[②] RRC，"Research Areas"，2019 – 04 – 30，http：//rrc. mae. ntu. edu. sg/Research/ResearchAreas/Pages/default. aspx.

[③] NTU，"Shaping NTU undergraduates"，2019 – 05 – 04，https：//www. ntu. edu. sg/Academics/NTUEducation/Pages/Shaping% 20NTU% 20undergraduates. aspx.

研究人工智能技术前沿也有很大的帮助。未来解决大量社会问题将会依靠多学科的知识，因此跨学科人才更加适合新时代发展的要求。

（二）基于联合培养的人才培养模式

为增强新加坡的 AI 产业实力，发展科技人才，新加坡政府推出人工智能计划。为响应政府号召，南洋理工大学的 AI 项目团队在开展研究的同时，也积极与海外企业合作成立联合研究院，致力于在双方擅长领域展开深入合作，以寻求技术突破。

2018 年 2 月 28 日，南洋理工大学和阿里巴巴集团建立了人工智能技术联合研究所。① 目前，阿里巴巴已围绕自然语言处理（NLP）、计算机视觉、机器学习等技术领域开展多个科研合作项目，并逐步应用到医疗、交通、养老等日常生活中，为人们提供了更便捷和智慧的生活。此次合作，阿里巴巴提供了绝佳的实习机会，南洋理工大学学生将有机会把课堂所学知识应用到实践中。此外，双方可以近距离地交流经验与不足，共同解决人工智能技术上的问题，推动人工智能在各领域的运用。南洋理工大学校长苏布拉·苏雷什（Subra Suresh）也曾表示："南洋理工大学在 AI 技术上国际领先，但阿里巴巴开放的应用场景和数据，将帮助科学家真正将实验室中的技术与现实连接起来。"② 对于新加坡以及南洋理工大学来说，这次合作不仅会推动他们 AI 技术的创新发展，更会惠及新加坡，为人们提供更高效、智能的服务。

（三）实行校企合作的人才培养模式

为巩固在 AI 领域的国家实力，新加坡十分注重对当地人工智能人才的培养。2018 年，在新加坡人工智能（AI Singapore，AISG）成立一周年的活动上，通讯及新闻部部长易华仁（S. Iswaran）曾说新加坡需要强大的人才实力来进一步发展人工智能生态系统。③ 南洋理工大学作为新加坡人工智能专业较强的高校之一，十分注重实验室中的技术与现实的

---

① NTU，"NTU Singapore and Alibaba Group Launch Joint Research Institute on Artificial Intelligence Technologies"，2019 – 05 – 04，https：//www. alibabagroup. com/en/news/press _ pdf/p180228. pdf.

② 光明网：《南洋理工校长上任后第一个决定：与达摩院一起拥抱 AI》，https：//baijiahao. baidu. com/s？id = 1609929754170326460&wfr = spider&for = pc，2019 年 5 月 4 日。

③ 南洋时讯：《两项新举措，推动新加坡人工智能（AI）人才发展！》，https：//wemedia. ifeng. com/75977160/wemedia. shtml，2019 年 5 月 1 日。

应用问题，为此，南洋理工大学与多家企业展开合作推出人才培养计划。

1. SenseTime—NTU 人才培养计划

2014 年，商汤（SenseTime）在香港成立，是一家专注于研究计算机视觉和深度学习的公司。商汤一直以引领人工智能创新发展为使命，已独立开发深度学习平台以及人脸识别、图像识别、视频分析和自动驾驶等人工智能技术。[1] SenseTime—NTU 人才计划在新加坡经济发展局（EDB）的支持下，旨在培养在深度学习和计算机视觉等人工智能相关领域工作的研究人员。

博士生候选人在读期间，可以参与商汤项目的研究，但该项目会受到商汤和南洋理工大学的共同规范和监督。若候选人出色完成该项目，将有机会作为全职员工加入商汤，并开展该计划。[2] 通过 SenseTime—NTU 人才计划，不仅能更有针对性地培养当地 AI 人才，而且还能将 AI 技术与当地社区以及公私结合起来，在新加坡建立生态系统。

2. Salesforce—NTU 人才培养计划

Salesforce 是全球排名第一的基于云的客户关系管理（Cloud – based Customer Relationship Management，CRM）平台，是全球发展最快的前五大企业软件公司之一。Salesforce – NTU 人才计划旨在通过工业博士计划培养人工智能相关领域的研发人才，以支持新加坡优秀的本科生和硕士生在当地大学攻读博士学位。[3]

博士生在读期间，将有机会参与 Salesforce 的研究项目。表现优异的学生可以成为 Salesforce 的全职员工，并学习该行业的博士课程。Salesforce Research 一直是深度学习和人工智能领域的先锋，致力于发现新的研究问题、开发新颖的模型，推进人工智能的最新技术水平。通过与更多研究团体、大学合作，促进技术的发展。

---

[1] Bhaswati Guha Majumder, Singapore's NTU ties up with AI company SenseTime to launch new program for PhD researchers. Singapore：Nanyang Technological University, 2019.

[2] NTU, "SenseTime – NTU Talent Programme", 2019 – 05 – 06, http：//scse. ntu. edu. sg/ Programmes/CurrentStudents/Graduate/Pages/SenseTimeNTUTalentProgramme. aspx.

[3] NTU, "Salesforce – NTU Talent Programme", 2019 – 05 – 06, http：//scse. ntu. edu. sg/ Programmes/CurrentStudents/Graduate/Pages/SalesforceNTUTalentProgramme. aspx.

3. 阿里巴巴—NTU 人才培养计划

近几年来，阿里巴巴在电商、电子支付、大数据、云计算和人工智能等领域取得的成果尤为突出。随着在基础科学、颠覆性技术等领域研究的不断深入，阿里巴巴在全球也打造了学术生态合作圈。[1] 2018 年 9 月 4 日，阿里巴巴和南洋理工大学合作启动博士生培养计划。[2] 此次合作，阿里巴巴将会开放 AI 的丰富应用场景及数据，学生可以有更多机会在阿里巴巴实验室锻炼，充分将所学技术应用到现实场景中，开发前沿的技术。

本计划面向毕业于新加坡所有本地大学或部分世界一流大学的新加坡公民以及永久居民，表现优异的学生将有机会直接进入阿里工作。这次合作，将更有利于培养新加坡优秀的人工智能人才，对本地人工智能技术的创新及发展大有裨益。

（四）实行学校合作的人才培养模式

人工智能是一门研究领域较广的学科，由于各高校研究的侧重点不同，所以擅长的领域也会有差异。基于此，实行两所高校联合培养人才的模式能进行优势互补，充分整合两所学校的优质资源。于学生而言，他们可以在两所学校学习前沿的知识，有机会跟更多优秀老师和同学交流；于学校而言，双方取长补短资源共享，实现教学效能最大化，有利于共同进步。2010 年，南洋理工大学工程学院推出第一个双博士学位课程，该课程是和卡内基梅隆大学合作推出的，旨在培养高质量的设计机器人和系统的人才。通过该项目，学生将学习机器人和智能系统方面的知识，掌握开发机器人和系统的经验。学生将会在两所高校分别学习两年，并得到南洋理工大学和卡内基梅隆大学联合顾问的指导，最后能拿到两所学校的博士学位。[3] 新加坡目前十分注重机器人的开发和应用，而卡内基梅隆大学的人工智能专业世界领先，南洋理工大学选择与之合作

---

[1]　中国新闻网：《阿里巴巴打造全球学术合作生态圈：促产学研共建共赢》，https://baijiahao. baidu. com/s? id = 1612116681413043492&wfr = spider&for = pc，2019 年 5 月 2 日。

[2]　参考消息网：《阿里巴巴联手新加坡培养 AI 博士：帮科学从实验室迈进现实》，http://tech. qq. com/a/20180904/066339. htm，2019 年 5 月 7 日。

[3]　NTU, "NTU, Carnegie Mellon University establish dual PhD degree programme in Engineering", 2019 – 05 – 07, http://admissions. ntu. edu. sg/graduate/Documents/NTU,% 20Carnegie% 20Mellon% 20University% 20establish% 20dual% 20PhD% 20degree% 20programme% 20in% 20Engineering. pdf.

是一项明智之举。学生可以学到机器人和智能系统的前沿知识，掌握高水平的开发能力，为学术界和机器人行业做出巨大贡献。

三 策略方法

人工智能是门交叉学科，研究方向比较广泛。由于南洋理工大学只在无人驾驶技术、机器人等方向上研究较多，为了让学生掌握人工智能专业其他研究方向的知识，南洋理工大学开展了一系列的合作培养学生模式。

（一）采用"产学合作"模式

"产学合作"模式是一种结合行业力量协同培养人才的新模式。它提供了一个集教育、实践和研究于一体的人才培养新平台，加强了高校教师与行业人才交流的机会。对学校而言，有利于培养出更具专业技能的人才；对企业而言，他们也能获得行业需求的人才。在人工智能专业人才培养上，南洋理工大学一直贯彻产学合作协同育人机制，与中国电商巨擘阿里巴巴集团、全球人工智能平台公司商汤科技和全球芯片制造商AMD等企业签订了战略合作。比如商汤和南洋理工大学联合推出了博士培养计划，以培养人工智能专才，致力于建立新加坡人工智能生态系统。[①] 这项合作响应了新加坡建立智慧国家的愿景，南洋理工大学可以在传授学生专业知识的同时，借助企业的资源优势和实践平台，锻炼学生技术水平和研发尖端技术。

（二）采用"高校间合作"模式

"高校间合作"模式是一种高校间联合培养学生的新模式。人工智能是一个宽领域的研究，其中深度学习还需要大量的数据作支撑，如果一味地闭门造车，只会局限在狭小的圈子里无法进步。如果高校间能够加强合作，共享数据、技术，创造一个开源的共享平台，那么就会惠及更多人，创造出更多算法。南洋理工大学深谙高校间合作的重要性，积极寻求与知名大学的合作。目前，南洋理工大学已与伦敦帝国理工学院、慕尼黑技术大学和加州大学伯克利分校等一起开设了联合和双学位博士

---

① 参考消息网：《商汤科技进军新加坡加速全球布局》，http：//m.cankaoxiaoxi.com/yidian/finance/20180703/2287125.shtml，2019 年 5 月 3 日。

学位课程。① 这一举措能极大地整合两所学校的教学资源，实现经验共享、优势互补。对于学生来说，他们可以学到更多的学科知识，接触不同的平台和师生，有利于创新更多的人工智能技术。

（三）采用"学校—企业—公共机构"合作模式

"学校—企业—公共机构"合作模式是一种由公共机构提供战略支持、企业提供资金支持和学校提供科研成果的模式，能有效地推进科研成果的商业化。2018 年 10 月，南洋理工大学与惠普公司和国家研究基金会合作开发了价值 8400 万美元的 HP - NTU 数字制造企业实验室（HP - NTU Digital Manufacturing Corporate Lab），用以推动新加坡在数字制造和 3D 打印技术领域行业转型。② 此次合作，给南洋理工大学提供了全新的技术研发和创新平台。与此同时，凭借南洋理工大学在机器学习、数据科学和材料制造领域的科研实力以及惠普自身强大的研发与制造能力，能有效地保持惠普的竞争优势，加速惠普的数字化转型，给新加坡带来巨大的经济效益。

四　影响因素

从宏观层面上来说，南洋理工大学人工智能专业人才培养受到国际、国家和学校三个因素的影响。

（一）国际发展背景

在当前全球发展态势下，人工智能已成为各国竞争的重点领域，有望引领一场技术革命，推动全球化发展。2018 年麦肯锡公司人工智能前沿报告分析了三点内容，充分肯定了 AI 对全球经济的影响力。③ 第一，AI 在推动全球经济上有着巨大的发展潜力。随着 AI 一系列技术的成熟，其产业应用率也在不断增长。到 2030 年，将会有大约 70% 的公司至少采用一种 AI 技术，届时 AI 的经济贡献量将达到 13 万亿美元。第二，AI 对

---

① NTU，"Academics"，2019 - 05 - 08，https：//www. ntu. edu. sg/Academics/Pages/UndergraduateProgrammes. aspx.

② HP，"NTU and HP Inc. to Advance Digital Manufacturing Worldwide with First HP - NTU Corporate Innovation Lab in Asia"，2019 - 05 - 08，https：//press. ext. hp. com/us/en/press - releases/2018/ntu - and - hp - inc - - to - advance - digital - manufacturing - worldwide - with - . html.

③ 199IT：《麦肯锡：人工智能（AI）前沿报告》，http：//www. 199it. com/archives/787089. html，2019 年 5 月 9 日。

经济的影响是个日积月累的过程，随着时间推移将越发明显。开发和应用 AI 技术需要大量的成本投入，虽然前期资金回笼可能比较慢，但随着后期的累积效应会迎来加速增长。到 2030 年，人工智能对增长的贡献可能是未来五年的 3 倍或更多。第三，AI 的应用可能会扩大国家、公司和工人之间的差距。未来利用人工智能推动普惠型社会的建设将会成为全球发展的必然趋势，因此对人才的需求量也在不断升高。

（二）国家战略支持

为了巩固人工智能的深层国家实力，2017 年 5 月，《新加坡人工智能战略》（AI Singapore，AISG）发布。这是一项由国家研究基金会（National University of Singapore，NRF）发起的国家计划，历时 5 年，预计投资 1.5 亿新元，同时还与智能国家和数字政府办公室等 5 个不同组织开展了政府层面的合作。① 该计划主要分为三个部分②：第一，AI 研究（AI Research）主要是进行技术的开发，以实现技术创新与突破；第二，AI 技术（AI Technology）模块尝试应用创新 AI 技术解决影响经济和社会的主要挑战，目前主要集中在健康城建和金融等领域；第三，AI 创新（AI Innovation）模块主要是扩大 AI 在新加坡的应用，培养当地的 AI 人才以支持行业发展。目前已经推出 100 个实验（100 Experiments，100E）、AI 学徒计划（AI Apprenticeship Programme，AIAP）、工业 AI（AI for Industry，AI4I）、大众 AI（AI for Everyone，AI4E）和学生 AI（AI for Students，AI4S）5 个项目。

（三）学校发展定位

目前新加坡正处于第四次工业革命以及智慧国家的转型期，南洋理工大学作为学术机构肩负着研究创新技术和培养人工智能人才的重担。在过去的 5—10 年里，南洋理工大学在人工智能领域已取得较好的成绩。根据日经指数和爱思唯尔给出的排名可以看出，在 2012—2016 年的 5 年

---

① 环球网：《新加坡推出"国家人工智能核心"计划发展数字经济》，http：//world. huan-qiu. com/hot/2017 – 07/11006027. html？agt = 15438，2019 年 5 月 10 日。

② AI Singapore，"About AI Singapore"，2019 – 05 – 12，https：//www. aisingapore. org/about – us/.

间，南洋理工大学有关人工智能的文章引用次数位列第二。① 南洋理工大学也拥有世界最强大的机器人研究团队之一，并在人工智能和数据科学、区块链、物联网、个性化医疗、智能医疗体系，以及包括地面车辆和无人机在内的自动驾驶系统等领域取得了比较显著的成就，这也为未来进行更多技术创新打下了坚实的基础。

第五节 南洋理工大学人工智能专业人才培养的评价机制

一 组织机构

南洋理工大学人工智能专业人才培养质量与新加坡"智慧国家"建设息息相关。因此，上至新加坡教育部，下至大学个体都建立了相应的组织机构负责评价工作的落实。

（一）学术委员会（Academic Council）

学术委员会由大学的所有终身教职员工和一些非终身教职人员组成。学术委员会通过其当选的咨询委员会和参议院以及参议院设立的各种委员会提供有关学术事务的意见，会议每年举行一次。② 各院系、李光前医学院、国立教育学院、国际研究学院或跨学科研究生院的任一负责人都将成为学术委员会的特定成员，还包括首席创意官、首席财务官、首席人力资源官和首席规划官。

（二）人工智能及数据道德咨询委员会

随着人工智能在新加坡的持续发展，为了加强公众对人工智能利弊的认识，新加坡政府于 2018 年成立了人工智能及数据道德咨询委员会，旨在对人工智能的道德和合法性提出建议。③ 由于新加坡政府提出建设

---

① NTU, "2 in the world for AI", 2019 - 05 - 13, http：//www. hey. ntu. edu. sg/issue35/2 - in - the - world - for - ai. html.

② NTU, "Academic Council", 2019 - 05 - 13, https：//www. ntu. edu. sg/AboutNTU/organi- sation/AcademicCouncil/Pages/default. aspx.

③ 云拓网络：《新加坡的新 AI 道德委员会将提供明智的建议》，http：//baijiahao. baidu. com/s？ id = 1602496403775776125&wfr = spider&for = pc，2019 年 5 月 14 日。

"智慧国家 2025"的目标，因此发展数字经济势在必行。人工智能作为全球竞争的焦点，也将成为新加坡发展的重心。

（三）新加坡教育部（Ministry of Education Singapore）

新加坡教育部制定并实施有关教育结构、课程、教学和评估的教育政策。它监督政府资助的学校以及技术教育、理工学院和大学的管理和发展。[①] 教育部的使命是通过塑造决定国家未来的人才来塑造国家的未来。教育部将为国民的孩子提供均衡和全面的教育，充分发挥他们的潜力，并培养他们成为好公民，意识到他们对家庭、社区和国家的责任。

二　评价指标

为评价各大学的人才培养质量，新加坡教育部每年会对毕业生的就业情况进行调查，主要有就业率和毕业生工资。就业调查是由南洋理工大学、新加坡国立大学、新加坡管理大学、新加坡科技设计大学和新加坡新跃社科大学联合进行，通常对毕业生考试结束后 6 个月的就业情况进行调查。目前最新的数据是 2018 年 11 月统计的大约完成期末考试的 6 个月后，劳动力中毕业生所占毕业生人数的比例。[②] 南洋理工大学将数据按照各学院分开，再根据学士学位划分就业率。就工程学院来说，毕业生就业率基本在 90% 以上，薪酬大多保持在 3500 新元以上（表 2 - 9）。

表 2 - 9　　　2018 年 11 月南洋理工大学工程学院就业情况调查

学位	工程学院							
	总体就业率（%）	全职就业率（%）	每月基本工资 $		基本工资总额 $			
			平均	中位数	平均	中位数	25%学生	75%学生
航空工程	95.3	88.4	3710	3625	3873	3800	3365	4280

---

①　Ministry of Education Singapore, "About us", 2019 - 05 - 16, https：//www. moe. gov. sg/about.

②　Ministry of Education Singapore, "Graduate Employment Survey", 2019 - 05 - 16, https：//www. moe. gov. sg/docs/default - source/document/education/post - secondary/files/web - publication - ntu - ges - 2018. pdf.

工程学院								
学位	总体就业率（%）	全职就业率（%）	每月基本工资 $		基本工资总额 $			
			平均	中位数	平均	中位数	25学生	75学生
生物工程	77.5	66.2	3457	3500	3660	3500	3200	4000
化学与生物分子工程	91.6	86.0	3461	3500	3782	3600	3300	4200
土木工程	96.5	96.5	3521	3400	3597	3500	3200	3816
计算机工程	95.8	95.8	3749	3700	3865	3775	3400	4200
计算机科学	94.4	93.0	3970	3800	4062	4000	3500	4500
电气与电子工程	92.7	91.0	3625	3500	3772	3600	3323	4000
环境工程	92.1	81.6	3388	3360	3485	3400	3000	3500
信息工程与媒体	93.2	89.0	3724	3725	3796	3750	3500	4140
海事研究	93.3	90.0	3351	3300	3409	3350	3000	3640
材料工程	86.5	81.9	3457	3400	3673	3500	3200	4000
机械工程	85.6	81.1	3448	3500	3653	3500	3200	4000

资料来源：Ministry of Education Singapore，Graduate Employment Survey，https：//www. moe. gov. sg/docs/default－source/document/education/post－secondary/files/web－publication－ntu－ges－2018. pdf，2019－05－16。

三　评价策略

南洋理工大学对学生的评价策略较为多元化，一般会综合学生课前和课上的表现，最常见的就是围绕实践表现和考试成绩来进行综合评价。

（一）实践表现

作为一个专门培养数据科学和人工智能人才的专业，实践环节是专业学习重要的一环。实践表现主要考察的是学生在实践过程中知识运用的熟悉度和解决问题的能力。南洋理工大学安排了一系列研究课题，学生将有机会在金融服务、医疗保健和生物技术等领域参与实践，锻炼个人能力。

（二）考试成绩

考试成绩是衡量学生是否掌握知识最直接的体现。南洋理工大学各专业的最终成绩构成比较多样化，大概比例是平时成绩占40%，考试成绩占60%。其中，平时成绩除了将学生的出勤率、课堂表现纳入考核之外，还包括连续评价环节。连续评价环节可以分为四个部分，有两个小组作业和两个课堂测验。小组作业十分讲究团队合作，只有合作默契才能出色完成项目。另外，最终的期末考试主要考查学生对知识点的掌握情况，由于学期课程结束后就会安排考试，所以提前复习好才能从容应对。

四　保障措施

（一）政府的政策性支持

自从2014年提出"智慧国家2025"之后，新加坡一直在为实现这个目标努力着。其中，在城市建设、医疗系统、交通等方面，人工智能发挥着重要作用，因此新加坡也加大了对人工智能人才的培养力度。南洋理工大学作为新加坡综合实力较强的大学，肩负着培养人才的重任。一方面，政府为南洋理工大学提供了很多资源，促成了项目合作；另一方面，政府联合国家基金会也给南洋理工大学提供了必要的资金支持和设备支持。

（二）各机构的资金支持

近年来，南洋理工大学一直注重与企业的合作与交流，也开展了许多项目。由于自身资源和设备有限，各机构提供的资金和资源便成为南洋理工大学研究人工智能的强大支撑力。迄今为止，南洋理工大学已成功与多家实力企业比如阿里巴巴、商汤等达成合作，一方面，南洋理工大学可以学习企业在人工智能领域取得的领先技术，借助企业的优势资源，促进人工智能技术创新，造福社会；另一方面，企业拥有的雄厚资金可以为南洋理工大学提供支撑，保证研究的可持续性，比如设立人工智能实验室等。

第六节　南洋理工大学人工智能专业
人才培养的总结启示

一　主要优势

为了助力新加坡尽早建立智慧国家，南洋理工大学不断加强对人工智能人才的培养。目前，南洋理工大学人工智能专业在机器人、无人驾驶技术等方面取得了不错的成绩，成功培养了大批优质人才，而这一切离不开完善的教学资源、强大的科研团队、优秀的合作伙伴和丰厚的奖金支持。

（一）完善的教学资源

良好的教学环境和先进的研究设施是保障教学顺利进行的关键，目前南洋理工大学拥有一些世界上最好的实验室和研究中心。其中为保证人工智能研究的顺利进行，南洋理工大学专门建立了机构和研究所，包括数据科学与人工智能研究中心、南洋理工大学企业认知与人工智能实验室、计算智能实验室、机器人研究中心以及人工智能技术联合研究所。这些机构分属于不同的学院，各自研究不同的领域。除了提供科研场所之外，还配备了研究设备以保障研究的顺利实施。比如 DSAIR 从 NVIDIA 公司购买了两个最先进的深度学习计算系统——DGX－1 系统，它的计算能力可以显著提高深度学习算法的速度和可扩展性，使南洋理工大学科学家开发大规模复杂的方案解决传统计算系统无法处理的问题。DSAIR 还将拥有华为 2016 年推出的全球首款 32 插槽 x86 关键任务服务器——KunLun，这是一款超高速且可靠的计算机系统，可容纳多达 32 个 CPU。①

（二）强大的科研团队

在过去的5—10 年内，南洋理工大学的人工智能有了很大的提升，这一切很大程度上归功于南洋理工大学拥有的大批出色的科研团队。他们

---

① SCSE，"Research Report"，2019 － 05 － 18，http：//scse. ntu. edu. sg/Research/Documents/ResearchReportNTUSCSE2018. pdf.

在各自研究领域内开发与创新，取得了优秀的科研成果。比如南洋理工大学拥有强大的机器人科学研究团队，2018 年，团队研究成员范光强（Quang – Cuong Pham）、萨瑞兹·鲁伊斯（Francisco Suarez – Ruiz）和周衔（Xian Zhou）顺利制作出能组装宜家椅子的机器人。该机器人按照操作指令，用时 20 分钟就完成椅子框架的组装，这迈出了机器人研究中最艰难的一步。[①] 目前，RRC 共有 31 名研究人员，包括研究员、研究助理、项目官员、研究工程师，当前主要负责医疗保健和辅助机器人、社交机器人与人机交互、工业机器人与制造自动化、基础设施机器人、自主系统和无人驾驶飞行器（无人机）的研究；另外还有 2 名实验室管理人员负责实验室的日常活动。[②]

（三）优秀的合作伙伴

南洋理工大学非常注重开展国际合作以建立强大的国际联系网络，目前在学术研究上已与伦敦帝国理工学院、慕尼黑技术大学等达成战略联盟，同时也与商汤、SingTel 等优秀企业建立了合作关系，[③] 合作范围涉及人工智能、大数据分析、物联网等多个高科技领域。南洋理工大学副校长蓝钦扬曾将南洋理工大学与公共机构、企业的合作形容为三重螺旋合作框架，公共机构提供战略支持和资金资助，大学提供科研专家和研究设备，企业为科研成果提供数据、实践场所和工业技术与资金。三者分工明确，有利于将科研成果进行商业转化，最后投入使用。[④] 比如南洋理工大学与阿里巴巴的合作对双方都是互惠共赢的。对于南洋理工大学而言，阿里巴巴在人工智能领域取得突破性的技术对解决新加坡城市化问题意义重大，值得学习。同时，阿里巴巴拥有的数据和场景可供南洋理工大学进行项目实践。对阿里巴巴而言，南洋理工大学强大的研发

---

① NTU, "A robot by NTU Singapore autonomously assembles an IKEA chair", 2019 – 05 – 20, http：//news. ntu. edu. sg/Pages/NewsDetail. aspx? URL ＝ http：//news. ntu. edu. sg/news/Pages/NR2018_Apr19. aspx&Guid ＝ e01a93bc – 0ca2 – 4d6e – bc94 – 06c7ab903c3e&Category ＝ @ NTU.

② RRC, "Our People", 2019 – 05 – 22, http：//rrc. mae. ntu. edu. sg/aboutus/OurPeople/Pages/Faculty. aspx.

③ NTU, "Corporate Information", 2019 – 05 – 23, https：//www. ntu. edu. sg/AboutNTU/CorporateInfo/Pages/Intro. aspx.

④ 新华网：《南洋理工大学副校长蓝钦扬：进一步开展新中科技合作，以开放姿态面对未来》，http：//www. xinhuanet. com/world/2019 – 07/04/c_1210178055. htm，2019 年 5 月 23 日。

水平有助于提升自身的技术实力。

（四）丰厚的奖金支持

应建设智慧国家的需要，新加坡十分重视人工智能的发展，国内各高校也加强了人才培养。为鼓励优秀学生，南洋理工大学从本科至博士阶段为人工智能专业学生提供了丰富的奖学金。2019 年，百香园信息技术有限公司（BIGO Technology，BIGO）正式在南洋理工大学设立 50 万新元的奖学金，以支持数据科学和人工智能本科专业人才培养。[①] 从 2020 年开始，BIGO 卓越奖学金每年为两名优秀毕业生提供每人 10000 新元奖学金。BIGO 此举是为了从大学中寻找优秀的年轻人才，提高公司的 AI 技术水平。同年，华侨银行（Oversea – Chinese Banking Corporation）宣布为南洋理工大学人工智能硕士研究生提供全额奖学金，包括研究生阶段全额学费和每个月的生活补贴，所有学生均可申请。唯一的要求是学生需要在毕业后的 12—18 个月内在 OCBC 的 AI 实验室服务，接触人工智能的应用场景、学习人工智能是如何识别潜在的可疑交易。2018 年，阿里巴巴同南洋理工大学合作推出人工智能博士生培养计划，成功申请的学生每人每月能获得 5000 新元的额外津贴。[②] 这些奖金都是由企业提供，既是对优秀学生的褒奖，也是企业招贤纳才之举，对双方都有利。

二 存在问题

虽然南洋理工大学具备一定的优势培养人工智能专业人才，但是也要正视其面临的问题，以谋求针对性的应用方略。

（一）缺乏多学科背景的师资

人工智能是一个交叉性学科，需要多学科背景的师资来培养学生。虽然南洋理工大学拥有强大的师资团队，但他们很少具备跨学科背景。对高校来说，由于师资、设备和资源的不同，专业培养的侧重点也会不同，因此加强优质师资引进，拓宽专业培养方向才是提高人才培养专业

---

① Marcus Lawrence，"BIGO Technology offers SG＄500，000 artificial intelligence scholarship at NTU Singapore"，2019 – 05 – 24，https：//www. gigabitmagazine. com/ai/bigo – technology – offers – sg500000 – artificial – intelligence – scholarship – ntu – singapore.

② 搜狐：《担心工作未来将被 AI 取代？新加坡南洋理工大学砸丰厚奖学金培养 AI 人才！》，http：//www. sohu. com/a/325950196_155266，2019 年 5 月 25 日。

性的有效途径。然而，由于全球人工智能人才紧缺，企业也在争相花重金"挖人才"，高校竞争优势不大。目前，南洋理工大学的人工智能师资团队主要由两部分构成：一是学校相关专业教师，二是企业的专家。教师负责教授学生比较擅长的专业知识，比如机器学习等，其余的专业知识则是通过与企业合作，邀请企业专家讲授，最大程度地发挥双方的优势，弥补自身短处，拓宽学生的专业知识。

（二）存在人工智能应用风险

人工智能在过去的六十多年里一直在不断发展，近几年在人们的日常生活中应用得越来越普遍。在大数据激增、计算能力和算法不断发展的情况下，人工智能逐渐应用到运输、制造、零售和医疗保健行业中，由于人工智能被应用到自动化工作中，所以很容易发生风险。由于目前的法律框架被认为不足以容纳人工智能的存在及其潜在后果，因此出现了反对人工智能的声音。随着人们呼吁制定一套独特的法律来建立监管界限的声音越来越高，欧洲委员会从 2017 年 1 月起花了一年多的时间，在欧洲议会的要求下，制定了立法和非立法措施框架。[①] 新加坡推出亚洲首个人工智能道德与监管原则，以应对企业中出现的道德和监管问题。[②] 2018 年 6 月，新加坡政府也宣布了《AI 治理和道德的三个新倡议》。[③] 虽然各国纷纷出台相关法律措施，但是在人工智能发展的过程中，相关的质疑和道德问题将会一直存在。

三　学习借鉴

通过对南洋理工大学人工智能专业人才培养的目标、内容、实施过程和评价机制的介绍，结合南洋理工大学在培养人工智能专业人才方面的优势分析，以此为我国高校培养人工智能专业人才提供经验借鉴。

[①]　Teo Yi – Ling，"Regulating Artificial Intelligence：An Ethical Approach"，2019 – 05 – 26，https：//www. rsis. edu. sg/rsis – publication/cens/regulating – artificial – intelligence – an – ethical – approach/#. XTaGpxS – nIU.

[②]　网易号：《新加坡推出人工智能道德与监管原则》，http：//dy. 163. com/v2/article/detail/E6P2VOHN0511A72B. html，2019 年 5 月 26 日。

[③]　Nicky Lung，"Singapore announces initiatives on AI governance and ethics"，2019 – 05 – 27，https：//www. opengovasia. com/singapore – announces – initiatives – on – ai – governance – and – ethics/.

（一）深化产学研合作模式

人工智能专业人才培养与社会需求密切相关，深化产学研合作将是高校人才培养的"助推器"，既能指引高校培养行业需求的人才，又能加速科学成果的商业化，实现利益共享。为了顺应人工智能发展的大趋势，从 2016 年开始，一些高校开始新增人工智能相关专业，到 2018 年已有 248 所高校获批"数据科学与大数据技术"专业、60 所高校获批"机器人工程"专业[1]、35 所高校获批开设人工智能本科专业。[2] 这些专业成为"爆款"的背后是人工智能的持续发展，但这些专业毕竟是新兴专业，国内高校在人才培养和发展战略上还处在摸索阶段。就这些年的发展情况来看，人工智能是一个极其复杂的专业，涉及大量的数据处理和硬件投入，目前取得的一些进展主要来自企业，可见仅靠高校单打独斗是远远不够的。高校应及时与企业界建立深厚的联系，充分利用它们的资源和优势，由高校传授理论知识，以保证学生掌握专业基础、企业提供实验数据、技术或实践场景，双方优势互补，共同实现效益的最大化，为推动我国在国际竞争中取得优势地位做出贡献。

（二）注重壮大师资力量

根据 2017 年发布的《全球人工智能产业分布》报告得出，中国新兴人工智能项目的数量已超过美国，占据 51%，而人才储备量仅占 5%。[3] 师资不足会制约学科发展，间接影响人才的培养，因此壮大师资力量已成为当务之急。目前师资力量的不足主要体现在两个方面，一是已有的教师缺乏灵活的人工智能的专业知识与能力；二是高校无法吸引外界人工智能高层次人才。针对第一个问题，国家已充分认识到师资的不足，纷纷加强了对师资的培训。2018 年 4 月 3 日，由教育部、创新工场人工智能工程院和北京大学联合主办"中国高校人工智能人才国际培养计

① 澎湃新闻：《全国高校新增 2311 个专业大数据和机器人工程最火》，https://sh.qq.com/a/20180327/019631.htm，2019 年 5 月 28 日。
② 中国新闻网：《中国 35 所高校将开设人工智能本科专业》，https://baijiahao.baidu.com/s? id＝1629349600429171675&wfr＝spider&for＝pc，2019 年 5 月 28 日。
③ 中国教育报：《缺口 500 万！人工智能人才如何"高校造"》，http://www.stdaily.com/rgzn/duihua/2018－04/08/content_656029.shtml，2019 年 5 月 29 日。

划"。① 该计划邀请了约翰·霍普克罗夫特（John E. Hopcroft）、深度学习开创者和神经网络之父杰夫·辛顿（Geoffrey Hinton）、李开复以及其他人工智能领域的专家担任导师，计划五年内培训 500 名教师和 5000 名学生。此次合作整合了中美人工智能的优质资源，为教师提供了学习与交流的平台，对于培养人工智能人才意义重大。针对第二个问题，首先，高校需要适当提高教师待遇，以提高人才流入；其次，完善的实验设施、足够的资金支持也是必备条件；最后，采用双聘制，聘请企业的优质研发人员进驻校园，为培养人才提供实践性指导。

（三）建立完善的课程体系

目前，国内高校刚设立人工智能专业，在确定培养目标、专业定位之后，需要建立完善的课程体系。由于人工智能专业是一个融合多学科的专业，因此在课程设置上与传统课程体系有所区别。根据各学校的专业培养目标，课程设置也各有不同，但基本都是由理论课程和实践课程组成。其中理论课程包括公共基础课、专业基础课、专业必修课、专业选修课和创业课程，公共基础课的构成大体相同，主要是高数、大学英语、大学体育、马克思主义基本原理概论、中国近现代史纲要等政治类课程；创业课程主要是大学生职业生涯规划、就业指导、创业指导等；其余的专业类课程各有差别，但基本课程都包含计算机课程和数学课程。考虑到人工智能多学科交叉的特殊性和前沿性，首先，学生使用的教材和参考用书非常重要，尽量使用权威专家编写丛书和体现时代性与创新性的教材；其次，高校也需要增设一定的通识教育类课程，大学生活不仅是专业知识的学习，而且有价值观、责任感的教育；最后，实践环节是人工智能专业学习的最后阶段，也是极为重要的一环，但是国内安排的课时相对较少，需要增加一定的课时比重，切实提高学生的实践能力。

近几年，随着互联网技术的飞速发展，人工智能等新兴产业的发展也得到提速。纵观全球的发展态势，人工智能已被应用到医疗保健、交通、企业服务等领域，越来越多国家将人工智能上升为国家战略层面。目前，国内已对人工智能的发展进行了战略规划，国内的人工智能市场

---

① 北京大学：《中国高校人工智能人才国际培养计划在北大启动》，http：//pkun-ews. pku. edu. cn/xwzh/2018 −04/04/content_301782. htm，2019 年 5 月 29 日。

也在高速扩张，当务之急就是培养大批人工智能人才，以推动人工智能的研发与应用。从 2018 年开始，中国部分高校已新增人工智能专业，同时也在积极探索人才培养模式。本章从多个方面深入研究了南洋理工大学人工智能人才培养模式，以为我国人工智能人才培养提供经验借鉴。

第 三 章

麻省理工学院人工智能专业
人才培养研究

  随着时代的进步与科技的发展，人工智能越来越受到人们的重视，并且渗透到人类生活的方方面面，人工智能系统在越来越多领域的应用中能和人类表现相匹配，甚至超越其他非专业领域人类的水平。人工智能是支持日常社交生活和经济活动的重要技术，它为经济的可持续增长做出了巨大贡献，并解决了各种社会问题。麻省理工学院是美国一所研究型私立大学，无论是在美国还是全世界都有非常大的影响力，是全球高科技和高等研究的先驱领导大学。麻省理工学院拥有领先世界一流的计算机科学及人工智能实验室、世界尖端的媒体实验室。麻省理工学院关于人工智能的研究也一直领先世界，提到人工智能专业人才培养，麻省理工学院当属其中的佼佼者。

第一节　麻省理工学院人工智能专业
人才培养的发展概况

一　关于麻省理工学院

  麻省理工学院（Massachusetts Institute of Technology，MIT），坐落于美国马萨诸塞州波士顿都市区剑桥市，是世界著名的私立研究型大学。在名称方面，麻省理工学院正确的翻译应为"马萨诸塞理工学院"，因麻省理工学院的译名起自清朝时期，后人沿用至今。麻省理工学院于 1861 年创立，在第二次世界大战后，麻省理工学院因为美国国防科技研究需要而迅速崛起，在第二次世界大战和冷战期间，麻省理工学院的研究人员对计算机、雷达以及惯性导航系统等科技发展做出了重要贡献。麻省理工学院以顶尖的工程学和计算机科学而著名，拥有领先世界一流的计算机科学及人工智能实验室（MIT CSAIL）、美国最高机密的林肯实验室（MIT Lincoln Lab）和汇集世界各类顶尖科技的麻省理工学院媒体实验室（MIT Media Lab），与哈佛大学、斯坦福大学、加州大学伯克利分校并称为"美国社会不朽的学术脊梁"。截至 2018 年 10 月，麻省理工学院的校友、教职工及研究人员中，共产生了 90 位诺贝尔奖得主、59 位国家科学奖章获得者、29 位国家技术与创新奖获得者、75 位麦克阿瑟研究员以及 15 位图灵奖得主。①

麻省理工学院的工程学院是最知名、申请人最多，也是最"难读"的学院，曾连续七届获得美国工科研究生课程冠军，其中以电子工程专业名气最强，紧跟其后的是机械工程。麻省理工学院的专业设置按照专业的分类，被分为 6 个学院：建筑及城市规划学院（School of Architecture + Planning）、工程学院（School of Engineering）、人文及社会科学学院（School of Humanities, Arts, and Social Sciences）、阿尔佛雷德·P. 斯隆管理学院（Alfred P. Sloan School of Management）、理学院（School of Science）和维泰克健康科学技术学院（Whitaker College of Health Sciences and Technology）。（如表 3 - 1 所示）

表 3 - 1　　　　　　　　麻省理工学院专业设置

学院	建筑及城市规划学院	工程学院	人文及社会科学学院	斯隆管理学院	理学院	维泰克健康科学技术学院
专业	建筑学、城市研究与规划、媒体实验室、不动产、艺术，文化+科技	航空太空工程、生物医学工程、化学工程、土木工程、环境工程、电机工程、计算机科学与工程、资讯科学、核子工程、机械工程、材料科学与工程、交通物流研究所（供应链管理硕士和博士项目）	人类学、比较媒体研究、经济学、文学、历史学、语言学、哲学、音乐与戏剧艺术、政治学、女性研究、写作计划组	金融博士、会计博士、管理学硕士、MBA 和金融学硕士	数学、物理学、化学、生物学、脑与认知科学、地球科学（包括大气科学和行星科学）	生命科学、医学、计算机科学、机械工程、电气工程

① MIT, "About", 2019 - 04 - 11, http://www.mit.edu/about/.

麻省理工学院的研究生院共有六所：建筑及城市规划研究生院、工科研究生院、人文社会学研究生院、斯隆管理研究生院、自然科学研究生院、健康科学研究生院。2023—2024 年度，麻省理工学院位列 QS 世界大学排名第一、USNews 世界大学排名第二、世界大学学术排名（AR-WU）第四以及泰晤士高等教育世界大学均排名第三。

二 麻省理工学院人工智能专业人才培养的历史考察

麻省理工学院人工智能专业人才培养的过程分为三个阶段：首先，人工智能专业人才培养的起源可以追溯到 1959 年，人工智能实验室开始成立人工智能项目，为人工智能专业人才培养的开始奠定基础；其次，1963 年，国防部发起了 Project MAC 项目，这个项目成为人工智能人才培养的摇篮，然而因为实验室内部纷争，1970 年，明斯基（Minsky）将自己的小组从实验室分离出来，单独成立了人工智能实验室，从此人工智能实验室成为新的培养人工智能人才的实验室；最后，在 2012 年，之前的两大实验室，即 LCS 与 AI 实验室合并组建了计算机科学与人工智能实验室（CSAIL），从此成为专门培养人工智能人才的中心，在此之后，麻省理工学院对于人工智能专业人才培养的模式更为系统化和完备化。

（一）人工智能研究起步阶段（20 世纪 30 年代—1959 年）

麻省理工学院计算机科学研究始于 20 世纪 30 年代，人工智能研究始于 1959 年成立人工智能实验室。该实验室开创了图像引导技术和基于自然语言的网络访问的新方法，开发出新一代微型显示器，使触觉界面成为现实。实验室人工智能项目的开创标志着麻省理工学院人工智能人才培养由此拉开序幕。

（二）人工智能项目发展阶段（1963—1970 年）

随着时间的推移和时代的进步，国家越来越重视人工智能人才的培养，因此各实验室和人工智能项目应运而生。计算机科学实验室（LCS）成立于 1963 年；国防部发起 Project MAC 项目，旨在开发可供大量人员使用的计算机系统。实验室的成立为国家项目的施行提供了平台，也为计算机领域的发展提供了广阔的发展空间。1963 年 Project MAC 开始运营，专注于分时计算机的开发，在 20 世纪 60 年代后期，人工智能小组发展寻求更多计划空间，但遭到项目主管李克立德（Licklider）抵制，这一时期的人工智能小组发展受挫。1970 年，明斯基把他的小组分成一个单独的实体，称为人工智能实验室，它将自己的空间与 Project MAC 分开。从此，人工智能实验室才正式独立，成为人工智能项目发展的"摇篮"，这是人工智能和机器人领域走向兴盛的重要节点。

（三）人工智能发展成熟阶段（2012 年至今）

2003 年，随着两个实验室之间的合作不断增加，并且为了在麻省理工学院设置信息科学专业的新大楼，两个实验室即 LCS 与 AI 实验室合并组建了计算机科学与人工智能实验室（CSAIL）。2012 年 5 月 30 日，麻省理工学院宣布，计算机科学与人工智能实验室将主办一个英特尔研究中心，该中心将组织互联网和网络传感器产生的大量信息并开发新技术。2014 年，CSAIL 庆祝 Project MAC 项目 50 周年和 CSAIL 成立 10 周年。2017 年 9 月 7 日，MIT – IBM 沃森 AI 实验室开展基本的人工智能研究，并力求推动以实现人工智能潜力的科学突破。该合作旨在推进与深度学习和其他领域相关的 AI 硬件、软件和算法，增加 AI 对医疗保健和网络安全等行业的影响，并探讨人工智能对社会的经济和伦理影响。IBM 对该实验室投资 2.4 亿美元支持 IBM 和 MIT 科学家的研究。① 人工智能实验室的成立也标志着麻省理工学院对于人工智能专业人才培养更加系统化。

三　麻省理工学院人工智能专业人才培养的现状分析

从早期的科学理论研究到后来的实践探索，麻省理工学院在计算机科学和人工智能方面有着深厚的积淀。人工智能的迅猛发展也推动了各高校对人工智能人才培养的关注与研究。MIT 一直在实践中不断探索人工智能人才培养模式，并将其落实到每一项决策和计划中。

（一）创立人工智能新学院

人工智能时代已经起航，面对着人工智能领域人才的缺口，MIT 开始专门为人工智能学科设立学院。2018 年 MIT 在官网宣布了一个 10 亿美元的投资项目，其中就包括创立一所新学院，该计划是当下美国学术机构对人工智能领域的最大一笔投资，目前该项目三分之二的资金已经到位，

---

① MIT，"Big event"，2018 – 05 – 01，http：//mitstory. mit. edu/ mit – highlights – timeline/ #event – big – data.

并且黑石投资公司的首席执行官苏世民（Stephen A. Schwarzman）带头捐资3.5亿美元，因此，新学院也被命名为麻省理工苏世民计算机学院（M. I. T. Stephen A. Schwarzman College of Computing）。①

该学院的目标是"培育未来的双语者"，培养熟悉生物学、化学、政治学、历史学和语言学等各个学科领域，且同时精通现代计算技术的人，他们要能够利用计算机和人工智能技术来推进他们的学科研究，并能够批判性地思考他们的工作对人类的影响。

（二）人工智能实验室组成

麻省理工学院计算机科学与人工智能实验室（CSAIL）是一个充满活力的实验室。目前有1000名成员，其中包括500名研究生和博士后、115名教授，11个学术部门。

CSAIL率先推出了新的计算方法，以改善人们工作、娱乐和学习的方式。它不仅开发了第一台分时计算机、第一个计算机代数引擎、第一台移动机器人和第一个计算机视觉系统，而且也让笔记本电脑与以太网连接，人们能够阅读电子邮件或在线安全购物。此外，CSAIL开发了从编程语言（如CLU和LISP）到诸如RSA和零知识协议等密码学发明，并且正在进行从计算的理论基础到诊断、监测以及治疗疾病等应用的项目研究。

麻省理工学院素以世界顶尖的工程学和计算机科学享誉世界，其计算机科学学科位列世界第一，与斯坦福大学、加州大学伯克利分校一同被称为工程科技界的学术领袖。麻省理工有领先世界的一流的计算机科学及人工智能实验室。在这里，所有CS专业的学生都有机会选择人工智能作为他们的一个专业方向，而在课程方面，学院提供包括搜索和推理、计算机视觉和图像处理等独立课程。

（三）人工智能专业排名

2018年，麻省理工学院马萨诸塞校区计算机与信息科学学院教授埃默里·伯格（Emery Berger）发布了全球院校计算机科学领域实力排名的开源项目CSranking更新。目前，卡内基梅隆大学、麻省理工学院与斯坦

---

① Bloomberg News, "Schwarzman gives ＄350M for MIT College of Computing", 2018 - 10 - 16, https：// www. information - management. com/articles/schwarzman - gives - 350m - for - mit - college - of - computing? brief = 00000159 - ffbf - d8bf - af7b - ffbf558d0000.

福大学名列全球前三。如果只考虑 AI 部分的排名，排名第一的是卡内基梅隆大学，清华大学排名第二，康奈尔大学和斯坦福大学并列第三；第五到第十名分别为：北京大学、佐治亚理工学院、华盛顿大学、加州大学伯克利分校、马萨诸塞大学安姆斯特分校、麻省理工学院。

总之，人工智能的崛起引起全世界对人工智能的重视，国家和政府出台了各大政策，以抢占人工智能的制高点。各大高校也纷纷响应国家号召，为了应对培养人工智能人才的决策，麻省理工学院对于人工智能的人才培养计划逐渐系统化，从创建新学院、成立实验室到人工智能专业的排名足以说明麻省理工学院在人工智能领域取得的成就。

第二节　麻省理工学院人工智能专业人才培养的目标定位

一　价值取向

为了人工智能人才的持续发展，在确定人工智能的人才培养计划时，必须要有正确的价值取向的引导，所以，麻省理工学院在人工智能人才培养方案中，始终坚持以社会需求为导向、以专业理论为基础、以学术成果为重点、以实用价值为保障的人才培养价值取向。

（一）以社会需求为导向

麻省理工学院的历任校长一直秉承着一个传统：保持学校的办学方案、培养目标与社会的需求同步。麻省理工学院的使命是在知识科学、技术和其他领域内教育培养学生，使他们能够在 21 世纪为国家和世界提供最好的服务。正是在"为世界服务"的理念指导下，麻省理工学院培养了大量对世界有重大影响的人物。麻省理工学院建校之初，主张的是建立一所培养机械师、土木工程师、采矿工程师等人才的技术型院校，以迎合美国工业经济兴起背景下对技术人员的迫切需求。第二任校长沃尔克，设立了电气工程、化学工程、卫生工程、造船工程和地质学等专业来适应市场需求。在后任的几位校长中，他们仍不断探索学院的发展方向，但唯一不变的就是坚持适应社会需求的传统。比如，MIT 的计算机科学与人工智能实验室就一直致力于计算研究，旨在改善人们的工作、娱乐和学习方式。① 而为了应对新一轮科技革命和产业变革迅猛发展对高等工程教育提出的新挑战，需要迫切深化人才培养模式改革，MIT 推出工程教育改革，即 2017 年 8 月启动实施"新工程教育转型"（NEET）计划，旨在面向未来产业界和社会发展，培养引领未来发展的卓越领导型工程人才。② 由此可见，MIT 学科建设和人才培养与国家和社会需求同步。

（二）以专业理论为基础

为了更好地培养人工智能专业人才，麻省理工学院在聚焦人工智能内涵的基础上建设了人工智能专业课程，如机器视觉、计算与系统生物学基础、人类智力活动、计算认知科学、高级自然语言处理等，甚至还有高级课程、研究生课程。人工智能作为能够推动其他技术或系统发展的基础性技术，天然具有与其他学科研究进行交叉的秉性。因此，麻省理工学院在 2018 年 10 月宣布建设一所新的计算机学院，致力于将人工智能纳入每个研究生的培养过程，推动研究交叉、重塑人才培养模式。③ 麻省理工学院整合计算机科学与工程系、人工智能实验室等人工智能创新资源，促进跨校、跨学科、跨专业的交叉协作，在人工智能专业理论上，设置了专业必修课、选修课、高级课程，包括一些人工智能教育项目等新型教育体系，推动人工智能专业理论的发展与成熟，从而成为培养人工智能人才的基础。

（三）以学术成果为重点

麻省理工学院人工智能专业专注于开发基础新技术，开展进一步推动计算领域的基础研究。麻省理工学院马萨诸塞校区计算机与信息科学学院教授 Emery Berger 发布了 2019 年全球院校计算机科学领域实力排名的开源项目 CSranking。④ 排名分数计算主要依据各个高校在计算机领域的顶级学术会议发表的论文数量，度量了绝大多数院校教员在计算机科

---

① MIT，"CSAIL"，2020 - 06 - 06，https：//www. csail. mit. edu/.

② MIT，"Institute - wide Task Force on the Future of MIT Education"，2017 - 10 - 05，http：//news. mit. edu/2017/putting - projects - forefront - neet - pilot - engineering - 1006.

③ 吴飞、杨洋、何钦铭：《人工智能本科专业课程设置思考：厘清内涵、促进交叉、赋能应用》，《中国大学教学》2019 年第 2 期，第 14—19 页。

④ CSranking，"CSRankings：Computer Science Rankings"，2019 - 05 - 31，http：//csrankings. org/#/index？all.

学领域的各大顶会上发布的论文数量，以便帮助人们更好地了解全球各大学在计算机科学领域体系与师资方面的实力。

（四）以实用价值为保障

随着人工智能与产业融合发展，在产业对人工智能复合型人才和学科交叉型人才需求大量上涨的同时，也带来了劳动力就业市场格局的变化。面对新形势，麻省理工学院对于人工智能人才培养计划从加强跨学科教育、产学研协同育人和职业教育三个方面发力。首先是加强知识交叉的复合型人才培养，打破学科边界和跨学科教育；其次是深化产学研合作协同育人机制，打破校企人才培养边界，将真实场景下的人工智能技术需求与科研需求、产业需求相结合，将技术创新与人才培养改革相结合，旨在培养实用型的高素质人工智能人才；最后是要求学生亲自实践，独立完成人工智能项目；使学生在校期间就能接触到真实的职业环境，培养其解决实际问题的能力与专业技能。

二　基本要求

为了保证人才培养系统的完整性，麻省理工学院在人工智能人才培养上始终坚持系统性、整体性、基础性以及层次性要求。

（一）系统性要求

MIT 的系统性要求是建立高水平的计算机科学、人工智能和智能机器人的学科研究队伍；建设高水平的、开放的计算机科学、人工智能与智能系统的综合研究平台和环境；在若干重要的基础研究领域开展原创性研究；在智能技术与系统方面突破一批具有自主知识产权的高新技术；探索计算机科学、人工智能与智能系统领域新的学科发展方向。

（二）整体性要求

MIT 要求所有学科的学生和研究人员能够使用计算技术和人工智能来推进他们的学科发展，并批判性地思考他们的工作对人类的影响。其中建立新学院的目标之一就是使所有学科领域的学生都具备计算和专业能力，负责任地使用和开发人工智能和计算技术，以帮助创造一个更美好的世界，推进与计算技术和人工智能相关的公共政策和道德伦理方面的教育和研究。① MIT 对人工智能人才的要求是在信息科学技术领域掌握扎实的基础理论、专门知识及基本技能，具有在相关领域跟踪、发展新理论、新知识、新技术的能力，能从事相关领域的科学研究、技术开发、教育和管理等工作，还要能具有坚实的数学、物理、计算机和信息处理的基础知识以及心理生理等认知和生命科学的多学科交叉知识，系统地掌握智能科学技术的基础理论、基础知识和基本技能与方法，受到良好的科学思维、科学实验和初步科学研究的训练，具备智能信息处理、智能行为交互和智能系统集成方面研究和开发的基本能力。此外，还需要学生能够自我更新知识和不断创新，适应智能科学与技术的迅速发展。

（三）基础性要求

MIT 在系统审视人工智能时代的人才培养和学术发展诉求基础上，秉承"重塑自身以塑造未来"的发展理念，在其新建的计算机学院推行的是"计算能力＋"的人才培养理念。MIT 如此重视各学科领域学生的计算能力，并非凭空设想，而是来自对人工智能时代人才培养的基本判断，以及当前大量学生主修计算科学的强烈需求。不仅要求学生能够运用所掌握的理论知识和技能，从事计算机科学理论、计算机系统结构、计算机网络、计算机软件及计算机应用技术等方面的科研、开发与教育工作。还要求个人需要具有全面的文化素质、良好的知识结构和较强的适应新环境、新群体的能力，并具有良好计算机运用能力。比如，个别学生本科毕业后能够在研发部门、学科交叉研究机构以及高校从事与智能科技相关领域的科研、开发、管理或教学工作，并可继续攻读智能科学与技术专业以及相关学科和交叉学科的硕士和博士学位。

（四）层次性要求

MIT 对人工智能的本科生和研究生提出了不同层次的要求，本科阶段更注重培养学生广博的知识视野和健全的人格，而研究生阶段则更侧重于培养学生在相关领域内的分析和研究能力。具体要求如下：MIT 要求本科生通过各种教育教学活动发展学生个性，培养学生具有健全人格，具有高素质、高层次、多样化、创造性人才的人文精神，具有国际化视野，具有创新精神，具有提出、解决带有挑战性问题的能力，具有进行有效

---

① MIT，"Schwarzman College of Computing"，2020－06－06，https：//computing. mit. edu/.

的交流与团队合作的能力；在信息科学技术领域掌握扎实的基础理论、相关领域基础理论和专门知识及基本技能，具有在相关领域跟踪、发展新理论、新知识、新技术的能力，能从事相关领域的科学研究、技术开发、教育和管理等工作。要求研究生能广泛涉猎核心专业的多个发展方向，激发和巩固所学知识，提高分析技能。在完成学士学位的学习时，至少使学生在其所选择的两个感兴趣的领域有牢固的基础。

三　目标构成

人工智能实际上是人用机器来模拟的智能，目的是让机器像人一样学习和感知。MIT 在对人工智能的人才培养一直有其特有的目标构成，在整个教育系统里面，从电气工程与计算机科学学院（EECS）总目标、人工智能专业目标，再细化到人工智能课程目标，层层细化，目标明确。

（一）电气工程与计算机科学学院总目标

电气工程与计算机科学学院（EECS）总目标要求：第一，面向基础或应用基础科学技术问题，具备创新能力的研究型人才。第二，具备研究型人才的知识结构、基本能力和综合素质，具备分析、解决困难的创新能力，具备国际化视野。第三，具有远大的科学抱负和人生理想，同时具有为抱负和理想脚踏实地不懈奋斗的精神、自信心和能力。计算机系本科生教育目标是培养基础厚、专业面宽、具有自主学习能力的复合型人才。

（二）人工智能专业目标

MIT 毕业生有自信、有能力、推动所从事领域的创新发展，激励和指导他们合作的团队将他们的想法变为现实。EECS 毕业生的影响不仅取决于他们个人的技术创新，还取决于他们对团队和公司及其领域的影响。MIT 人工智能专业的目标是让毕业生成为职业领域中的有效领导者。

（三）课程目标

MIT 人工智能专业开设课程包括了选修和必修，数量高达百余门。比如其中有两门课程，即"计算机科学和使用 Python 编程入门"，以及"计算思维和数据科学入门"。这两门课程的共同目的是帮助没有接触计算机科学或编程知识的人们学习计算思维和编写程序来解决有用的问题。① 参加这两门课程的人中有些人会将它们用作高级计算机科学课程的垫脚石，但对于许多人来说，这将是他们唯一一门计算机科学课程。MIT 人工智能课程设置由浅入深，可供全世界爱好编程者学习。

第三节　麻省理工学院人工智能专业人才培养的内容构成

一　主要分类

在麻省理工学院设定的人工智能人才培养目标、价值取向和基本要求的指引下，人工智能专业在本科和硕博学段也各自开展了特定的课程。

（一）基础本科课程、实验室课程和高级课程

电气工程与计算机科学（EECS）必修课包括 6.01 EECS 导论 I、6.02 EECS 导论 II 和 6. UAT and 6. UAP 本科生高级项目，每个课程 12 学分，总计 36 学分。限制性选修课由 2 门数学课程、1 门试验课程、3 门到 4 门的基础课程、3 门核心课程、2 门学院开设的高级本科课程组成。MIT 的一般学院要求 17 门课程，EECS 的学士学位计划（必修、限制性选修和非限制性选修）又要求 17 门课程，关于人工智能本科课程如表 3 - 2 所示。学生需要在 8 个学期内完成 34 门课程，平均每学期 4.125 门课程。除去 GIR 以外所需的总学分 180—192 学分，加上 GIR 要求的 180 学分，共需 360—372 学分，平均每学期 45—46.5 学分，约合学生每周须投入 45—46.5 学时进行学习（即 MIT 每学分基本对应着学生每周投入的学时数）。人工智能这门课程是用于构建应用程序的表达、方法和体系结构，并从计算的角度考虑人工智能，涵盖规则链、约束传播、约束搜索、继承、统计推断和其他解决问题范例的应用。还涉及识别树、神经网络、遗传算法、支持向量机、助推器和其他学习范例的应用。具体课程如表 3 -2 所示。

---

① MIT，"Introduction to Computer Science and Programming Using Python"，2020 – 06 – 06，https：//www. edx. org/course/introduction – to – computer – science – and – programming – 7？utm_source = openlearning&utm_medium = stem – classes.

表 3-2　　　　　　　　　　人工智能本科课程

基础本科课程	实验室课程	高级课程
计算机科学与编程概论；Python 入门计算机科学入门；计算思维与数据科学概论；电路和电子；专题：电路与电子；信号和系统；计算结构；算法介绍；推理介绍；编程基础；通过机器人技术介绍 EECS；信号、系统和推理；纳米电子学和计算系统；通过通信网络介绍 EEC；通过医疗技术介绍 EECS；软件构建要素；计算机系统工程；人工智能；计算机语言工程；机器学习简介；计算机程序的结构和解释；概率介绍Ⅰ；概率介绍Ⅱ；计算机科学数学；自动机、可计算性和复杂性；算法设计与分析；进化生物学：概念、模型和计算；信息和计算；MATLAB 简介；通过互联嵌入式系统	机器人：科学与系统；Python 简介；移动自治系统实验室：MASLAB；Battlecode 编程比赛；网络编程比赛；软件工作室；软件系统的性能工程；建设性计算机体系结构；Pokerbots 比赛；Java 中的软件工程简介；C 和 C++简介	本科高级项目；本科高级研究研讨会；口语交流

（二）必修课程和限制性选修课程

从 2019 年 MIT 秋季课程选课要求，我们可以看出 EECS 课程 6-3 的必修课程包括以下内容（具体见表 3-3）。

表 3-3　　　　　　　　　EECS 课程 6-3 的必修课程

导论：1 门	通过机器人技术介绍 EECS；通过通信网络介绍 EECS；通过医疗技术介绍 EECS；通过互联嵌入式系统（4 门课程选一门）
编程技巧：1 门	Python 入门、计算机科学入门或者 6.S080（如果与 6.01 或 6.08 同时使用），6.S080 是 3 个单元，为期三周的模块，它提供了 Python 中的编程入门知识，适用于几乎没有或没有任何经验的学生。通过在线材料和实验练习提供 Python 编程基础知识
基础：3 门	计算结构；算法介绍；编程基础
主修：4 门	软件构建要素、计算机系统工程、人工智能或者机器学习简介（二选一），自动机、可计算性和复杂性或者算法设计与分析（二选一）
该级本科学科课程：2 门	高级本科学科课程中选两门课
额外课程：1 门	本科高级研究研讨会、口头交流（二选一）
数学：1 门	计算机科学数学机器学习简介

通过以上 EECS 课程 6-3 的必修课程可以看出，MIT 电气工程与计算机科学学院的必修课程一共 13 门，其中导论是在 4 门课程里选修 1 门，编程技巧选 1 门，基础课程 3 门，主修选 4 门，高级本科学科课程中选 2 门，额外课程 1 门，数学 1 门。必修课程充分体现了专业的学科特点，在此基础上，专业课程设置得非常丰富，不仅设置了大量的基础课程，还开设相应的实验课程和高级课程，这也充分体现了人工智能专业课程的阶段性特点。

限制性选修课由 2 门数学课程、1 门试验课程、3—4 门的基础课程、3 门核心课程、2 门学院开设的高级本科课程组成。

（三）研究生课程

人工智能专业，研究生和本科生的课程有所不同，具体不同如表 3-4 所示。

表 3-4　　　　　　　　　本科生课程和研究生课程

领域	本科生课程	研究生课程
人工智能专业	机器视觉；计算与系统生物学基础；人类智力活动；计算认知科学；高级自然语言处理；用户界面的设计与实现；计算机视觉的进步；大型符号系统	自动语音识别；推断和信息；推理算法；用户界面的设计和实现；欠驱动机器人；人类智力活动；认知机器人；自然语言与计算机知识表示；高级自然语言处理；机器视觉；机器学习；计算机视觉的进步；生物医学计算；计算系统生物学；人工智能高级主题；人工智能高级主题；人工智能高级主题；大型符号系统

关于人工智能专业，本科生课程旨在帮助学生开发人工智能方向的知识和能力，以适应更高层次的要求以及现代社会的挑战。而研究生课程就更专业、高级，人工智能的研究方向及其内容更加专业化，致力于培养人工智能领域的专业人才。本科生课程是为研究生课程奠定基础，从本科到研究生的课程设置可以看出，人工智能专业课程设置层层递进、由浅入深，为人工智能专业的人才培养提供了良好的培养方案。

硕士学位（SM）是 EECS 研究生课程必修的第一学位，而 EECS 硕士学位由三个部分组成，即课程、论文提案和 SM 论文。第一，EECS 的

SM 学位课程要求是 66 学分，这通常意味着学生需要 4 个 EECS 科目共计 48 学分，其中的 42 学分必须来自指定为研究生水平的科目。剩下的 18 学分可以通过第一年的 EECS 的入门研究来满足。第二，SM 论文提案在夏末提交，列出研究范围及其时间表，并提供适当的参考，由研究主管批准 SM 论文提案。第三，SM 论文由研究主管认证并由 EECS 研究员接受。由研究主管指派的 SM 论文等级将提供给注册员，并将出现在 MIT 的成绩单上，取代之前为学生论文提案的成绩。

EECS 博士课程的每个学生都必须完成 1 个由 EECS 研究生或学生区主席批准的辅修课程，该课程由 2 个 MIT 科目组成，其中至少有 1 个是高级研究生科目。每位博士生都应参加该系的教学计划。为了满足这一教学要求，学生必须完成一学期的教学任务，通常作为助教任务。可能涉及直接教学或课程开发。博士论文提案是博士课程的要求，将在第八学期结束时由研究生完成。该文件应与论文委员会的研究主管和读者协议一起交给 EECS 研究生办公室，提交后，该提案将发送给研究人员，以供批准。经批准后，该提案将存档在学生档案中。如果满足所有要求，则当研究主管签署论文、报告满意度（SA）等级，以及学生将 2 份论文文件提交给研究生办公室时，完成博士课程。

（四）研究计划

为了适应人工智能人才培养目标的需要，MIT 设计了多层次、多样化、个性化的人才培养计划，实施了包括本科生研究计划（UROP）、独立活动期计划（IAP）、共同课程学校计划（Concourse Program）、实验性学习小组（Experimental Study Group）、地球探究（Terrascope）、媒体艺术与科学新生计划（Media Arts and Sciences Freshman Program）、讨论班（Seminar XL）等计划。同时为了适应不同年级、不同能力学生的需要，MIT 设置了新生咨询研讨项目（Freshman Advising Seminars Program）、二年级考察计划（Sophomore Exploratory）、三、四年级的高级项目（Junior-Senior P/D/F.）、联合培养项目（Study at Other Universities）、国外交流项目（Study Abroad Opportunities）等。这些项目为将本科生课堂学习与课外学习，课堂教育与科学研究、实践有机地整合起来，为学生提供了多样化的、个性化的、持续的发展通道。

二 选择标准

MIT 在人工智能专业部署和培养计划的落实过程中，必须根据一定的标准来构建不同的课程，除了应该符合教学计划的基本要求之外，还要坚持教学内容的前沿性、教学方式的多元性和教学过程的严谨性三个选择标准来提升人工智能课程内容的专业性。

（一）教学内容的前沿性

MIT 的人工智能专业，不管是本科阶段还是硕博阶段的人才培养，其教学内容必然是最前沿的人工智能知识，否则 MIT 也不可能成为培养人工智能专业人才的典型。比如人工智能开设有特别的专业课程，是人工智能联盟通过其学术合作伙伴为技术人员和管理人员提供了几个在线专业教育课程，重点关注人工智能的研究趋势、挑战和机遇。其中一门课程为《用户体验设计中的人机交互》，课程于 2020 年 5 月 6 日开始，该课程致力于改善人们使用计算机或其他机器的交互方式。专业课程一直与时俱进，不断地探索着人工智能领域的最前沿。

（二）教学方式的多元性

MIT 为了鼓励学生的个性化发展和多元化学习，设置了多种教学方式。一方面，MIT 安排人工智能专业课程和通识教育课程，致力于培养文理兼修的综合型人才。另一方面，MIT 开设对应的在线课程，如人工智能联盟里面会经常更新在线专业课程。甚至人工智能实验室会提供学习项目支撑，比如在人工智能和机器学习方向就有一百多个项目，其中一个项目是"自动语音识别"（Automatic Speech Recognition），这个项目是在该领域正在进行的研究，检查了深度学习模型在遥远且嘈杂的录制条件下，验证其能否在多语言和低资源场景下使用。

（三）教学过程的严谨性

MIT 为了保证教学质量，为了能够培养高水平的人工智能人才，必然要在教学过程中严格要求。第一，要保证课程实施计划的严谨性。比如在博士教育中，博士生必须拿到 3 门核心课程（Core Subjects）和 4 门高级选修课（Advanced Elective Subjects）以及 3 次一个月轮转（Three one-month rotation）研究计划的学分后，才能被授予博士学位。另一方面，为了保证学生考核评价的严谨性，不同的课程有着不同的考核方法，教师会根据笔试成绩、课程作业、实践项目、学位论文等方式在不同程度上评估学生的综合能力。比如 MIT 为了加强和计算机系统生物学（CSB）相关的学术组织合作，特地成立了计算机系统生物学创新工程（Computational and systems Biology Initiative，CSBi），CSBi 的教育目标包括 CBS 课程开发和一些博士培养项目，教师通过项目来评估学生的部分能力。

三　设计原则

MIT 为了进一步推动将人工智能专业人才培养目标和基本要求落实到位，在人工智能专业人才培养的内容过程必须坚持必要的设计原则，即以学生为本的理念诉求、精益求精的管理实施和多元统一的目标效应。

（一）以生为本的理念诉求

"以学生为本"是现代教育的基本理念，也是主体教育思想的一种延伸。[1] 在 MIT 本科课程及学分的设置与实施中，充分体现了"以学生为本"的教育理念。首先，进入 MIT 的所有本科生只需在第二学年年末确定所选专业，前期可以根据课程等信息充分了解相关专业，并且学校为每一位学生配备指导教师，帮助学生完成专业选择，并为其设计合理的学习计划。其次，学校的总体要求以及各系的具体要求中有对选修课程的设置，以及独立活动期对课程及学分的设置与要求，一方面可以巩固和拓展学生的专业知识和技能，另一方面可以开辟学生潜在的兴趣领域，从而促进学生的个性化、多元化与终身化的发展。

MIT 提供多达 100 门选修课程，学生可以根据自己的兴趣或者能力进行选课。整体的选课原则还是较为宽松和自由的，包括人工智能专业各个方向的课程，除此之外，MIT 的学生还可以选择其他专业的课程。除专业课程外，还有一些人文课程和体育课程供学生选择，可以满足学生不同志趣的需求，充分调动了他们学习的主动性，真正实现了学分制。MIT 课程最大的优势就在于可以让学生根据自己的实际状况来自行决定学习的课程和进程，这样就能最大程度地增强学生的自主性和灵活性。需要特别指出的是，学生听课的过程中还可以参加一些学习活动，以增强学

---

① 刘海涛：《麻省理工学院本科课程及学分设置的实践与思考》，《高教探索》2018 年第 2 期，第 75—76 页。

习的趣味性。同时，学生还可以对自己所选择的课程进行评价和打分。MIT 对于学生的课程安排及学习量，也在一定程度上反映出 MIT 坚持"以学生为本"的理念诉求。

（二）精益求精的管理实施

选课制是 MIT 人工智能人才培养的一种管理制度，体现出 MIT 人工智能人才培养高度的规范性与灵活性。主要表现为：首先，MIT 对人工智能课程学分的要求，不仅从学校和各系两个层面分别做出明确和详细的规定，而且对每门人工智能课程结构及学分构成也进行了具体的描述和规定。这种对人工智能课程和学分明确具体的规定与合理实施体现出对人工智能课程及学分设置管理的规范性。其次，MIT 本科人工智能课程设置与要求中选修人工智能课程的较高比例，体现出对人工智能课程及学分设置管理的灵活性。最后，MIT 庞大而系统的本科人工智能课程评价体系，基于不同的主体，从不同的视角对人工智能课程实施多层次的评价，也在一定程度上反映出人工智能课程管理的规范性与灵活性。这种规范与灵活反映其课程及学分体系严谨而不死板的特征，同时体现其管理的专业性。

人工智能领域中电气科学与工程、电气工程与计算机科学和计算机科学与工程三个学习方向相互交融，每个方向的学生都要跨领域选修其他方向的一些课程，学生视野开阔，有利于培养高素质复合型人才。计算机科学与技术专业的学生除了学习校定必修课外，还要学习高级语言程序设计、离散数学、数据结构、信号处理原理、系统分析与控制、数字逻辑、人工智能导论、微计算机技术、操作系统、汇编语言程序设计、计算机原理、计算机系统结构、编译原理、计算机网络等专业基础课和专业课。人工智能课程设置的这种规范与灵活反映出人工智能课程体系严谨而不死板的特征，同时体现了人工智能管理的专业性。

（三）多元统一的目标效应

MIT 在本科课程及学分的设置过程中，体现出"做中学"和"以学生为本"的人才培养理念。首先，将基础理论课程和实践应用课程有效结合，在大多数课程中设置实验或实践的学分权重，并且较大程度增加学生准备或预习的学分权重。在此基础上根据学分与教师教学投入或师生接触时间的计算原则，增加学生自主学习或实践环节的时间，减少学生听课时长在其学习总时长中的占比。其次，将理工课程与人文课程相结合，MIT 一直致力于将学生培养成科学家，而且还应该是一名全面发展的人。因此，作为一所以理工科为主的高校，在其对课程的总体要求中设置人文、艺术与社会科学（HASS）课程计划，从而培养具有人文精神的理工科人才。最后，将必修课程与选修课程相结合，既体现了其通识教育的办学思想，也反映出对学生的个性培养。基于此，通过不同类型课程的结合及学分设置来完善本科人才培养模式，从而培养学生的创新精神、实践能力和综合素质，最终达到提高人才培养质量的目的。

基础本科课程是本科基础知识的精华，也是全系学生的必修课程。这几门课的学分高于其他课程，由教授主讲，一批教授（非助教）担任小班辅导（讨论）课主讲。除了必修课外，还有一些实验课程，如果学生自身能力较强，还可以选修一些研究生的高级课程。从表 3 - 4 中的本科课程和高级研究生课程可以看出人工智能课程的多样化。MIT 提供了 7 个方向，也可以说是 7 个方面的要求，学生可以任意选择，但是要达到这 7 个方向的选课数量以及学分要求。课程设计复杂多样，学生需认真研读选课标准，按照人才培养方案进行选课。

四　组织形式

为了人工智能教学的顺利实施，MIT 通过多样化的组织形式，交叉融合多元化方式，旨在更好地促进学习者对人工智能专业的思考与研究，从而为培养高质量的专业化人工智能人才铺路。

（一）线上教学

随着在线学习和大型开放式在线课程不断发展，MIT 通过在线平台为全球个人提供了更多机会。于 2001 年正式开启网络公开课程（Open Course Ware，简称"OCW"项目），向全世界开放课件，目前全球已经有超过 1.25 亿人与之分享、获取知识。MIT 与 edX 平台合作开发了数十种免费的在线课程。现在任何人都有机会体验 MIT 提供高质量课程，并扩大他们在科学、工程和技术方面的知识。①

---

① MIT, "certificate online", 2018 - 05 - 30, http：//gradadmissions. mit. edu/programs/ degrees/certificate - online. .

MIT 的计算机科学与人工智能实验室即将推出人工智能专业在线课程，这些专业课程通过他们的学术合作伙伴——麻省理工学院 CSAIL 联盟为技术专家和管理人员提供了几个在线专业教育课程，重点是研究趋势、挑战和机遇。每门课程由 CSAIL 教师专家讲授，有些课程通过 MITx-PRO、麻省理工学院斯隆管理学院或其他在线教育提供者提供认证。CSAIL 开设 3 门专业课程，分别是《机器学习：商业实施》（课程从 2019 年 6 月 19 日开始）、《用户体验设计的人机交互》（课程从 2019 年 5 月 1 日开始）和《人工智能：对业务战略的启示》（课程从 2019 年 4 月 24 日开始）。

（二）集体教学

集体教学是以课堂教学为主，师生面对面交流，由世界级的教师参与人才开发的专业课程。在 MIT，传统的教育方法是没有市场的，这里的学生性格外向开放，思维敏捷活跃。MIT 的最成功之处在于它独特的教育方法，其基点是研究，即独立地去探索新问题。MIT 的师生比例合理，教授们会有足够的精力来关心学生的作业与发展。在课堂上，教师授课只占很小一部分的时间，大部分时间学生自己动手去研究，有问题可以单独跟老师交流。MIT 的学术氛围是非常自由自主的，但并不是指课堂教学不重要，只是不同于中国的以授课为主要方式的教学。在 MIT 期末作业通常是和导师商量好交作业的时间，如果没能在规定的时间完成，也可以跟导师申请延期，这里的老师大都善解人意，同意学生的延期申请，只要最后能把作业交上来即可。

（三）科学实验

MIT 素以顶尖的工程学和计算机科学而著名，拥有林肯实验室（MIT Lincoln Lab）和麻省理工学院媒体实验室（MIT Media Lab），拥有史无前例的前沿研究和新兴技术，从机器人到生物工程，从电子产品到音乐娱乐。MIT 媒体实验室涉及范围广泛至极，拥有专业的人工智能实验室和完善的设备，供人工智能专业学生开展研究。实验室中又分为许多实验小组，每个小组研究的领域各不相同，其中研究人工智能方面现在有 116 人、63 个项目，分成 21 个小组。① 在 MIT 媒体实验室里，学生们不会为

---

① MIT,"CSAIL", 2019 – 04 – 08, https://www.csail.mit.edu/.

了研究课题苦恼，因为他们在这个实验室里对什么感兴趣，就去研究什么。一张桌子代表的可能就是不同的小组，大家都欢乐地在一个开放式空间中做自己的研究。在 MIT 媒体实验室学科根本不受限制，可能有一半是科学家，另一半则是艺术家。"交叉学科"的理念也一直贯穿始终，两位创办实验室的教授都认为，学科的交叉领域才是最值得探索的。

（四）开展讲座

MIT 会定期开展一些讲座，邀请一些领域有突出贡献的人士，或者一些企业的人士在实验室举办技术讲座和招募活动，有机会与领先的研究人员和学生创新者进行对话。通过讲座、研究出版物、研讨会和交流活动访问 CSAIL 社区。葡萄牙首相曾在 MIT 的演讲中鼓励学生创新，他在麻省理工学院 Stata 中心的一个演讲大厅里说道："没有比投资于年轻一代的教育更好的方式，为现代社会和经济做准备。"MIT 葡萄牙课程为优秀学生提供机会，让他们在 MIT 和葡萄牙学习，与 MIT 和葡萄牙大学的教师一起工作。① 比如 MIT 2018 年还推出一门人工智能通用课程《通用人工智能》，据说这是全球第一门通用人工智能课程，这门课程采用工程学的方法来探索建立人类智能可能的研究路径，讲座介绍了我们目前对计算智能的理解，以及关于深度学习、强化学习、计算神经科学、机器人、认知建模、心理学等内容的深入见解；同时，还有关于人工智能安全和道德的探讨；项目还探讨了最先进的机器学习方法的局限性，以及如何克服这些局限。②

第四节　麻省理工学院人工智能专业
人才培养的实施过程

一　主要部门

MIT 对于人工智能人才的培养除了需要计划方案之外，还需要落地实

---

① MIT，"News"，2018 - 06 - 11，http：//news. mit. edu/2018/portugal - prime - minister - antonio - costa - champions - innovation - in - mit - visit - 0611.

② 智能观：《2018 年 MIT 课程：通用人工智能 ‖ 全部视频推送》，https：//www. jian-shu. com/p/eb1e8332b94 1，2018 年 4 月 20 日。

施，这就离不开多方面的协调与配合，因此有了人工智能实验室、学习小组、学生委员会和人工智能联盟这四个主要部门来为 MIT 人工智能人才培养的实施作保障。

（一）人工智能实验室

MIT 培养人工智能人才主要是通过计算机科学与人工智能实验室（CSAIL）来实现的，CSAIL 是 MIT 最大的研究实验室，也是世界上最重要的信息技术研究中心之一。CSAIL 拥有近 1200 名员工，900 多个项目，56 个研究小组和 600 多名学生。[1] 该实验室涵盖机器人、自然语言处理、计算机视觉、密码学、算法、架构、网络、系统、网络科学、人工智能、人机交互、计算生物学等。CSAIL 致力于开创新的计算方法，为全世界人的生活、娱乐和工作方式带来积极的变化。专注于开发基础新技术，以及激励和教育未来的科学家和技术人员。有超过 60 个研究小组致力于数百个不同的项目，研究人员专注于发现使系统和机器更智能、更易于使用、更安全、更高效的新方法。作为日常生活的重要组成部分，计算技术将在未来 50 年内越来越多地融入人类体验中。CSAIL 将成为这一变革的推动者，吸引那些能够真正改善我们集体生活的技术进步的杰出思想家。在这个实验室大约有 900 个研究人员，包括教授、研究科学家、博士后、博士、硕士生和本科生。[2] 官网上的数据显示，CSAIL 的年度研究预算就有将近 6500 万美元，[3] 由此可见，MIT 对于人工智能的人才培养相当重视。这个实验室的研究领域主要有算法与理论、人工智能和机器学习、人机交互等，具体研究领域如表 3-5 所示。

表 3-5　　　　　　　　计算机科学与人工智能实验室研究领域

研究领域	具体内容
算法与理论	基础工作包括复杂性，并行计算和博弈论

---

① MIT, "CSAIL Alliances", 2019-04-10, https：//www.csail.mit.edu/engage/csail-alliances.

② CSAIL, "MIT CSAIL", 2019-04-10, https：//www.csail.mit.edu/about/mission-history.

③ AI 商业报道：《盘点：全球顶尖学府的 AI 实验室》，https：//www.tinymind.net.cn/news/8de9eafaa3a312，2020 年 5 月 24 日。

研究领域	具体内容
人工智能和机器学习	跨越自然语言处理、深度学习、计算机视觉等
计算生物学	通过表观基因组学、基因调控和生物信息学了解疾病
计算机架构	如何设计和组织 CPU、内存和其他系统
……	……

（二）学习小组

MIT 计算机科学与人工智能实验室中还有人工智能学习小组，包括 Anyscale Learning for All ALFA（适用于所有 ALFA 的 Anyscale 学习），这个小组的目标是发明利用最先进的人工智能和机器学习的应用系统技术，它可以提高医疗保健质量，理解网络军备竞赛和提供在线教育；布罗德里克实验室（Broderick Lab）专攻统计和机器学习领域，这个小组对贝叶斯推理和图形模型感兴趣，重点是可扩展、非参数和无监督学习；大脑、头脑和机器中心小组的主要目标是开发基于计算的人类智能理解，并基于这种理解建立工程实践，团队汇集了计算机科学家、认知科学家和神经科学家，共同开创了一个新的领域——"智能科学与工程"；临床决策小组专注于进一步将技术和人工智能应用于医学和保健领域等，部分学习小组及其研究领域如表3-6所示。

表3-6 人工智能学习小组

研究小组	研究领域
Anyscale Learning for All ALFA	安全和密码学、人工智能和机器学习
布罗德里克实验室	算法和理论、人工智能和机器学习
大脑、头脑和机器中心	计算生物学、人工智能和机器学习
临床决策小组	计算生物学、人工智能和机器学习
临床机器学习小组	人工智能和机器学习
计算感知与认知	计算生物学、人工智能和机器学习
计算基因组学	计算生物学、人工智能和机器学习
机器学习	人工智能和机器学习
……	……

（三）学生委员会

CSAIL 学生委员会（CSC）是 CSAIL 研究生团体的学生组织。CSC 组织各种社交活动，并将学生的需求传达给行政部门。学生委员会使用他们的资金来开展各种社交活动，学生可以通过 Facebook 和谷歌日历订阅活动或订阅 csail – social 邮件列表的方式来获得活动更新，活动包括半自发社交活动、CSAIL 奥运会、松饼星期一、CSAIL 卡拉 OK 等社交活动。

（四）人工智能联盟

人工智能联盟（CSAIL 联盟）是将公司和组织连接到 CSAIL 的组织研究新兴技术人才获取或建立联通都是与实验室联系的方式，领导组织了解 CSAIL 的工作，招募有才华的研究生，并探索与研究人员的合作。CSAIL 联盟提供积极和全面的方式，与 CSAIL 提供的所有人建立强有力的合作关系。通过 CSAIL 联盟，公司和组织计划拥有前所未有的前沿研究和新兴技术，与领先的研究人员和学生创新者进行对话，通过讲座、研究出版物、研讨会和网络活动访问 CSAIL 社区，有机会在实验室举办技术讲座和招募活动，派遣一名行业研究人员在实验室中与 CSAIL 研究人员并肩工作，参加世界一流的人才发展专业课程等等。①

二　路径选择

在教育信息化时代，人们对于教育的要求越发严格，传统的教学模式已经无法满足学生的个性化需求，必须开辟多元化、科学化的路径来促进学生的发展。MIT 通过院系合作、校企协同和校校联盟的形态来实现培养高质量的人工智能人才的探索。

（一）院系合作

一直以来，MIT 都特别强调科学技术对于解决社会复杂问题的重要性，认为复杂问题的解决经常需要跨学科的方法，并涉及几个不同部门的专业知识。MIT 一直通过跨学科方式帮助学生解决和分析复杂问题、创造革新、支持经济发展、培养未来的领袖、使学校脱颖而出。在招生简章中，MIT 就明确提出了跨系（Interdepartmental）招生计划，甚至人工

---

① MIT, "CSAIL Alliances", 2019 – 04 – 10, https：//www. csail. mit. edu/engage/csail – alliances.

智能专业人才的培养也是依靠多个不同的系别。比如新开设的施瓦茨曼计算机学院（Stephen A. Schwarzman College of Computing）的组成就包括很多的系、研究所、实验室和中心。

（二）校企协同

MIT 在人工智能人才培养过程中始终秉持着该校首任校长罗杰斯"科学与实践并重"的理念，在不同时期以不同形式与多方企业展开协作培养。MIT 与人工智能领域企业行业的协同培养中，主要以人工智能的专业教育为主，授予人工智能的专业性学位，以培养人工智能应用型人才为目标，要求通过充分的学习和实践，能够解决现实世界的问题。

（三）校校联盟

美国大学历来对外部环境变化表现出极强的适应能力，这是美国走向高等教育强国的一个重要因素，而高校间自觉的联盟便是这种适应能力的一个最好体现。在全球化和知识经济的浪潮中，MIT 也不例外，开始在国内外高校寻求广泛的合作，谋求人才培养、科学研究的协同创新。如麻省理工学院斯隆管理学院（MIT Sloan）与清华大学、复旦大学联盟，创办的"国际 MBA 项目"（International MBA Program）等，为培养国际化的管理精英提供了平台。

三 策略方法

教学策略是教学的基本组织形式，是为了实现教学目标而采取的一系列方法和手段。MIT 在人工智能的人才培养计划的实施过程中，应当处理好科学与思想、理论与实践的关系。

（一）课程设置由浅入深

所有学生都是从入门科目选择开始的，通过研究机器人、手机网络和系统等具体系统来探索电气工程和计算机科学基础。通过逐步推进复杂性越来越高的学科，学生获得知识、能力和成熟度。课程的设置都是由浅入深，从一些基础的计算机课程，从电路和电子学到应用电磁学，从软件开发原理到信号和系统等领域建立深度和广度。例如算法与理论等，帮助学生掌握基础的编程，再到计算机架构，由浅到深，再到 AI 与机器人的学习。课程安排都是一些简单的课程作为必修课程，每个学生都必须选择，另外一些复杂的课程根据学生自身的兴趣和能力进行选择。

（二）课堂教学与课外实践相结合

MIT 非常鼓励学生自主学习，课堂教学时间很短，大部分时间留给学生自己，除课堂学习外，MIT 人工智能专业还开展课外社交活动、研讨会、论文答辩，以及与知名企业合作，到企业参观实习等。关于研讨会，麻省理工学院 CSAIL 实验室在关于人工智能和机器学习方面推出研讨会系列，比如：大脑、头脑和机器研讨会、机器学习研讨会、机器人技术研讨会等。①

四　影响因素

MIT 在培养人工智能人才的实施过程中，必然会受到来自多方面因素的影响，MIT 应该综合考虑国际综合实力、国家发展战略和学校发展要求，从而整合各方影响因素来促进人才培养的落地实施，进而培养出复合型、高质量的创新型人工智能人才。

（一）国际综合实力

截至 2018 年 3 月，MIT 共产生了 89 位诺贝尔奖得主、6 位菲尔兹奖得主以及 15 位图灵奖得主。可见 MIT 在世界高校竞争中有着突出的表现，对全球发展做出了极大的贡献。MIT 一直有着强烈的使命感和责任感，不断突破自我，为世界做出更大的贡献，同时培养更多的诺贝尔奖、图灵奖以及各类奖项获得者。2018 年 3 月 22 日，MIT 教授兼 CSAIL 首席研究员 Tom Leighton 被选中获得 2018 年马可尼奖，这是通信技术领域最负盛名的荣誉，因其对技术和内容交付网络（CDN）行业的建立做出了重大贡献而获得认可。具体来说，Leighton 创建了用于每天在互联网上传输数以万亿计的内容请求的算法。该奖项将于 10 月 2 日在意大利博洛尼亚的马可尼协会年度颁奖晚宴上颁发。② MIT 教授兼 CSAIL 首席研究员 Barbara Liskov 因其在电子计算机领域的早期概念和发展而被选为 2018 年 IEEE 计算机学会的计算机先锋奖。该奖项旨在嘉奖为电子计算机领域的早期概念和发展做出重大贡献的学者。Liskov 于 2008 年获得了图灵奖，

---

① MIT，"Event"，2019 - 04 - 10，https：//www. csail. mit. edu/events？f% 5B0% 5D = event_research_areas% 3A9&f% 5B1% 5 D = event_type% 3A55.

② MIT，"Tom Leighton professor wins marconi prize"，2018 - 03 - 22，http：//news. mit. edu/ 2018/mit - professor - akamai - cofounder - tom - leighton - wins - marconi - prize - 0322.

这是来自女性工程师协会的终身成就奖，并于 2012 年入选国家发明家名人堂。①

（二）国家发展战略

2016 年，白宫发布了《时刻准备着：为了人工智能的未来》（Preparing for the Future of Artificial Intelligence）的研究报告，主要阐述了 AI 的发展状况、现存及未来可能的应用方向，以及因 AI 进步对社会及公共政策可能带来的问题。② 联邦政府业已成立了另一个研究部门，专门制定与人工智能相关的发展战略。2018 年，随着美国大选落幕，白宫又发布了新一辑白皮书，名为《人工智能、自动化与经济》（Artificial Intelligence，Automation，and the Economy），围绕 AI 驱动的自动化社会下，讨论美国宏观经济、劳动力市场及政策会发生怎样的转变及影响。在未来几年乃至几十年内，AI 驱动的自动化技术将大大改变经济的形态，政策制定者必须对现有政策进行升级与强化，以便适应新的经济形态。

（三）学校发展要求

MIT 一直是前沿的象征，走在世界科技的前端，学校对科技的重视更是无可厚非，这所理工学院一直以科技闻名于世界，未来也将一直朝着这个方向去努力。《麻省理工科技评论》创刊于 1899 年，历经 100 多年，真正见证了技术是如何改变世界的。它是世界上历史悠久、影响力较大的技术商业类杂志，自 2001 年起，《麻省理工科技评论》每年遴选并公布 10 项即将对人们工作生活产生深远影响的新兴技术，MIT 发布 2018 年十大突破性技术，人工智能霸榜三项。③ MIT 非常重视人工智能，建立专门的实验室，聘请最专业的教授，致力于研究人工智能。

---

① MIT, "MIT IEEE Computer society pioneer award", 2018 - 03 - 22, https：//www. csail. mit. edu/news/liskov - receives - ieee - computer - societys - computer - pioneer - award.

② David Cohen and Greta Joynes, "Rise of the Machines：Artificial Intelligence and its Growing Impact on U. S. Policy", 2018 - 10 - 09, https：//www. jdsupra. com/legalnews/rise - of - the - machines - artificial - 84146/.

③ 志皓：《麻省理工技术评论选出 2018 十大突破技术》，《电世界》2018 年第 7 期，第 56 页。

第五节　麻省理工学院人工智能专业
人才培养的评价机制

一　组织机构

MIT 的人工智能专业人才培养有一个复杂的实施体系，这个庞大的体系大致可以分为外部评价和内部评价两个部分。

（一）多类组织参与的外部评价

MIT 的本科生课程接受外部机构的评价，这些机构大致可以分为四大类：一是以新英格兰院校协会高等学校委员会（The Commission on Institutions of Higher Education of the New England Association of Schools and Colleges）为代表的高校认证机构。二是以罗德奖学金（Rhodes Scholarships）为代表的奖学金发放与管理机构。三是以国家科学基金会为代表的大型助学、助研机构。四是影响 MIT 的人工智能专业的职业与技能认证机构，这些机构从不同出发点关注 MIT 的课程设计、实施与改进。[①]

1. 高校认证机构

MIT 的本科生课程受到类似于新英格兰院校协会高等学校委员会这样的大学认证机构的评价。新英格兰院校协会高等学校委员会是一个区域性机构，负责审核高等教育及职业训练。接受其认证的学校的地区包括康涅狄格州、缅因州、马萨诸塞州、新罕布什尔州、罗得岛州和佛蒙特州。

2. 奖学金和助学金机构

MIT 每年的奖学金和助学金总额大且类型多，罗德奖学金和马歇尔奖学金是在美国的大学中具有影响的两类奖学金。罗德奖学金是一个世界级的奖学金，有"全球本科生诺贝尔奖"之称的美誉，得奖者被称为"罗德学者"（Rhodes Scholars）。罗德学者的评定标准除了优秀的学术表

---

① 蔡军、汪霞：《多元与协商：麻省理工学院本科生课程评价特征与启示》，《高教探索》2015 年第 5 期，第 50—53 页。

现之外，还包括个人特质、领导能力、仁爱理念、勇敢精神和体能运动。①

3. 大型基金会

MIT 本科课程建设与运转受益于各种大型基金会的资助的同时，它也接受这些基金会的评价。美国国家科学基金会（National Science Foundation）是其中之一。美国国家科学基金会的经费直接用于资助基金会的创新思想、人才成果和科研设备三项成果，并以基金项目合同和合作协议等形式对美国的 2000 多所大学、学院及 12 年制中小学、非正规科学教育机构等进行资助。

4. 专业组织

MIT 超过一半的本科生都报名注册了工程学院，而工程学院的课程基本由美国工程学技术认证理事会（Accreditation Board for Engineeringand Technology）这样的专业组织进行认证与评价。

（二）多个部门协作的内部评价

内部评价是 MIT 本科课程评价的另一重要部分。MIT 内部评价机构主要包括客访指导委员会（Visiting Committees）、本科培养方案管理委员会（the Committee on the Undergraduate Program）及教与学实验室（The Teaching and Leaming Laboratory），它们会同本科教育部主任办公室、各学院系主任办公室共同来完成对本科课程的评价。

1. 客访指导委员会

客访指导委员会设立于 1875 年，它是校董事会的咨询团体，旨在为校董会、高级管理层和师生提供建议、评估和深度问题分析。② 客访指导委员会负责对校内所有培养方案和学院专业活动给予评估、建议、分析。客访指导体系在 MIT 最为有力，最为活跃，它既要进行大学专业研究，也要对目前的活动和未来的方向提供有价值的专业咨询。

2. 本科培养方案管理委员会

本科培养方案管理委员会考虑影响或修改本科教育政策的建议，并

---

① 百度百科：《罗德奖学金》，https：//baike. baidu. com/item/% E7% BD% 97% E5% BE% B7% E5% A5% 96% E5% AD% A6% E9% 87% 91/7484842？fr = aladdin，2019 年 4 月 10 日。

② MIT，"Visiting Committees"，2019 - 04 - 10，http：//web. mit. edu/corporation/visiting. html.

向教师事务办公室做相关推荐。它还监管本科教育包括第一学年的本科教育、MIT通识必修课程的执行情况和其他跨系的培养方案的执行情况，关注短期和长期的发展潮流和方向。

3. 教与学实验室

教与学实验室负责本科课程的一部分评价工作，教与学实验室提供了大量资源，为开展全校性的课程评价做大量的物质与精神准备。教与学实验室开展一系列研究，其中包括对教学评价的价值、功能与技术及所要使用的手段进行研究与评估。它也负责对教师的培训和咨询工作。

二 评价指标

美国工程学技术认证理事会认证的基本标准包括培养方案目标、学生培养效果、课程标准几个方面。关于培养方案目标、学生培养效果、课程标准的具体要求包括以下方面。

第一，培养方案目标。培养方案的目标要与学校整体培养目标保持一致，要体现学校赞助方的要求，学校赞助方必须参与培养方案的制订。第二，学生培养效果。要求学生有能力设计并开展各类实验，分析和阐释数据，保证学生有能力参与多学科的团队研究活动，有能力识别、解决各类科学问题，有能力理解职业道德、责任，并且有能力进行有效交流。第三，课程标准。课程目标要与培养方案目标一致，课程内容要突出专业性与应用性的结合，要合理应用技术手段设计和实施课程，要合理设计作业和综合性项目，让学生有充分的机会积累知识、锻炼能力。

三 评价策略

MIT的教学评价以学生的学习结果和知识增值（Learning Outcomes and Value Added）为导向，形成了整体性的评价体系，在本科教学质量保障中发挥了重要作用。归纳起来，MIT有两种评价活动类型。

第一大类是间接评价，按评价主体不同又分三小类：一是教育研究者开展的评价，如新生和毕业生问卷调查、校友调查、毕业率和升学率调查等。二是教师开展的评价，如期中和期末的学生评教，以及利用反馈表（Feedback Sheet）和模糊卡片（Muddy Cards）进行随堂式的评价。① 三是教师和研究者联合开展的评价，如学生对新教学法或新课程态度的反思调查、退学学生的面谈等。

第二大类是直接评价，可以分为三小类：一是教育研究者开展的评价，其形式有通识教育能力的标准化测试和出声思维法（Think aloud Protocols），后者要求学生大声描述在学习过程中解决问题之后的感想并对这些定性数据加以分析；二是教师开展的直接评价，如课程评分、跨学科知识的标准化测试等；三是教师和研究者联合开展的评价，如教学的前测和后测、作业促进概念理解的分析、学生完成任务的表现分析、学生作品的分析、本科生课程学习的档案袋等。

这种日趋完备的评价策略能够监控和诊断教学过程的各种问题，为教学质量提升提供了形成性和总结性相结合的评价支持。

四 保障措施

MIT 对于教学质量的保障措施主要包括通过与政府"联盟"获得政治保障和与工商界合作获得财政支持，借以为人工智能人才培养提供保障。

（一）与政府"联盟"获得政治保障

作为联邦制国家，美国始终采取地方分权的教育体制。虽然不直接干预大学各项事务，但却从财政拨款方面直接影响或制约大学的发展。MIT 为履行服务于国家的使命，同时为保证获取国家最大限度的财政支持，与美国政府形成联盟关系，为国家的发展做出巨大贡献，因此获得美国政府的重要支持。例如，在第一次世界大战中，MIT 秉承"与国家共存亡"的决心为美国培养了大量军事人才；在第二次世界大战中，MIT 也承担起军事科研的任务，对美国的胜利起到至关重要的作用；当代社会，MIT 凭借顶尖的科研和教学水平，为国家和世界培养出大量科学人才。因此，MIT 获得美国政府高度认可，使得其获得大量联邦合作项目和经费支持，为 MIT 本科生能力培养模式的建立和实施提供

---

① OFS, "Student Subject Evaluations", 2019 – 04 – 20, http://web. mit. edu/facultysupport/programs. html.

了坚实的政治保障。

2018 年 5 月 11 日，麻省理工学院计算机科学与人工智能实验室（CSAIL）的主任参加了一场专注于人工智能主题的白宫峰会。CSAIL 主任丹妮拉·鲁斯（Daniela Rus）和麻省理工学院教授艾里克·布林约尔松（Erik Brynjolfsson）是参加峰会的学者，其中也包括来自亚马逊、Facebook 和谷歌等众多公司的高级管理人员，以及特朗普高级顾问贾里德·库什纳（Jared Kushner）和技术政策副助理迈克尔·克拉西奥斯（Michael Kratsios），克拉西奥斯描述了白宫在人工智能方面的优先事项，其中包括生产力水平的增长。他宣布由政府领衔引领组成的新的人工智能特别委员会，该委员会将协调各联邦机构对人工智能进行投资。峰会上提出的主要议题包括 AI 研发生态系统，工人再培训，STEM 教育和终身学习计划。[①]

（二）与工商界合作获得财政支持

MIT 始终坚持与工商业紧密合作，从而获得稳定的财政支持，使得 MIT 纵使是在美国"大萧条"时期，依然能够依托与各类企业的合作项目而获得平稳发展。如今，MIT 仍然不断加强与工商界的密切合作，一方面，推动了美国工商业界的发展，另一方面，使得学校获得丰厚的财政支持，同时也为在校生提供实习体验的平台，为培养学生的社会能力提供最真实的环境。另外，在与工商界合作的过程中，学校能够及时了解社会需求，并据此审时度势不断完善人才培养模式。可见，与工商界密切合作是 MIT 实施本科生能力培养模式的经济和现实保障。[②]

第六节　麻省理工学院人工智能专业人才培养的总结启示

一　主要优势

MIT 能够成为培养人工智能人才的典型，其主要优势是有丰富的教育

---

① MIT, "MIT participates in the White House Summit", 2018 – 05 – 11, https：//www.csail. mit. edu/news/csail – director – invited – white – house – ai – summit.

② 史万兵、曹方方：《麻省理工学院本科生能力培养模式对我国的启示》，《黑龙江高教研究》2017 年第 6 期，第 151—153 页。

资源、优良的师资队伍和完善的评价机制。

（一）丰富的教学资源

MIT 在课程方面给学生提供包括搜索和推理、计算机视觉和图像处理等独立课程。MIT 开放课程学习资源比较丰富，学习资源是指课程的学习内容和学习资料，用来支持学习者学习的资料源和资料库。MIT 开放课程中的资源多为文本教材和课程学习相关辅助阅读材料。文本教材往往以介绍学科核心知识为主，而相关辅助阅读材料极其丰富，有参考书目、杂志期刊、网络资源、数字图书馆、视频材料等。MIT 开放课程坚持以学习者为出发点，为学生尽可能多地提供学习资源，并且提供了这些资源的详细操作说明。MIT 开放课程的学习平台还为每位同学提供空间来制作自己的档案袋，记录学习过程，学生可以及时进行反思和总结。

（二）优良的师资队伍

师资队伍的质量是影响人工智能人才培养的关键因素，MIT 拥有一大批国内外赫赫有名的学者和学科带头人，构成人工智能人才培养的强大力量。MIT 校内教师的科研产出颇丰、影响力显著，这些教师散落于 MIT 各大院系、实验室和研究中心，在研究生培养中组成一个又一个研究生指导委员会，为研究生的团队培养提供高质量的保障；与此同时，各类教师和研究人员还在校内多元的跨学科平台上自由地流动，组成跨学科研究生指导委员会，为选择修习跨学科项目的研究生提供指导。

（三）完备的评价机制

MIT 课程注重应用效果和评估，拥有全方位的评价体系，在过程性评价、结果评价、效率评价和数量评价等方面都比较成熟，实施了普遍而且完整的评价。首先，麻省理工学院开放课程采用了"档案袋评价方法"，通过采用"档案袋评价"的方法收集各种数据，实现在深度和广度上的评价。其次，在时间上，对每个专业进行研究的时间为 12—18 月，包括完整地对各类问题进行审阅和指导；并且不断对评价网站效果的周期进行更细的研究或者回答可能提出的具体问题，搜集和分析评价数据是日常的和不断进行的。最后，MIT 的网站不单单用于课程资料的公布而且建立了一个与全球用户沟通交流的平台。用户利用网站提供的"反馈"功能可以向相关的管理人员与课程主讲教师提出意见和建议，帮助完善课程计划，而其中对教学有价值的部分会传达到教师那里，有助于教师改进教学。正是因为 MIT 开放课程建立了良好的反馈和改进机制，使项目更好地适应访问者的需求，建成的资源更好地为访问者利用，这也正是吸引大量访问者、资源被广泛利用的原因所在。

二　存在问题

虽然 MIT 对于人工智能人才培养方案设计完备，但总会存在一些问题。

（一）人工智能人才存在一定的滞后性

人工智能人才数量增长迅速，但并非主要得益于高等教育转变，高等教育人工智能人才培养仍具有显著滞后性。本科教育培养的人才较多，而高层次的创新型人才相对较少，不足以满足市场的需要。当前人工智能领域的高端人才仍非常匮乏，而人工智能人才的培养不足以应对高需求的市场。

（二）人工智能人才培养的教育系统设计尚未完善

其实，MIT 仍未形成与人工智能创新相匹配的人才培养理念，对于人工智能创新究竟需要何种人才，学院在人工智能创新人才培养中的职能与定位，学院人工智能人才培养应遵循何种基本理念，高校人工智能人才培养的总体目标与学生个体的能力目标等方面，都需进行更加深入的探索。

（三）人工智能人才培养的教师群体偏少

虽然 MIT 的人工智能专业教师都是人工智能领域的顶尖人才，但是人工智能专业教师群体的总量相对其他专业来说偏小。教职员工刚刚超过 1000 名。[1] 人工智能专业又是相对前沿的专业，因此人工智能专业教师相对不足，尽管 MIT 有不少顶尖的人工智能人才，但可能并不擅长向学生讲授知识。那些顶尖人才忙于开拓人工智能领域新的"疆土"，预留给学生为其解惑的时间不够充足，总体来说，MIT 在人工智能人才培养的教师群体上还需要大量补充。

---

[1]　About MIT，"Faculty"，2020 - 02 - 24，http：//www. mit. edu/about/.

三　学习借鉴

教育是社会能否可持续性发展的根本，要提高教育质量，必须对其人才培养模式进行改革与创新。MIT 在人工智能领域的多年实践，形成了交叉融合、科学合理的人工智能专业课程体系，学院本身底蕴深厚的人工智能研究实力已经给人工智能课程提供了丰富的基础课程资源和拓展资源，学院在人工智能的人才培养方面有着较为成熟的经验沉淀，也培养了很多优秀的精英人才。所以，学习借鉴 MIT 人工智能人才培养的可行经验，具有理论和现实的战略意义。

（一）优化课程体系

人工智能专业人才培养要有区别于其他专业的鲜明内涵，如面向数据智能的数学和统计理论与方法、面向编程和系统的计算机课程、人工智能本身核心内容（知识表达、搜索求解、机器学习、控制决策、伦理学以及在通识课程中可介绍的神经科学、认知科学和心理学等）。不同学校可按照自身特点（如师资、特色研究、跨学科交叉、重大应用等），开设方向相应的模块或方向课程群，辅以若干选修课程以及介绍工具、芯片、系统和平台的课程。

（二）扩展学习资源

学习资源是课程最重要的一部分资源，扩展资源是学习资源的重要补充，包括课程的一些背景知识等。国家精品课程的资源建设首先应该以学生为出发点。在我国建成的精品课程中发现教学内容建设多以电子教材，以及课堂录像这样的资源，这些资源的出发点是教师，而不是学生，而资源的价值的发挥更主要的是学生的访问利用。开放项目计划中资源的建设正是从访问者出发、从学生出发，提供了大量的相关性资料，供访问者选用。因此，在精品课程的建设中我们应该改变当前资源建设出发点的偏差，资源建设以学生为出发点，从而提高资源的利用率。在学习资源的扩展方面，应该加强与实际的联系。

（三）培养社会型人才

MIT 始终坚持的传统就是保持自己的办学方向和培养目标与社会的发展和需求同步。第五任校长吉利安认识到学科交叉及人文科学观念在社会发展和科技发展中的重要影响，开始加强人文科学教育，建立了人文与社会研究学院、斯隆管理学院、跨学科的实验室和研究中心。加强人文科学这一重大改革促进了 MIT 站在了科学技术发展的最前沿。在后任的几位校长中，他们仍不断探索学院的发展方向，唯一不变的就是坚持适应社会需求的传统。我国在实施人工智能的人才培养计划时也应该坚持适应社会需求，培养社会需要的人才。

（四）"研究—学习—行动"相结合的教学方式

MIT 一直非常注重学生的实际动手能力，它的成功之处就在于"心"与"手"的交融，是"学"与"行"的完美体现。为了培养学生的综合能力，MIT 采取"研究—学习—行动"相结合的教学方式，即通过设立科研项目帮助学生了解并掌握世界前沿问题，同时通过团队合作获取更广泛的知识，并将知识转化为行动的过程。例如，MIT 于 1969 年启动"本科研究机会项目"（The Undergraduate Research Opportunities Program，DROP），使得学生能够近距离与教师交流合作，了解自己的专业潜力并发掘个人兴趣。除此之外，MIT 十分注重培养学生的自主学习能力，在课堂上，教师讲授的时间只占很小的比例，大部分时间是让学生自由研讨或在实验中亲身体验。事实上，MIT 本身就是一个实验室，学生在这里发现问题并解决问题，"在实践中学习"以培养学生的创造性、批判性思维，促进学生的全面发展。

（五）建立完善的协商机制

在本科课程评价实践中，不同的组织与机构参与到本科课程评价中，势必存在利益与观点上的矛盾与冲突，因此需要有效的协商机制。学者杜瑛在其著作《高等教育评价范式转换研究》中论述了协商机制在高等教育评价中的重要作用，认为"高等教育评价应当建立在多元价值协商的基础上，为广大实践工作者接受"[1]。杜瑛的观点表明，协商机制对于我国高等教育评价具有重要价值，但协商的观念还需要加强，协商机制本身还有待探索。MIT 在课程评价过程中强调协商，建立有效的协商机制对我们解决类似问题具有启示意义。

本章在 MIT 案例的基础上，根据对人工智能的人才培养研究，从

---

① 杜瑛：《高等教育评价范式转换研究》，上海教育出版社 2013 年版，第 243 页。

MIT 人工智能人才培养的发展概况、目标定位、内容过程、实施过程以及评价体制，层层剖析人工智能的人才培养现状以及发展模式，探究 MIT 人工智能人才培养在实施过程中存在的问题以及解决方案，为我国培养人工智能人才提供案例借鉴和参考。

第 四 章

斯坦福大学人工智能专业人才培养研究

美国时间 2019 年 2 月 11 日，白宫科技政策办公室发布《美国人工智能计划（American Artificial Intelligence）》简报，特朗普总统通过签署启动《美国人工智能计划》的行政命令，集中联邦政府的资源来发展人工智能，以促进美国的繁荣，增强美国的国家安全和经济安全，并提高美国人民的生活质量。① 该计划采取多种方式加强美国在人工智能领域的领导地位，斯坦福大学是人工智能的发源地之一，在 2019 年 QS 世界大学专业排名之计算机科学与信息系统中，斯坦福大学位居第二。② 斯坦福大学在人工智能领域的影响力更是首屈一指，所以有必要对其进行分析研究。

第一节　斯坦福大学人工智能专业
人才培养的发展概况

一　关于斯坦福大学

斯坦福大学（Stanford University）全名小利兰·斯坦福大学（Leland

---

① Liz Stark, "Trump to sign executive order launching artificial intelligence initiative", 2019 - 03 - 11, https: //amp. cnn. com/cnn/2019/02/11/politics/trump - executive - order - artificial - intelligence/index. html.

② QS Top Universities, "QS World University Rankings in 2019 (Computer Science and Information System)", 2019 - 06 - 25, https: //www. topuniversities. com/university - rankings/university - subject - rankings/2019/computer - science - information - systems.

Stanford Junior University），简称"斯坦福（Stanford）"，始创于 1885 年，是曾任加州州长的利兰·斯坦福（Amasa Leland Stanford，1824—1893）为纪念已逝的儿子成立的，经过 6 年的规划和建设，斯坦福大学于 1891 年开放。在建校最初的 70 余年，斯坦福大学一直默默无闻，直到 20 世纪 70 年代，斯坦福大学通过在校园内创办工业园区的方式，开创性地实现了产教深度融合与互促共进，推动了学校的快速崛起，也为后来硅谷的形成奠定了基础。在 2019 年的美国新闻与世界报道（U. S. News & World Report）的世界大学排名中斯坦福大学位居第三，被公认为世界一流大学之一。① 自建校以来，斯坦福秉承创业、务实的办学理念，孕育了多位世界科技领袖和诺贝尔奖获得者。

斯坦福大学是世界著名的私立研究型大学，以其企业家特质而闻名，是美国大学协会（Association of American Universities，AAU）和全球大学高研院联盟（University – Based Institutes for Advanced Study，UBIAS）的成员。其位于加利福尼亚州的帕罗奥多市，临近世界著名高科技园区硅谷。目前，斯坦福大学主要由 7 个学术学院和 18 个跨学科研究所组成，7 个学院分别是工学院、医学院、能源与环境科学学院、法学院、文理学院、教育学院和商学院。斯坦福大学学科的世界排名均处于领先地位，尤其在统计与运筹学、电气工程学、计算机科学、医学、商学、社会科学等多个学科领域拥有世界顶级的学术影响力。同时斯坦福大学拥有雄厚的科研水平和师资力量，根据其官网显示，截至 2018 年 10 月，共有 83 位斯坦福校友、教授及研究人员曾获得诺贝尔奖，位列世界第七；27 位曾获得图灵奖（计算机界最高奖），位列世界第一；8 位曾获得过菲尔兹奖（数学界最高奖）、位列世界第八。②

在 2020 年泰晤士高等教育世界大学（Times Higher Education World University Rankings）排名中，斯坦福大学位列世界第 4 位、美国第 2 位。③

---

① U. S. News，"Best Global Universities Rankings"，2019 – 03 – 11，https：//www. usnews. com/education/best – global – universities/rankings.

② Stanford University，"Stanford Facts at a Glance"，2019 – 06 – 25，https：//facts. stanford. edu/.

③ Times Higher Education，"Stanford University ｜ World University Rankings"，2020 – 02 – 22，https：//www. timeshighereducation. com/world – university – rankings/stanford – university.

在 2019 年 QS 世界大学排名中,斯坦福位列世界第 2 位、美国第 2 位。[①]
其中斯坦福大学的计算机科学(Computer Science)专业,在 2019 年 QS
世界大学专业排名中位列第二,与卡内基梅隆大学(Carnegie Mellon University,CMU)、麻省理工学院(Massachusetts Institute of Technology,MIT)与加州大学伯克利分校(University of California,Berkeley)并称世界计算机界的四大名校[②]。斯坦福大学在计算机专业的成熟背景有力支持了其人工智能的发展,为人工智能人才的培养奠定了坚实基础。

二 斯坦福大学人工智能专业人才培养的历史考察

斯坦福大学与人工智能的渊源最早可以追溯到 1955 年的达特茅斯会议,在这次会议中,计算机科学家约翰·麦卡锡(John McCarthy)首度提出"人工智能"这一概念。这次会议被视作人工智能正式诞生的标志,而提出者约翰·麦卡锡也被誉为"人工智能之父"。麦卡锡于 1962 年前往斯坦福大学并协助建立了斯坦福人工智能实验室(Stanford Artificial Intelligence Laboratory,SAIL),[③] 这为斯坦福大学人工智能的发展打下了坚实的基础,也奠定了其人工智能全球领先的地位。回顾过去,斯坦福大学人工智能的发展可分为以下几个阶段。

(一)萌芽阶段:1962—1965 年

1962 年,计算机之父约翰·麦卡锡前往斯坦福大学并协助建立了斯坦福人工智能实验室,这开启了斯坦福大学在人工智能领域的征程。在进入斯坦福大学之前,麦卡锡于 1958 年发明了计算机编程语言 LISP,这是继 FORTRAN 之后的第二古老的编程语言。LISP 也是后来几十年来人工智能领域最主要的编程语言,对人工智能领域影响深远,同时麦卡锡还帮助推动了麻省理工学院的 MAC 项目。人工智能领域先驱麦卡锡的加入,无疑为斯坦福人工智能的发展注入了强大的动力。到了 1964 年麦卡

---

① QS World University Rankings, "QS World University Rankings 2020:Top Global Universities", 2020 - 02 - 22, https://www.topuniversities.com/university - rankings/world - university - rankings/2020.

② U. S. News, "Stanford University Computer Ranking", 2019 - 03 - 11, https://www.us-news.com/best - graduate - schools/top - science - schools/computer - science - rankings.

③ Stanford University, "Professor John McCarthy | Stanford Computer Science", 2020 - 02 - 22, https://cs.stanford.edu/memoriam/professor - john - mccarthy.

锡已是斯坦福大学人工智能实验室的主任，他提出了一种称之为"情景演算"（situational calculus）的理论，这种理论挑战了通常的"演绎推理"，强调人工智能推理的非单调性，在人工智能研究中具有重要意义。在这一阶段，人类对人工智能领域的研究尚处于探索阶段，由于体系发展不足，相关专业人员匮乏等客观条件的限制，斯坦福大学对人工智能专业人才的培养还处于萌芽阶段。

（二）发展阶段：1965—1980 年

尽管早在 1955 年，艾伦·彼得森（Ellen Petersen）教授就开设了斯坦福的第一节计算机课程，但直到 1965 年斯坦福大学才成立了单独的计算机科学系。人工智能专业作为计算机科学的一个分支，计算机科学系的成立为斯坦福大学人工智能专业人才的培养提供了良好的土壤。同时，得益于时任教务长弗雷德里克·特曼（Frederick Emmons Terman）在校园内建设斯坦福工业园区的创举，通过土地出租，斯坦福获得了巨大收益，而且这种收入的使用不受任何限制，使得特曼可以用重金聘请名家名流充实教师队伍。他用这笔可观的收入设立了"战斗基金"，用来挽留和招聘名流教授，实施"人才尖子"战略。

在这个时期，斯坦福人工智能专业的教师团队得到了飞速壮大，费根鲍姆（E. A. Feigenbaum）于 1965 年加入斯坦福大学计算机科学系，同年，他和诺贝尔奖获得者化学家勒德贝格（Joshua Lederberg）开始了 DENDRAL 项目。该项目产生了世界上第一个专家系统（1965—1982），它改变了人工智能这门学科的框架，开启了下一个时代。在斯坦福人工智能职业生涯中，他就人工智能主题撰写和发表了大量文章，还开创了斯坦福大学认知实验室[1]，为学科建设做出了巨大贡献。尼尔斯·约翰·尼尔森（Nils John Nilsson）教授作为人工智能领域的开创者之一，也在这个时期回到母校斯坦福大学任教，担任系主任，从事人工智能和机器学习课程的教学工作。[2] 理查德·福克斯（Richard Fikes）等人工智能领

---

[1] Stanford University, "A Companion Site to the Edward A. Feigenbaum Collection", 2019 – 06 – 30, https://cs.stanford.edu/people/eaf/wordpress/.

[2] Stanford University, "The NAE elects Oussama Khatib, Nils Nilsson and David Tse to its ranks", 2019 – 06 – 30, https://engineering.stanford.edu/news/nae – elects – oussama – khatib – nils – nilsson – and – david – tse – its – ranks.

军人物纷纷在这一时期加入斯坦福，在这一阶段，依托计算机科学系的建立与发展，人工智能专业的教学队伍得到了不断的充实和发展。

（三）创新发展：1980—1990 年

20 世纪 80 年代，专家系统和计算机技术得到了广泛的应用，斯坦福大学人工智能实验室作为人工智能的先锋在这些领域做出了许多开创性的贡献。1979 年，汉斯·摩拉维克（Hans Moravec）在斯坦福大学就读研究生期间发明的斯坦福车（Stanford Cart），在无人干预的情况下自动穿过摆满椅子的房间并行驶了 5 小时，斯坦福自动行驶车的发明堪称人工智能历史上的一大事件。在这一阶段，一些以科学技术为导向的组织已将专家系统应用于寻找石油或矿藏，1982 年斯坦福大学国际研究所（SRI International）人工智能中心开发的地质勘探专家系统 PROSPECTOR，预测了华盛顿的一个勘探地段的钼矿位置，其开采价值超过了 1 亿美元;[1]与此同时，斯坦福大学聘请了 ITMI（机器智能工业和技术）首席执行官尚·克劳德·拉莫贝（Jean - Claude Latombe）担任斯坦福大学计算机科学系副教授，从事智能机器人方面的教学研究工作,[2] 为人工智能专业的人才培养增添助力。1998 年，斯坦福大学教授肯尼斯·萨里斯伯里（Kenneth Salisbury）公开了外科机器人（Robotic Surgery）专利[3]，斯坦福大学智能机器人的研制形成高潮。斯坦福人工智能实验室和斯坦福视觉实验室主任把过去的 60 年总结为"在实验室的 AI"（2017）[4]，斯坦福大学 AI 实验室取得的丰硕成果奠定了斯坦福在人工智能领域的地位。在这一阶段，工业界、投资界和实验室科学进一步融合，使斯坦福人工智能有了长足的发展，斯坦福大学以项目育人才的培养方式得到了广泛的应用和丰硕的成果。

---

[1] Stanford University, "Optimising the development impact of mineral resources", 2020 - 05 - 25, https：//pdfs. semanticscholar. org/9289/ba5be6dca7723d814f05af03775eacf3a873. pdf.

[2] Stanford University, "CV of Jean - Claude Latombe", 2019 - 06 - 25, http：//robotics. stanford. edu/ ~ latombe/.

[3] Stanford University, "Optimising the development impact of mineral resources", 2020 - 05 - 25, https：//pdfs. semanticscholar. org/9289/ba5be6dca7723d814f05af03775eacf3a873. pdf.

[4] 搜狐网：《李飞飞 | 斯坦福教授和谷歌首席科学家谈人工智能以及学术与产业的关系》，https：//www. sohu. com/a/146420889_740368，2020 年 5 月 5 日。

（四）成熟阶段：21 世纪

斯坦福大学作为人工智能领域的翘楚，在人工智能技术和相关交叉学科研究中以及人工智能人才培养等方面建树颇丰。斯坦福大学于 2014 年秋季启动了百年人工智能研究（One Hundred Year Study on Artificial Intelligence，AI100）来探讨人工智能对人类以及后代的影响。① 百年人工智能研究计划为具体的人才培养提出了政策导向，营造了良好的氛围，该项研究机制也将为 AI 和相关交叉学科的专家提供良好的交流平台。2015 年，斯坦福设立了人工智能实验室拓展暑期项目（Stanford Artificial Intelligence Lab for Summer Program，SAILS），该项目是由 SAIL 和非营利性教育机构 AI4ALL 合作设立的夏令营项目，主要用于帮助高中生开展人工智能学习并解决相关的问题，这对人工智能人才的储备具有相当积极的意义。2019 年，斯坦福大学正式成立了以人为中心的人工智能研究所（Human – centered Artificial Intelligence Institute，HAI），这一理念的提出强化了斯坦福大学以人为中心培养模式。目前，斯坦福大学已经形成了一套相对成熟的人工智能人才培养模式，并结合现实不断对人才培养的内涵和方法进行创新和开拓。

三　斯坦福大学人工智能专业人才培养的现状分析

斯坦福大学人工智能专业经过数十年的发展与完善，人工智能专业的人才培养已经具备了比较完备的体系和规格。目前，其人工智能专业仅仅开设于研究生阶段，在本科阶段由计算机科学系提供人工智能专业相关基础知识和能力的培养。目前，斯坦福大学计算机科学系共有 899 名在读本科学生和 615 名在读研究生，正式教师 66 名和 14 名讲师以及荣誉教师 17 名，② 而人工智能专业更是拥有着雄厚的师资，包括在职教师 20 名和荣誉教师 4 名，其中有 1 名图灵奖获得者，1 名美国人工智能协会创始人和 2 名人工智能促进协会（AAAI）院士。③

---

① SAIL，"Stanford University releases AI Centennial Report"，2019 – 06 – 30，http：// ai. stanford. edu/wp – content/uploads/2019/05/SAIL_Brochure_2019_LowRes. pdf.

② Stanford University，"Faculty"，2020 – 05 – 05，https：//cs. stanford. edu/directory/faculty.

③ Stanford University，"Research@ CS"，2020 – 05 – 05，https：//cs. stanford. edu/research.

（一）人工智能专业毕业生就业情况

根据斯坦福大学的人工智能人才培养计划显示，斯坦福大学人工智能专业毕业的研究生为创业和学术研究做了充分的准备，最新的毕业生情况显示，斯坦福大学人工智能专业培养了数名具备创业能力的毕业生。比如：一支主要由来自斯坦福大学的 AI 学者与行业专业人员组成的团队运营了一所针对高中生的人工智能培训机构 Inspirit AI，他们希望通过斯坦福大学的课程、实验室或企业获取人工智能的最新进展，来鼓励全球的高中生应用这项强大的技术甚至改善世界；[①] 凯瑟琳·鲁（Catherine Lu）毕业于斯坦福大学，拥有计算机科学人工智能硕士学位，在斯坦福大学期间，她建立了一个在线平台，成千上万的学生和教师使用它来简化评分，目前她是一家阶段性风险投资公司 Spike Ventures 的投资人，为斯坦福大学的校友社区筹集资金并进行投资。她还曾创立了零售 AI 公司 Fancy That，该公司于 2015 年被 Palantir 收购。尼尔·让（Neal Jean）是斯坦福大学的博士研究生，就职于斯坦福大学人工智能实验室，致力于应用机器学习技术解决在医疗中出现的挑战性的问题。与此同时，Neal 还为一家以人工智能为核心的旨在提高工作场所的生产力的初创公司工作。这在一定程度上也反映了斯坦福大学人工智能人才培养的现状是多元的、优良的、具有发展前景的。

（二）人工智能实验室发展概况及研究成果

自 20 世纪 50 年代斯坦福人工智能实验室（SAIL）建立以来，就是科学家和工程师引以为傲的知识前沿中心和教育学生的圣地，该实验室拥有多个领域的专家，涉及机器人技术、计算机视觉、机器学习、图像处理、自然语言处理多个领域。重点研究人工智能计算生物学、人工智能机器人、人工智能机器学习、人工智能计算机图形、人工智能自然语言的处理、人工智能计算机视觉机器学习、人工智能机器学习自然语言处理、人工智能机器学习等领域。

该实验室拥有多位人工智能领域的专家，代表人物有闻名遐迩的克里斯托弗曼宁（Christopher Manning）、李飞飞（Fei Fei Li）、吴恩达（Andrew Ng）等。除此之外，实验室还在人工智能领域取得了许多开创

① Inspirit AI，"Our story"，2019 – 06 – 30，https：// www. inspiritai. com/team.

性发明成果与项目。斯坦福大学 AI 实验室共有 18 位成员获得 ACM 图灵奖，实验室发明的自动驾驶汽车沙基（Stanley）获得了 DARPA 超级挑战赛（DARPA Grand Challenge）冠军；教授李飞飞主导的"ImageNet"项目改变了机器学习 AI 的发展路线，并引领了深度学习时代；斯坦福大学还联合斯坦福医学院开发出了第一个用于医疗 AI 的超级计算机；[①] 2010 年，斯坦福大学发布了领先的开源自然语言处理工具包——Stanford CoreNLP；2016 年，实验室研制出了人形潜水机器人——OceanOne，该机器人具有触觉反馈功能，可以高保真地探索海底世界。北京时间 2019 年 6 月 8 日，斯坦福大学官网发布了吴恩达团队的一项最新成果：利用 AI 帮助检测脑动脉瘤，该研究成果将帮助放射科医师借助人工智能算法改进脑动脉瘤的诊断。[②]

第二节　斯坦福大学人工智能专业人才培养的目标定位

一　价值取向

通过对大学生"有使命的学习"的培养目标的设计，一方面驱动大学生树立远大目标、奋发向上，另一方面推动大学培养大学生发展社会的担当意识，把他们培养成既有领导力又有行动力的专业人才。

（一）社会取向

关注人才培养的社会性。斯坦福大学计算机科学系的使命是：领导世界计算机科学与工程研究。在过去四十年，计算机科学系一直致力于从事尖端研究，它的研究使命是定义一系列重要的开放性问题，并引领计算机进入新领域和新时代，为未来社会的生活质量、健康、环境和能源做出贡献。斯坦福大学计算机科学系致力于培养未来的引导者来研究

---

① Stanford University, "Human – Centered Artificial Intelligence. The age of AI", 2019 – 03 – 12, https：//hai. stanford. edu/sites/g/files/sbiybj10986/f/moments – in – ai – infographic. pdf.

② Taylor Kubota, "Stanford researchers develop artificial intelligence tool to help detect brain aneurysms", 2019 – 06 – 25, https：//news. stanford. edu/2019/06/07/ai – tool – helps – radiologists – detect – brain – aneurysms/.

行业准则和公共政策，从而引领时代的发展。斯坦福人工智能实验室的机器人团队致力于自动驾驶汽车帮助老人，计算机视觉团队则致力于减轻临床医生的工作量、计算基因组学团队致力于白血病的分类，在人才培养的过程中关注社会存在的问题与需要。①

关注人才培养的实用性。斯坦福大学的创立者斯坦福先生作为一名实业家，从企业和社会的角度出发提出斯坦福大学的人才培养目标：使学生走向个人成功并能成为"有用"的人。立校之初，斯坦福大学将实用与传统教育结合起来，开辟了传统大学和职业学院之间的一条道路。这一实用教育理念一直持续至今，随着历史发展、时代变化，在实用教育的基础上，斯坦福大学人工智能学科提出了一些新的目标。进入 21 世纪，斯坦福将新的人才培养目标确定为："学生不仅能够生存，还要有责任感、具有反思意识和创造性思维。"②

（二）人本取向

在人才培养的过程中，关注每一个个体的发展，尊重个体差异与兴趣。斯坦福大学会给大一和大二学生提供一系列的研讨会入门课，这些课是涉及某一个领域的入门课，老师会讲一个具体的、有趣的题目，从一个角度切入一个专业，这些举措能够有效帮助学生低成本地了解某个领域，进而找到自己的兴趣所在。学校有灵活的课程设置，让学生去涉猎不同的领域，学生可以顺着自己的兴趣发展，把所有课都选成自己喜欢的课程。Jessica 是斯坦福大学计算机科学专业的硕士生，专主修人工智能，她之前在斯坦福大学完成了计算机科学学士学位，她目前是 SustainLab 的一名研究员，致力于通过卫星图像预测研究。她同时也对教育充满热情，并担任斯坦福大学计算机科学的教学工作，教授入门课程 CS106A／B。③ 这些成就，不仅仅因为她的优秀，更因为斯坦福人工智能的培养更看重学生的兴趣，为学生的兴趣提供非常多的宝贵的发展机会。

关注个体每一个阶段的发展，立足学生人生整体发展。斯坦福大学

---

① Stanford University, "Stanford Computer Forum – Research Areas", 2020 – 02 – 03, http：//forum. stanford. edu/research/areaprofile. php？ areaid＝1.

② Stanford University, "The Study of Undergraduate Education at Stanford University", 2020 – 02 – 03, https：//web. stanford. edu/dept/undergrad/sues/SUES_Report. pdf.

③ Inspirit AI, "Our story", 2019 – 06 – 30, https：//www. inspiritai. com/team.

认为没有一种教育能够完全培养学生未来需要的全部知识和能力，要真正使学生具备持久的活力，人工智能教育目标必须融入一个非常重要的元素，即"适应性"学习。"适应性"学习是学生能够运用人工智能学科所学的知识和与自身能力创建新的连接，大多数人工智能毕业生都有创业的经历，尼西·兰扬（Nisheeth Ranjan）是斯坦福大学计算机科学专业的一位毕业生，拥有斯坦福大学的人工智能硕士学位。他曾在 Netscape、Liveops 和 Trulia 等公司担任过工程和技术管理职位，他还创办了 Intro-Rocket 和 BrightFunnel 等公司，目前是旧金山的一家科技创业公司 Honey-Bee 的首席技术官。他喜欢读书、打高尔夫或网球和旅行，目前他正在撰写一本书，以探讨世界各地一些具有社会影响力的机器学习项目背后的技术、人员和故事。① 由此在一定程度上可以看出斯坦福人工智能人才培养能够促使学生从教育经历中整合不同的元素，使学生去适应各种新环境，为不可预期的挑战做准备。

（三）知识取向

多年以来，斯坦福人工智能专业一直致力于专业领域的前沿发展，引领并推动着人工智能领域的变革。在人才培养的过程中，关注知识的深度、广度以及革新。在本科阶段，计算机科学系主要进行集中领域的课程开设，以保证扎实的知识基础，同时通过联合专业、跨学科计划等来保证知识的广度。在研究生阶段，以宽幅课程和单元课程相结合的方式，以细化的目标和严格的标准来确保知识的广度和深度，同时采取项目实验、学术沙龙等方式保证知识的前沿性，并不断发展革新知识本身。

斯坦福大学在人才培养的过程中格外关注知识的融合性和学科间的交叉。学生的创造力培养是在许多不同学科发生交叉时自然发生的。② 为了引领计算机科学领域，不光要求计算机科学毕业生精通计算机科学研究，还要具备创造性的思想、跨学科技能和与他人合作的能力，在工作中有担当并能够与人有效沟通。斯坦福大学计算机科学专业的使命超越

---

① Inspirit AI, "Our story", 2019 – 06 – 30, https：//www. inspiritai. com/team.

② Stanford University, "Ge Wang Bio", 2019 – 03 – 13, https：//ccrma. stanford. edu/ ~ ge/ bio/.

了学科界限，希望通过核心计算机科学研究启动其他学科，并挑战通过其他学科来扩展计算机科学学科的领域。斯坦福大学计算机科学专业一直非常重视跨学科的研究和社会教育影响，旨在建立工程学科与其他科学之间的桥梁，培养在多个科学领域交叉创新的学生。

二　基本要求

人才培养是高校工作的重点和核心，优秀人才的成长需要良好教学环境的支持、多方力量的协作，更需要形成一套高效可行的人才培养系统，以保证各环节的顺利实施与各因素的有效协同。在这个系统中，培养目标的定位引导着人才培养的方向，斯坦福大学的目标定位主要体现了整体性要求、层次性要求和多元性要求。

（一）整体性要求

整体性是指对人工智能专业所培养出的人才的质量和规格的整体要求。斯坦福大学对于人工智能人才培养的目标做出了长远而清晰的定位，从宏观上把控了人才培养的方向，提供了强有力的政策导向。斯坦福大学校长约翰·亨尼斯（John Hennessy）曾说：人工智能是科学领域最深远的事业之一，它将影响人类生活的方方面面。[1] 斯坦福大学于 2014 年秋季启动了"百年人工智能研究"（AI100）计划，斯坦福大学邀请了来自多个机构的著名思想家开始为期 100 年的努力，以研究和预测人工智能的影响将如何在人们的工作、生活和娱乐方式的各个方面产生波动。这项"人工智能百年研究（AI100）计划"。是计算机科学家和斯坦福大学校友埃里克·霍维茨（Eric Horvitz）的结晶，霍维茨在 2009 年召开了一次会议，会议上顶级研究人员探讨了人工智能的进步及其对人和社会的影响，这一讨论阐明了继续研究 AI 的长期影响的必要性。目前，霍维茨与斯坦福大学生物工程与计算机科学教授 Russ Altman 共同组成了一个委员会，该委员会将会选择一个小组，就 AI 如何影响自动化、国家安全、心理学、道德、法律、隐私、民主和其他问题进行一系列的研究。这一计划的提出，不仅为人工智能领域的发展注入了活力，更为重要的是为

---

[1] Stanford University, "Stanford 2016 Report", 2020 – 02 – 11, https：//ai100. stanford. edu/2016 – report.

人工智能专业人才的培养提供了政策导向，从宏观上明晰了人工智能人才培养的目标定位。"百年人工智能研究"计划的捐助者霍维茨认为"百年计划"以其超长的发展期和监控期，为未来一个世纪和更远的将来提供重要的见解和指导。①

（二）层次性要求

层次性是指在人工智能专业人才培养的不同阶段，对于学生的目标定位的水平差异性。尽管斯坦福大学仅在研究生阶段开设人工智能专业，但对人工智能专业人才的培养可以追溯到本科阶段。在本科阶段，主要关注学生计算机基础知识和专业能力的培养。学校除了提供专业的核心课程外，还提供涉猎广泛的辅修课程，如人工智能、计算机工程、人机交互、信息、系统等。这些课程旨在培养学生的计算机基础知识和能力，从而为下一阶段的研究和发展打好基础。在本科阶段，计算机科学系还为学生提供"联合专业"的学习机会，以期通过跨学科的学习过程来整合两个领域。在本科阶段，学生必须完成核心课程、选修课程以及至少一个高级项目。

在研究生阶段，计算机科学专业可以从以下分支领域选项中进行选择：人工智能，生物计算，计算机工程，图形，人机交互，信息，系统，理论或非专业领域。其中人工智能对逻辑、概率、统计、语言等多个主题及其与多个应用程序的关系进行研究。人工智能集中的主题包括知识表示，逻辑推理，机器人，机器学习，概率建模和推理，自然语言处理，语音识别和综合，计算机视觉和计算生物学。工程学院为对人工智能感兴趣的学生提供广泛的课程安排，并成立顾问小组帮助学生寻找自己感兴趣的分支领域，人工智能专业设置必备的理论基础课程为学生在该领域做更深入的研究做好准备。总的来看，在人工智能人才培养的过程中，无论是本科还是研究生阶段，斯坦福大学都非常强调跨学科研究和促进基础研究的应用。

（三）多元性要求

多元化是指人工智能专业人才培养目标的多样性和可选择性。斯坦

---

① Stanford University, "History ｜ One Hundred Year Study on Artificial Intelligence（AI100）", 2020 - 2 - 11, https：//ai100. stanford. edu/history - 1.

福大学的创始校长戴维·斯塔尔·乔丹（David Starr Jordan）在建校之初，希望斯坦福成为一所能够培养出具有文化背景和有用的毕业生的大学。[①] 事实上，斯坦福大学也正是以其企业家特质而闻名，倡导培养实用型人才。斯坦福大学的人工智能专业提供多样的人才培养目标，目前来讲主要关注就业、开发及科研三个导向。以就业导向为例，斯坦福人工智能专业开设了大规模的线上和线下的相关课程，涉及数学基础、技术基础、机器学习算法、问题领域等各个内容，以确保学生掌握就业所需的基础知识和能力。同时斯坦福大学还积极鼓励学生参与到开发项目中去，目前学校已经开设了医学和生物医学物理人工智能实验室（Laboratory of Artificial Intelligence in Medicine and Biomedical Physics），有关医学和成像的人工智能中心（Artificial Intelligence in Medicine and Imaging，AI-MI）等平台，学生可以参与到相关开发项目，从而引导学生形成创新意识并培养开发能力。斯坦福大学作为世界一流的研究型大学，在人工智能领域的科研能力首屈一指，近年来也赢得了许多优秀论文奖。比如由 Michelle A. Lee、Yuke Zhu 等人参与撰写的《视觉和触摸感：用于接触式任务的多模式表示形式的自我监督学习》获得了 ICRA 2019 最佳论文奖；李元之、马腾宇、张洪阳撰写的论文《算法正则化》获得了 COLT 2018 最佳论文奖，斯坦福大学雄厚的科研实力无疑使其成为培养研究型人才的沃土。

三　目标构成

培养目标是人才培养的起点与终点，培养目标应当符合学校定位，适应社会经济发展，服务国家和区域发展战略，具有前瞻性和引领性，是对学生毕业后可预期能达到的职业状态和专业成就的总体描述。纵观斯坦福大学人工智能专业的人才培养现状，可以总结出以下培养目标：培养适应社会的实用型人才、培养专业领域内的领导型人才以及培养多学科背景的综合性人才。

---

① Stanford University, "A History of Stanford – Stanford University", 2020 – 02 – 22, https://www.stanford.edu/about/history/.

（一）培养适应社会的实用型人才

目前，人工智能专业人才的就业方向主要有人工智能研究所、软硬件开发人员、高校讲师等，人工智能专业学生毕业后面临多重身份的选择，因此斯坦福大学专注于向学生传授广博的知识、发展基本能力，培养其强烈的多元文化认同感和社会责任感以及实用性学习的能力。例如为了营造多元的文化环境，斯坦福大学发出了"平等与包容倡议"，该倡议认为对多样性的承诺就是对卓越的承诺，最终的目标是创造一个包容各方的环境，在这个环境中尊重差异，并鼓励所有背景的学生成为充实而真实的自我。① 由计算机部门和外科部门等联合开展的上肢假体设计项目就致力于设计出功能更强、接受度更高的义肢以提高残障人士的生活质量。② 斯坦福大学的人才培养目标旨在使学生快速适应未来的环境，能从容应对未知的挑战，成为能够适应社会的实用型人才，而培养适应社会的实用型人才的实质是追求全面发展的创新型人才。这是斯坦福结合时代特点、社会发展提出的教育目标。

（二）培养专业领域内领导型人才

《斯坦福大学 2025 计划》③ 中最为核心的一条是培养具有大格局和大视野的国际领导型人才，斯坦福校友们的反馈证明，使命感是他们职业生涯中指引方向的航标。计算机科学专业的使命是培养学生在计算机科学学科领域的广博知识，包括他们应用计算机科学理论来解决学科中的实际问题的能力。而在研究生阶段，将数据转化为有用信息，是斯坦福大学人工智能研究的核心使命。斯坦福大学的人工智能实验室一直站在 AI 革命的前沿，也是 AI 领域的先驱，SAIL 肩负对人类发展的使命感，一直致力于建立更好的算法，创造出可以帮助人类更好生活的机器，引领更安全、更有生产力和健康的生活。在对专业人才的培养上，SAIL 也秉承这种对人类生活和技术发展的使命感，以期培养出人工智

---

① Stanford University, "Equity and Inclusion Initiatives ｜ Stanford School of Engineering", 2020 - 02 - 22, https：//engineering. stanford. edu/students - academics/equity - and - inclusion - initiatives.

② Stanford University, "Slide 1", 2020 - 02 - 22, https：//forum. stanford. edu/events/poster-slides/DesignImprovementofUpperLimbProsthesistoIncreaseAcceptanceRate. pdf.

③ Stanford University, " Stanford University 2025 Program", 2019 - 06 - 30, http：//www. stanford2025. com/.

能领域的领导者。斯坦福大学的教育不仅鼓励个体成功，更注重培养具有回馈社会、心系社会并有时代担当的人才、具有使命感的国际型人才。

（三）培养多学科背景的综合型人才

斯坦福大学无论是在本科阶段还是研究生阶段都十分强调学科的交叉性，力求培养出多学科交叉的整合创新型人才。其人工智能专业的人才培养目标是在人工智能领域背景下为学生提供多元的发展的机会，使学生获得专业能力。专业的课程设置灵活，学生可以自由地选修课程，个人课程的决定权属于学生，对于具有明确目标的学生，学校会根据具体情况提供更加宽松的政策和条件，帮助学生对专业领域之外的其他学科进行更深入的了解。总的来说，人工智能课程设置旨在帮助学生有机会在更多样化的领域中进行更深层次的研究，同时为学生在课程中提供多而广的选择机会。为鼓励计算机领域的跨学科研究，在计算机科学系最新的战略计划中，战略计划委员会还建议为现有教师机构制定一些激励措施和机制，以促进创新和跨学科的研究和教育。该机制将会为跨学科学生提供奖学金，并鼓励不同研究领域的教职员工共同指导学生。此外，还将对开拓新的跨学科领域的教师提供支持（例如以教学假的形式），以便他们进入新的跨学科领域。

第三节　斯坦福大学人工智能专业人才培养的内容构成

课程是人工智能人才培养的主要内容，也是实施教学活动的重要载体，是实现人才培养目标的重要渠道，是分析人才培养模式不能避免的一个要素。

一　主要分类

（一）人工智能专业课程设置模式

经过多年的摸索积累，斯坦福大学人工智能课程模式已非常成熟完备，以下以人工智能原理与技术课程为例，① 从课程安排、教师资源、学习资源、课程考核等不同方面逐一进行分析（见表4-1）。

表4-1　　　　　　　人工智能专业课程配套设置情况

学科	一级类目	二级类目
CS221：人工智能原理与技术	课程安排	课程表
		时间
		地点
		课程周期
	主讲教师	罗宾·贾（Robin Jia）
	助理教师	阿米塔·卡马斯（Amita Kamath）
		朱娜（Anna Zhu）
		尼古拉斯·巴比尔（Nicholas Barbier）
		尼·贝拉丹（Niranjan Balachandar）
		马婷达（Martinez）
		甄·琴（Zhen Qin）
		安德鲁·韩（Andrew Han）
	学习资源	课程相关主题
		课前阅读书单
		课程深入学习书单
	课程考核	家庭作业（30%）
		考试（70%）

资料来源：CS221，"Artificial Intelligence：Principles and Techniques"，https://stanford-cs221.github.io/autumn2019/。

以2019年夏季人工智能原理与技术课程为例，师资方面，除了设置1名主讲老师外，还配备7名教师助理，学校官网会详细通知该课程

① Stanford University，"Artificial Intelligence：Principles and Techniques"，2019-06-30，http://web.stanford.edu/class/cs221/.

的时间、地点、周期等。此外,学校官网会详细说明这门课程是关于什么的,这门课程包括了哪些主题,以及学习这门课程能帮助你解决哪些生活中有关人工智能的问题,对于基础一般的学生,提醒你在开始这门课程之前阅读哪些书会对你学好这门课程有帮助;对于基础好的学生,推荐更深入的相关书籍。① 成熟完备的课程模式,使学生更了解即将学习的科目,对于不同程度的学生推荐了不同程度的书单,帮助学生个性化学习。在 2019 年,斯坦福开设的人工智能相关课程涵盖了 54 个研究主题,包括计算机视觉、自然语言处理、高级机器人以及计算基因组学等。其中最受欢迎的则要数吴恩达推出的《CS 221:人工智能原理与技术》课程。②

（二）人工智能课程分类

人工智能课程主要指一般意义上课堂实施的教学科目的组织安排,本节以新生研讨课、通识课程、主修专业课程 3 类课程为对象。

1. 新生研讨课

斯坦福人工智能专业学生入学后首先经过新生研讨课,这是其人才培养的一个重要组成部分。斯坦福大学的新生研讨课为新生提供一个与同伴、教师一起交流、密切合作的平台,通过小组学习加强学习体验。斯坦福大学新生研讨课的第二个目的是向学生介绍一个特殊的学习领域从而激发学生的学习兴趣。这些课程是基于论题的研讨课,教师从自己的现有研究中或者自己的兴趣中选取课程话题和主题,在交流中鼓励学生对问题进行讨论并提出新想法,有的课程会带学生参加一些非正式社会活动、户外考察等。目前斯坦福开设研讨课200 多门,其中适用于大一新生的课程有 130 门。新生研讨课在春秋冬三季均有开设;新生研讨课采用小班教学,每个班级不超过 16 人。同时学校对课时进行规定,规定每周不少于两次课程讨论,每次保证 2 个小时的讨论时间。斯坦福大学的新生研讨课以点燃学生学术热情、培养学生研究能力为目标,以多样化的主题为依托,以教授为主要师资队伍,以小班化教学为手段,并具有

---

① Stanford University,"Specialization AI",2019 – 06 – 30,https://www – cs. stanford. edu/academics/current – masters/choosing – specialization#ai.

② Stanford University,"Artificial Intelligence course",2019 – 06 – 30,http://cs229. stanford. edu/.

灵活转换的课程形式。

2. 通识课程

斯坦福的通识课程自 1957 年开始，经历半个多世纪的发展，形成了独具特色的通识课程体系。斯坦福大学通识教育必修课在 2012 年改革之前主要包括领域课程、人文导论课程、写作与修辞、语言四类。2012 年课程改革后用有效思考替代了人文导论，并延续至今。2013 年课程改革以思维与行为方法替代了领域必修课。2014 年课程改革中用口语交流代替语言。斯坦福的通识课程打破学科壁垒，跨越学科边界，不再强调学科的扩展而是注重学生核心能力的培养与发展。经过这三次通识教育方案的改进结果可见，新的通识教育方案实现了从"重视学科"到"重视能力"的转变，注重培养学生的思维能力与表达能力。斯坦福大学还提出通识课程的部分课程也可以用来满足某些专业学习的要求，专业学习过程也能对通识课程的能力素质进行培养，这样一来便建立了通识课程与专业课程的联系。

3. 人工智能专业课程

如表 4-2 所示，人工智能专业课程主要由基础课程、核心课程和 AI 进阶课程三个部分构成，基础课程涉及数学、科学、工程基础等领域，学生可以在以上领域选择四门课程进行学习，为计算机基础知识的学习与掌握打好基础；核心课程专注于计算机基础知识框架体系的构建，是学生必须学习的课程；AI 进阶课程是在基础课程和核心课程的基础上针对人工智能领域进行深入的学习与研究，由 Track A、B、C 三模块组成，其中 Track A 课程一般来讲是必修的，但学生也可以用其他模块的课程来代替。学生在 AI 进阶课程的选择上具有相当的自由，可以根据自己的兴趣和专长进行个性化的选择。

表 4-2　　　　　　　　斯坦福大学人工智能专业课程

基础课程				
数学	微积分	计算数学基础	计算机科学的概率导论	2 门选修
科学	力学	电磁学		1 门选修

基础课程				
社会中的科技				
工程基础	抽象编程	电子学导论		1 门选修
核心课程				
计算机组成与系统		计算机系统原理		算法设计与分析
AI 进阶课程				
Track A 人工智能原理及技术 CS221		Track C		
Track B 课程中选 4 门		放弃 Track A 的学生可以从 Track B/C 中选另一门课程		

二 选择标准

在进行人才培养时需要根据培养目标和一定的标准来对学习的内容进行一定的筛选与规划，总的来看，斯坦福在学习内容的选择上以学生的数理及编程基础、学生的兴趣以及多门课程的整合优化为标准。

（一）注重学生的数理及编程基础

人工智能研究生证书中的课程提供了基础知识的基础和高级技能，包括逻辑、知识表示、概率模型和机器学习。学生可以深入学习主题，课程包括机器人、视觉和自然语言处理。良好的数理及编程基础是学习人工智能的前提，可以说只有具备了这些基础，才能搞清楚人工智能模型的数量关系、空间形式和优化过程等，才能将数学语言转化为程序语言，并应用于实验。以斯坦福大学人工智能硕士研究生课程的培养要求为例，该课程要求学生至少掌握如表 4－2 所示的数理及编程课程，并要求总的 GPA 在 3.0 以上。扎实的数理和编程基础是课程的关键，也是世界一流大学重点培养的能力。

（二）基于学生的兴趣选择

斯坦福目前开设的本科生专业有 77 个，大部分学生在大二才会选择专业，在专业选择时可以咨询自己的学习顾问，再结合自己的兴趣选择适合自己的专业。学生如果要转专业，只要咨询过自己的顾问，提交转专业申请就可以了。如果学校所开设的专业没有自己想学习的专业，学生也可以在学习顾问的帮助下设计属于自己的专业。计算机科学专业划分为 6 个不同的领域，如人工智能、机器人、软件设计、图形、理论或硬件设计，① 学生可以选择在计算机科学专业下任意一个分支领域中从事研究工作。斯坦福大学通过收集专家意见，选择最适合学生的专业目标。

（三）注重多门课程整合与优化

课程的整合与优化随着工程领域的扩大以及社会问题复杂化，工程师遇到越来越多需要突破单一学科边界、运用众多技术、综合各种专业知识才能解决的现实性问题。因此，如何培养下一代工程师、教什么、如何教，是当前必须不断探索的内容。斯坦福大学始终秉持"运用最合适的方式，教授最有价值的内容"这一理念，结合其宽泛的学科背景，以课程为突破口，不断整合其课程内容，探索更加优化的教学方法，探讨未来工程师需要了解的知识，帮助学生为将来的生活做好准备。斯坦福大学设置的文理学士学位专业修习计划有 10 余个，均为"计算机科学（CS）＋人文专业"项目，具体包括"CS＋文学名著、CS＋英语、CS＋法语、CS＋德国研究、CS＋历史、CS＋意大利语、CS＋语言学、CS＋音乐、CS＋哲学、CS＋斯拉夫语、CS＋艺术实践、CS＋比较文学、CS＋拉美文化"。这些项目的目的是让学生在 CS 和文学交叉研究中探索和发展自己的兴趣，提供给学生跨学科学习的体验。

三　设计原则

课程设计的原则指进行课程设计时所遵循的依据。斯坦福主要以知识的逻辑、社会的需求和以人为本的理念为依据进行人工智能专业课程的设计。

（一）尊重知识的逻辑

以斯坦福大学人工智能硕士研究生课程的培养要求为例，必修课在攻读期间只有一门《人工智能：概念与技术》（CS221）。此外，学生可以根据自己的兴趣选修几门人工智能具体方向的课程，斯坦福大学人工智能专业的选修课涵盖了当前人工智能的各个研究子方向，包括人工智

---

① Stanford University, "A History of Stanford", 2019 – 03 – 11, https：//www. stanford. edu/about/history/.

能的理论基础（CS157）、机器学习（CS223A、CS229、CS230）、不确定性理论（CS228、AA228）、机器人技术（CS223A、CS205A）、计算机视觉（CS231A、CS231N）、自然语言处理（CS224N、CS228）等。①另外，一个方向的课程开设在不同学期，如《计算机视觉：从 3D 重建到识别》和《卷积神经网络及视觉应用》两门课程分别在冬季和春季学期开设，学生可以选修两门课程，循序渐进，把感兴趣的方向学扎实。

（二）尊重社会需求

以需求为导向，探索跨学科的方向与目标。斯坦福大学工程学院的改革是从全球性、宽领域的视野出发，总结当前及未来人们将面临的挑战与需要，将这些问题与人工领域相结合，探索如何解决现实性的问题，探索如何改革工程教育来培养面向世界的工程师。② 未来工程委员会通过好奇心驱动和问题驱动的研究产生新知识，并为未来工程系统提供基础，通过向学生提供世界一流研究性教育，向学术界、工业界和社会领导人提供广泛的在线学习资料③和机会，通过扩大受工程教育者的规模，改善社会和整个世界来进行工程领域的研究、教育、文化三大方面的改革。

（三）注重以人为本

多学科知识的学习并不是 21 世纪人才的全部，斯坦福大学工程学院认为工程核心课程应为学生提供深厚的学科洞察力以及沟通、设计和团队合作的技能。除了学科专业知识外，还必须发展学生的道德观，因为工程师的教育必须考虑他们将来工作。工程教育需要更深入地与人文科学和社会科学进行融合，将这些要素纳入斯坦福大学工程学院。斯坦福大学拥有多学科工作的悠久传统，2019 年 3 月 18 日，斯坦福大学成立了"以人为本人工智能研究院"（HAI），将多个领域的领先思想家聚集在一

---

① Stanford University, "Campus Life", 2019 - 03 - 11, https：//www. stanford. edu/campus - life/.

② Stanford University, "A Companion Site to the Edward A. Feigenbaum Collection", 2019 - 06 - 30, https：//cs. stanford. edu/people/eaf/wordpress/.

③ Stanford University, "Artificial intelligence course", 2019 - 06 - 30, http：//cs229. stanford. edu/.

起，借助来自七大院系的研究人员和学者的力量，并通过与其他项目整合，利用源源不断产生的海量数据为人类造福。

四　组织形式

人才培养的组织形式是指开展人才培养活动时相关人员的组成方式，斯坦福主要采用基于研究项目的组织形式和基于专业的组织形式。

（一）基于研究项目的组织形式

斯坦福大学的教授会经常招聘研究助手一起研究项目，对于学生接触到前沿领域是很好的机会，教授会把招聘信息放在校园招聘网站或者部门网站，以供学生选择，重要的是学生自己要去各种网站上了解，寻找宝贵的研究机会，一旦申请成功就可以在一个学期内和教授一对一学习交流。斯坦福大学一向注重学生的实践能力的发展，学校要求人工智能专业研究生必须完成重要操作课程（Significant Implementation，SI）要求，这些课程往往以实践项目的形式进行组织，如 CS210B 与企业合作伙伴的软件项目经验、CS221 人工智能：原理与技术、CS243 程序分析和优化、CS248 交互式计算机图形学、CS341 挖掘海量数据集的项目、CS346 数据库系统实施等。

（二）基于专业的组织形式

专业作为一种知识学习的组织形式，是专业人才培养的重要载体。斯坦福大学人工智能专业的相关课程活动主要以专业的形式组织展开。以不同的专业培养各类专业人才是高等教育的根本使命。专业设置与专业修习计划作为人才培养模式的重要标志，直接影响人才培养的质量。

第四节　斯坦福大学人工智能专业
人才培养的实施过程

人才培养的实施过程直接影响着最终的人才的质量与规格，下面将从主要部门、路径选择、策略方法和影响因素四个方面介绍斯坦福大学的人才培养实施。

一 主要部门

人工智能包括从感知到感知、学习、沟通和行动。斯坦福大学的人工智能实验室致力于设计智能机器，服务、扩展和改善人类的努力，创造更高效、更安全、更健康的生活。这些智能机器将使用多感官信息学习任何事物以及整个网络世界的信息和知识。

(一) 斯坦福大学人工智能实验室

斯坦福 AI 实验室（SAIL）于 1962 年成立：由人工智能领域的创始人之一约翰·麦卡锡教授创立。斯坦福人工智能实验室一直是人工智能研究、教学、理论和实践的中心。[①] SAIL 领导了几代科学家，是 AI 知识中心以及 AI 研究工作的教育圣地，斯坦福大学人工智能实验室的 18 名教员正在改变这个世界，他们的研究包括深度学习、机器学习、机器人、自然语言处理、视觉、触觉和感应、大数据和知识库、基因组学、医学和医疗保健。纵观人工智能的历史，过去 50 年间大多数人工智能研究是在学术实验室进行的。这为 AI 领域的研究在方法、测量和指标上奠定了时间基础，是 AI 应用程序酝酿阶段，从想法萌发，到发展为机器人、自然语言处理、计算机视觉、计算基因组学和医学等重要领域都在这一阶段。人工智能从感知到学习通信的完整循环，斯坦福大学的人工智能实验室致力于智能机器的设计服务，扩展、改善人类日常生活，使生活更富有成效、更安全、更健康。这些智能机器将使用多感官学习整个网络世界的信息和知识。

(二) 以人为本的人工智能实验室（HAI）

2019 年 3 月 18 日，斯坦福成立了"以人为中心的斯坦福人工智能研究所"（HAI），旨在成为从事该领域研究的决策者、研究人员和学生们的跨学科中心。斯坦福大学提出以人为本的 AI 计划，建立以人为本的 AI 研究所。它将支持跨学科的必要广泛研究；促进学术界、工业界、政府和民间社会之间的全球对话，他们希望传达比以往更具世俗性和人性化的价值观，并引导政治家们就科技带来的挑战性社会问题做出更成熟的

---

① Stanford University，"Artificial intelligence laboratory"，2019 – 06 – 30，http：//ai. stanford. edu/.

决定。我们将这种观点称为以人为本的 AI 包含更多人类智慧的多样性、个性和深度。AI 的发展应与正在进行的对人类社会影响的研究相结合，并进行相应的指导。AI 的最终目的应该是增强我们的人性，而不是减少或取代它。

二　路径选择

路径是指达到指定目标的具体途径。斯坦福大学是世界高新科技中心硅谷形成的基础，培养了众多高科技公司的领导者，其中包括惠普、谷歌、雅虎、耐克、罗技、Snapchat 等公司的创办人①，而斯坦福的人工智能专业的辉煌则起源于人工智能实验室的创立。多年以来，斯坦福大学人工智能专业依靠其丰富的校企合作资源与经验、得天独厚的地缘优势和成熟的实验室文化，形成了颇具特色的人才培养路径。

（一）以开放的态度面向社会群体，储备人才力量

斯坦福大学的人工智能专业作为人工智能领域的翘楚，一直以开放共赢的态度面对社会群体，积极搭建并创造交流合作的平台，采取多种途径宣传并普及人工智能的相关知识。这一方面体现了其作为人工智能领域领袖的使命感和责任感，另一方面让更多的学生尽早地接触人工智能领域，了解人工智能领域的前沿、发展趋势和就业趋势等，从而为人工智能的发展储备人才力量。

斯坦福大学人工智能专业提供了丰富的开放线上资源。例如线上免费课程，以知名在线课程聚合社区（Classcentral）为例，可以看到斯坦福开设了包括机器学习、人工智能概论、自动化理论、神经网络与深度学习、机器学习课程简介、建构机器学习项目、自然语言处理等②大量人工智能相关的慕课。斯坦福人工智能实验室还开设了 SAIL 博客，用于分享在 SAIL 中进行的最新研究、讨论和演讲，例如迪伦·罗西（Dylan Rossi）撰写的"通过学习到的潜在动作控制辅助机器人"，布莱斯·泰姆（Bryce Tham）和阮雪莉（Sherry Ruan）撰写的"通过聊天机器人实现教

---

① Stanford University，"Alumni ｜ Facts 2019"，2020 – 02 – 11，https：//facts. stanford. edu/alumni/.

② Stanford University，"Courses & MOOCs ｜ Free Online Courses ｜ Class Central"，2020 – 02 – 11，https：//www. classcentral. com/university/stanford？ subject = cs.

育革命"等。总之对人工智能感兴趣的学生和其他社会群体可以轻易地获得该领域的相关知识和前沿信息。

除此之外，斯坦福大学人工智能实验室还组织开展了暑期计划，简称 SAILORS。随着 AI 领域继续在世界上产生更大的影响，SAIL 的研究人员和教育工作者相信，要开发最具有包容性、人文主义的技术，AI 领域必须包括来自各行各业的学生和研究人员。秉承这一使命，SAILORS 于 2015 年成立，目的是让代表性不足的高中生接触人工智能领域。此项目此后已重命名为 Stanford AI4ALL，这标志着 SAIL 与教育非营利性 AI4ALL 之间的合作伙伴关系。斯坦福大学提供 AI4ALL 课程，这是一个为期三周的九年级女性青少年寄宿计划，旨在提高计算机科学领域的性别多样性。该计划将继续以斯坦福大学人工智能实验室为基础，但将由非营利性组织 AI4ALL 开发新的更新课程，致力于培训下一代 AI 研究人员。①

（二）以精心的课程设计为前提，夯实专业基础

人工智能涉及的领域包括计算机科学、数学、心理学、语言学、哲学、工程学等，同时，人工智能在很多领域有着创新性的应用，无论是从学科特点，还是应用范围上来看，人工智能都有着宽泛而复杂的覆盖面。

在本科阶段，斯坦福大学采用"核心课程 + 选修课程 + 定制 + 高级项目"的方式来培养人才。核心课程包括简要编程、计算机组织和系统、计算机系统原理、计算的数学基础、计算机科学家概论以及数据结构预算法，学生通过核心课程可以掌握人工智能专业所需的最基本的计算机知识。定制即学生可以通过在相关领域参加 4—5 项课程来发展特定专业的深度。学生必须完成任何一门课程的要求，该课程通常包括 1—2 门入门课程，1—2 门核心专业课程，然后从更广泛相关的课程列表中选择课程。学生通过选修科目在不同领域参加额外的入门课程，从而探索 CS 中更广泛的主题，而高级项目学生可以通过选择构建编程应用程序、项目经验和参与教职工研究来完成。

人工智能是一个基于全人理念，以复合型人才培养为目标，提供

---

① Stanford University，"Outreach | Stanford Artificial Intelligence Laboratory"，2020 - 02 - 10，https：//ai. stanford. edu/outreach/.

"宽幅课程＋定制""宽幅课程＋精深专业""宽幅课程＋精深专业＋研究经验"等一系列培养方案，以保证满足人工智能理论研究、技术研发和实践应用等领域的人才需求专业。在硕士期间，针对不同学习主体的需求，斯坦福大学采用了单深度和双深度这两种培养模式。单深度培养必须完成 27 个单元课程的学习，并从相关宽幅课程列表中选择 3 门完成；双深度培养只需完成专业领域的 21 个单元课程，但同时还必须完成一个 5 门课程计划，以满足第二专业领域的要求。

（三）以多样的合作项目为依托，发展个人能力

以"自由之风劲吹"为校训的斯坦福的大学一直秉承着务实、创业的理念，除了培养了众多高科技公司的领导者以外，斯坦福的校友涵盖 30 名富豪企业家及 17 名 NASA 宇航员，亦为培养最多美国国会成员的高等院校之一。在这种务实的人才培养理念之下，斯坦福的人工智能专业人才的培养也脚踏实地、立足现实，积极引导学生参与到实用性研究与企业生产开发中去。

例如在斯坦福大学人工智能专业的学习过程中，学生必须完成一个高级项目，这个项目可以通过完成和企业伙伴的合作计划来获得学分。该计划将会历时两个季节（冬季和春季），学生可以与合作伙伴公司（如 Facebook，Yahoo，Microsoft 和 BMW）合作。当企业合作伙伴在其研发实验室中寻求新的、创新的解决方案和想法时，这对于学生提出了相对宽松的挑战。[①] 因此，学生团队可以自由地应对挑战，每个团队都是一个小型的初创公司，具有专用的空间、可自由支配的预算以及由指导人员组成的技术咨询委员会。斯坦福大学通过设置该类项目使学生参与到软件工程的最新实践，探索设计空间，获得真实的开发经验，同时分组工作，也能够培养学生的团队协作能力。该门课程也能够帮助学生与公司建立关系并学习有助于管理团队或创办公司的技能。

斯坦福大学还开展了人工智能实验室联盟计划，是斯坦福人工智能实验室（SAIL）与企业合作伙伴集团之间的官方联盟，旨在促进人工智能研究人员与企业家之间的对话，两者之间的知识交流将为开发 AI 商业

---

① Stanford University，"Undergraduate Major in Computer Science"，2020 - 02 - 11，https：//cs. stanford. edu/degrees/undergrad/SeniorProject. shtml.

化提供可行性建议。现有成员包括：松下（Panasonnic），UST 全球公司（UST Global），腾讯，三星和 OPPO。新加入的会员有 Google 及中国的乘车共享公司滴滴，该计划是斯坦福人工智能实验室的赞助研究计划。该合作将为人工智能专业人才提供更多与企业合作的机会，同时将资助一系列领域的研究，包括自然语言处理，计算机视觉，机器人，机器学习，深度学习，强化学习和预测。①

三　策略方法

除了专业课程与研究所外，斯坦福大学还通过开展学术沙龙，助理制度和人工智能暑期活动等方式，来支持和丰富人才培养过程。

（一）开展学术沙龙，搭建交流平台

SAIL 文化的一个特殊部分是 AI 沙龙，它是一个定期讨论活动，面向所有现任斯坦福大学的学生、博士后和教师开放，并且欢迎能够为人工智能沙龙活动带来跨学科视角的人。每期沙龙会邀请 2 个斯坦福大学的研究生、教师或嘉宾分享与人工智能相关的主题和想法，并且每个沙龙都有不同的讨论主题，例如，"AI 和法律系" "机器学习软件工程" "信任 AI 技术/算法" 和 "AI 中的多样性" 等。AI 沙龙活动贯彻了启蒙时代的沙龙精神，与会者在活动期间不允许使用任何电子产品或白板，只能够同其他与会者进行自由的讨论。

鉴于人工智能对社会的影响越来越大，AI 沙龙形式的对话比以往任何时候都显得更为重要。斯坦福大学通过沙龙的方式，将众多的专家、教师、实验室人员和学生汇集在一起，让每一个人参与到讨论中去，鼓励每一个人超越个人的日常研究思考，更好地了解工作如何融入科学进步的长期轨迹，融入整个社会。斯坦福大学通过沙龙活动搭建起了一个交流平台，增进了学术交流，加强了师生交往，在交流中实现知识和思想的碰撞，更其重要的是培养学生人际交往、自我发展等能力，赋予了人才培养更为丰富的内涵。

---

① Stanford University, "The Age of Artificial Intelligence", 2019 – 06 – 30, https：//hai. stanford. edu/sites/g/files/sbiybj10986/f/moments – in – ai – infographic. pdf.

（二）完善的顾问制度，护航学生发展

斯坦福大学自学生入校以来就会为学生配备课程顾问，帮助解答学生关于课程、学术项目、日常活动等任何与学生生活有关的问题。这些顾问老师都具有丰富的经验和专业的领域知识，可以为学生提供有关研究机会和总体道路规划的各种信息，这对于学生的自我发展可以发挥很大的作用。在课程顾问和学生的对接方面，斯坦福大学不仅在学校官网上建设了简洁易查的课程助理界面，还利用网络社交工具Facebook，建立了专门的课程助理账户，以保证学生与课程顾问的顺畅联系与沟通。课程顾问能够帮助学生快速熟悉新的环境，更好地融入新的团体中去，找到个人的发展方向。

除此之外，斯坦福大学计算机科学系的学生在本科入学时就被要求选取1名教师为自己专属的学术顾问，学术顾问往往由院系中的讲师或者教授担任，主要负责指导学生的学术研究与专业发展，为保证学生能够及时得到专业的建议与引导，学院还对学术顾问与学生的比例进行了限制，每位学术顾问只能负责一定数量的学生的指导工作。在学生在校期间，课程顾问同时也可以作为课程建议的另一个来源，为学生提供多方面的指导。课程顾问和学术顾问一起为学生学校生活提供全方位的支持与保障，护航学生的专业成长与个人发展。

（三）关注人才储备，助力多元发展

为了给低年级学生提供接触人工智能的机会，斯坦福大学开展了"斯坦福人工智能实验室的外展暑期计划"（SAILORS），该计划是由李飞飞教授和图灵奖得主费根鲍姆教授[1]共同创立、共同执导的。SAILORS是一个针对低年级学生展开的为期三周的住宿计划，在活动中学生能与教师深度交流，接触AI主题讲座，进行行业实地考察深入研究人工智能领域实践项目。除此之外，SAILORS还是一个专门针对女性开展的实习计划，来自加拿大人工智能实验室——Element AI 的（Yoan Mantha）曾对当前AI顶级会议（诸如NIPS、ICML或ICLR）的与会人员的性别比例做过调查，结果发现与会人员的男女比例是7∶1，性别比例严重不平衡，

---

① Stanford University，"Campus Life"，2019 – 03 – 11，https：//www. stanford. edu/campus – life/.

SAILORS 为低年级女生提供了接触人工智能领域的机会，平衡现有研究人员性别单一的问题，为研究带来女性的视角。

李飞飞博士和普林斯顿大学（Princeton University）的奥尔加鲁萨科夫斯基（Olga Russakovsky）博士在 SAILORS 的基础上合作举办了斯坦福大学 AI4ALL（Stanford AI4ALL）项目，AI4ALL 课程目标旨在使严谨的技术与人文主义相结合。教育工作者相信人工智能的发展应包含最包容的技术，应该更加人性化。在活动中，学生们也有机会参观本地公司，以及计算机历史博物馆等，斯坦福大学通过开展丰富的试验和参观活动，以期培养出更多的有人文目标的多元化技术专家。

四 影响因素

人才培养的实施过程是多种因素共同作用的过程，其中教学资源、资金支持和社会发展对斯坦福的人才培养过程的实施产生着一定的影响。

（一）教学资源

教学资源是为教学的有效开展提供的素材等各种可被利用的条件，也是影响人才培养过程实施的重要因素，教学资源通常包括教材、案例、影视、图片、课件等，也包括教师资源、教具、基础设施等。优质的教学资源能够为人才培养提供强有力的支撑。斯坦福大学作为世界级的顶尖院校在人工智能领域拥有着卓越的教师团队，在团队中不仅有曼尼什·阿格劳瓦拉、乌萨马·哈提卜、肯·索尔兹伯里和李飞飞等专业领域内的顶尖人才，并且大多数教师都拥有丰富的学科背景，这保证了科学知识的跨界融合。除此之外，斯坦福还拥有着世界顶尖的人工智能实验室 SAIL／人机交互研究中心等，2016 年比尔·盖茨捐赠 600 万美元，建立了一栋以自己名字命名的计算机科学大楼，这栋盖茨楼面积约 15 万平方米，主要用于推进人机交互研究。

（二）资金支持

在经济时代，资金支持对于人才培养的实施有着至关重要的影响。斯坦福大学开辟多种渠道获得来自各行各界的经济支持与合作。一直以来，美国国防高级研究计划局（DARPA）和其他面向国防的政府机构对人工智能专业在基础研究水平上做出了巨大贡献，除此之外，受到强大的工业经济的影响与支持，从斯坦福计算机科学系走出的许多企业如

Google，Yahoo，SUN，Rambus，SGI，MIPS，Cisco 和 VmWare 等已经成为斯坦福人工智能专业研究和教育的主要财务赞助商。目前，为了适应资金形势的变化，计算机科学系委员会建议采取积极步骤，为其教职员工建立新的资金机会，加强其对单个教职员工（或一组教职员工）的公司项目支持，以便可以提高每个教职员工的个人公司资助水平。为此，计算机科学论坛应考虑招聘公司筹款技术总监，该总监可以作为赞助公司和该部门的个人教师的技术联络人。

（三）社会发展

尽管在人工智能这一概念问世之初，科学家就断言其将会对人类社会产生深远的影响，但在很长一段时间人工智能并没有得到太多来自外界的关注，直到 2016 年人工智能机器人 AlphaGo 在围棋比赛中击败世界冠军李世石，才引起了世界对人工智能领域关注的新高潮。2019 年 2 月 11 日，特朗普签署行政令，启动了"美国人工智能倡议"（American AI Initiative）（PCMag UK，2019）。这份倡议旨在从国家战略层面调动更多联邦资金和资源用于人工智能研发，全力挺进 AI 建设，以此保证美国在人工智能领域占有的领导性地位，应对来自全球的竞争对手的挑战。2019 年 3 月，美国总统特朗普在白宫发布了维持美国在人工智能领域领导地位的行政命令，从国家宏观控制角度为这一领域的技术进步提供指导和支持（We Are Change TV，2018）。这些国家政策都强有力地支持了人工智能专业的发展，也影响着人工智能专业的人才培养。

第五节　斯坦福大学人工智能专业
人才培养的评价机制

一　组织机构

斯坦福大学人才培养评价工作由副教务长办公室（Vice Provost for Technology and Learning，VPTL）负责，VPTL 将会从学生评价、同事评价以及自我的反思三个方面对教师的课程进行评价。在其 2013 年发布的

《课程评价委员会报告》中显示,[1] 评估小组会采取学生讨论、期中评价和期末评价等方式来采集学生对教师的意见信息。VPTL 会派一名评估人利用课堂的后 20 分钟,在任课教师离场后组织学生讨论有哪些问题需要改进。期中评价采取网上在线反馈调查的方式进行,教师依据 VPTL 提供的模板设置建立调查问卷,问卷设置好后,VPTL 会激活问卷链接给教师,教师将其发送给学生作答。期末课程评价依然采用在线问卷调查的形式,题目不断更新。结合师生反馈,新问卷题目数量减少,题目设计考虑到不同课程的不同特点,以及教师教学方式的差异,进行个性化定制,且加入了学生自我反思的题目。同事评价则以同行观察、课程材料评估以及评估其他贡献三个方面构成。教师本人可以通过教学档案包和教学清单等材料对教学进行反思。

二 评价指标

与我国高校单一化的课程学习评价方式不同,斯坦福大学构建了包括课程学习、科研成果、实践活动、参加竞赛等多元化人才评价指标。

（一）课程学习效果是人才培养质量评价的主要指标

课程学习是斯坦福大学人才培养的基本方式,课程学习效果对人才培养的质量有着基础性影响。教师会根据课程目标采用多种形式的评价方式,进行不同类型的考试和考察,包括随堂的小论文考试、课后的小论文考试、客观测试、口试或相关的论文和项目等。力求做到评价方式和标准与培养目标和效果相一致,以过程评价和结果评价相结合,闭合型测试和开放型测试相结合的方式对课程学习效果进行评价。

（二）学生科研成就是斯坦福大学评价学生创造性的重要指标

科研成就也是衡量人才质量的一个重要指标,斯坦福大学根据不同类型科研项目,采用多种灵活的方式评价学生的科研成果。学生可以自由选择以何种方式来成功地结束自己的科研项目,例如可以选择在专题报告会或其他的学术会议上进行演讲,或参加优秀论文奖的评比,或用科研项目获得相应的学分,或在专业期刊上发表论文等。斯坦福大学在

---

① Stanford University,"CEC_Report_Dec_18. pdf",2020 - 02 - 22,https：//evals. stanford. edu/sites/default/files/CEC_Report_Dec_18. pdf.

科研项目的选择上充分尊重学生的兴趣差异，给予了相当的学术自由，在科研成就的评价方式上也充分考虑学生的个体性差异，以期能够科学公平地评价学生的科研成果，促进和鼓励学生创造性的充分发挥。

（三）课外实践活动也是斯坦福大学学生评价的基本指标

在人工智能专业，课外实践活动作为课程体系的组成部分，要求学生作为学分课程修满 8 学分。但考查学生实践活动并不以参加活动的数量为主要标准，他们更注重考查的是学生在活动过程中的表现，看重的是他们能够在活动中学习到什么和为团体带来什么效益，这样的评价标准能够使学生们更积极地投入实践活动中。斯坦福大学本科学位要求，学生必须完成 180 个单元的课程才可毕业，其中 135 个单元必须在斯坦福大学内修完（斯坦福本科生有夏令营、志愿服务等课程不在学校内完成）。在授课过程中，学校还特别注重布置开放式的平时作业任务，平时作业占到考核比重的 70%，如鼓励学生参加公开的机器学习竞赛，以竞赛成绩作为平时成绩的一部分。期末成绩占到 30%。

三　评价策略

（一）充分信任学生的"荣誉考试制度"

斯坦福实行荣誉考试制度，这项制度规定，不用老师监考，完全信任学生，考试的时候，老师把考卷发完后就离开考场。办公室远的老师，搬个凳子坐在考场门外，学生有问题就出来问。这种做法在诚信较好的社会里，比有监考老师、有摄像头监视给人的压力还大、还可怕，让你觉得周围的同学都是"监考官"，任何不轨的行为都会招来鄙视的眼光。"荣誉考试制度"就是充分信任学生，认为每个学生都是诚实的、优秀的，那么，每个学生也要用自己的行动来维护自己的尊严和名誉。

（二）考试成绩一般采用累积计分法

成绩累积计分的依据是学生平时研讨课上发表意见的表现、日常小测验、期中和期末考试成绩以及教师对论文中体现出的创新能力的评价，根据这些评价指标按照一定比例综合评定学生课程成绩，避免单一指标评定。这种评价方式采取过程评价与结果评价相结合的方式，对学生进行全面综合的评定。对学生的日常学习形成良好而积极的导向，帮助学生有效调控自己的学习过程，使学生获得成就感，增强自信心，培养合作精神。教师也可以获得教学情况的及时反馈，以便及时调整教学活动。

（三）民主化的等级评分制度

斯坦福大学对学生成绩的评定通常不给具体分数，而是采用等级评分和根据成绩分布曲线进行评分的方法，以引导学生发现不足。考试结果民主化。考试结果出来后，教师通过与个别成绩差的学生共同讨论，如发现学生对问题是理解的，只是由于表达不好而影响了成绩，则可以修改评定结果。这种开放化和多元化的考试评价制度，体现了对学生个性的尊重，突出了对学生创造力的重视，有效地激发了学生创新思维和创新能力的发展。

四 保障措施

（一）强有力的资金支持

斯坦福大学人工智能实验室开展了以人为本的人工智能（HAI）种子补助金计划，该计划将授予多达 25 种种子补助金，每种补助金最高可达 7.5 万美元。征集提案旨在支持以人为本的人工智能的创新和跨学科种子研究。提案是为了支持人工智能实现最前沿的富有雄心的想法，并且应该与现有的赞助研究区别开来。学校鼓励提议涉及不同领域的教师和学生的合作，并倾向于支持与 AI 相关的研究，以及两个或更多部门和/或学校的桥梁，以及推动以人为本的重点。

除此之外，斯坦福大学还开展了人工智能实验室联盟计划，斯坦福大学与会员公司签订合同，公司成员三年内每年提供 20 万美元的无限制支持。这些资金将用于支持教师和研究人员的研究活动、研究生以及附属计划的其他活动。

（二）合理有效的奖惩机制

目前，人工智能人才的培养受到世界各国的重视，大部分的世界一流大学都有相应的人才培养激励机制，包括广泛设置奖学金，举办 AI 编程大赛或各类竞赛项目，设置各类会议参会的基金等。在竞赛设置上，这些大学主导的竞赛项目，不但吸引了大量学生的参与实践，有些还成为行业内的标准。例如普林斯顿大学与斯坦福大学合作创立的 ImageNet 大规模视觉识别挑战赛（ILSVRC），成功孵化了大量的研究成果，成为计算机视觉领域的算法测试标准。在此基础上，斯坦福大学在 2017 年年底又设立了更加面向实际应用的深度学习挑战赛，吸引了大量的学生和 AI 从业人员参与。

除了各种激励机制，斯坦福大学还为学生设置了相应的惩罚机制，从而让研究生感到一定的压力。斯坦福大学人工智能专业课程要求学生必须在 3 年内完成学业，如果学生某一门课需要补课，那么必须得缴纳 100 美金的补考费用。这些惩罚措施，可以一定程度上保证学位的含金量，提高学生的学习积极性。

（三）人力资源的保障

斯坦福大学还聘用了一批兼职的教学研究人员、发展顾问、辅助人员，他们在教学与学习中心的实践中也发挥着举足轻重的作用。同样，他们都是各个学科领域的专家教授。比如斯坦福教育学院名誉教授、斯坦福大学研究院副院长鲍勃·卡尔费（Bob Calfee），环境工程系的莎拉·布灵顿（Sarah Billington）教授等。[①] 除了教师团队，教学与学习中心还拥有一个专、兼职人员相搭配的行政团队，负责日常的服务工作，其中的行政人员也基本具备教学经历或至少做过助教工作。无论是中心的领导还是普通成员，都具备深厚的资历，拥有长期从事教学培训研究工作的经验，而这也是中心各项工作顺利进行的有力保障。

第六节　斯坦福大学人工智能专业
人才培养的总结启示

一　主要优势

斯坦福大学人工智能专业的人才培养在世界范围内享有盛誉，有赖于其优越的地理位置、强大的教学资源和校企合作的良好环境。

（一）优越的地理位置

硅谷（Silicon Valley）是世界高新科技的中心，在硅谷聚集了众多高科技公司和产业。斯坦福的地理位置：无论是位于硅谷的中心地带还是

---

① Stanford University, "Human – Centered Artificial Intelligence. The age of AI", 2019 – 03 – 12, https://hai. stanford. edu/sites/g/files/sbiybj10986/f/moments – in – ai – infographic. pdf.

位于环太平洋地区都使其与许多引领 AI 商业革命的公司非常接近。产业是学科生存的重要依托，产教深度融合并互促共进，学科深度发展是引领行业的关键。"硅谷之父"弗雷德里克·特曼教授反对把大学办成脱离实际的象牙塔①。斯坦福创办至今，始终贯彻着学以致用的精神。"让自由之风劲吹"是斯坦福大学的校训②。斯坦福先生在首次开学典礼上表示："生活归根结底是实用的。"斯坦福的实用教育观从一开始就影响着学校的成长，也是斯坦福人的创业精神，更是硅谷人的精神支柱。斯坦福大学不仅吸引了学术和创业人才，还使得学院中产生的高新科技有了一个催生新企业的经济环境，吸引着形形色色的创业者。斯坦福大学的所在地——硅谷使得斯坦福的智力与工业界的财力相结合，产生了前所未有的巨大生产力。斯坦福在硅谷拥有比任何其他机构更深厚的根基，可以向最有能力影响人工智能的公司学习并分享见解。斯坦福的学生有更多机会将他们的科研成果商业化。斯坦福大学在 2014 年年底宣布了一个长达 100 年的人工智能研究计划，可见其在人工智能研究方面的投入和决心。

（二）强大的教学资源

斯坦福人工智能专业的教师团队在世界范围内享有盛誉。斯坦福把学校的财力、物力集中起来，吸引世界一流科学家，组建各学科的前沿研究所，培育专业上引领世界潮流的一流人才。斯坦福大学在网上公开了许多他们有关机器人和深度学习的课程。在斯坦福人工智能实验室的教授团队中，最为华人熟悉的是吴恩达（Andrew Ng），他是世界上机器学习（machine learning）领域的大师，在斯坦福教授的机器学习课程十分受欢迎，他还曾在 Google 公司的"谷歌大脑"项目中担当要职，帮助谷歌建立全球最大的"神经网络"，这个神经网络能以与人类大脑学习新事物相同的方式学习现实生活。2014 年，吴恩达加入百度担任百度首席科学家。斯坦福的华人李飞飞参与建立了著名的 ImageNet 计算机视觉识别数据库及挑战赛，每年都会吸引各大公司的图像识别程序的参加，极

---

① Stanford University，"A History of Stanford"，2019 – 03 – 11，https：//www. stanford. edu/about/history/.

② Stanford University，"Campus Life"，2019 – 03 – 11，https：//www. stanford. edu/campus – life/.

大促进了图像识别领域的技术发展。目前，李飞飞是斯坦福人工智能实验室的主管。①

斯坦福的人工智能专业还拥有丰富的学习资源。在全年的不同时间，计算机科学专业会主持各种研究和技术主题的讲座和演讲。除了这些一次性活动外，还定期举办研讨会，向本科生开放。研讨会结合斯坦福的尖端学科，使斯坦福成为高新科技的研发中心；同时，使大学和工业界联合起来为当地的高新科技和经济增长做贡献，也为斯坦福毕业生提供就业与创业机会。

（三）校企合作的良好环境

斯坦福大学为促进校企之间富有成效的合作关系而建立行业联盟的传统由来已久，这为斯坦福和企业之间的合作奠定了良好的基础，营造了一个积极的环境。由当下热门的机器翻译、语音识别、3D 传感、推荐系统等催生出的人工智能实验室企业（Laboratory Enterprises），一方面拓展了人才培养的途径，另一方面也为人才培养的顺利实施提供了资金支持，同时在一定程度上推动了人工智能的实用性发展。与各行各业保持紧密联系，为大学生学以致用提供专业土壤，比如该校在世界各地建立一系列具有全球影响力的、可供师生进行浸润式学习和讨论的实验室，致力培养对人类社会负责且具有应对未来世界可能出现的经济、政治、社会和技术以及未知领域风险的领袖型人才。

二　存在问题

尽管斯坦福人工智能专业人才培养已经发展得相对成熟，但仍存在着人才培养各阶段用力不均，领域内人才性别失衡的问题。

（一）人才培养各阶段用力不均

尽管斯坦福大学一向强调人才培养的实用性导向，也关注学生实践能力的构建与发展，但在本科阶段，学生仍然以学习计算机基础知识为主，参与项目或在实验室工作的机会相对不足。对此，计算机委员会建议斯坦福大学 CS 本科阶段更加注重实践项目经验和团队合作技能，部门

① Stanford University，"Artificial intelligence laboratory"，2019 - 06 - 10，http：//ai. stanford. edu/.

可以加强其项目课程、顶岗课程的建设，增加学生企业实习的机会。例如加强与设计学院的联系，并与该学院的教师积极达成合作项目。也可以与其他部门合作添加相关联的课程，例如计算机科学家和生物学家的计算生物学课程团队合作等，以此加强学生跨学科跨领域的交流合作能力。此类变化将增加现代多边机构所需的关键技能劳动力。同时鼓励更多本科生参与教学，例如通过助教或科长计划，这有利于增强大学生成为有效技术领导者的能力。该委员会还建议将关于团队合作和沟通技巧的课程纳入本科学习计划中去。

（二）人工智能领域人才性别失衡

人工智能的研究人员男女失衡，持人工智能威胁论态度的研究人员多为男性，这些研究人员对人工智能持消极态度，认为人工智能对人类存在威胁。斯坦福大学人工智能实验室主任李飞飞教授在接受采访时说：人工智能领域顶尖的女性科学家很少，而麻省理工学院与斯坦福大学的 AI 实验室主任都是女性，这被李飞飞称为"巧合"而非"常态"。她发现，要吸引年轻女性进入这个专业，就不能只强调人工智能如何酷炫"极客"，而要展示人文关怀的意义，比如改善医疗水平，给老人更有尊严的生活等。随着人工智能进入生活方方面面，效率不是唯一的衡量标准，伦理、价值观、情感、文化等视角绝不能被忽略，做有人文温度的人工智能，需要包容性的创新文化，让男性和女性都有机会发挥才智。斯坦福人工智能通过夏校的方式来平衡男女比例。另外，我们还需要思考如何将我们所做的研究和全世界亟待解决的问题联系在一起。[①]

三　学习借鉴

斯坦福大学的人工智能人才培养模式对我国专业人才的培养具有相当的借鉴意义，纵观全局可以发现斯坦福的成功有赖于其明确的人才培养目标定位、跨学科的人才培养理念、优化的课程结构设置和以"生"为本的培养观念。

---

① Stanford University，"Stanford University 2025 Program"，2019 – 06 – 30，https：//www.cs. stanford. edu/academics/current – masters/choosing – specialization#ai.

（一）明确的人才培养目标定位

在办学初期，斯坦福对外部环境进行分析，发现当时的大多数大学只招男性，同时大多数高校与宗教机构有关。斯坦福大学在这样的外部环境下选择打破传统，建设具有鲜明特色的大学，因此建校时就确定斯坦福是男女同校、非宗教性质的学校，培养"有教养和有用的公民"；21世纪的斯坦福大学，面对世界多变、社会发展，主动承担起解决世界问题、促进社会发展的重任，将培养"未来世界的领导者"作为新时期的培养目标。在学校的发展过程中开创了校企合作的先锋，逐渐明确了其培养企业家、创业者和实用型人才的理念，成为世界范围内以企业家特质而闻名的顶级高校。而在人工智能专业，斯坦福大学也将这种理念深入贯彻，为学生提供参与项目与各种企业合作的机会，鼓励学生进行创业。反观中国高校，都提出要培养出高水平研究型人才、有能力的创业型人才等，多方向发展往往意味着没有方向，对于人才培养的目标缺乏突出而明确的定位，对于中国大学生具体应该具备哪些能力没有明确的界定，也没有提出通过怎样的方式去组织教学来培养学生的能力。因此各类高校、各个专业明确自身定位，确定符合独具特色的人才培养目标，对提升培养目标的整体性教育质量具有重要意义。

（二）跨学科的人才培养理念

在斯坦福大学人工智能专业人才培养的过程中学科融合的理念贯穿始终。人工智能项目的实践与应用往往需要以其他学科的背景知识为依托，加强与其他部门的跨学科联系，有利于为核心计算机科学做出重要贡献。斯坦福的人工智能专业无论是从教师团队的人员构成上，还是本科和研究生的课程设计上、实践活动的安排上以及实验室的构建上，无不彰显着其对跨学科能力培养的关注。第一，加强师资团队建设，丰富人员构成。目前国内人工智能专业往往存在着教师团队以计算机科学专业人才为主的问题、与其他领域的合作衔接不畅甚至缺乏的问题。站在人工智能学科知识体系的角度来看，这将极大地阻碍人工智能专业本身的发展与创新，应该积极引进不同专业领域的教师加入人工智能专业的教师团队中去。第二，在课程设置上注意不同领域间的融合。例如在本科阶段，斯坦福就采用联合专业、辅修课程等方式来整合不同的学科领域。第三，积极开展跨学科的合作项目，并鼓励学生参与其中。例如斯坦福开展的项目可以邀请计算机生物学，神经科学和基因组学、协作触觉和深度学习等领域的专家、学生加入。第四，积极支持跨学科实验室的建设。计算机科学专业的毕业生在实验室工作变得越来越重要。学校应该积极促成并支持跨学科实验室的建立，包括通过共享设施和基础架构以及研究人员的方式。

（三）完善的课程体系

斯坦福大学的新生研讨课、通识课程和专业课三类课程承担着不同的作用，部分课程可以同时满足三类课程修习要求，三类课程相互联系、相互融合，协同推进学生的个人发展。课程组合也不是简单的"拼接"，而是具有其内在的逻辑性，从纵向上针对一门课程会从入门阶段到高级阶段循序渐进，从横向上看整个课程体系中还开设许多跨专业课程，以开拓学生的视野。从课程类型上看，新生研讨课承担中学到大学的转换工作，提供给学生参与学术学习的机会，通过主题式的探讨学习，学生能够很好地融入大学学习生活中。我国较常见的新生教育是通过军训、安全教育、校史校规学习等短期活动进行。清华大学在 2003 年首开新生研讨课，之后重庆大学、吉林大学、南京大学、同济大学等少数高校目前开设了新生研讨课。整体上，我国的新生研讨课还在探索阶段，新生研讨课是值得推广的课程组织形式。

（四）以"生"为本的培养观念

斯坦福大学的课程设置具有相当大的灵活性。通过新生研讨课的形式允许学生建立一个属于自己的学习计划表，该计划基于自己的兴趣出发，根据个人先前的学习经验与未来教育目标相结合。研究项目要求在获取专业知识深度与探索未知领域的广度之间取得一定的平衡。大学的通识教育学习专业基础知识，无论学生最终追求什么领域，通识教育旨在培养学生具有持久价值的专业知识和社会能力。学生可以灵活地选择对他们有吸引力的主题，同时培养关键技能，探索兴趣，并与教师以及多个领域的同事交流学习经验。广度上课程规定学生的大部分工作必须位于专业领域之外，以确保每个学生都能接触到不同的想法和不同的思维方式。它们使学生知道该如何评估自己的优势、局限和独特之处。通过专业领域对一个主题深入研究，更具体地涉及学生的个人目标和兴趣，主要目的是鼓励每个学生深入探索学科领域。要求批判性分析和解决问题。深入研究补充了通识教育要求的学习范围，主要课程形式包括高级研讨会等形式，课程让学生有机会在主要科目上做原创性的工作。可以拓宽学生在人类每个领域的知识和意识，从而大大加深对这些领域的理解，使学生一生不断研究学习，并将知识应用到职业和个人生活中。人才培养过程中应该形成以生为本的理念，促进学生个性发展。理念的形成受到文化的潜在影响。比如自由文化影响着斯坦福大学专业设置、课程选择方式等。斯坦福大学的校训："让自由之风劲吹。"可以看出斯坦福人对自由精神的崇拜。

人工智能是一项长期的战略计划，也是世界关注的研究性话题，探究人工智能专业人才的培养模式对国家的长远发展有着深远影响，中国在全球性的人工智能科研与产业竞争中面临严峻的挑战，因此探索出本土化的人才培养模式具有重大意义，本文从斯坦福大学人工智能专业人才培养的概况、目标定位、内容构成、实施过程和评价机制五个方面介绍了其人才培养的基本情况，总结出了不足与可借鉴的经验，希望能对我国人工智能专业人才的培养产生一些积极的影响。

第五章

佐治亚理工学院人工智能专业
人才培养研究

从 19 世纪中叶人工智能的萌芽时期，到现今人工智能的兴起，人工智能作为科技领域冉冉升起的新星，受到国家的高度重视。人工智能从诞生以来，理论和技术日益成熟，逐步延展到应用领域的不断扩大，可以设想，未来人工智能将带来无数前沿的科技产品，这些产品将会是人类智慧的"容器"。当今世界，各国之间激烈的经济竞争和科技竞争，归根到底是教育的竞争，为了更好诠释人工智能专业人才的培养方案，本章特以美国佐治亚理工学院为案例，分析其在培养人工智能人才过程中的目标定位、内容构成、实施过程和评价体制，基于此，得出科学详备的总结启示，有望为我国人工智能专业人才培养计划出谋划策，献上宝贵的策略与建议。

第一节　佐治亚理工学院人工智能专业
人才培养的发展概况

一　关于佐治亚理工学院

佐治亚理工学院（The Georgia Institute of Technology），简称 Georgia Tech，Gatech 或 GT，建校于 1885 年 10 月 13 日，在最初的 50 年里，佐治亚理工学院从一个小规模的贸易学校发展成为一个地区认可的技术大学；① 1948 年，该学校改名为佐治亚理工学院，从命名上反映出学院对先进技术和科学研究的日益重视；② 1952 年，秉持着自由平等的思想，佐治亚理工学院开始允许女生入学；到了 1961 年，它成为南部第一所没有法院命令的、接受非裔美国学生入学的大学。③ 近年来，佐治亚理工学院在从工业经济向信息经济的全球转型方面也一直处于领先地位。在其悠久的历史中，佐治亚理工学院注重以生为本，鼓励学生运用他们的创新技能和强烈的职业道德来解决现实问题。

佐治亚理工学院是坐落于美国东南部佐治亚州首府第一大城市亚特兰大的一所顶尖的公立学院，也是美国领先的研究型大学之一，致力于通过实现先进的科学技术改善人类的状态。根据官网显示，佐治亚理工学院为 25000 多名本科生和研究生提供了以技术为中心的教育，涵盖从工程、计算机科学到商业、设计和文科的各个领域。目前，佐治亚理工学院拥有 6 个学院，主要专注于商业、计算机、设计、工程、人文科学和科学类课程的教学，即舍勒商学院、计算机学院、设计学院、工程学院、文科学院和科学学院，满足了较多人的要求。④ 与此同时，佐治亚理工学院有许多国家认可的课程，所有课程都在同行和相关出版物中名列前茅，在美国当地享有极高的声誉。

根据 2019 年美国新闻与世界报道（U. S. News & World Report）显示，佐治亚理工学院在美国大学综合排名中位列 35 名，在最具创新性的学校排名中位于第 4 名，在顶尖公立学校的排名中位列第 8 名，⑤ 佐治亚理工学院的办学理念是利用先进的科学技术改善人类的生存条件和生活水平，就全球而言，其计算机科学（Computer Science）在 2019 年泰晤士报高等教育世界大学（Times Higher Education World University Rankings）

① Today Georgia History, "Georgia Tech Founded", 2019 – 07 – 18, https：//www. todayin-georgiahistory. org/content/georgia – tech – founded.

② New Georgia, "Georgia Institute of Technology（Georgia Tech）", 2019 – 07 – 19, https：//www. georgiaencyclopedia. org/articles/education/georgia – institute – technology – georgia – tech.

③ Georgia Tech, "History and traditions", 2019 – 05 – 08, https：//www. gatech. edu/about/history – traditions.

④ Georgia Tech, "About Georgia Tech", 2019 – 05 – 07, https：//www. gatech. edu/about.

⑤ U. S. News & World Report, "Georgia Institute of Technology Rankings", 2019 – 05 – 08, https：//www. usnews. com/best – colleges/georgia – institute – of – technology – 1569/overall – rankings.

排名中排第 7 名，① 在 QS 世界大学排名中排第 24 名，② 在美国新闻与世界报道中排第 19 名。③ 正是因为佐治亚理工学院在计算机科学方面有着成熟的背景，在一定程度上更能推动人工智能的发展，为其人才培养奠定了坚实的基础。

二 佐治亚理工学院人工智能专业人才培养的历史考察

（一）萌芽期（1964—1986 年）

第二次世界大战后的一篇文章对美国的科学技术研究进行了全面的辩护，引起了佐治亚理工学院关于"未来的算术机器"的讨论，④ 这才有了对人工智能专业人才培养的初衷。而在早期，佐治亚理工学院对于人工智能专业人才培养的概念是不清晰的，尚且处于萌芽的阶段。人工智能的理论依据是成熟的计算机科学，佐治亚理工学院的计算机和计算机教育可追溯到 1964 年，该学院开设了信息科学计划和信息科学硕士学位课程，这也是美国第一个此类研究生学位。到 1970 年，该项目的规模和声望已经足以成立一所独立的学校，于是就有了信息与计算机科学学院（the School of Information and Computer Science，ICS），并开始授予 ICS 博士学位和信息科学学士学位。⑤ 因此，佐治亚理工学院人工智能专业早期培养的是那些以计算机教育为启蒙的学生，在这基础上不断加强学生的计算机思维能力。

（二）发展期（1987—2006 年）

1987 年，约翰·帕特里克·克雷辛（John Patrick Crecine）担任佐治

---

① The World University Rankings，"World University Rankings 2019 by subject：computer science"，2019 – 05 – 09，https：//www.timeshighereducation.com/world – university – rankings/2019/subject – ranking/computer – science#!/page/0/length/25/sort_by/rank/sort_order/asc/cols/stats.

② QS World University Rankings，"Computer Science & Information Systems"，2019 – 05 – 09，https：//www.topuniversities.com/university – rankings/university – subject – rankings/2019/computer – science – information – systems.

③ U. S. News & World Report，"Best Global Universities for Computer Science"，2019 – 05 – 09，https：//www.usnews.com/education/best – global – universities/computer – science？page = 2.

④ Georgia Tech College of Computing，"As We May Think，article in The Atlantic（July 1945）"，2019 – 07 – 23，https：//www.cc.gatech.edu/we – may – think – article – atlantic – july – 1945.

⑤ Georgia Tech College of Computing，"History of GT Computing"，2019 – 05 – 10，https：//www.cc.gatech.edu/about/history.

亚理工学院的校长，他提出引领校园参与即将到来的社会数字革命。而后，计算机学科在佐治亚理工学院发展更加迅速，1990 年，佐治亚理工学院成为美国第一所将计算机学科提升到学院层面上的公立大学，正式成立计算机学院（the School of Computer）。① 从那时起，计算机学院通过扩大其学术项目和倡议，开发新的设施以及大力支持计算机相关领域的研究，一直在国内乃至国际上保持着领导地位，培养了一批又一批具有信息化素质的计算机人才。

（三）成熟期（2007—2018 年）

人工智能本身也是一个宽口径的专业，2007 年，佐治亚理工学院成立了两个部门：计算机科学学院（the School of Computer Science）和交互式计算学院（the School of Interactive Computing）。如今，经过整合和改善，计算机科学学院、交互式计算学院和计算科学与工程学院（Computational Science and Engineering）共同构成了计算机学院（College of Computing）。② 这些学院提供独特的学术课程，并开展与其专业领域相关的研究，培养创新型人才。计算机学院将现代计算定义为理论数学和信息科学结合的基础，也可认作是计算化系统和过程中尖端的发明力量，致力于实现计算机创新，成为跨学科实践的典范。

（四）创新期（2019 年至今）

自互联网得到迅速发展以来，人工智能专业人才培养的计划也应不断推陈出新、与时俱进，紧跟"互联网＋"的时代潮流。最新报告显示，Georgia Tech 与 edX 在线教育平台合作，以低于 1 万美元的价格在网上开设网络安全科学（OMS）在线硕士学位，OMS 网络安全计划于 2019 年 1 月 7 日正式启动，共有 250 名学生，随着时间的推移进行扩展，以满足学生需求。教务长兼执行官拉斐尔（Rafael L. Bras）表示："佐治亚理工学院的 OMS 网络安全学位将世界一流的计算机科学、工程和公共政策指导与佐治亚理工学院在军事、政府和执法领域的应用研究

———————

　　① Georgia Tech College of Computing, "A Brief History of The College Of Computing", 2019 – 07 – 22, https：//www. cc. gatech. edu/sites/default/files/documents/brief_history10 – 19 – 15. pdf.

　　② Georgia Tech College of Computing, "Our Schools", 2019 – 07 – 02, https：//www. cc. gatech. edu/schools.

成果有效结合起来。"① 人工智能的宽口径特征要求在设置培养计划的时候不能只单一地局限于计算机学科，人工智能技术在解决实际问题时往往需要各门知识的融会贯通。随着需求的不断增长，佐治亚理工学院有望通过价格合理的高质量教育，为世界各地的学习者提供创新的人才培养计划。放眼整体，为了适应时代潮流的变化，佐治亚理工学院的人才培养也更加创新地利用先进技术，以面向 AI 型专业人才为主，交叉融合多个学科专业。

三 佐治亚理工学院人工智能专业人才培养的现状分析

近年来，随着移动互联网、大数据、云计算等技术的发展，人工智能大潮汹涌而来。不仅如此，各大高校人工智能专业建设和人才培养也正在积极展开之中，尤其是人工智能专业人才培养体系的建设势必成为各高校的重中之重。人工智能及交叉学科建设已经进入实质阶段，无论本科院校还是职业院校，在建设相关专业时都会面临人才培养计划建设的难题，佐治亚理工学院在人工智能专业人才培养模式的道路上，属于先行者，在实践中追求不断优化、改进。

第一，就人工智能专业而言，佐治亚理工学院排名相对靠前。人工智能是一个不断发展的领域，需要广泛的知识基础，因此课程通常涉及计算机科学、认知心理学和工程学原理，这些都是奠定人工智能课程的良好基础。根据美国新闻与世界报道调查，在 188 所顶尖的计算机科学学校的排名中，② 佐治亚理工学院的人工智能课程位于第 7 名，③ 名列前茅。换而言之，佐治亚理工学院（Georgia Tech）在培养人工智能人才的过程中，以其自身成就超越了较大多数大学机构，自然而然形成了一套

---

① Georgia Tech, "Georgia Tech Creates Cybersecurity Master's Degree Online for Less Than $ 10,000", 2019 – 07 – 23, https：//www. news. gatech. edu/2018/08/09/georgia – tech – creates – cybersecurity – masters – degree – online – less – 10000.

② U. S. News & World Report, "Best Computer Science Schools", 2019 – 05 – 14, https：// www. usnews. com/best – graduate – schools/top – science – schools/computer – science – rankings#LittleSixResult0.

③ U. S. News & World Report, "Best Artificial Intelligence Programs", 2019 – 05 – 14, https：//www. usnews. com/best – graduate – schools/top – science – schools/artificial – intelligence – rankings.

相对较为完备的人才培养策略。

第二，佐治亚理工学院在人工智能领域具备优秀专家学者。一流师资队伍是大学赖以生存的保障，佐治亚理工学院的计算机学院（The College of Computing at Georgia Tech），对外提供 18 个学位课程，目前有 1500 多名本科生在读和近 3000 名的毕业生。师资队伍雄厚，包含 84 名学术教员和 35 名研究教员，其中有 3 名国家工程研究院成员、4 名 NSF 总统青年研究者奖（NSF Presidential Young Investigators）获得者和 2 名美国艺术科学院研究员，通过发挥优秀教研人员的带动作用，打造学院顶尖师资团队，从而奠定人工智能专业人才培养的硬性条件。

第三，佐治亚理工学院为人工智能专业人才培养方案提供完备的硬件设备。2013 年，佐治亚理工学院成立机器人和智能机器研究所（The Institute for Robotics and Intelligence Machines），该研究所是由先前的机器人和智能机器中心（Robotics and Intelligent Machines Center）演变而来，现有教职工 70 余人，研究生 180 余人。该研究所拥有 30 多个机器人实验室和 1000 多份出版物，拥有先进的研究、学习环境，且目前正处于前沿研究阶段，研究的核心领域包括控制（Control）、人工智能和认知（AI and Cognition）、互动（Interaction）和感知（Perception），[①] 这几大研究方向自然也成为该研究所人才培养计划的重点。将学习者与研究中心关联在一起，在实践环节中锻炼学者运用理论知识的头脑和实际的动手能力，有助于培养学生独立思考的意识。

总而言之，近年来人工智能的崛起，唤起了全世界人民对人工智能的兴趣。要抢占人工智能的制高点，人工智能技术不得不持续地发展，因此，大量的人工智能人才不可或缺。人工智能专业人才培养的任务自然落在了教育机构肩上。在发展过程中，佐治亚理工学院对于其人工智能专业人才培养计划逐渐清晰，以优秀教师带动在校生协同发展，打造集学术型、应用型、创新型于一体的人工智能专业人才。

[①] Successful Student, "25 Best Artificial Intelligence Colleges", 2019 – 06 – 11, https：// successfulstudent. org/best – artificial – intelligence – colleges/.

第二节　佐治亚理工学院人工智能专业人才培养的目标定位

一　价值取向

为了人才的可持续性发展，制订人工智能专业人才培养计划的时候，必须有正确的价值取向的引导，遵循积极的前进方向是人才进步的前提，在佐治亚理工学院人工智能专业人才培养方案中，主要是以知识性、学术性、实用性、社会性为主导。

（一）坚持专业理论的知识性

既然人工智能被认为是未来科技发展的基础，追求扎实完备的知识性理论就是必不可少的一个步骤，为了强化人工智能专业人才培养体系，佐治亚理工学院在教学实施过程中，合理为学生安排有关人工智能知识基础的理论课程，奠定学生稳固的专业理论知识，主张知识性教学。

一方面，在本科阶段，人工智能专业线下教学主要以"人工智能"和"机器学习"为主，主要分为两个部分：智能和设备。常用课程包括人工智能导论（Introduction to Artificial Intelligence）、机器学习（Machine Learning）、自然语言理解（Natural Language Understanding）、基于知识的人工智能（Knowledge – based AI）、游戏 AI 和模式识别（Game AI and Pattern Recognition）等。由于课程的互通性和交错性特征，研究生课程中的机器人学（robotics）和计算感知（computational perception）的课程也会涉及人工智能和机器学习方面的内容。[1]

另一方面，先进科学技术的发展才是时代进步的硬道理，慕课的普及促使佐治亚理工学院开发有关人工智能专业的在线课程。根据数据调查显示，佐治亚理工学院共开发111门慕课，涉及的人工智能知识包括计算机科学、程序设计课程共有 36 门。例如《Python 简介（Introduction to Python）》《软件开发过程（Software Development Process）》《计算机网络

① Georgia Tech School of Interactive Computing, "Artificial Intelligence & Machine Learning", 2019 – 06 – 06，https：//ic. gatech. edu/content/artificial – intelligence – machine – learning.

（Computer Networking）》《机器学习（Machine Learning）》等课程。[①] 通过与著名在线教育平台 edX、Udacity 和 Coursera 的合作，佐治亚理工学院向学习者输送知识的时候能够有效打破传统教育中存在的时空限制，突破技术壁垒。与此同时，用在线教育的手段也能更好地辅助教学。总的来说，课程安排采用线上线下相结合的方式，为提高学生的知识储备提供了更多的可能性。

（二）坚持人才培养的学术性

在学生具有一定知识结构的基础上，秉持科学研究的专业性、科学性原则，佐治亚理工学院在设定人才培养目标的同时，不断推进教育教学过程中的学术性导向。美国研究型大学在人才培养上坚持"学""术"并重，"学"即深厚的理论学习，"术"即具有足够的科研实践机会，对人工智能专业人才培养尤为如此。[②] 扎实的理论知识是进行科研活动的前提，同时也为学生发展创造性思维创造更大的可能性。

第一，坚持学术理论知识学习。佐治亚理工学院在课程体系的安排上非常注重理论知识的渗透，培养学习者必不可少的学术态度，追求谨慎、专业、科学的本质。2019 年，加利福尼亚州长滩市举办第三十六届国际机器学习大会（ICML）。该会议是人工智能专业人士的首要聚会，专门研究人工智能的分支——机器学习。佐治亚理工学院的研究人员发表论文涉及机器学习的各个方面，包括混合无条件梯度（blended uncon-ditional gradients）、具有公平约束的聚类（clustering with fairness con-straints）和观察代理（observational agents）。斯伦贝谢（Schlumberger）电气和计算机工程学院教授、佐治亚理工学院机器学习中心副主任贾斯汀·隆伯格（Justin Romberg）指出："ICML 是全球著名的机器学习研究最佳会议之一，最前沿的研究成果能够依托该平台被发布并出版，这是佐治亚理工学院在机器学习领域实力的一个标志，与此同时，佐治亚理

---

① Class Central, "Free Online Courses Georgia Institute of Technology", 2019 – 06 – 08, ht-tps: //www. classcentral. com/university/gatech? subject = cs%2Cprogramming – and – software – devel-opment.

② 王世斌、肖凤翔：《对教学学术性与学生学术实践的追求——美国研究型大学培养拔尖创新人才的基本策略》，《天津大学学报》（社会科学版）2012 年第 3 期，第 213—218 页。

工学院一直被公认为相关领域论文的最佳贡献者。"①基于这样的平台交流，一方面提升人工智能领域论文的研究水平，另一方面也是学术性在人才培养体系中的进一步升华。

第二，获取多样的科研实践机会。美国的任何一所研究型大学都在积极创造条件，鼓励学生参加科研实践，让学习机会跟实践机会有效结合。通过参加丰富的科研实践，才能促使学习者更为深入地接受所学理念，提高自身的专业素养。比如，2018年10月8—10日，深度学习的理论基础讲座（TFDL 2018）在佐治亚理工学院举行。深度学习一直是近年来学术界和工业界对人工智能兴趣激增的主要推动力。早些年，在深度学习取得了巨大的实证成功的同时，深度学习的理论理解对于学者来说仍然是一个重要的开放性研究领域。如今，关于深度学习的理论基础已经出现了一些有前景的想法。本次讲座将为相关领域的研究人员提供一条有效的途径，便于学者审查现有工作，传达新成果，并寻求新的研究方向。在讲座上，参会者除了能够习得深度学习的理论知识以外，还包括深度学习的泛化能力、正则化方案、对抗训练、生成模型、训练神经网络和优化等。② 通过讲座形式，有助于形成新一轮知识的碰撞。

（三）坚持教育价值的实用性

作为人才培养的摇篮，教育不应该被看作是一种产业，更应该被尊崇为一种事业，不能单纯地计算投入与产出，要用发展的、长远的角度来衡量教育的价值。而在这一持续培养人工智能人才的周期中，将实用性因素融入目标定位中，能适时地激发学习者的潜能，达到效果最优化。

一方面，为了达到师资待遇、教学设备、教学效果等服务与人才产出的平衡化，最好的方法就是提高经济上的硬性规定。在大学系统董事会批准增加学费后，一大批高等大学机构提高了学费，其中也包括佐治亚理工学院。提高学费是一种自然趋势，也是资源的分配必然导致的结果，科技进步，教育水平与时俱进地提高，更加需要新型现代技术和实

---

① Georgia Tech, "ICML 2019: Georgia Tech Researchers Present at Global Machine Learning Conference", 2019 – 06 – 13, https://scs. gatech. edu/news/622225/icml – 2019 – georgia – tech – researchers – present – global – machine – learning – conference.

② Georgia Tech, "Theoretical Foundation of Deep Learning 2018", 2019 – 06 – 12, https://pwp. gatech. edu/fdl – 2018/.

验室设备、招聘新教师和留住优秀老教师的资金。副校长约翰·布朗（John Brown）指出，佐治亚州的平均学费和教师工资远低于东南部 16 个州的平均水平。这次学费的调整文件下来后，佐治亚理工学院的学费整体将增加 9% 左右，每学期学生将多支付 405 美元，共计 4906 美元。[①] 学费的增加意味着大学机构能够调动的资金就更多了，拥有更大的可能性去改善职工薪资待遇、提高教学设备的先进性等。

另一方面，奖学金的形式是优异的成绩和积极的生活态度的一个见证，作为高校激励体制中的重要组成部分，这一举措能够在学生的学习生活中起到鼓舞作用。每年，佐治亚理工大学的计算机学院（College of Computing）都有许多优秀的学生和教师赢得了计算机界的认可，有机会获得该领域各个行业的奖学金。像往年一样，2019 年已经有 4 位来自佐治亚理工学院计算机学院的成员获得了 4 家不同公司的奖学金，分别为摩根大通集团（J. P. Morgan）、国际商业机器公司（IBM）、思耐普公司（Snap）和脸书公司（Facebook）。[②]

（四）坚持培养模式的社会性

学校的根本任务是培养高级专门人才，即便是再优秀的人才，这些学习者必须面临一个社会性的问题，即生存，如何更好地优化生存体系，这是大学机构需要明确的一个事实。为了更好地践行人才培养模式，在培养人才的过程中必然要以社会性为主导。

一方面，人工智能本身具有良好的发展前景。据彭博（Bloomberg）报道，谷歌、Facebook、亚马逊、Uber 等公司正在提供巨额薪酬方案，以吸引拥有计算机科学硕士学位、计算机科学博士学位的人工智能专业人士来参与开发自动驾驶汽车、数字助理和面部识别系统的团队。调查显示，具有人工智能学位的应届毕业生可以获得至少 30 万美元的工资。[③]由此看来，人工智能的整体形势呈现上升趋势，更能针对性地吸引更多

---

①　The Florida Times Union, "Regents Approve Tuition Hikes for Georgia Colleges; University of Georgia, Georgia Tech Students Will See 9 Percent Boost", 2019 - 06 - 18, https：//www. questia. com/newspaper/1G1 - 412339281/regents - approve - tuition - hikes - for - georgia - colleges.

②　Georgia Tech Machine Learning, "Six Members of GT Computing Awarded Prestigious Fellowships", 2019 - 06 - 18, https：//ml. gatech. edu/hg/item/620110.

③　Bloomberg, "Changes", 2019 - 06 - 13, http：//bloomberg. com.

的学习者，也能激发在校生的学习热情。人工智能蓬勃发展，进一步证实人才培养机制中追求社会性的正确性。

另一方面，社会对于人工智能人才的需求日益增大。蒙特利尔人工智能公司（Element AI）是一家专门帮助其他公司设计机器学习系统的创业公司，领英（Linkedin）是全球知名的职场社交平台，Element AI 最近搜集了领英上的数据，寻找具有自然语言处理（natural language processing）、计算机视觉（computer vision）、Python 和 TensorFlow 等技能的人，现实情况是拥有这些专门技能的工人严重短缺。在此基础上，需要普及的是，这些专业技能是大多数人工智能软件所需的计算机语言，也是发展人工智能技术的根本基础，由此可以看出，整个社会对具有 AI 学位的人才需求非常强烈。[1]

二 基本要求

学生可持续的学习能力、批判性思维能力及创新能力并不是与生俱来的，而是需要在良好的教学环境下形成，甚至可以理解为需要在一套详备的教学模式中激发，为了保证人才培养模式的完整性，必须保证其具备系统性要求、整体性要求、具体性要求以及层次性要求。

（一）系统性要求

对于教育行业来说，发布系统性的人才培养计划有助于推动专业的可持续性发展，因此，更需要领导者用系统性的思维规划人才培养方案。人才培养模式的改革与发展是一项系统的工程，需要集合多方人员的支持和努力。

首先，学院在领导层，致力于最高标准的教学，努力不断提高教学效果。尤其是学院的教学中心（Center for Teaching and Learning，CTL）能够最大限度地为人工智能专业的教学发展提供支持，提供了课堂评估、教学发展研讨会、奖学金等服务，与此同时，CTL 这一组织的存在以证书的形式获得了实质性的认可。在为人才培养提供肯定支持的同时，CTL

---

[1] Business Student, "Artificial Intelligence Degree", 2019 – 06 – 13, https：//www. businessstudent. com/education/artificial – intelligence – degree/.

也有权对那些不务正业的学生提出劝退申请。①

其次，无论是永久教师还是临时教师、全职教师还是兼职教师，都应该按照指导手册上的规定定期评估自身的教学效果，并且积极参与学院提供的各类培训，提高自己的综合素质。为了提高新教师的教学能力，尽快地适应教学环境，新教师可以向 CTL 寻求教学指导。对于教学经验丰富的教师来说，定期同行评审（Periodic Peer Review，PPR）这一政策旨在促进教师的发展，确保所有教师在其职业生涯中的智力活力和能力水平能够有效提升。② PPR 的出现一方面是为了最大程度地发挥教员的才能，另一方面可以在广泛意义上进一步地发挥学院及其单位的作用。

最后，在拥有了较为成熟化的外部调节之后，接下来毋庸置疑就围绕学生自身展开。即便学校、学院为学习者创造了最佳的教学环境，如果学生不能积极配合相应的流程，那人才培养的方案便不能得到落实。学生是教育教学的主体，在教学生涯中，佐治亚理工学院无论何时何地，始终秉持着"以生为本"的指导思想，但对学生并不是单纯地采取放任自流的态度。

（二）整体性要求

课程体系是学校人才培养目标与培养规格的具体化。高等学校教学过程主要是围绕专业而展开，人工智能是以计算机为基础，在课程的安排时注重内容结构的整体性，多维度、多方面培养基于 AI 的人才。

一方面，课程结构以核心课程为主，选修课程为辅，双管齐下，促进学生整体性发展。以人机交互专业（Specialization in Human – Computer Interaction）为例，核心课程为 CS6456《用户界面软件原理》（Principles of User Interface Software）和 CS6750《人机交互》（Human – Computer Interaction），在这基础上，学生可以选择与自身实际发展相关的选修课程。秉持以生为本的教育理念，佐治亚理工学院为人机交互专业的学生开设了丰富的选修课程，可供学生自行选择。比如：CS646《教育技术：概念基础》（Educational Technology：Conceptual Foundations）、CS7790《认知

---

① Georgia Tech Policy Library，"Academic Affairs"，2019 – 06 – 21，https：//policylibrary. gatech. edu/sites/default/files/archive/2019/06/AcademicAffairsPolicy. pdf.

② Georgia Tech Policy Library，"3. 3. 9 Periodic Peer Review Policy"，2019 – 06 – 21，ht-tp：//www. policylibrary. gatech. edu/faculty – handbook/3. 3. 9 – periodic – peer – review – policy.

建模》（Cognitive Modeling）、CS6455《用户界面设计与评估》（User Interface Design and Evaluation）等。[1]

　　另一方面，课程教学以传统教学为主，线上教学为辅，相辅相成。传统教学方式就是教师与学生面对面教学，而在有限的课堂时间内，绝大多数学生并没有能力做到把知识点全部消化。基于网络开放大规模课程——慕课（MOOC）时代的到来，它被认为是传统教学的"填充剂"，能够为优秀学生提供"加餐"服务，目前佐治亚理工学院已在 Coursera、edX、Udacity 等在线教育平台发布多门涉及人工智能专业的课程。网络课堂的形式原本就是依托计算机科学发展而来，随着技术的成熟与发展，目前在线教育开展得如火如荼，网络课程切切实实地为学校教育提供了资源和更为便捷的方式，尤其是针对人工智能领域，参与到这样的热潮中更加显得与时俱进。

　　（三）具体性要求

　　人才培养模式应该是依据一定的现代教育理论、教育思想，按照特定的培养目标和人才规格，借助丰富的教学内容和课程体系、管理制度和评估方式，实施人才教育的过程。人才培养不能单纯地局限在虚无缥缈的层面上，更应该是培养计划付诸实践，体现出它独到的具体性要求。

　　第一，每门课程的教学纲要井井有条，安排合理。通常教学纲要包括教学目的、教学要求、教学内容以及讲授和实习、实验、作业的时数分配等。以课程编号为 CS4731/CS7632 的《人工智能游戏化（Game Artificial Intelligence）》为例，在向学习者展示课程概述的过程中提及了教学的目的，旨在让计算机科学和计算媒体专业的本科生和研究生对数字游戏中使用的人工智能方法有更广泛的理解。课程采用教授讲课与参与式练习并行的方式进行，以家庭作业和考试的形式检测学生知识习得的情况，在此基础上，设置课程沟通，教学方会使用 Piazza 作为电子通信和公告的主要平台。基于此，为了确保课程能够顺利运行，还为学习者配备

---

① Georgia Tech College of Computing, "Specialization in Computational Perception and Robotics", 2019 - 06 - 23, https：//www. cc. gatech. edu/academics/degree - programs/masters/computer - science/specializations.

了助教给予辅导，① 这样一来，即使是学生在没有课业的情况下，依旧可以寻求帮助。

第二，课程的设置比较有针对性。一方面，要求学生有人工智能课程的学习经验，对于佐治亚理工学院的本科生来说，就是要具备《人工智能导论》课程的知识基础；对于研究生而言，也要考察他们在本科院校是否学习过任何同等课程。另一方面，要求学生具备扎实的编程技能，会使用 Python 和 Java，不需要熟练掌握，至少能够有及时调动这些知识的能力。

（四）层次性要求

任何培养人才的过程都不是一蹴而就的，体现在循序渐进的过程中，为了培养合格的人工智能人才，佐治亚理工学院从课程、科研、实践三个角度着手，一方面可以体现出人才培养体系的多维度性，另一方面，在大学生考虑未来职业规划时，可以在人才结构中找寻到自己归类的层次。

首先，重视专业基础课程与编程课程。理论课程是为了夯实学生教育的知识储备，有的课程甚至强制性要求具备先修课的基础。专业基础知识是基础知识中较为重要的一部分，对于一个从事专门学科知识学习的学习者而言，专业基础知识主要是用来衔接基础知识与专业知识之间必不可少的环节，也是为后续学习做的一个铺垫。在人工智能领域，主要就是涉及《机器学习》《人工智能导论》这样的基础课程和 Python、C＋＋等类型的编程语言的课程。

其次，专注科研训练。科研能力是衡量一个大学特色和水平的重要尺度，同时也是个体产生创造性知识成果的能力体现。在日常课程的系统教学过程中，更应该锻炼学生的科学研究的能力，为师生营造一种端正的科研氛围，这种氛围的形成有助于教师和学生走上研究、发明和整合计算能力及其相互作用的道路，而正是这些能力推动着人和机器进一步走向世界、影响世界。

最后，推动实践创新。在课程设置方面，应该考虑以社会需求为目

---

① Gatech，"Game Artificial Intelligence"，2019 － 06 － 17，https：//www. cc. gatech. edu/ ~ riedl/classes/2017/gameai/index. html.

标，以实践能力提高为核心，综合教学中理论性与应用性的方面，调动师生间的创新意识。一方面，教师团队应该努力创新，开发出具有前沿性、实践性和特色性的人工智能课程体系。在佐治亚理工学院，教师们早就意识到有必要继续探索和评估新的、创新的高等教育模式，以降低成本，改进目前所采取的教学流程和方法，提高终身学习的可及性。另一方面，学生可以通过参与创新实践活动，在项目过程中有助于将理论知识与实际运用相结合，锻炼自身的创新思维意识。

三　目标构成

人工智能本质上是计算机和机器的模拟智能。机器被设计成"像人一样思考"，模仿人在遇到各种情况下表现的行为、说话和反应方式。人类的智能体现可以用机器模仿的方式来定义，人工智能即基于这样一个概念，AI 的目的是使机器能够像人类一样学习、推理和感知。有关人工智能的培养目标，放眼于教育系统中，主要总结了以下两点。

（一）总目标

人工智能人才的培养是庞大的过程，是一项浩大的系统工程，要解决人才培养的问题，应该树立一个培养目标，从大而广的概念来讲，抽象化的人才培养的目标可能是宏伟的，它是人工智能体系发展的前进动力。

第一，提高人工智能专业的价值感。佐治亚理工学院属于世界顶尖的研究型大学，无论是声誉还是实际能力方面，都是首屈一指，计算机学科更是名列前茅，因此，佐治亚理工学院人工智能专业在一定程度上已经具备了优越性。在人工智能的号角已经吹响的 21 世纪，AI 技术已经进入了崭新的阶段，2016 年 5 月，美国白宫推动成立机器学习与人工智能分委会（MLAI），负责人工智能的研究与发展工作。2019 年 2 月 11 日，美国总统唐纳德·特朗普（Donald Trump）发布了一项行政命令，启动了美国人工智能倡议。行政命令解释说，联邦政府不仅在促进人工智能研发方面发挥重要作用，而且在培养人才以适应不断变化的劳动力方面同样也发挥着重要作用。① 在人工智能上升到国家战略的层面上，佐治亚理工学院更应该强调人工智能专业的用处，提高该专业的价值感。

第二，激发学习者探求人工智能领域的热情。近年来，高校开设人工智能相关专业的热情持续高涨，人工智能对社会的发展也产生了越来越深远的影响，人们逐渐认识到人工智能的存在价值。在系统的教学环节中，更应该把激发、调动学习者对于 AI 的热情放在首位。热情是学习的基础和奋进的动力，在人工智能的教学中，教师的主要职责是传授知识，各项由社会、学校、学院组织的讲座、竞赛等活动是为学生提供实践机遇，学生的学习兴趣与热情才是提高创造性和积极性的主要因素。

第三，打破禁锢思维，培养创新型人工智能人才。高等学校瞄准世界前沿科技，不断提高人工智能领域的科技创新、人才思维创新，佐治亚理工学院更不例外。创新被认为是发展的不竭动力，佐治亚理工学院向来注重学生的创新性思维，指导学生打破原有的固化思维，培养新一代拥有人工智能创新思维的学习者。人工智能本身是依靠社会发展变迁、时代进步催生出来的崭新领域，国家致力于建设一个支持人工智能研究和创新的整体环境，基于这样的氛围，培养创新型人工智能人才就成为学校培养体系中自然而然的决定和目标。

（二）具体目标

具体目标与总目标之间存在着密不可分的关系，它们相互依存且相互联系。也必须有切实可行的措施保证目标的合理性和可行性。

第一，构建学习者专业理论的知识架构，培养知识面宽泛、人工智能理论功底扎实，知识、能力与素质"三位一体"的优秀学生。人工智能是一个涉及多学科的复杂科技，需要一系列学科的基础理论支持，比如数学基础、计算机基础、机器学习算法、机器学习分类等，而各个大的框架下又由很多小的子集构成，从微积分、线性代数、概率统计引入，经过漫长的程序设计语言、操作系统、分布式系统等课程学习，辅之以语言识别、字符识别、机器视觉等知识，循序渐进地为学习者构建出一个人工智能专业特有的知识架构。

---

① Future of Life Institute, "American AI Initiative", 2019 – 06 – 26, https：//futureoflife.org/ai – policy – united – states/? cn – reloaded = 1.

第二，培养社会急需的人工智能专业人才，保证他们能够持续地为社会做出贡献。作为国家未来的发展方向，在经济发展、产业转型和科技进步方面，AI 技术起着至关重要的作用。而 AI 技术的研发、落地与推广离不开各领域顶级人才的通力协作，在推动 AI 产业从兴起进入快速发展的历程中，AI 顶级人才的领军作用尤为重要，他们是推动人工智能发展的关键因素，所以说，培养一个具有专业实力的 AI 人才是基础，有助于他们无缝衔接社会需求，提高自身满意度，为人工智能事业奉献一己之力。

第三，打造优质人工智能师资队伍。学生成才的关键是靠自身，但是在前进过程中离不开教师们的有效指导，优秀的教师除了能指点学生学业上的困扰，更大的帮助是给学生提供了学习的方向和方法。为学生传道授业、答疑解惑是教师的基本职责，随着人工智能前沿性内容不断增加，人工智能技术的出现不仅难以撼动大学教师的工作岗位，而且还可能助教学工作一臂之力，因而反过来对教师的要求更加严格，要想保证教学的质量，必须推进师资队伍建设的可持续性和有效性。

第三节　佐治亚理工学院人工智能专业人才培养的内容构成

一　主要分类

基于佐治亚理工学院设定的人工智能专业人才培养的目标，为了给学习者提供专业化、多样化的学习环境，需要对人工智能专业人才培养的内容细分化，多方位、多维度提升学习者的知识搭建，主要从以课程、实践、学术角度构建人才培养的内容。

（一）主张课堂教学为核心

教学的核心素来是以生为本，促进学生知识与技能的延伸，教学的有效性体现在学生是否得到了进步和发展。我们在教学过程中，首先应该凸显情感态度和价值观，其次关注过程与方法，最后落实到知识和能力上面来。从工具性和人文性高度统一的性质出发，三维目标整体推进，让学生在充满对人工智能的好奇与满意中，通过一定的过程与方法掌握知识与技能，同时生成情感态度和价值观。人工智能专业是一门应用面广、综合程度高的学科，需要学生在雄厚的专业基础上，对工程、医学、农学等多类应用学科有较好的知识与建模能力，从而能够实施更广泛、更适应、更有效的科研实践。

（二）倡导实践活动为依托

Alpha Go 与柯杰的人机大战将人工智能推向了风口浪尖，相信会在不久的将来以 AI 技术为主导的应用将逐步推广到我们生活的方方面面，人工智能的项目也将引导学生深入了解人工智能的生活应用、思想以及实现措施。基于这样的背景条件，在人才培养计划中，将实践活动环节与教学活动环环相扣，更能全方位帮助学习者构建人工智能的知识体系。佐治亚理工学院脑科实验室（the Georgia Tech BrainLab）研究团队的目标是创建、调整人机交互方法，允许脑—机接口（BCI）技术有效地控制真实世界的应用程序。目前正在进行的几个 BCI 和辅助技术领域的项目包括：用户界面控制范例、主题培训和生物反馈、创造性表达和生活质量应用等。[①] 让学生走出课堂，将实践项目作为另一种获取专业知识的渠道，让学生在实际锻炼中提升他们的学习体验感和知识的灵活应用性，一举两得。

（三）开设学术讲座为辅导

在课堂教学和实践活动的参与下，开设学术讲座是为了向在校生普及人工智能相关的概念与知识，增强学生对人工智能这一主题的兴趣，对于拓宽学生知识眼界、提升学生学习和研究的积极性具有重要的意义。佐治亚理工学院鼓励管理者举办更多有意义的、有针对性的学术活动，为同学们提供更多汲取知识的平台。同时也鼓励该专业的学生踊跃参加这一领域的学术讲座，学生在拓宽自身知识面的同时能够快速了解本领域及相近领域的学术前沿，了解行业动态。

二　选择标准

教学内容的选择标准除了应该符合教学计划的基本要求以外，还应

---

① Georgia Tech，"The Mission of the Georgia Tech Brain Lab"，2019 - 06 - 29，http://brainlab. gatech. edu.

该坚持强制性原则、多元化原则、前沿性原则来提升教学内容的专业性。

（一）教学过程的强制性原则

佐治亚理工学院在整体上尊重学生的个人发展，鼓励学习者个性化发展，但为了保持学校教学水平的领先地位，不可避免地会在教学计划中构建强制性的因素。换言之，这种强制性很大程度上意味着佐治亚理工学院对于教学的严格要求。

一方面，保证核心课程和学习课时的严苛性。计算机专业学科有其必然的广度和深度，给学生设立条件，能够建立规范意识，在人才培养方案的实施措施上，对于核心课程和学习课时的安排都要遵循要求。以OMS CS 课程计划为例，学生必须从计算感知与机器人（Computational Perception & Robotics）、计算系统（Computing Systems）、交互式智能（Interactive Intelligence）和机器学习（Machine Learning）4 个专业中确定1 个来进一步定制他们的教育计划，佐治亚理工学院计算机科学在线硕士（OMS CS）由佐治亚理工学院世界级教师开设的课程组成，要想获得OMS CS 的学位，学生必须严格遵守上满 30 小时的制度要求。①

另一方面，维护学术荣誉准则的端正性。严谨和诚实的治学态度是教学的核心，并切实贯彻在整个校园文化之中。除了安排 AI 领域的课程，实现最基础的传道授业解惑，培养学生严谨的学术态度也是教学内容的重要组成部分。佐治亚理工学院的管理层认为，大学机构基本目标是为学生提供高质量的教育，同时理应培养他们的道德感和社会责任感。"我们始终相信信任是学习过程中不可或缺的一部分，在这种追求中，自律是必要的，那些不诚实的行为都会成为大学乃至整个社会的污垢。"正是考虑到这一点，佐治亚理工学院制定了学生荣誉准则来约束学生的治学态度。

（二）教学内容的多元化原则

多元化渗透在教学的方方面面，并且不断促进学生的全面发展，而在人工智能培养计划中，无不体现了上课形式的多元性、成绩构成的多样性和评价体系的丰富性，这种与时俱进的多元化因素让我们看到了人

---

① Georgia Tech College of Computing, "Specializations", 2019 – 07 – 04, http：//www. om-scs. gatechedu/program – info/specializations.

工智能发展的更大可能性。

第一，上课形式的多元性。21世纪科学技术的飞速发展，人们思维的不断开放，时代的不断更迭交替，现在所处的环境，一些东西不停面临着淘汰，与此同时也涌现着新兴事物。佐治亚理工学院上课形式的多元性就体现在传统课程与在线教育的交叉融合，我们都知道，传统教学是大学存在之根本，是学生汲取专业知识理论的主要来源方式，而在线教育的出现无疑是互联网技术催生的产物，为学习者提供了另一条获取课程知识的途径。

第二，评价体系的丰富性。多元化学习评价体系是对学生知识、能力、素质综合评价的多元系统，反映在评价的内容、过程、方式、方法、手段及其管理等环节的多样性。佐治亚理工学院的人工智能专业注重培养学生的各种能力，从对学生成绩的考核来看，多面性的考核方式就体现了这一点。比如，学生的考试成绩只占总成绩的25％，教师更看重的是学生的平时成绩，像作业、课程设计、课程报告都会列入平时的考核中。其中的课程报告不仅起到了提高学生语言表达的能力，并且提供了人与人之间得以顺畅交流的机会，还使学生学习到更多与课程相关的内容，拓宽了知识面。

（三）教学方式的前沿性原则

人工智能被认为是研究智能信息处理和开发具有智能特性的各类应用系统的核心技术，是当代科学技术蓬勃发展中最具前沿性的学科，扮演着越来越重要的角色。

首先，开设新颖化的人工智能专业。就目前的发展趋势而言，人工智能可谓是最热门的行业，热门行业的诞生通常意味着更多的工作机会和更高的薪酬待遇，所以，大多数院校接踵而至地开设了人工智能这一课程，人工智能已经成为新时代一个人跟上时代步伐的标志，可见人工智能的前沿性。

其次，渗透高端先进的学习氛围。为了迎合人工智能技术发展趋势，佐治亚理工学院不断调整人工智能教学内容，除了引进和短期聘请国际上著名的人工智能专家来校，加强师资队伍建设以外，借助IBM开发的人工智能系统Watson创建了一个智能机器人，并将其作为他的课堂助理。使用人工智能技术手段创造的机器人参与到教学过程中，这一措施使得教育跟上了科技的发展，体现了佐治亚理工学院人工智能培养的独特性。

最后，开展国际化的交流和合作。在新加坡资讯通信发展管理局（Infocomm Development Authority of Singapore，IDA）的支持下，南洋理工大学（Nanyang Technological University）和佐治亚理工学院合作开设了新的综合工程学士（计算机科学/计算机工程）和理学硕士（计算机科学）学位。① 佐治亚理工学院与南洋理工大学的国际化合作以互赢的形式推动了 AI 专业的发展。

三 设计原则

为了将佐治亚理工学院严谨的教育态度和新的指导方法、课程设计和课程体系结合起来，在构建人工智能专业人才培养内容的时候，必须确保所开设的课程具备灵活性和个性化，能够较好地为学生平衡学科深度和跨学科的广度，所以在这同时，必须确定相关的设计原则。

（一）创造性原则

在历经了 Alpha Go 事件之后，人工智能翻新了人们对它的认识，"AI 能否代替学校老师"这一话题持续被教育领域热议，佐治亚理工学院在深入人工智能领域的历程中，交互计算学院教授阿萧克·格尔（Ashok Goel）及其团队创造性地培养了机器人助教吉尔（Jill Watson）。教授 Goel 与一个研究生团队合作，在他的设计与情报实验室（DILAB）中研发了 Jill，Jill 出现的初衷是帮助 Goel 在论坛上回答他的在线课程中常见的问题，这样一来，团队可以减轻重复工作量带来的压力，专注于研发更有创意的作品。像吉尔这样的虚拟教学助理最近被《高等教育纪事》认为是近 50 年来影响大学的最具变革性的技术之一。② 这样创新性地使用人工智能助教的案例实属少数，在新颖模式下，竟然带来了意想不到的好处，更多的学生积极参与到 Goel 教授的课程中，从另一个程度来说，人工智能的影响力也进一步在学校乃至社会范围内扩大。

---

① Nanyang Technological University，"NTU – Georgia Tech Integrated Programme in Computer Science/Computer Engineering"，2019 – 07 – 07，https：//scse. ntu. edu. sg/Programmes/CurrentStudents/Undergraduate/Pages/NTU – GT. aspx.

② Georgia Tech College of Computing，"Jill Watson's Terrific Twos"，2019 – 06 – 29，https：//www. cc. gatech. edu/news/609284/jill – watsons – terrific – twos.

（二）灵活性原则

佐治亚理工学院提供灵活的、以学生为中心的跨学科教育。在人工智能领域为全校所有学生提供了因地制宜的课程。人工智能的发展浪潮中，不仅仅需要计算机领域的学生投身人工智能的学习与研究，也需要不同专业不同学科譬如工程、自然科学、社会人文等方面的专业人才参与进来，从而实施更全面更复杂更广泛的应用实践。计算机学院人工智能的相关课程，在本科阶段不仅向计算机学院中有志于人工智能方向的学生开放，同时也为人文社科等其他专业学生提供了适合他们的课程。

（三）协同性原则

佐治亚理工学院通过强调艺术、科学和技术之间创新协同来探索表达人类情感、思维和灵魂的新方式。在人工智能项目与社会现实的切入点上，注重人文关怀，以人为本。基于此要求，佐治亚理工学院鼓励人工智能专业学生在艺术等其他领域积极了解探索。人工智能专业是一门应用面广、综合程度高的学科，需要学生在雄厚的专业基础上，对工程、医学、农学等多类应用学科有较良好的知识与建模能力，从而能够实施更广泛更适应更有效的科研实践。以《生物医学信息学和系统建模（Biomedical Informatics and Systems Modeling）》为例，涵盖了计算科学、生物学和医学交叉领域的多元化领域，总体目标是开发机器学习和人工智能，研究机械模型和模拟，进一步造福于人类健康和患者护理。该领域使用计算机科学、统计学、电气工程和信息学中的方法来整合实验和临床数据，在各个方面高度协同的作用下做出可行的决策。①

（四）创生性原则

佐治亚理工学院把课程实施视为师生在具体的课堂情境中共同合作、创造新的教育经验的过程。佐治亚理工学院的课程是情境化、人格化的，它的课程实施本质上是在具体的课堂情境中"创生"新的教育经验的过程。人工智能领域是新兴领域，需要经验丰富的计算机领域的先辈与思维活跃的后辈共同探索。人工智能课程的实施本身也是为了满足这一需求。佐治亚理工学院在人工智能课程的实施中，鼓励师生合作，共同参

---

① Georgia Tech，"Biomedical Informatics and Systems Modeling"，2019 – 06 – 29，https：// bme. gatech. edu/bme/areas/biomedical – informatics – and – systems – modeling.

与练习性项目或前沿项目。以项目为情景，满足发展需求的同时，实现了优质高效的教育。以 AI 助教 Jill 的成功研发为案例，这个就是教师与科研团队思想碰撞产生火花的真实产物，一方面可以促进学生在实践中成长，真切地参与到人工智能技术创造的过程中去，提升自身的能力。另一方面，也是对教师专业知识与技能最大的认可，促进教师进一步与学生团队开展创新合作。

四　组织形式

为了服务于人工智能教学的顺利实施，组织形式这一方面，佐治亚理工学院倡导的是层次化与情境化。通过多种形式的交叉融合，希望能够更好地激发学习者对于 AI 专业的兴趣，为培养专业化人才奠定基础。

（一）使用层级化教学

佐治亚理工的 AI 课程讲求的是由浅入深、由表及里、层层递进。首先将学生的基础知识完善后，深入到专业知识层面，其次会让学生从理论知识深入到实践中去，最后经过系统的梳理讲解后，确保学生有效消化所学内容。人工智能课程的学习，最终是为实践服务的，以实践作为学习的深入环节，有利于学习者专业知识的巩固、应用能力的锻炼。佐治亚理工学院为学生提供高质量的综合实践课程和校内外合作课程，帮助学生获得更加丰富的学习体验，如新生研讨班、生活学习社区、本科生科研项目、国际交流项目、校企联合培养、实习等，此外，学校有超过 400 个学生组织，为学习者塑造一个具有人文性、新鲜感的社区氛围，有利于提升学生的可塑性。

（二）开设情境化教学

未来，情境计算将成为发展趋势。这一概念主要是由佐治亚理工学院研究人员阿宁德·戴伊（Anind Dey）和格里高利·阿宝德（Gregory Abowd）在 2004 年前提出的。在应用类人工智能技术层面上，主要采用情境化的方式在某一固定领域使用人工智能技术，比如虚拟助理、应用层机器学习、应用层计算机视觉、推荐引擎、手势控制、语音翻译、智能机器人等技术等。以机器学习来说，在过去的几年里，佐治亚理工学院的工程师和动物学家一直在合作，致力于帮助农民更好地利用家禽发出的信息，在 2014 年至 2016 年期间的一系列研究中，佐治亚理工学院的研究工程师 Wayne Daley 及其同事利用 6—12 只鸡作为研究对象，用 USB 麦克风录制它们的发声，研究人员再将采集到的音频输入机器学习程序中，用来识别鸟类各个状态下声音之间的差异。这一技术以实际行动来实现 AI 解码鸡的"语音"，以此确定其健康状况的细微差异，这也是机器学习如何转变鸡的叫声并改善农业发展问题的现实案例。① 总而言之，情境化教学更多追求的是在实际情境中用特定的专业技术去解决现实问题，倡导学习者能够在学中做、在做中学。

第四节　佐治亚理工学院人工智能专业人才培养的实施过程

一　主要部门

佐治亚理工学院人工智能专业人才培养的实施离不开各个部门的支持和配合，联合多方努力，佐治亚理工学院才有了现在系统化、合理化的人工智能专业人才培养计划。

（一）计算机科学学院

计算机科学学院通过开发研究工具奠定计算化的基础、发展计算化的前沿，这些研究工具可以为现在和将来的计算机发展提供动力。佐治亚理工学院的计算机科学学院是专业教师和研究人员的集中地，他们在计算化过程的各个方面都具有广度和深度，包括从算法到架构，从安全到网络，从系统设计到编程环境再到数据库。同时，计算机科学学院的任务是创造智能型的人、工具和思想，将计算能力转化为未来前行的动力，即实现"将想象转化为现实"的过程。②

（二）交互式计算学院

交互式计算学院通过检查计算和计算介导间的交互作用对日常生活

---

① Scientific Amereican, "Fowl Language: AI Decodes the Nuances of Chicken 'Speech'", 2019 – 07 – 07, https://www.scientificamerican.com/article/fowl – language – ai – decodes – the – nuances – of – chicken – ldquo – speech – rdquo/.

② Georgia Tech School of Computer Science, "What is Computer Science at Georgia Tech?", 2019 – 07 – 04, https://www.scs.gatech.edu/content/what – computer – science – georgia – tech.

产生的影响，重新定义了人类的计算体验。交互式计算学院树立了一个开放、包容、坚持的环境，通过多种视角和多样化的专业知识不断促进自身的强大。严肃的研究氛围使教师和学生走上研究和发明计算能力的道路，推动人和机器影响世界。通过教育创新，交互式计算学院正在努力为社会培养新一代的计算机学者。①

（三）计算科学与工程学院

计算科学与工程学院在新计算方法和技术的创建与应用方面取得了根本性进展。计算科学与工程是一门致力于研究和改进计算方法和数据分析技术以分析和理解自然和工程系统的学科。计算机科学与工程本质上是跨学科的，它集成了计算机科学、数学、科学和工程学的概念和原理，定义了一个随时代变化的新颖且有凝聚力的知识体系。它通过使用高性能计算、建模和仿真以及大规模大数据的措施分析并解决了来自科学、工程、健康和社交领域的实际问题。与此同时，计算科学和工程学院的很多研究在科学发现和工程实践等方面也取得了较大突破。该学院是一个多元化的、跨学科的创新生态系统，由屡获殊荣的教师、严谨求实的研究人员和追求突破的学生组成，致力于创造未来专业领域的领导者，希冀能解决科学、工程、健康和社会领域中最具挑战性的问题。②

二　路径选择

在高等教育大众化的 21 世纪，人们对于教育的要求越发严格，保持俗套的教学根本无法满足现在的年青一代学生，因此，基于人工智能专业人才培养计划制定合理的路径选择，提高人工智能课程体系的优越感需要以精心的教学设计为根本前提、以提升学习者的学习投入度为重要导向、以重视学生组织活动的深远性为有力抓手。

（一）以精心的教学设计为根本前提

在课程开始讲授之前，教师应当在熟悉教学内容的基础上对具体课程设定一个精细的编排，这是考察教师基本素养的关键。

---

① Georgia Tech School of Interactive Computing, "What is Interactive Computing?", 2019 – 07 – 04, https：//ic. gatech. edu/about/what – interactive – computing.

② Georgia Tech Computational Science and Engineering, "What is CSE?", 2019 – 07 – 04, https：//cse. gatech. edu/content/what – cse.

　　首先，引进先进的授课方式。"互联网＋教育"的不断深入，越来越多的大学机构愿意接触基于网络的在线教育模式，MOOC受到众多教育者和教育机构的关注，同时也吸引了越来越多的学习者。佐治亚理工学院与edX、Udacity、Coursera这样的在线教育平台开展广泛的合作，实施MOOC的教学模式为教师的有效教学提供了崭新的视角。

　　其次，采取独立课程和专项课程并行的措施。专项课程的实施更能体现出教学设计的精心化，该类型课程为学习者呈现一个完整的知识体系，具备详细完整的优势，有益于构建系统化的知识框架。以《用Python语言计算（Computing in Python）》系列的课程为例，由4个子独立课程构成，分别为《基础知识和程序编程（Fundamentals and Procedural Programming）》《控制结构（Control Structures）》《数据结构（Data Structures）》《对象和算法（Objects & Algorithms）》。

　　最后，安排学习者的学习活动和学习任务。在教学活动设计和组织的过程中，尤其要注重学习过程和学习任务的设计，合理的学习活动能够起到事半功倍的效果，帮助学生提前投入学习状态中，可以帮助教师在课程环节中促成以学生为主、教师为辅的模式，发挥学生的主观能动性，同时，有效的学习任务可以给予教师真实、及时的反馈，众所周知，单凭教师的教授是不全面的，通过对学习者布置学习任务，也能对教学结果起到一个积极的推动作用。

　　（二）以提升学习者的学习投入度为重要导向

　　无论基于何种教学情境，学习者学习投入的程度始终是学习效果的关键影响因素，学生如果具备高学习投入，这意味着自身有着较高的学习动机水平，代表着他们有着积极参与学习过程并保持较高的专注度的条件，更倾向在学习过程中与他人互动交流，分享自己的想法，促进师生、生生间的感情，并能在协同学习中贡献自己的力量。

　　一方面，计算机学院的三所分院都设有自己的研究小组和实验室，研究小组和实验室的形式为学生们广泛的兴趣提供了多条选择的途径。计算机科学学院设立了很多的研究小组和实验室，比如分布式数据密集系统实验室（Distributed Data Intensive Systems Lab）、计划分析小组（TrustAble Programming Lab）、系统软件与安全实验室（Program Analysis Group）等。实践教学有助于教师更加有效地把握学生的学习投入情况，同时，有助于调动学生的学习动机，激发学习潜能。

另一方面，计算机学院成立于1990年，直至今日，仍然列为美国顶尖大学中数一数二的计算机学院，计算机学院大约有140名专业知识很强的教师，他们为学生探索广泛的研究领域提供了便利，从计算的基础，如网络和软件工程，到人与机器之间交流的学科，如人机交互和动画，甚至是计算工程和科学的新兴领域，专家们都有所涉猎。教师与学生相处融洽，从心理层面上就对学生的专业发展造成了潜移默化的影响。

（三）以重视学生组织活动的深远性为有力抓手

除按照课程规划规定的科目上课以外，学生组织的存在无疑是大学机构中的一大亮点，在大学机构运行过程中属于不可或缺的地位。举办有深远意义的学生组织活动，以大规模的组织形式为学习者提供新的视角与方式去观测与评价所学知识。

从广义的角度来看，学生组织为学生提供学术化、专业化和社会化的支持与发展。学生组织可以根据各学院不同的情况，积极调配学生的课余时间，开展各式各样的活动，活跃学校的学习氛围，提高学生自主管理能力，丰富学生的课余生活。

从狭义的角度来看，学生组织的多样性满足了广大在校生的各项要求，佐治亚理工学院的计算机学院拥有丰富多样的学生组织，包括设计俱乐部（Design Club）、编程团队（Programming Team）、机器人社团（Robograds）、大数据社团（Big Data）等，以 Robograds 为例，该社团为机器人专业的学生提供一个讨论机器人项目进展和发展趋向的论坛，通过赞助社会活动，为机器人专业的学生提供参与到非学术环境中去的机会，基于此，学生可以利用在项目中学到的技术，为社区提供服务。① 一方面树立学习者自身的奉献精神，另一方面，促进他们在实践中应用理论知识和专业技能。

三　策略方法

教学是教育的基本组织形式，是实现教育目标的重要手段，在整个

---

① Georgia Tech College of Computing, "Student Organizations", 2019 – 07 – 10, https：//www. cc. gatech. edu/content/student – organizations.

教育体系中占据着中心位置并发挥着核心作用。在人工智能培养计划的实施过程中，应当从学科内部处理好科学性与思想性、理论性与实践性的关系。

（一）利用线上线下相结合的方式

佐治亚理工学院目前采用线上线下相结合的方式推进人工智能课程的发展，传统教育方式在很大程度上深入人心，也是目前大学机构一直也将长期沿用下去的教学形式，但是作为国际领先的研究型大学，佐治亚理工学院紧跟"互联网＋教育"的潮流，也将在线教育带到学生的教学过程中，并且也对其他院校起到了良好的示范作用。

一方面，实体大学机构和优质教师团队的存在，传统教学模式仍然处于主流地位，教育了一批又一批学子。线下教学的形式虽然在时间空间上的自由度不是很大，但也有在线教育不可取代的优势。比如，就现场感而言，教师与学生同处一片空间，在教师拥有专业的教学技能的前提下，可以通过学生现场给出的反应，及时调整教学进度，带动学生的思维，提高教学互动。

另一方面，"互联网＋教育"时代的到来，实现了教育资源的多元化与获取知识路径的多样性。早在 2014 年 1 月，佐治亚理工学院就和 Udacity 和 AT&T 展开合作，以在线教育的形式推出了第一个获得大学认可的计算机科学硕士学位，学生可以通过"大规模在线"的方式学习，并支付相应的费用，这种具有非正式意味的合作被称为"OMS CS"，它将教育、MOOC 和行业领导者聚集在一起，运用技术的颠覆性力量来帮助计算机科学领域拓宽获得高素质、受过良好教育的人才的渠道①。这种线上教育模式具有可支配性，它采用技术手段突破时间、空间上的壁垒，在学校教育中对学生的发展起到了一定程度上的推动效果。

（二）利用理论与实践相结合的方式

由于人工智能技术的领域普遍性，大批在第一线工作的技术人员需要更新知识，学习人工智能理论与实践，从而在自己的领域中实现跨越式创新。除了提供优秀教师开设的理论课程之外，考虑到学生长远发展，

① Online Master of Science in Computer Science，"Online Degree Overview"，2019－06－20，https：//pe. gatech. edu/degrees/computer－science.

佐治亚理工学院坚持理论知识传授与学生自主实践相结合，因此采取丰富有趣的课外实践活动和多姿多彩的科研活动交融的方式，加强专业文化知识同时，有助于增强学生的参与感，找准定位。

一方面，加强学生的专业理论知识学习。在鉴定当代大学生自身专业水平和业务能力的时候，专业的理论知识涵养是关键要素，这也是不断提升学生提升综合业务素养的要求。比如，构建从上到下的理性代理和人类智能模型这一课题中，学生需要将人工智能技术与物质设备结合起来，以培养机器人专家。为了适应这一课题，构建完善的知识框架需要大量理论的支撑，包括组合学（Combinatorics）、数值方法（Numerical Methods）、线性代数（Linear Algebra）、概率论（Probability）、统计学（Statistics）、信息论（Information Theory）、离散结构（Discrete structures）、图论（Graph Theory）、面向对象的设计和编程（Object – oriented Design and Programming）。[1]

另一方面，鼓励学生参与实践活动。竞赛形式的实践活动较能调动学生的灵活性和参与感，以 2017 年举办的佐治亚理工学院 Home Depot 深度学习竞赛为例，Home Depot 与 The Agency、Big O Theory 俱乐部合作举办了深度学习比赛。佐治亚理工学院的学生们从 4 月 14 日星期五晚上开始花了将近 24 小时的时间，在这场竞赛中，这些学生在五个具有挑战性的深度学习问题上取得最佳成绩。这些问题包括时间序列预测、图像生成、确定演讲者的性别、根据产品的图像确定产品属于哪个部门，以及确定哪个搜索引擎将返回不同搜索词的最佳结果。在所有的参赛队伍中，有两个团队完成了所有的挑战，最好的提交结果显示参赛者使用了尖端的损失函数、微调技术、数据采样算法和时间序列分析技术，产生了令人难以置信的结果。[2]

---

[1] Georgia Tech College of Computing, "Intelligence", 2019 – 07 – 02, https：//www. cc. gatech. edu/content/intelligence.

[2] Georgia Tech Machine Learning, "Home Depot Deep Learning Competition At Georgia Tech", 2019 – 07 – 02, https：//mlatgt. blog/2017/05/10/home – depot – deep – learning – competition – at – georgia – tech/.

四　影响因素

人才培养的实施过程必然受到多方因素的影响，应该综合考虑师资力量、经济来源、学校支持，从而有望整合各因素来促进人才培养的实施，加速培养专业型、创新型人工智能人才。

（一）师资力量

佐治亚理工学院是美国最顶尖的理工学院之一，有南部"MIT"的美誉，拥有大规模的师资队伍力量。一方面，优质的教师掌握较好的教学水平、教学方式、课程计划、组织形式等。教学是促进学生发展的主阵地，学生知识、技能的掌握、思维能力的培养，以及个性的发展都有赖于较高的教学目标和教学水平，同时教师的课程计划和教学组织形式都是重要影响因素。另一方面，典型人物代表有望成为教师队伍中的表率。比如，阿里加博士（Dr. Arriaga）是交互计算学院的发展心理学家，在哈佛大学获得心理学博士学位，在人机交互（HCI）、社交计算（Social Computing）、健康信息学（Health Informatics）领域很有建树，自 2007 年以来，阿里加博士一直是交互计算学院的研究人员。阿里加博士的研究重点是使用心理学理论和方法来解决人机交互和社交计算的基本问题。在计算机学院教授人机交互相关课程的过程中，阿里加博士为学院的本科生和研究生提供针对性的指导意见，同时，她还在与在线教育平台 Coursera 合作的课程项目中教授用户体验设计 MOOC。[1]

（二）经济来源

佐治亚理工学院提供了许多方法用来接受人们对于计算机学院的支持，新经济时代对于人才培养的扶持可以体现在经济支持上。经济支持是基础研究的主要渠道之一，在发现和培养人才方面可以发挥作用。

第一，院长基金。学院鼓励为院长自由支配基金设立一个基金会。这种不受限制的捐赠使学院在满足紧迫和不断变化的需求的基础上，为新举措的实施提供最大化灵活度的支持。捐赠的基金可以永久性地为学院提供支持，新设立的捐赠基金可以冠以捐赠人或其选择的受赠人的姓

---

[1]　Georgia Tech School Interactive Computing，"Rosa Arriaga"，2019 – 07 – 07，https：//ic. gatech. edu/people/rosa – arriaga.

名，受他们支配，用于科学研究或者项目课题所需支出。目前，佐治亚理工学院计算机学院接受到的最低资助额为 25000 美元，这些基金资助的存在确确实实为研究者打了一剂强心针。

第二，早期职业教师奖（Early – Career Faculty Awards）。在有前途的教职员工开始职业生涯之初，他们将获得奖励，这是吸引和留住那些有望成为顶尖教师或学者的优秀职工的有效方法，也是他们努力付出的主要动力。为鼓励教学和为研究创新提供支持，早期职业教师奖最多可颁发 5 年，有助于佐治亚理工学院在教师发展早期关键任职阶段培养他们的专业能力。根据调查，早期职业教师奖最低的奖励金额在 50 万美元。①

第三，奖学金。如果教师是学院的核心，那么学生一定是学院的灵魂。对于佐治亚理工学院的精英，为他们提供经济保障是理所应当的。为了吸引最有前途的学生进入大学机构，必须有一个定期提供奖学金的基金会。有了这种经济激励，管理层可以根据学习成绩和领导潜力来给学生提供奖学金，吸引优秀的学生。

（三）学校支持

人才培养的实施过程自然更离不开学校的支持。第一，学校领导的支持是有利因素，为了顺应时代发展的需要，佐治亚理工学院校长对学校人才培养特色、人才培养方案、课程设置、师资队伍建设、科研中心试验站等进行了一系列大改革，奠定了佐治亚理工学院从服务地方向服务世界转变的基础，也促使了学校创新型实践项目的相继成立，推动该校成为世界一流的院校。第二，物质条件基础是必备品，在推动人工智能发展的过程中，离不开各种实验中心的建设。针对佐治亚理工学院的机器人学和计算感知研究，从工程到机器学习，从机器人的运动到自主伦理行为，研究者的工作集中在两个实验室：佐治亚理工学院的机器人和智能机器中心（RIM）和计算感知实验室（CPL）。RIM 的教师强调个人和日常机器人技术以及自动化的未来，帮助学生理解和定义机器人技术在社会中的未来作用。CPL 的开发是为了探索和开发下一代智能机器、

---

① Georgia Tech College of Computing, "Support the College", 2019 – 07 – 10, https：//www. cc. gatech. edu/about/support – the – college.

接口和环境，用于建模、感知、识别和与人类交互。①

（四）社会机遇

随着科技的快速发展，越来越多的社会群体渴望抓住人工智能发展机遇，打造新时代智能经济体，这样的需求迫使佐治亚理工学院不断跟进人工智能专业人才培养的实施。一方面，人工智能可能会导致大规模技术失业和就业不足的现象，由于技术的升级，先进的人工智能会开始慢慢地取代一些原本老旧的生活方式，虽然运用人工智能技术产品的价格会比较昂贵，但是从长远角度考虑，也是降低企业的成本的一种途径。另一方面，麻省理工学院的达伦·阿西莫格鲁（Darron Acemoglu）教授和波士顿大学的帕斯库尔（Pascual Restreoargue）教授认为人工智能与过去的技术没有什么不同，它能够通过提高生产力、满足消费者需求或通过创建新项目来平衡那些自动化的任务。② 据《亚特兰大商业纪事》报道，Facebook 有望在不久的将来在佐治亚州开发新的业务，将在佐治亚州的商业园区建立一个占地 400 英亩的数据中心，预计 Facebook 将在几年内投资 200 亿美元用于 AI 领域的建设，同时，该项目有望创造约 250 个就业机会。③

第五节　佐治亚理工学院人工智能专业
人才培养的评价体制

一　组织机构

评估的意义在于验证成果的价值度和可行性，为了对佐治亚理工学院人工智能专业人才培养机制进行评定，必然需要在一定范围内找寻可靠的组织机构，运用科学的方法，在服从校园管理机制的基础上，对人

①　Georgia Tech School Interactive Computing, "Robotics & Computational Perception", 2019 – 07 – 07, https：//www. ic. gatech. edu/content/robotics – computational – perception.

②　James Pethokoukis, "Yes, AI Can Create More Jobs Than It Destroys", 2019 – 07 – 10, https：//ricochet. com/485078/archives/yes – ai – can – create – jobs – destroys/.

③　Georgia Tech College of Computing, "ML@ GT Receives ＄500, 000 Gift From Facebook", 2019 – 07 – 10, https：//www. cc. gatech. edu/news/601212/mlgt – receives – 500000 – gift – facebook.

才培养这一过程提供可靠的保障。

(一) 校内组织机构

1. 院级组织机构

院级评估组织是对佐治亚理工学院人工智能专业人才培养计划的初步审核，充分发挥院级评估组织的能力，组织相关评估小组，以保证人才培养计划的质量。

第一，评估和量化服务办公室 (Office of Assessment and Quantitative Services)。该办公室是计算机学院的评估部门，旨在推进计算机学院成为计算机领域的领跑者和创新者，其主要任务是开发和实现系统支持数据驱动执行策略的流程、指标和评估工具。该办公室还致力于为教职员工提供高质量的评估服务，以便在运营过程中不断改进研究计划拓展工作、以学生为中心的教学课程和研究课程。[①]

第二，教学和学习中心 (Center for Teaching and Learning，CTL)。佐治亚理工学院不断地努力提高教学效果，致力于建设最高标准的教学。各学院都设置教学和学习中心，为教师专业发展提供有力支持，此外，CLT 提供了教学评估、教学发展研讨会、奖学金等服务，[②] 所以说，CLT 这一中心的设立，可以做到对人工智能相关课程教学展开有效审核并发表及时反馈，保证了课程体系的质量化、科学性。比如就研究生的教学评估与支持而言，CTL 可以指定具体教授为研究生开设课程，设定研究生课程的学期学分，监督教授实施课程的具体情况。

2. 校级组织机构

为了确保培养方案的可施行性，除了完成院级评估组织机构的考察，还需要校级评估小组的进一步鉴定与整改。

第一，学术效果办公室 (Office of Academic Effectiveness，OAE)。为了实现佐治亚理工学院的使命和愿景，成立了学术效果办公室，用来全面监督、评估、认证机构效能。评估主任将领导佐治亚理工学院的评估工作，并且提供专业知识的支持，为评估工作保驾护航。主任是整个工

---

① Georgia Tech College of Computing，"Office of Assessment and Quantitative Services"，2019 – 07 – 07，https：//www. cc. gatech. edu/about/administration/evaluation.

② Georiga Tech Policy Library，"4. 3 Teaching Evaluation and Support"，2019 – 07 – 10，https：//policylibrary. gatech. edu/faculty – handbook/4. 3 – teaching – evaluation – and – support.

作单位的核心，其承担的职责巨大，与不同的教职员工、学生以及外部管理机构、认证机构和同行机构建立有效的协作关系，不断提高评估的价值。也需要使用评估数据来支持研究所的学术规划，以及定期审查学术项目。主任应当清楚地了解与高等教育学术评估和认证有关的趋势和问题，所以他的任务远远要大于陈列出来的事项。[1]

第二，教育研究评估组。该评估组能为学校在研究和评估服务方面提供广泛的专业知识，针对科学、数学和计算一体化教育中心（CEISMC）的评估来说，CEISMC 是佐治亚理工学院教务长办公室内的一个单位，是佐治亚理工学院和学生以及 PreK – 12 STEM 教育社区之间的主要连接点。众所周知，人工智能与 STEM 教育具有天然的接口，STEM 教育专注于培养学生解决问题的能力，让学生从一个知识概念的"存储器"，转变成一个面对问题解决问题的"处理器"，而人工智能恰恰是解决问题的有效工具。教育研究评估小组采用混合方法，以定性和定量数据来源来确定 K – 12 计划和干预措施会产生的影响，其中，对这些干预措施的评估侧重于衡量学生成果和教师专业发展对课堂实践的影响。除此之外，CEISMC 研究人员致力于考核教育干预对学生掌握沟通协作、团队合作、解决问题和创造力这些当代社会必不可少的技能是否会有影响。[2]

（二）校外组织机构

校外组织机构的参与，彰显了佐治亚理工学院对人才培养评估的公正性，能够避免外界对学校内部组织机构给出的评价的非议，更能体现出佐治亚理工学院追求权威的过程。

世界教育服务中心（World Education Services，WES）。WES 成立于 1974 年，主要是通过对相关单位进行评估并且证明其具备国际教育资格。几十年来，WES 通过对国际学生和技术移民的认证评估、研究和持续支持，确立了其国际流动领域的卓越标准。WES 的评估结果得到了美国和

① Georgia Tech, "Director of Assessment", 2019 – 07 – 09, https：//georgiatech. recruiterbox. com/jobs/18dfcc7ebaef42e18d135aae09a1470a.

② Georgia Tech, "Educational Research and Evaluation Group", 2019 – 07 – 12, https：// www. ceismc. gatech. edu/ereg.

加拿大 2500 多家教育、商业和政府机构的广泛认可，① 促进全球流动性，鼓励人们进入并融入相对专业的学习氛围。由此可以看出，WES 的评估结果具有一定权威性。

二　评价指标

人才培养评价指标体系是鉴定与保证在校大学生教学过程中培养成效的核心环节，也是大学生学习与成长、就业与发展价值观的重要取向。这里主要谈及课程建设、实践教学和教学管理这三个方面。

（一）课程建设

课程建设规划方面应该秉持明确的目标、清晰的思路和到位的措施，做到"教—学—做"一体化，以任务驱动和项目教学为主，体现人才培养的以生为本的理念，注重动手，又培养动脑。就课程设计方面，OIT（信息技术办公室）数字学习技术团队提供设计和开发新课程的帮助，也可以通过整合技术来改进现有课程，以改善各种学习环境中的学习成果。② 佐治亚理工学院的通识教育（核心课程）对于学生的发展至关重要，不仅仅是在于他们所接受严格的技术和应用教育，更在于在课程建设中佐治亚理工学院的通识教育不仅仅有利于他们接受严格的技术和应用教育，更能培养学生数学、科学和技术能力，让学生具备信息研究的涵养，能够进行批判性的思考，学会有效地与他人合作。③

首先，发挥相关部门的职责考察课程内容是否合理，保证课程内容与教学目标的一致性，且教学内容应以未来人工智能的原创性基础理论为发力点，力求在探究智能本质的基础上学好、学精。其次，教学手段多元化，在传统教学的基础上引进在线教育是佐治亚理工学院课程建设的一大亮点，与其他未使用传统教育与在线教育相结合的院校相比，佐治亚理工学院率先进入"互联网＋教育"的潮流中，创造性地投入在线

① WES, "About WES", 2019 - 07 - 23, http：//admission. gatech. edu/transfer/foreign - credit - evaluation.

② Georgia Tech Center for Teaching and Learning, "Learning Technology", 2019 - 07 - 29, http：//ctl. gatech. edu/faculty/learning - tech.

③ Georgia Tech Registrar's Office, "Curriculum", 2019 - 07 - 24, https：//registrar. gatech. edu/current - students/curriculum.

教育课程的制作中，在教学手段先进性上更胜一筹。再后，课程建设中也要考虑评估措施，在评估学生成绩的时候，通常采用平时成绩和期末成绩汇总的方式，多维度、长跨度地对学生进行考核。就教师角度而言，课程水平评估（CLASS）提供了一个基于网络的平台，根据课程学习结果收集课堂评估数据。课程讲师可以描述他们的具体评估方法、学生绩效期望，并根据评估结果记录进行课程改进。[1] 最后，课程建设使用的教学资料丰富，教师对选用教材严格把关，学校馆藏图书资料也极其丰厚，为学生拓展知识提供了便利的条件，同时，基于慕课的平台，数字课程内容的开发炙手可热，与教师合作开发交互式数字课程教材，[2] 因此，在线教育课程的出现也势必为教学提供了网络教学资源。

（二）实践教学

实践教学作为巩固理论知识和加深学习者对理论认识的有效途径，是培养具有创新意识的高素质工程技术人员的重要环节，是理论联系实际、培养学生掌握科学方法和提高动手能力的重要平台。

良好的声誉、富有挑战性的学术、创新的项目、一流的设施和一流的师资队伍是大多数学习者向往的。佐治亚理工学院一直在努力提高本科和研究生教育水平，其中一个重要步骤是收集数据，以确定课程变化对学生学习和参与的影响，并为课堂实践提供信息。[3]

一方面，通过实践教学，可以从不同角度观察与发现人工智能课程中的隐性问题与显性问题，反馈人工智能课程实施的具体效果，完善人工智能课程的发展和教师的专业发展，提升学生的协作能力、创造能力和实践能力。竞赛是对实践教学最好的验证，以微软人工智能竞赛（Microsoft AI competition）为例，该竞赛探索了安全性预测技术的下一步演变，这项新的竞赛由 Windows Defender ATP 研究团队与东北大学和佐治亚理工学院合作组织，佐治亚理工学院作为学术合作伙伴，旨在为打击恶

---

① Georgia Tech，"Academic Effectiveness"，2019 - 07 - 25，https：//www. academiceffective-ness. gatech. edu/resources/class/.

② Georgia Tech Academic Effectiveness，"CIOS - The Course Instructor Opinion Survey"，2019 - 07 - 29，https：//www. academiceffectiveness. gatech. edu/resources/cios/.

③ Georgia Tech，"Research"，2019 - 07 - 31，https：//www. ceismc. gatech. edu/research.

意软件攻击和破坏提供新思路。① 调动学生参与竞赛的积极性，鼓励学生从实践中验证理论知识的真实性，加深对专业知识的认知度。另一方面，运用人工智能技术的辅导，比如现在出现的人工智能机器人参与学生的课程教学，真正利用人工智能技术的手段深入学生的课堂中，让学生真实感受人工智能的存在，比如，Goel 专门为他们的在线课程创造了人工智能助教 Jill，Jill 能够做到基于对班上学生的细致分析和提出的许多不同但非常具体的问题作出反馈，② 以实际的教学措施来提升学院人工智能发展的水平，这也可以被看作是考察佐治亚理工学院实践教学效果的一个标准。

（三）教学服务

除了对教学质量的追求之外，教学服务也是学校人才培养计划中不可轻视的一条准则，这也是提升学习者对学校满意度的关键所在。

第一，信息技术时代，教学管理信息化已经推进了很多年，国内外大量的高校陆续践行基本的教学管理信息化，教学管理信息化主要体现在三个方面，大体是从学生角度出发。其一是基本的教务系统信息化，大致涉及课程设置、学生选课、考试成绩管理等；其二是教学资源信息化管理，包括教室安排、实验中心安排、实验材料管理等；其三是网络授课信息化管理，包括网络授课、作业批改、在线交流与反馈等。近年来，大数据、人工智能如火如荼地发展，可想而知，未来的教学管理系统更应该与时俱进，更需要考核教学管理的过程。根据原有教学管理的基础，强调做到进一步整合优质的教育资源，秉持"以生为本"的原则，掌握学生的基本情况从而因材施教，给予学生对人工智能方面更大的课程学习空间。总而言之，教学管理系统的功能将在人工智能阶段得到进一步的拓展，逐渐从辅助教学的角色向主动教学的角色转换。

第二，佐治亚理工学院具备完善的学习技术资源，从教师角度出发，

---

① Georgia Tech School of Electrical and Computer Engineering, "Microsoft AI competition explores the next evolution of predictive technologies in security", 2019 – 07 – 31, https：//www. ece. gatech. edu/news/615920/microsoft – ai – competition – explores – next – evolution – predictive – technologies – security.

② Georgia Tech College of Computing, "Jill Watson's Terrific Twos", 2019 – 07 – 31, https：// www. cc. gatech. edu/news/609284/jill – watsons – terrific – twos.

其学习技术服务在人才培养环节中发挥了良好的作用。CTL 与教师、博士后学者、助理和研究生导师展开合作，探索如何有效地将技术融入教学和学生学习中去。此外，CTL 定期举办研讨会，为教学人员提供实用、具体的技术教学策略。这些研讨会借鉴了教学活动中的最佳实践，重点是帮助参与者充分利用这些技术的潜力，创造有吸引力的学习体验和更好的学习成果，[①] 从而多角度、多方位地提升教师的技术素养，更好地为学习者传播知识。

三　评价策略

在强调多元化评价去促进学生学习和发展的同时，为了保障人才培养计划的评价体制的合理、科学，佐治亚理工学院一般遵循如下评价策略，分别以评价体系、评价组织机构职责和评价方式三个视角来阐述。

（一）评价体系体现高标准

佐治亚理工学院使用的评估方法将体现全国范围内的最佳做法，采取的措施将符合高标准的有效性和可靠性。通过与相关课程的整合，其评价策略将参与到佐治亚理工学院学生的学习过程中。评估方案借助三角测量方法，同时将涉及专业发展和相关教职员工的培训。在课程、学校或学院层面的评估目标上，适合采用观察和测量的方式。比如，评估办公室将采取一系列策略，在基于尽可能减少收集此类数据所涉及的成本和劳动力的前提下，将收集的评估数据分类到学校级别保管，以便于最大限度地利用其数据。为了提高效率，鼓励教师、工作人员和管理人员合理使用评估结果，这一举措能够改善影响学生学习和发展的课程和服务。有效的评估方案的开发是长期的，为了稳定大多数评估过程，为有意义的长期趋势研究建立纵向数据库，需要进行多轮数据收集，因此，佐治亚理工学院不断更新、完善和改进评估计划。

（二）组织机构的职责有针对性

随着学院规模的不断壮大，各部门之间的职责也越来越重，所以，它们之间的分工也要求更加细化。业务部门越多，业务部门的烟囱问题

---

① Georgia Tech Center for Teaching and Learning, "Learning and Technology Initiatives", 2019 – 07 – 30, http://ctl.gatech.edu/faculty/learning – tech.

也越加突出，然而，佐治亚理工学院各个部门之间各司其职，相互穿插又互不干涉，负责的内容有相应的针对性。比如，通过持续的参与和评估支持服务，佐治亚理工学院的 OAE 负责"质量提升计划（QEP）"评估、通识教育评估和学术评估，致力于促进学院在学生学习和质量保证方面的卓越表现；学术评估经理（Academic Assessment Manager）将侧重于与本科教育相关的学术评估，实施质量提升计划、服务学习维持计划（SLS）的评估工作，SLS 计划已于 2016 年 1 月便开始实施，并在大学教育办公室（OUE）内进行组织定位。通过与 OUE 的领导层密切合作，OAE 对通识教育评估和其他学术优先事项的努力将会增加。①

（三）评价方式具备多元化

为了提升人才培养计划的完整性，评价方式一般以多维度形式展开，以多元化的内容呈现出来，兼顾不同阶段的学生在课程中的表现情况，对学生在课程实施中的状况进行监督和评估，以求客观地还原学生在课程中的真实发展。同时，发展具体的评价方式和工具，根据多维价值导向和多元设计的目标而使用多种指标评估学生的具体发展情况。教师对评价方式和工具的再开发，塑造特定的评价指标专门针对学生某一行为或阶段的情况而评价，使之能清晰地观察到学生在人工智能课程设计和实施过程中的阶段性进展，在适当时候提供必要的管理与监督。采用多指标综合的评价，可以建立起专门针对人工智能课程的评价指标体系，减少学生在课程中的不正当表现或虚假行为，从而提升学生自主学习与创造的效率。

四　保障措施

以评价机制深化教学改革，尤其以建设机制的保障措施为重点，这是基于人才培养得以可持续发展的必要性因素，主要从以下几点谈及。

（一）奖励机制的实行

佐治亚理工学院为了吸引、开发、培养、奖励、留住优秀人才，同时也为了充分发挥学校的潜能，管理者认为必须适当地进行人力资源投

---

① Georgie Tech，"Academic Assessment Manager（Academic Professional）"，2019 – 07 – 13，https：//georgiatech. recruiterbox. com/jobs/fk0j8d2/.

资，包括绩效管理系统，每个职位能力，自我评估、反馈和培训，职业发展，与业绩挂钩的奖励。佐治亚理工学院成员的质量、创新与共治的文化氛围、基础设施支持等因素促使其科研方面在全国范围内处于持续领先的地位，也正是这些因素的合力作用才能帮助学院更好地实现自身价值。

一方面，佐治亚理工学院建立奖励机制能够招募并留住最优秀的教员，拓展研究空间，优秀教师的引进能够保证学校的学术地位。教学是促进学生发展的主阵地，学生知识、技能的掌握，思维能力的培养，以及个性的发展都有赖于较高的教学目标和教学水平。教师在学习者的求学之路中扮演着引导性的角色，教师的课程计划和教学组织形式都是学习者成才的重要影响因素。为此，佐治亚理工学院在教师队伍建设上，严格选拔标准、提高教师待遇，打造先进优秀的教师团队。

另一方面，奖励机制的实行确实可以成为教员努力奋斗的精神动力，转换为教学工作投入的一大激励，学校根据不同岗位的要求，逐步建立起了与岗位职责、工作业绩、服务质量等因素紧密结合的考核评价机制，进一步以系统化的方式完善了教师考核评价体系，引导教师重视教学，以教学为荣，全身心投身于教学事业，提高学生的主观能动性。

（二）定期同行评审政策的实施

定期同行评审（Periodic Peer Review，PPR）既具有回顾性又具有前瞻性，因为它可以识别一个人过去的贡献，并为持续的智力和专业发展提供帮助。

一方面，作为一个教师发展工具，PPR 提供了一个发展平台，帮助教职员工根据他们的兴趣以及该部门的需求和使命，制订教学、研究和服务方面的专业发展计划。为确保专业能力，PPR 可以评估教员多年在教学、研究和服务方面的有效性。在相对较长的时间内评估教职员工的专业活动，这一举措可以鼓励教职员工有意愿开展那些不易进行的、需要长期评估的项目和计划。①

另一方面，PPR 有其特有的评估标准。评估标准也并不是一成不变

---

① Georgie Tech Policy Library，"3.3.9 Periodic Peer Review Policy"，2019 - 07 - 14，http：//www. policylibrary. gatech. edu/faculty - handbook/3. 3. 9 - periodic - peer - review - policy.

的，所使用的标准可能是教员所在单位通常使用的标准，也可以应用其他标准来体现高级教员所秉持的重要理念。同时，学校主席有权制定个性化的替代标准，但是需与教员协商一致，在提交文件之前，必须就这些标准达成共识并以书面形式确认，如果未能就标准达成一致意见，教员可要求本单位教员成立的委员会进行听证。委员会对标准的决定是最终决定。

第六节　佐治亚理工学院人工智能专业 人才培养的总结启示

一　主要优势

佐治亚理工学院能较为成功地培养创新型人工智能人才，与其成熟的培养计划的建设有着必然的联系，其成功的因素可以从以下几点简单探析。

（一）学校优势

佐治亚理工学院人工智能专业人才培养计划的成功实施离不开学院的支持，佐治亚理工学院在国际上有着顶尖的学术声誉，为人工智能专业人才培养的发展提供了很好的氛围。

一方面，一个多世纪以前开始，佐治亚理工学院就已经建立了卓越的技术研究和教育传统。佐治亚理工学院是世界上首屈一指的技术型大学之一，拥有一流的世界级教师、研究人员和教学顾问。该大学机构以其高超的学术水平而闻名，并跻身美国研究型大学的顶级行列，未来佐治亚理工学院在提供技术教育方面将依旧能够具有明确的领导性。

另一方面，佐治亚理工学院有着严谨的治学态度，自从开设了人工智能方向的课程，设置了人工智能的人才培养方案之后，采取一系列的措施来优化专业课程，佐治亚理工学院设有多种最前沿的研究设施来辅助人才培养的合理实施。佐治亚理工学院的办学理念是通过运用先进的科学技术来完善人类的生活条件。在教学过程中，学院一直坚守这样的理念，履行职责，密切服务社会，通过合作教育和实习项目与企业、工业、社区、政府建立起深远、广泛的联系。

（二）学院优势

将人工智能的培养计划的实施过程细节化，具体分配到了以计算机学院为核心的领导集体，学院必须运用新的观点将人工智能课程以及全新的学习体验提供给学生。

一方面，计算机学院硬件设备齐全，有五大研究中心：计算机系统实验研究中心（CERCS），佐治亚理工信息安全中心（GTISC），图形、可视化和可用性工程中心（GVU），模型与仿真研究与教育（MSRE）以及机器人与智能机器所，每个研究中心都包括由若干教授、博士生组成的研究小组和实验室，各个研究中心发挥自身的专业技能，为人工智能的蓬勃发展奠定基础。

另一方面，人工智能专业课程不仅仅是简单地将技术整合到课程中去，更重要的是将已经脱离社会的学习活动回归到真实的生活中，突破原来单一的被动接受学习的方式，寻求丰富多彩的形式来满足学习者的求知欲。在人工智能专业的课程中，教师总是尽量设置一些与现实问题联系在一起的情景，不只是让学生提取知识，而是鼓励学生进行更高层次的思考，在具体的活动过程中，学生既学习了人工智能专业课程的知识，也丰富了其他相关学科知识，对于学生的发展具有积极的影响，激励学生完成指定的任务并培养学生解决实际问题的能力。

（三）创新优势

学校将"知行合一，立志成才"（To Know，To Do，To Be）作为校训，并且着力于培养学生运用创新技巧和职业规范去解决现实生活问题的能力。

首先，以实例说明，迄今为止，机器学习已经存在了几十年，然而大数据和更强大的计算机技术的出现，使得机器学习从模式识别和自然语言处理转移到了更为广泛的科学学科领域。佐治亚理工学院计算学院教授兼副院长 Irfan Essa 认为："机器学习算法基于输入构建模型做出其他假设、预测或决策。"机器学习是人工智能的子课程，涉及算法的构建，使计算机能够从数据中学习和反应，而不是遵循明确的程序指令。[1]

---

[1] Georgia Tech，"The Minds of The New Machines"，2019 – 07 – 07，http：//www. rh. gatech. edu/features/minds – new – machines.

基于此，在该中心，研究人员正在努力推进基础科学和应用科学，开发新理论和创新算法流程，希望在医疗保健、教育、物流、社交网络、金融部门、信息安全和机器人技术七个重点领域有所创新。

其次，佐治亚理工学院认为必须继续探索、评估、创新高等教育模式方法才能降低成本，改进目前采用的流程和方法，提高终身学习的可及性。早在2016年春季，在计算学院教授Ashok Goel的人工智能课程中，就出现了人工智能助教，Jill Watson是9位助教之一，"她"是一个由研究生团队使用IBM的Watson平台创建的机器人。每次Ashok Goe教授讲课，300多名学生预计会在网上论坛上发布大约10000条信息，远超过教授及8名助教的工作负荷，机器人Jill Watson能够提供更快的答案和反馈，并且她的答案和反馈对学生的问题很有针对性，得到了学生们的好评。① 运用人工智能机器人在减轻教师教学负担的同时，一定程度上也提高了学生上课的积极性和课堂获取知识的效率。

最后，这一人工智能培养方式在创新的基础上解决了社会的需求，佐治亚理工学院与AT&T合作，提供计算机科学在线硕士（OMS CS）和分析学在线硕士（OMS Analytics），解决国家在STEM领域日益缺乏合格工作者的问题。更重要的是，这一举措能为数千人提供有前景的职业机会。

二　存在问题

即使佐治亚理工学院在国际上享有盛誉，且对于本校人工智能领域的人才培养措施都很完备，但是依然存在一些小的问题。

第一，重成才，轻成人。培养学生的过程中不应该只是纯粹地倾倒教学内容，"成人"与"成才"的关系不能够有先后和轻重缓急之分。在很多大学机构的培养过程中，会出现一种错误倾向，主要体现在重成才、轻成人上，这样的做法失之偏颇，尤其有悖于教育的本质。在对佐治亚理工学院人工智能专业人才培养体系的深度研究过程中，不难发现，在这个人才建设的生态圈中，呈现出一种"重成才、轻成人"的倾向，这

---

① Georgia Tech College of Computing, "Jill Watson's Terrific Twos", 2019 – 06 – 29, https：// www. cc. gatech. edu/news/609284/jill – watsons – terrific – twos.

一培养体系着重以优秀的师资团队、先进的技术手段、完善的硬件设施等条件打造出知识与技能兼备的应用型 AI 人才，但是缺少了对学习者"成人"的培养，教育是培养人的活动，普遍认为大学教育的首要目的就是人的养成，在实际人工智能培养计划中，似乎缺少了一点推动学习者成人的氛围，忽视思想教育，这样培养出来的人才即便是各方面表现俱佳，依旧显得略有不健全。

第二，重经济效益，轻质量平衡。在人工智能领域刚刚兴起时，佐治亚理工学院将有限的资源投入边际更高的理学硕士与博士，紧跟前沿，再开设一定深度的本科生课程，比如开设一些导入性和基础性的课程来对学生进行引导，而对于更深层次的知识，没有做过多的介绍。虽然这样的做法可以提高学校的硕博士升学率，但这种课程体系对本科阶段重视度的缺失，可能会导致前沿科研领域的人才储备不足的问题，出现教育质量失衡的问题。

第三，重结果，轻过程。体现在存在开放性不足的问题上，诚然，计算机科学学院对其他学院开放了一些介绍性的人工智能课程。然而，在人工智能飞速发展并渗透实际生活的今天，有效的人工智能实践除了对计算机科学各个学科高度综合以外，也需要对现实社会各生产部门、各不同领域深入地交叉与探索。人工智能不应该是计算机科学领域在现实中的独奏，而应该是众多领域在面向人类广阔未来和浩渺无垠宇宙的合唱。佐治亚理工学院应当为自然科学、工程、艺术、教育、医学、社会人文等学科的学生，提供更深入、多层次、全方位、可实践的课程，从而积极吸引更多领域的人才投身人工智能技术的研发，也有助于人工智能技术向社会各领域更广泛、更高效地延伸。

三　学习借鉴

科技的发展核心之一在于研发人才的数量和水平，而这一条件取决于国家的人才培养体系，即教育系统。完善系统的教育体系能够为科技发展强力续航，提供源源不断、规模庞大的专业人员和研究人员。佐治亚理工学院在人工智能领域经过多年的教学实践，形成了独立完整、全面兼容、科学合理的课程体系，它独立地进行人工智能课程的教学，课程体系丰富且完整，学院本身雄厚的计算机科学研究实力就可以为人工智能课程提供大量基础课程资源，其在人工智能领域人才培养方面有着较为成熟的经验，具有推广价值。根据对其深入探析，为我国大学机构发展人工智能树立了良好的旗帜。

（一）加强学校对人工智能建设的重视程度

提高大学机构自身建设，是增强竞争力的根本，要规范学校的人工智能专业人才培养计划，尤其需要学校重视人工智能建设。

首先，人工智能作为一个科学领域，从20世纪50年代开始就已经存在，并且在使机器显示出智能特征方面取得了惊人的进展。1997年，深蓝计算机击败世界象棋冠军是一个转折点，人工智能逐渐变成一个重要的学术领域。然而，随着科学技术的更新换代，大多数人直到最近开始慢慢接触到人工智能技术，由于整个社会对于人工智能领域的了解是狭隘的，所以大学机构在人工智能高等教育中发挥着重要的作用。

其次，近年来，全球人工智能技术突飞猛进，对我国也产生了深远的影响。随着人工智能教育的不断推进，人工智能在高等院校的出现也是应时而动，全国各大学校纷纷开始设立人工智能专业或者学院。清华大学、北京大学、复旦大学、浙江大学等一大批高校都相继成立人工智能学院，2019年，北京科技大学、北京交通大学、同济大学、东北大学等35所大学新增了人工智能专业。[①] 要实现人工智能技术的普及性，高校培养是主力，因此，人工智能专业以及学院进入高校已是大势所趋。由于人工智能专业属于多学科交叉的综合性学科，需要将校内原来与人工智能领域相关的课程进行整合，学院领导层应该加强课程建设，集中优秀师资力量，创新性地调动学习者学习的积极性，合理安排专业基础课、专业核心课和专业选修课的分布，以计算机科学、工程学、医学工程等专业辅助人工智能的发展，多角度拓宽学习者对于AI技术的认知水平。目前也有学院开设智能医学工程、智能制造工程等人工智能复合型专业。[②] 其研究范畴包括自然语言处理、机器学习、神经网络、模式识别、智能搜索等；应用领域包括机器翻译、语言和图像理解、自动程序

---

① 科技日报：《定了！这35所高校将设人工智能本科专业》，https：//baijiahao. baidu. com/s？ id = 1629344458732496198&wfr = spider&for = pc，2019年7月31日。

② 方兵、胡仁东：《我国高校人工智能学院：现状、问题及发展方向》，《现代远距离教育》2019年第3期，第90—96页。

设计、专家系统等。同时，更应该紧跟"互联网＋教育"时代的热潮，以线上线下相结合的方式助力人工智能的发展。

最后，大多高校此前并没有单独设立过人工智能专业或学院的经历，仅仅依靠教师的理论知识是难以支撑完整的人才培养计划的。因此，各大高校斥巨资纷纷选择成立实验室或与企业人工智能实验室合作，进一步强化学校人工智能专业、学院的建设。比如，2017 年 12 月，华东师范大学与科大讯飞联合成立"人工智能＋教育"实验室,[1] 希望通过双方合作，将人工智能领域的理论成果应用于科大讯飞的产品中，实现共赢，进一步推进华东师范大学人工智能课程体系的发展，促进我国人工智能产业的发展。

（二）平衡师生之间的关系

培养创新人才是全世界普遍关注的话题，也是高等教育发展的根本要务，师生关系的微妙变化历来备受关注，平衡师生之间的关系是首要条件。

第一，随着近几年人工智能的快速发展和应用，使得相应的人工智能相关比赛火热了起来，各大高校鼓励师生以团队形式参与各项比赛，通过比赛的形式调动师生之间的关系，有助于突破传统师生关系。考虑到比赛一般是教师指导，学生集体参与的方式，在比赛中是教师与学生共同进步、集体头脑风暴的过程，更倾向于一种合作伙伴的关系。比如，"中国高校计算机大赛——人工智能创意赛"是面向全国高校各专业在校学生的科技创新类竞赛，旨在激发学生的创新意识，提升学生人工智能创新实践应用能力，培养团队合作精神，促进校际交流，丰富校园学术气氛，推动"人工智能＋X"知识体系下的人才培养。[2]

第二，在相当长的一段办学过程中，佐治亚理工学院能够做到合理调动教师和学生的角色，树立权威，保证师生团体有所为且有所不为。佐治亚理工学院认为，在教师和学生团体之间，不断努力营造相互尊重、相互担当和相互负责的氛围是很重要的。尊重知识、努力工作和和谐互

---

① 华东师范大学新闻中心：《我校与科大讯飞联合成立"人工智能＋教育"实验室》，https：//news. ecnu. edu. cn/cc/3c/c1833a117820/page. htm，2019 年 8 月 3 日。

② 中国高校计算机大赛——人工智能创意赛：《竞赛简介》，http：//aicontest. baidu. com，2019 年 8 月 1 日。

动将有助于营造所寻求的环境。管理层应该遵循自下而上的途径，从教师和学生的角度着手，严格要求教师的言行举止，端正学生的学习态度。比如，就学生而言，要求学生诚信行事，并遵守佐治亚理工学院学生荣誉准则，遵守学院发布的政策，例如学生行为准则。① 在对学生设立束缚条件的同时，也要做到维护他们应有的权利。比如，有权使用学院的设施和设备，得到协助完成课程作业和任务目标。

（三）实现产学研相融合

着力打造具有高校特色影响力的基础性、源头性新高地，积极推进大跨度学科交叉融合，推进大范围技术与产业、学校与企业的融合。人工智能的发展离不开科研院所、高等学校、相关企业的推动，实现产学研一体化是对人才培养体系的另一保障。

第一，当下计算机人才稀缺。佐治亚理工学院的计算机专业的本科入学率创造了新纪录，为各大公司提供了所需的人才，形成了产学研融合的良性发展。佐治亚理工学院副教授 Jacob Eisenstein 将加入谷歌西雅图团队进行自然语言处理研究。② 不难看出，佐治亚理工学院加强与企业的合作是大势所趋，与 Google 公司拓展创新合作关系，一方面可以推动先进的制造创新，为学生日后加入 Google 做好充分的前期准备，另一方面，有助于形成互惠互利的新局面，双方取长补短，进行思想和技术的交流，有望深化合作。在我国，为了更好地推进人工智能产业快速、健康发展，中国科学院人工智能产学研创新联盟于 2017 年 11 月 8 日在北京正式成立。据悉，中国科学院在人工智能领域拥有一大批具备国际领先水平的重大科研成果，也包含了全套的人工智能技术创新能力。建立中国科学院人工智能的产学研合作创新网络，能有效提升中国科学院相关科研院所人工智能成果转化的效率和效益。③

第二，2018 年，佐治亚理工学院实行企业联盟计划（Corporate Affili-

---

① Georgia Tech, "XXII. Student – FacultyExpectations", 2019 – 07 – 11, http：//www. catalog. gatech. edu/rules/22/.

② Georgia Tech College of Computing, "Corporate Affiliates Program", 2019 – 07 – 17, https：//www. cc. gatech. edu/about/support – the – college/cap.

③ 搜狐：《中科院人工智能产学研创新联盟正式成立开启人工智能产业新篇章》，https：//www. sohu. com/a/203112552_656275，2019 年 8 月 3 日。

ates Program，CAP），① 这一计划可以提高企业在毕业生和在校生中的声望意识，从而加强、扩大企业的招聘渠道，吸收更好的人才。反之，通过企业合作伙伴的贡献和支持，推进学院的战略事项，维持佐治亚理工学院的良好状态。随着人工智能热潮在全球范围内爆发，国家对于人工智能也日益重视，而人工智能产业属于新一代信息产业，主要包括人工智能软件开发、智能消费相关设备制造和人工智能系统服务。近年来，通过"名校＋名企"的模式，实现产学研结合，促进地区产业升级，实现高校、企业与地区的三赢局面。以云从科技为例，云从科技与西南财经大学达成战略合作，揭牌成立"数据科学与人工智能研究中心"及产学研用创新孵化基地，将在科学研究、教学实训、人才培养、产业应用等领域建立全面合作关系，② 这一举措将为我国高校在 AI 研究道路上开拓新道路。

（四）深化国家对人工智能的支持力度

人工智能技术的大范围拓展，以迅雷不及掩耳的速度深刻地改变了社会的发展趋势，要想人工智能的教育得到进一步宣传和深化，始终离不开国家对其坚定不移的扶持力度。

一方面，早在 2017 年，国务院就印发了《新一代人工智能发展规划》，将"加快培养聚集人工智能高端人才"列为重点任务，并指出"把高端人才队伍建设作为人工智能发展的重中之重"③，强调人工智能发展应该紧跟"三步走"的战略目标，循序渐进，要按照"构建一个体系、把握双重属性、坚持三位一体、强化四大支撑"进行布局，形成人工智能健康持续发展的战略路径。④ 这份规划主要是从广泛的角度寻求打造人工智能新高地的措施，除了教育层面，还涉及医疗、养老、企业、交通等。

① Georgia Tech College of Computing，"Corporate Affiliates Program"，2019 – 07 – 17，https：//www. cc. gatech. edu/about/support – the – college/cap.
② 亿欧网：《云从科技与西南财经大学共建智能研究中心》，https：//baijiahao. baidu. com/s？id＝1623610330716434620&wfr＝spider&for＝pc，2019 年 8 月 4 日。
③ 王婷婷、任友群：《人工智能时代的人才战略——〈高等学校人工智能创新行动计划〉解读之三》，《远程教育杂志》2018 年第 5 期，第 52—59 页。
④ 中华人民共和国中央人民政府：《国务院关于印发新一代人工智能发展规划的通知》，http：//www. gov. cn/zhengce/content/2017 –07/20/content_5211996. htm，2019 年 8 月 4 日。

另一方面，2018 年 4 月，教育部印发了《高等学校人工智能创新行动计划》的通知，指出：高校处于科技第一生产力、人才第一资源、创新第一动力的结合点，理应发挥高校教书育人的特性，以优化高校人工智能领域科技创新体系、完善人工智能领域人才培养体系和推动高校人工智能领域科技成果转化与示范应用为重点任务，争取早日实现 2020 年、2025 年以及 2030 年设定的目标。① 该行动指南基于原先的发展规划设定，突出强调了高等教育在人工智能创新型人才培养过程中至关重要的作用，为我国新一代高校人工智能发展提供战略支撑。

总的来说，无规矩不成方圆，人才培养任重而道远。南京大学人工智能学院院长、计算机科学与技术系主任周志华认为："计算机专业本身是一个宽口径的专业，至少有四五个比较大的专业方向，真正能够给人工智能学科专门开设的课程可能就只有区区的几门。这就要求我们必须把知识高度浓缩，甚至到高级科普的程度。人工智能技术在解决实际问题时，往往需要很多知识融会贯通，不是只学一两门课就真的能解决实际应用问题，怎样在本科阶段就能打好基础，可能要在一个新的教学体系下去考虑。"由此可见，在培养人工智能人才的方向上，如何打好科学、多元、坚实的基础，依旧有很多细节值得探索。

---

① 中华人民共和国教育部：《教育部关于印发〈高等学校人工智能创新行动计划〉的通知》，http：//www.moe.gov.cn/srcsite/A16/s7062/201804/t20180410_332722.html，2019 年 8 月 4 日。

第 六 章

卡内基梅隆大学人工智能专业
人才培养研究

进入 21 世纪以来，随着互联网与信息技术的飞速发展，人工智能快速崛起，人们的生活方式、学习方式以及工作方式发生了根本性的变化，越发趋于智能化，为其带来极大的便利。由于社会对人工智能人才的大量需求，人工智能专业越来越火热，因此，国内外各高校纷纷开设人工智能专业。美国私立研究型大学——卡内基梅隆大学在人工智能方面遥遥领先，其计算机科学学院开设了人工智能相关研究所、实验室等。此外，从 2018 年秋季开始，卡内基梅隆大学作为人工智能教育和世界创新领域的引领者，其计算机科学学院提供全国第一个人工智能学士学位。该大学在人工智能方面做出了重大贡献，为许多工业、企业输送了大量的高端人才，促进社会的发展与进步，其人工智能人才培养的策略方法值得学习借鉴。本章以卡内基梅隆大学为案例，分析其人工智能专业人才培养过程的发展概况、目标定位、内容构成、实施过程、评价体制，最后得出总结启示，为我国人工智能专业人才培养提供有意义的参考。

第一节 卡内基梅隆大学人工智能专业
人才培养的发展概况

本节主要研究的是卡内基梅隆大学人工智能专业人才培养的发展概况，并从卡内基梅隆大学的简要介绍、人工智能专业人才培养的历史考察、人工智能专业人才培养的现状分析三个方面开展研究。

一 关于卡内基梅隆大学

卡内基梅隆大学（Carnegie Mellon University，CMU）由工业家兼慈善家安德鲁·卡耐基于 1900 年创建，当时名为卡内基技术学校，1912 年改名为卡内基梅隆大学，开始向以研究型为主的美国重点大学转变。是美国知名且极负盛誉的私立研究型大学之一，也是一所世界著名学府，坐落于美国宾夕法尼亚州的匹兹堡（Pittsburgh）。截至 2019 年，卡内基梅隆大学有 14528 名本科生和研究生，1391 名教职及科研人员，109945 名毕业生。[①] 卡内基梅隆大学的学生被一些世界最具创新性的公司所雇用。如今，卡内基梅隆大学作为全球领先者为市场带来开创性的思想和成功的创业家，获奖教师以与学生密切合作共同解决重大科学问题、技术性问题和社会性挑战问题而闻名，重点强调创作——从艺术到机器人。卡内基梅隆大学与优步、谷歌和迪士尼等公司形成伙伴关系已成为经济发展的一个典范。该校拥有享誉全球的计算机学院和戏剧学院，其艺术学院、商学院、工程院以及公共管理学院也都在全美名列前茅。

在 2018 年美国新闻与世界报道（U. S. News & World Report）排名中，计算机科学排名第一，其人工智能排名第一、编程语言和系统排名第二；2019 年 3 月排名中，美术排名第六；2018 年 9 月泰晤士报高等教育排名中，位列全美第 16 名、全球 24 名;[②] 卡内基梅隆大学有享誉全美的认知心理学、管理和公共关系学、写作和修辞学、应用历史学、哲学和生物科学专业。它的计算机、机器人科学、理学、美术及工业管理都是举世公认的一流专业。特别是计算机专业，与麻省理工学院、斯坦福大学和加州大学伯克利分校并列全美榜首。

二 卡内基梅隆大学人工智能专业人才培养的历史考察

卡内基梅隆大学在培养人工智能专业人才方面历经了计算机学科发

① CMU，"Carnegie MellonUniversity"，2019 – 03 – 15，https：//www. cmu. edu/assets/pdfs/cmu – fact – sheet – 18Jan19. pdf.

② CMU，"Carnegie MellonUniversity"，2019 – 03 – 15，https：//www. cmu. edu/about/rankings. html.

展的三个时期，逐步设立一些院系、人工智能相关专业、研究所、实验室以及开设基于项目的学习等，为人工智能专业人才培养提供了硬件条件，打下了坚实的基础。其计算机学科发展的三个时期如下。

（一）萌芽期：1956—1965 年

当时，西蒙（Herbert A. Simom）作为校领导，主持建立起了计算机中心，主要是为全校教育教学提供计算机技术上的支持。当时，计算机领域刚起步，技术不够成熟，需要提供一定的计算机技术支持，才能有助于学校教育教学的顺利开展。

（二）成长期：1965—1988 年

在此期间，计算机逐渐脱离电气工程、数学而成为一门独立的学科。[1] 1986 年，在梅隆（Richard K. Mellon）的资助下，以佩利（Alan J. Perlis）和纽厄尔（Allen A. Newell）为首的一批教师以计算机中心为基础，建立了全美乃至世界上第一个计算机科学系，为其人工智能专业人才培养奠定了基础。

（三）发展期：1988 年至今

卡内基梅隆大学计算机学科处于高速发展时期，成为美国为数不多的将计算机学科单独作为学院建制的院校之一，其计算机科学学院（School of Computer Science，SCS）是全球最大的计算机学院。它下设七个主要系，不仅包括计算机科学系（Computer Science Department，CSD），还包括计算生物学系（Computational Biology Department，CBD）、机器人研究所（Robotics Institute，RI）、机器学习系（Machine Learning Department，MLD）等。在全世界各种权威排名中，该校计算机学科均名列前茅。2010 年，在《华尔街日报》根据招聘者汇编的大学排名，卡内基梅隆大学的计算机科学系排名第一;[2] 在 2014 年《美国新闻与世界报道》排名中，计算机科学系研究生课程排名第一。[3] 此外，机器人研究所

---

[1]　刘瑞挺：《卡内基·梅隆大学与计算机教育》，《计算机教育》2004 年第 7 期，第 54—57 页。

[2]　Wall Street Journal，"The Top 25 Recruiter Picks"，2019 - 03 - 16，http：//www. wsj. com/articles/ SB10001424052748704554104575435563989873060.

[3]　U. S. News，"America's Best Graduate Schools 2010"，2019 - 03 - 16，http：// grad - schools. usnews. Rankingsandreviews. com/best - graduate - schools.

（Robotics Institute，RI）、人机交互研究所（Human－Computer Interaction Institute，HCII）等都处于全球领先的地位。这使得卡内基梅隆大学在人工智能专业人才培养上具有巨大的优势。

从 2018 年秋季开始，卡内基梅隆大学作为人工智能教育和世界创新领域的引领者，其计算机科学学院提供全国第一个人工智能学士学位，SCS 提供人工智能的理学学士学位，SCS 还提供计算机科学、人机交互和机器人学等专业。该校学生被世界上一些最具创新性的公司所雇用，体现了卡内基梅隆大学在人才培养方面的成功之处。

三 卡内基梅隆大学人工智能专业人才培养的现状分析

卡内基梅隆大学在人工智能教育和世界创新领域遥遥领先，离不开其计算机科学系的发展及为培养人工智能专业人才所设立的系、专业、研究所以及所做的研究工作等的影响。卡内基梅隆大学人工智能专业人才培养的现状如下。

首先，卡内基梅隆大学的计算机科学系（Computer Science Department，CSD）始建于 1965 年，是美国几个著名的计算机系之一，其特点是硬件和软件结合，理论与实践密切相连。早在 20 世纪 50 年代，著名的计算机科学家 H. Simon 教授等人就已在卡内基梅隆大学从事计算机科学方面的研究工作，特别是人工智能的研究。1956 年该校即已开始装备计算机，许多国家的学者、美国各大学的计算机科学家和计算机公司的专家们经常来此访问、讲学或短期工作，学术交流广泛而又频繁。

其次，在这个系中，计算机科学分为四大方面进行教学和科学研究，即理论、程序系统、计算机系统、人工智能。其中，理论方面包括数值方法、离散算法、语言与自动机理论逻辑、递归函数；程序系统包括程序语言和编译器、操作系统、程序设计方法论；计算机系统包括数字电路、计算机总体结构、性能分析、模型化；人工智能包括搜索技术、知识表示、智能系统。[①] 目前，理论方面主要从事算法复杂性的研究和超大规模集成电路算法研究，孔祥重（T. H. Kung）是其较著名的学者。对于计算机系统的硬件组成部分，CSD 主要研究各种新的机器结构。近年的

---

① 李宗葛：《卡内基·梅隆大学的计算机系》，《科技导报》1985 年第 4 期，第 40—41 页。

重大研究有多小型处理机系统、多微型处理机系统、新型单用户计算机等。学者们花了相当大的功夫在程序语言上，他们研制了著名的 Bliss 语言和 Ada 语言。操作系统相当于我们所说的系统软件，近年来 CSD 相继研究成了多种多处理机的操作系统。

最后，人工智能是这个系的一个非常重要的研究领域，其研究工作主要有：研究学习、记忆以及发现定律，研究包括机器博弈在内的一般问题解决、自然语言理解等；语音识别和理解、图像理解以及特定功能的智能系统。卡内基梅隆大学在 1980 年又以 CSD 为骨干设立了机器人研究所，并计划将人工智能已有的研究成果利用起来以研究发展各种机器人。这里是美国著名的人工智能研究中心之一，许多著名的学者参与其中，可以说已经形成了一个学派，具有别具一格的研究风格。该系每年招收的研究生数量仅十几名，但每年总会有超过 400 人慕名而来，因而入学竞争十分激烈。也正因为如此，他们可以挑到比较合适的人选。目前，该系拥有研究生约有九十几名，教授、副教授和助理教授在内的教员共二十几名，研究助理、研究科学家、高级研究科学家在内的研究人员二十几名，系统操作员、系统程序员、研究程序员等在内的职员十几名。此外，一个工程实验室，包括十几名工程师和技术员。因此，教员（包括研究人员）、职员和学生的比例大约为 1∶1∶2。

第二节　卡内基梅隆大学人工智能专业人才培养的目标定位

本节将从价值取向、基本要求、目标构成三个方面阐述卡内基梅隆大学人工智能专业人才培养的目标定位。

一　价值取向

（一）注重研究的质量与影响

卡内基梅隆大学在人工智能人才培养方面注重研究的质量与影响，基于教师研究成果对世界的影响来决定教师的聘用，为人工智能专业人才培养提供雄厚的师资力量，这也是计算机学科研究质量卓越和影响深远的重要原因。

首先，12 位计算机科学学院教师和校友赢得了有"计算机界诺贝尔奖"之称的图灵奖。强大的学术声誉使得近 10 年申请卡内基梅隆大学的学生数量翻了一倍。在最负盛名的计算机系，每 100 名申请者中只有 8 位才能够最终脱颖而出。其次，除了卓越的师资、优秀的生源，卡内基梅隆大学还配备世界一流的设施。学校为学生开展人工智能实践学习开设了 40 多个实验室，使得学生能沉浸其中探究和分析相关研究项目。最后，充足的经费为科研活动提供了坚实的物质基础，计算机科学学院坚持以计算机学科的研究和教育对现实世界产生影响为使命，努力实现高品质、高影响力和跨学科的研究，支持展开对未知领域的探究。由此，在领导力教育框架下教学活动的展开与对研究活动的关注，相互渗透、齐头并进。例如，自 1979 年成立以来，机器人研究所一直致力于将机器人技术融入日常生活，并不断推进空间机器人、医疗机器人、人工智能等相关技术研发，引领着国际学术发展的潮流。① 同时，它还主持并开发每年度的"移动式遥控机器人"（MOBOT）项目，为学生提供自主设计机器人的机会与平台，将教学与研究紧密结合起来。

（二）支持性的学术文化

卡内基梅隆大学的计算机学科能够合理地运转并在人工智能专业人才培养上取得巨大成就，依赖于所有教师和学生相互之间的信任和支持。

一方面，计算机科学学院十分尊重学生的意愿，充分给予学生选择的权利。学生在开学后一个月左右的时间内充分了解每位教师目前的研究方向，并根据自己的爱好和兴趣确定导师人选。一旦学生的研究兴趣在学习过程中发生改变，他们可以随时更换导师。在与导师协商的基础上，学生可以自主选择选修课程以及获得学分的方式。另一方面，在给予学生充分自主权的同时，十分重视培养学生的团队合作精神，鼓励学生合作创新知识并在世界范围内产生卓越的影响。通过密切合作形成师生之间的亲密感情，是计算机科学学院组织文化的核心价值。尤为重要的是，学院在自主与合作之间找到了平衡点。例如，博士生一般在前两

---

① CMU, "History of the Robotics Institute", 2019 – 03 – 18, https：//www.ri.cmu.edu/about/ri – history/.

年内可以自由支配课程和研究的时间，一旦达到课程基本要求后，则专注于独立学习与合作探究。①

（三）研究领域的多样性

作为世界排名第一的院系，卡内基梅隆大学计算机科学学院一直致力于追求多样性，以此促进其人工智能专业人才培养。在研究领域的多样性方面，取得的成就最为突出。计算机科学学院下设七个授予学位的系科，吸引了包括工程、数学、社会科学、语言学和设计在内的诸多专业的学生和学者加入，大大拓宽了其研究领域。包括人机互动研究所、软件研究所和机器学习系在内的新机构相继成立。机器人研究所是全球机器人研究的学术重镇，涉及多种攻关主题，虽然其工作的重点在于机器人操纵、运动和控制，但也专注包括机器学习、计算机视觉和图形等相关的研究领域。此外，除了获取高额的联邦政府科研资助外，计算机科学学院还与匹兹堡市结成合作伙伴关系，在获得经费支持的同时也推动了当地经济的发展。对于性别的多样性方面，学院本科一年级女生占年级总人数的48%以上；获得计算机科学本科学位的女生占所有学生的33%左右，几乎两倍于全国平均水平。② 同时，学院还长期致力于增加院系领导层中的女性比例。

二　基本要求

（一）整体性要求

一方面，卡内基梅隆大学在人工智能人才培养整体上的要求是要为社会服务，致力于为社会带来效益，如社会上的医疗保健、交通和教育各个方面都能因为人工智能的参与变得更好，所以其课程以及独立项目都渗透着这些内容。例如，人机交互研究所中的本科课程包括了一些专题，有环保节、移动健康、隐私与安全等方面。另一方面，人工智能为人们带来了极大便利的同时，也存在一些涉及道德伦理的问题，卡内基梅隆大学极其重视这一点，为此开设了一些相关伦理选修课程，例如：

① CMU，"Students"，2019 – 03 – 20，https：//www.ri.cmu.edu/people/students/？wpv_post_search＝&person – category＝PhD + Student.
② 余新荣：《高校战略规划研究》，硕士学位论文，上海师范大学，2008年，第22页。

人工智能与人性；计算中的道德与政策问题；AI、社会与人类等，旨在培养学生的伦理意识，使人工智能更好地服务于社会。①

（二）层次性要求

卡内基梅隆大学课程的设置的要求对于本科生、研究生、博士生三种学生类型是不同的。比如机器人研究所②对于本科生、研究生、博士生有不同的项目开展。

本科项目：第一，机器人补充主修项目（Additional Major in Robotics）。该项目是一个补充主修项目，也就是说，学生只有在获得一个传统学位的同时才能增加机器人项目作为联合专业。第二，机器人辅修项目（Minor in Robotics）。通过该项目，学生有机会学习机器人原理，进行技术实践。辅修项目要求额外的课程讲授控制系统和机器人操作。学生也可以从广泛的选修课中进行选择，机器人（Robotics），感知和计算机视觉（Perception and Computer Vision），认知和认知科学（Cognition and Cognitive Science）或计算机图形（Computer Graphics）。学生还有机会在机器人研究所教师的指导下开展独立的研究项目。

研究生项目：第一，机器人硕士项目（Master of Science Program）。该项目将分散在不同系，甚至不同学院的各个领域中的机器人研究集合起来，培养学生成为未来几代机器人的技术和发展中的主导者。第二，机器人系统开发理学硕士项目（Master of Science – Robotic Systems Development Program）。该项目是研究生级别的高级学位，侧重于培养学生技术和商业技能。项目专为应届大学毕业生或已从事或者想要从事机器人和自动化商业领域的相关专业人士而开设。这个项目要求学生接受三个学期全日制课程，并为他们提供主要技术领域的课程、项目课程、研讨会形式的商业和管理课程，以及一个可选的、强烈推荐的实习机会，而实习岗位会设置在学校的机器人及自动化行业的合作伙伴公司。第三，机器人科技理学硕士项目（Master of Science – Robotics Technology Program）。其中的 MS – RT 专业硕士学位（Professional Masters Degree）提供

---

① CMU，"Seminars"，2019 – 04 – 10，https：//www. cs. cmu. edu/scs – seminar – series.

② The Robotics Institute，"Programs"，2019 – 05 – 06，https：//www. ri. cmu. edu \ academic programs \ .

学生机器人与自动化科学与工程、软件工程和管理的原理和实践，促使他们成为未来机器人和智能自动化企业以及机构的领导者。项目学制为 2 年，适合工程或科学学科背景的学生，并且要求在计算机系统和软件工程方面有实践能力。第一年在机器人研究所的国际合作机构学习，成功完成的学生第二年到卡内基梅隆大学主校区学习，并且有实习机会。第四，计算机视觉理学硕士项目（Master of Science – Computer Vision，MSCV）。计算机视觉是获取和解读的视觉图像的研究。随着数字图像和摄像头捕捉视频的指数级增长，对视觉世界的自动化认识变得越来越重要。计算机视觉的专业硕士项目需要 16 个月。第五，第五年硕士项目（Fifth Year Masters Program）。该项目是专为卡内基梅隆大学在校本科生所开设的，学生可以在本科阶段进入机器人硕士项目，并且通过第五年的学习完成硕士学位项目。

博士项目是为了培养学生成为顶尖的研究者。博士毕业生将在机器人集成技术及系统的研究和开发中起主导作用。博士项目通常需要五年到六年完成，学位要求包括课程、合格的研究，以及原创、独立完成的论文。

（三）个性化要求

课程体系即学习计划，卡内基梅隆大学人工智能课程计划由人工智能方面的专业课程和其他学科领域的通识课程以及自由选修课程构成。专业课程是人工智能方面的专业学生必修的学科领域，包括专业必修核心课程和限制性选修课程。专业核心课程体系由人工智能方面的理论性的基础性课程构成，共计 69 学分，它们是按照解决实际问题的逻辑顺序来组织的课程，居于核心位置，与课程体系中的其他课程形成有机的内在联系。专业领域的限制性选修课程，则主要由另外的人工智能方面的相关课程构成，需要完成至少 66 学分。人工智能方面的专业课程共计 14 门，通识课程主要由数学、工程自然科学和人文艺术课程等构成。由于选课制是学分制的核心内容，是学分制体系的前提和基础，因此，人工智能方面的专业为学生设置了丰富的自由选修课程，并规定至少修满 74 学分。而且，如果学生对人工智能专业辅修感兴趣，在不与专业核心课程冲突的前提下，辅修所得学分可以转入自由选修课的学分。专业辅修需要完成专业核心必修课程、专业选修课程以及作为先决条件的数学和计算机基础课程。选修课的设置最大限度地适应了学生的个别差异，满足不同学生的需要，激发学生的兴趣，体现出学分制的优势。

三　目标构成

（一）致力于未来领导力的教育

计算机科学学院领导力教育始终坚持以推动前沿研究和培养下一代的领导人为使命，有着自己鲜明的特色。旨在运用新的教学方法培养本科毕业生成为工程发明、创新和实践的领袖。[1] 计算机科学学院领导力教育侧重的是博士生教育，旨在培养引领世界发展的领导者；其本科教育重视通识教育，在强调科技技能的同时还注重人文教育。杜赫尔提（Robert E. Doherty）校长就提出，科学与工程专业的学生必须将四分之一的课时用于学习新人文主义和社会关系学说的知识，[2] 这个传统一直延续至今。从课程开设之初，教学方案就是围绕将学生培养成为学术界和工业界的领导者来制定的。例如，1988 年开设的世界上首门机器人博士课程，不仅为研究生提供知识、经验和技能的培训，培养引领机器人研究和教育的领导人，还致力于将学生培养成为世界一流的研究人员。[3] 学位课程的实施过程也有助于教师帮助和指导学生发展成为独立革新者，引领某些研究领域的未来发展，而不仅仅是照搬现有的理论与方法来解决现实中的问题。例如，计算生物学系坚信，需要以计算生物学推动和开展生物实验，其教学目标不仅仅是专注于帮助生物医学研究人员"理解数据"，而是更加强调如何通过计算的视角以探寻生物学的新方法，并以此推动生物学研究边界的拓展。[4]

（二）注重学生的创新创造能力

2008 年，卡内基梅隆大学制订未来十年战略规划，将人才培养目标

---

[1]　Human – Computer Interaction Institute，"Welcome to the Human – Computer Interaction Institute"，2019 – 03 – 17，http：//hcli. cmu. edu/.

[2]　CMU，"Mission & History"，2019 – 03 – 18，https：//www. csd. cs. cmu. edu/content/mission – history.

[3]　CMU，"Doctoral Program in Robotics（PhD）"，2019 – 04 – 20，https：//www. ri. cmu. edu/education/academic – programs/doctoral – robotics – program/.

[4]　CMU，"Concentration in Computational Biology"，2019 – 04 – 11，http：//www. cbd. cmu. edu/education/bs – in – computational – biology/concentration – in – computational – biology/.

定位于"坚持改革创造、问题解决和跨学科的传统教育特色，设立深度学习与广度合作相结合的教育教学模式，促使学生批判性思维、创造力、个人诚信、社会责任以及职业道德的发展"①。注重学生创新创造能力、问题解决能力、社会责任意识与道德理念的综合发展的人才培养特色。在这一总目标的指导下，卡内基梅隆大学的计算机科学学院根据自身学科特色和人才发展特点，对本学院人才培养目标进行制定。计算机学院将其定位在"利用计算机学科优势，通过交叉学科知识融合，让学生获得应对技术更新与组织变革的基本素质与能力"。其主旨在于让学生在本学院的优越学科背景之下，充分利用其学科资源，并将其他学院的资源进行整合利用，使其接受更具前沿和广泛的学科知识，培养学生的创新创造与资源组织能力，成为社会的高质量人才。

（三）充分尊重学生的自由选择权力

卡内基梅隆大学的目标之一即要充分尊重学生自主权。在校大学生对专业和课程的自主选择权力是大学生应当享有的重要权力，是其受教育权和学习权的重要组成部分，是大学生作为学习者个人意愿的行为表达，是其个人需求和利益的外在表现，也是大学学术自由的应有之义。学生对学校所开设的任何一门课程都应该享有自主选择权力，不应局限于本专业，而应该跨年级、跨专业甚至跨院系、跨学校选课。保障学生的自主选择权力是卡内基梅隆大学人工智能专业课程体系的精髓。

第三节　卡内基梅隆大学人工智能专业人才培养的内容构成

上一部分阐释了卡内基梅隆大学人工智能专业人才培养的目标定位，以下将对其内容构成进行研究，分别从主要分类、选择标准、设计原则、组织形式四个方面开展研究。

---

① CMU, "Carnegie Mellon University strategic – plan", 2019 – 03 – 20, http：//www. Carnegie MellonUniversity. edu/strategic – plan/previous – strategic – plans/index. html.

一 主要分类

卡内基梅隆大学一直是众所周知的计算机领域大牛。自人工智能（Artificial Intelligence）领域创建以来，卡内基梅隆大学一直在全球引领AI的研究、教育和创新。最终于2018年秋季，其计算机学院开设了全美第一个人工智能本科专业。

（一）以丰富的课程门类为核心

卡内基梅隆大学开设的人工智能专业课程主要有七大类：数学与统计学核心课程、计算机科学核心课程、人工智能核心课程、人文与艺术课程、科学和工程、伦理选修课、AI群选修课程，各类相对应的需要学习的具体课程数量分别为：数学与统计核心课程6门（计算机科学的数学基础、微分和积分微积分、积分和逼近、矩阵和线性变换、计算机科学家的概率论、现代回归），计算机科学核心课程6门（新生入学课程、命令式计算原理、函数式编程原理、并行和顺序数据结构和算法、计算机系统导论、计算机科学的伟大理论观点）、人工智能核心课程4门［人工智能概念、AI表示和问题解决介绍、机器学习入门、自然语言处理入门/计算机视觉简介（二选一）］、人文与艺术课程7门（认知心理学、人类信息处理和人工智能、人类记忆、视觉认知、人类和机器的学习、语言与思想、认知建模）、科学和工程4门、伦理选修课1门（新生研讨会：人工智能与人性、计算中的道德与政策问题、AI、社会与人类）、AI群选修课程4个领域分别选一门：决策和机器人（神经计算、真相，正义与算法、认知机器人、AI的战略推理、机器人技术规划技巧、移动机器人编程实验室、机器人运动学与动力学、规划、执行和学习），机器学习（深化强化学习与控制、用于文本挖掘的机器学习、高级数据分析、深度学习入门），感知和语言（搜索引擎、语音处理、计算感知、计算摄影、视觉传感器），人与人之间的互动（设计以人为中心的系统、人机交互、向人们学习、智能产品和服务设计工作室）。

（二）致力于培养提供社会服务人才

根据校方官网信息，人工智能本科项目将为学生提供"将大量数据转换为可执行决策"所需的深层知识。第一，该项目及其课程侧重于如何利用复杂的投入（如视觉、语言和庞大的数据库）来制定决策或增强人力资源。课程包括计算机科学、数学、统计学、计算机建模、机器学习和符号计算等课程。第二，由于卡内基梅隆大学致力于将人工智能用于提供社会服务，学生还可以参加伦理和社会责任课程，并可选择参与独立研究项目，从而改善医疗、交通和教育等领域，进而改善世界。

（三）以专业型教授为项目带头人

人工智能本科项目的教授来自学校计算机科学系、人机交互研究所、软件研究所、语言技术研究所、机器学习部和机器人研究所。获得人工智能本科学位的学生将具备计算机科学的精湛技能和机器学习与自动推理方面的专业知识，从而构建人工智能的未来。

二　选择标准

（一）AI 本科项目标准

根据学校官方信息，整个项目计划招收 100 名学生，每个班级只有约 35 名学生可以报名。总体来说，第一批学生都会来自卡内基梅隆大学计算机学院。目前，学校并没有特别的申请条件和要求，希望申请 AI 本科专业的学生只需要按照常规的本科申请要求，向计算机科学学院递交本科申请即可，不过学生需要明确阐述自己对 AI 本科项目的兴趣点所在。

（二）AI 硕士项目标准

（1）机器人硕士项目。项目将集合分散在不同系，甚至不同学院的各个机器人研究领域，培养学生成为未来几代机器人的技术和发展中的主导者。项目要求包括课程学习，研究汇报，成果发表。硕士项目通常需要两学年完成，学生参与项目研究的各个方面，不仅需要口头汇报所进行的研究，而且需要成功实现从最初问题构想到最终成果发表的过程。

（2）机器人系统开发理学硕士项目。该项目是研究生级别的高级学位，侧重于技术和商业技能。项目专为应届大学毕业生或已从事或者想要从事机器人和自动化商业领域的相关专业人士而开设。这个项目要求学生接受三个学期全日制课程，并为他们提供主要技术领域的课程、项目课程、研讨会形式的商业和管理课程，以及一个可选的、强烈推荐的实习机会，而实习岗位会设置在学校的机器人及自动化行业的合作伙伴公司。机器人系统开发理学硕士项目与其他项目所不同的地方是教授学生取得产业内成功所需的多学科的知识和技能，包括关键的商业概念和实践，相关课程包括技术规划，产品概念化和发展，团队管理，项目管理，原型设计，生产、营销和销售等。

（3）机器人科技理学硕士项目。其中的 MS – RT 专业硕士学位提供学生机器人与自动化科学与工程、软件工程和管理的原理和实践，促使他们成为未来机器人和智能自动化企业以及机构的领导者。项目适合工程或科学学科背景的学生，并且要求在计算机系统和软件工程方面有实践能力。项目学制为两年，第一年在机器人研究所的国际合作机构学习，成功完成的学生第二年到卡内基梅隆大学主校区学习，并且有实习机会。

（4）计算机视觉理学硕士项目。计算机视觉是获取和解读的视觉图像的研究。随着数字图像和摄像头捕捉视频的指数级增长，对视觉世界的自动化认识变得越来越重要。计算机视觉的专业硕士项目需要 16 个月。卡内基梅隆大学的机器人研究所是计算机视觉领域以及其相关子领域的最大学术机构之一，子领域涉及传感、计算摄影、基于物理学的视觉、跟踪、三维重建、统计分析、目标识别、人体建模和分析、一般场景的理解。

（5）第五年硕士项目。项目是专为卡内基梅隆大学在校本科生所开设的，学生可以在本科阶段进入机器人硕士项目，并且通过第五年的学习完成硕士学位项目。

（三）AI 博士项目标准

博士项目是为了培养学生成为顶尖的研究者。博士毕业生将在未来的机器人集成技术及系统的研究和开发中起主导作用。博士项目通常需要五年到六年完成，学位要求包括课程，合格的研究，以及原创、独立完成的论文。

三 设计原则

（一）多元化的跨学科研究

一方面，在卡内基梅隆大学人工智能人才培养方面的课程内容设置上不仅包括人工智能方面的知识，还包括其他人文、艺术领域等方面的熏陶，课程体系内容构成上具有多领域相结合的原则。例如，BSAI 项目中除人工智能核心课程、计算机科学一些专业性的课程外还有人文和艺术核心课程，参与该项目的学生不仅学习人工智能专业知识，而且也得到了人文艺术方面的熏陶，从而促进其发展。另一方面，多学科交叉性是卡内基梅隆大学人工智能人才培养的一大特色，卡内基梅隆大学的机器人专业属于多学科交叉领域，涉及计算机科学、机械工程、电气工程、心理学等诸多学科，在培养学生多向发展的同时，也促进了该学科专业的发展。这些都体现课程内容的多领域性原则，旨在培养学生的综合性能力。

（二）知识与技能相互渗透

卡内基梅隆大学之所以能在人工智能人才培养方面处于领先地位，其课程体系的内容设置体现了知识与技能相渗透的原则，以期达到既有理论性又有实用性的综合目标，为学习人工智能的学生在人工智能应用上具备更为扎实的基础。例如，人工智能本科专业核心课程包括人工智能的概念，又包括具体性的自然语言处理以及计算机视觉的课程，学生不仅要学习人工智能相关理论基础知识，而且要进行实践操作，由理论指导实践，体现了理论与实践相结合，知识、技能相渗透的原则。

（三）以生为本的合作学习

卡内基梅隆大学在人工智能人才培养方面的合作学习[1]主要体现在学生参与科研过程中导师的指导和师生、生生交流平台的搭建上。

一方面，学生在人工智能方面的独立科研活动基本上以一对一的形式展开，即使有两到三个学生组成的研究小组也是极少数。科研活动的展开要求导师对学生科研过程密切关注并全程参与，包括指导研究报告申请、资格审核、项目讨论、定期汇报等环节，这就保障了导师指导的有效性以及学生的责任心和学习热情。

另一方面，注重师生、生生科研交流平台的搭建。一年一度的全校规模的本科生科学研究论坛打破了传统的课程形式，以其灵活性和高效性成为科研兴趣爱好者和有志于从事科学研究的学生的盛会，成为一种新型的课程模式。在该论坛上学生们可以多种形式展示自己的科研构想，可以是口头的交流，也可以是模型展示等。论坛通过设置包括国际、国内、校内等不同层次的科研竞赛项目和奖项，激发本科生从事科研的兴

---

[1] 李志峰、汪洋：《卡内基梅隆大学本科课程体系：核心要素与实践》，《现代教育管理》2017年第6期，第101—105页。

趣，而且在论坛上同老师、同学的交流与借鉴成为科研灵感碰撞的最好机会。

四　组织形式

（一）研讨会

研讨会的开展促进了师生、生生以及同行或跨行人士的交流，汇聚了各种不同的思想。第一，学生系列研讨会：它是由 SCS 研究生在周一和周五中午至下午 1 点举办的非正式研究研讨会。在每次会议上，一位不同的学生演讲者将就其研究进行非正式的 40 分钟演讲，然后是提问、建议、头脑风暴。这种研讨会的举办试图吸引具有不同兴趣的人，并鼓励演讲者以非常一般的、可理解的水平汇报。因此，学生系列研讨会的最好结果是成功吸引不同领域的人们进行一些有趣的跨学科工作，人们可能会对他们的研究有一些新的想法。在最糟糕的情况下，一些人将练习他们的公开演讲，其余人聚在一起享用免费午餐。[1] 第二，机器人研究所研讨会，促进了机器人相关研究。例如：CFR 研讨会、现场机器人中心研讨会、VASC 研讨会、RoboOrg 元研讨会等。[2] 第三，学院研讨会系列：由苹果公司赞助的人工智能研讨会、机器学习午餐研讨会、机器人研讨会等，为其人工智能的发展提供了很好的学习机会。

（二）班级授课

卡内基梅隆大学以班级为单位进行理论基础知识的教学，讲授人机交互、语音技术、机器人、机器学习的基本理论，如机器人专业中所设置的物理计算导论、机器学习导论等课程，让学生基本了解人工智能方面的基础知识，有了相关理论知识基础后，再进一步学习，由理论上升到动手实践，更深刻地体验人工智能。这种传统的授课方式，可以以较高的效率传播学生所需的理论知识，为其下一步的实践打好根基。

（三）跨地区学习

作为一个全球性的大学，卡内基梅隆大学的主校区是在美国宾夕法

---

① CMU，"SCS Student Semina Series"，2019 – 05 – 04，http：//www.cs.cmu.edu/~sss/#info.

② CMU，"The Robotics Institute"，2019 – 05 – 04，https：//www.ri.cmu.edu/events/category/seminar/.

尼亚州的匹兹堡。其他校区分布在加州的硅谷、卡塔尔多哈。学生会在非洲、亚洲、大洋洲、欧洲、北美洲等多个不同地区学习。比如进行语音技术学习时，第一年学生会在葡萄牙进行必修研究，第二年会在匹兹堡进行语法词汇等方面的学习。

（四）小组研究

小组研究是为了锻炼学生的合作能力、团队精神以及自主科研能力，这些都是 21 世纪人才培养所必须具备的特点。其课程设置具有灵活性，是根据实际而调控的。例如，人机交互专业中会出现小组研究：校园压力作为一个问题，这样的课程后面对于学年以及单元的安排就是可变单元，可见小组研究这种组织形式的课程具有灵活性。[①]

第四节　卡内基梅隆大学人工智能专业人才培养的实施过程

人工智能专业人才培养的实施过程极其重要，以下将对卡内基梅隆大学的主要部门、路径选择、策略方法、影响因素四个方面开展研究。

一　主要部门

（一）机器人研究所

机器人研究所的工作都在 12 个研究室里进行：柔性装配研究室、柔性制造研究室、智能系统研究室、视觉研究室、光带研究室、轻便机器人研究室、社会影响研究室、灵巧传感器研究室、步行机械研究室、视觉检验研究室、自动程序设计研究室、步行机器人研究室。该研究所的学生群体有 329 人，由博士生、MSR 学生以及 MRSD 学生组成，[②] 校友 1092 名，273 名项目人员，包括实习生、机器人工程师、RI 机械经理、研究助理、高级项目科学家、高级机器人测试工程师、高级研究技师、

---

① CMU, "Human Computer Internation Institute", 2019 - 04 - 13, https://www.hcii.cmu.edu/.

② CMU, "The Robotics Institute", 2019 - 05 - 05, https://www.ri.cmu.edu/people/students/.

全球项目经理等。此外，研究所拥有105个特色项目：自动驾驶汽车安全验证、计算机辅助医疗仪器导航、人机交互、模块化机器人、机器人传感器。

（二）人机交互研究所

卡内基梅隆大学的人机交互研究所提供多学科的本科和研究生教育课程，强调技术，造福人民。① 旨在培养不同层级的人工智能顶尖人才。该学院项目有：增加设计创新、物联网咖啡桌、LumiWatch、SpokeSense等，教师带领学生学习人机交互相关研究。此外，举办人机交互系列研讨会多年来一直是卡内基梅隆大学的传统，学者们聚集在一起聆听人机交互行业思想领袖的演讲。②

（三）机器学习部

机器学习（ML）是人工智能研究和实践的一个重要领域，该部门研究计算机代理如何通过经验改善他们的感知、认知和行动。机器学习是关于从数据、知识、经验和交互中改进的计算机程序。机器学习利用各种技术智能地处理构建在许多学科基础上的大量复杂信息量，包括统计、知识表示、计划和控制、数据库、因果推理、计算机系统、机器视觉和自然语言处理。以机器学习为核心的 AI 代理人旨在以各种方式与人类进行互动，包括提供现象估计，为决策提出建议，以及接受指导和纠正。在卡内基梅隆大学的机器学习部门，他们研究机器学习领域的理论基础，以及对人工智能领域的贡献。除了他们的理论教育，其所有的学生，由教师指导获得复杂的真实数据集的实践经验。机器学习可以影响依赖于各种数据的许多应用程序，基本上是计算机中记录的任何数据，例如健康数据、科学数据、财务数据、位置数据、天气数据、能源数据等。随着我们的社会越来越依赖于数字数据，机器学习对于我们当前和未来的大多数应用都至关重要。③

---

① CMU, Human – Computer Interaction Institute, "The Human – Computer Interaction Instituteat Carnegie Mellon University", 2019 – 05 – 07, https：//hcii. cmu. edu/.

② CMU, Human – Computer Interaction Institute, "Seminar Series", 2019 – 05 – 06, https：//hcii. cmu. edu/seminar – series.

③ CMU, Machine Learning Department, "What is Machine Learning? A message from Manuela Veloso – Herbert A. Simon University Professor", 2019 – 05 – 08, https：//www. ml. cmu. edu/.

（四）实验室

人工智能人才培养的发展离不开研究者大量的时间与精力的投入，他们大部分的时间都花在实验室里，实验室是必要的环境条件之一。卡内基梅隆大学开设了许多实验室，进行各项相关的实验与研究。例如，智能控制实验室、空气实验室、计算机图形实验室、电脑视觉实验室、机器人感知实验室等。①

二　路径选择

（一）以最先进的专业知识为基础

先进的专业知识是人才培养所需要的基础，科学的实践需要相关理论的指导，尤其是前沿性的人工智能更需要有专业知识作为基础，卡内基梅隆大学具备这方面的条件。例如，根据其官网所发布：人工智能是一个广泛的领域，涉及不同的学科，在一个地方很难拥有所有这些方面的最先进的专业知识，卡内基梅隆大学的人工智能体现了这一点。②

（二）以人工智能相关项目为导向

卡内基梅隆大学以人工智能相关项目为导向，师生以这些项目为依托，对相关问题进行研究，促进其在人工智能人才培养方面的发展，有利于完成更多的研究成果，也以此来培养人工智能高端人才，为世界一流创新型企业输送人才，为社会服务。例如：增加设计创新项目、物联网咖啡桌项目、LumiWatch 项目、SpokeSense 项目等。此外，卡内基梅隆大学的 ML 项目课程有着明确的计划，核心课程和选修课程有固定的时间规划。第一年主要学习核心课程，第二年参与数据分析项目，第三年完成规定的选修课，第四年和第五年完成博士论文的研究。除了传统的课程学习，学生还有接受项目锻炼的机会。数据分析项目有着规范的管理制度，项目委员会的成员组成都有严格要求。这样，学生既可以充分、真实地通过参与项目展示自己的数据挖掘能力，同时也可以保证自己的汇报展示可以得到客观公正的评价，从而使他们更清晰地明白自身的不

---

① CMU, "The Robotics Institute", 2019 - 05 - 05, https：//www. ri. cmu. edu/research/labs - groups/.

② CMU, "Artificial Intelligence", 2019 - 05 - 07, https：//ai. cs. cmu. edu/.

足之处以便日后改进。

（三）以师生、生生合作学习为保障

卡内基梅隆大学拥有一流的 AI 人才，汇集了近 200 名从艺术到公共政策领域的教师，这些人都涉及与人工智能相关或影响的主题。① 这里的员工是业内最好的学生、教师和合作者来到卡内基梅隆大学学习 AI，因为他们希望与从业者一起工作——那些已经建造了数十个机器人或者正在使用大型系统来保护我们免受放射性污染威胁的人。他们以数百名 AI 专家为榜样，并沉浸在向专家探讨、学习的热烈氛围中。② 卡内基梅隆大学 AI 将来自大学所有领域的学生、教师和员工联合起来，形成了世界上规模最大、经验最丰富的 AI 研究团队。团队中，学生与教师密切合作，解决世界面临的人工智能挑战，研究语音识别和人机交互等主题。

三　策略方法

（一）努力为学生寻找合作伙伴

卡内基梅隆大学在匹兹堡的复兴中发挥了重要作用，其中很大一部分与其在人工智能人才培养方面的工作有关。卡内基梅隆大学的人工智能研究吸引了亚马逊、谷歌、Oculus 和 Apple 等公司投资。这些投资有利于加快智能化社会的到来，例如，卡内基梅隆大学的人工智能专业与波音和通用汽车等公司的合作将使人们的旅行在未来变得更加智能。卡内基梅隆大学的人工智能专业是最新先进机器人制造研究所的主要合作伙伴，与 220 个合作伙伴共同投资 2.5 亿美元，利用人工智能、3D 打印和其他新兴技术，使各种规模的企业能够负担得起工业机器人，拥有适应性强、应用广泛的特点。因此，他们需要与行业的支持和合作，以确保顺利获得研究成果。③

（二）大力为学生提供科研支持

为鼓励学生提升其科研能力，卡内基梅隆大学大力提供科研支持，

---

① CMU, "School of Computer Science", 2019 – 05 – 08, https：//ai. cs. cmu. edu/faculty – listing.

② CMU, "Artificial Intelligence", 2019 – 05 – 06, https：//ai. cs. cmu. edu/people.

③ CMU, "Artificial Intelligence", 2019 – 05 – 08, https：//ai. cs. cmu. edu/partnerships.

不仅为其提供雄厚的师资力量、开设人工智能相关项目和实验室、设立研讨会等，而且在经费上也给予支持，例如，机器学习系为学生提供每学年全额学费和奖学金支持，为每个全日制机器学习博士生提供 5 年奖学金支持。但是，学生能否获得奖学金取决于个人的研究成果。机器学习系根据学生能否取得令人满意的项目进展决定是否提供资金支持，并在每学期末公布获得资金支持的名单。学生为竞争奖学金和其他来源的资金支持而受到强烈的鼓舞。

（三）鼓励学生积累实践经验

人工智能方面的专业核心课程体系由人工智能方面的理论性、基础性课程构成，比如导论之类的基础性了解人工智能，除了这些理论性的课程，课程安排中还出现了各种实习以及有关人工智能方面的项目，注重培养学生的实践科研能力。卡内基梅隆大学人工智能方面课程体系的设置是理论与实践相结合的。

四　影响因素

（一）社会需求

人工智能的兴起，使得人们的生活越来越智能化，显然，社会对人工智能有巨大的需求。但它也是一把双刃剑，在为我们带来便利的同时，也会出现一些涉及伦理道德的问题，卡内基梅隆大学极为重视这一点，也采取了相应的应对方法。例如，在人工智能专业课程体系设置上，不仅有人工智能相关基础理论的课程，如人工智能概念、机器学习入门等，还包含了伦理道德选修课程，如计算中的道德与政策问题，AI、社会与人类等。该课程体系的设置旨在培养学生的伦理道德意识，使人工智能更好地服务于社会。

（二）校园文化

卡内基梅隆大学拥有支持性的学术文化。计算机学科具有众多的研究成果，离不开所有教师和学生相互之间的信任和支持。一方面，该学院充分给予学生选择的权力。学生可根据自身的兴趣爱好确定导师，而且可以根据其研究兴趣更换导师。在与导师协商的基础上，学生可以自主选择选修课程以及获得学分的方式。另一方面，在给予学生充分自主权的同时，十分重视培养学生的团队合作精神，鼓励学生能够通过合作在创新知识并在世界范围内产生卓越的影响。通过密切合作形成师生之间的亲密感情，是计算机科学学院组织文化的核心价值。尤为重要的是，学院在自主与合作之间找到了平衡点。例如，博士生一般在前两年内可以自由支配课程和研究的时间；一旦达到课程基本要求后，则专注于独立学习与合作探究。

（三）国际综合实力

卡内基梅隆大学的计算机、机器人科学、理学、美术及工业管理都是举世公认的一流专业。特别是计算机专业，与麻省理工学院、斯坦福大学和加州大学伯克利分校并列全美榜首。李开复曾言，在培养计算机科学家和工程师方面，没有谁能比卡内基梅隆大学更加出色。[①] 在全世界各种权威排名中，该校计算机学科均名列前茅。2010 年，在《华尔街日报》（《Wall Street Journal》）根据招聘者汇编的大学排名上，卡内基梅隆大学的计算机科学系排名第一；[②] 在 2014 年《美国新闻与世界报道》（U. S. News & World Report）排名中，计算机科学系研究生课程排名第一。[③] 此外，机器人研究所、人机交互研究所等都处于全球领先的地位。

第五节　卡内基梅隆大学人工智能专业人才培养的评价机制

以下将从组织机构、评价指标、评价策略和保障措施四个方面阐述卡内基梅隆大学人工智能专业人才培养的评价机制。

一　组织机构

（一）美国培训认证协会

作为权威的认证机构，美国培训认证协会（American Association

---

① 李盼宁、朱艺丹：《让科学幻想成为现实——李开复在卡内基梅隆大学计算机科学学院 2015 年毕业典礼上的演讲》，《世界教育信息》2015 年第 16 期，第 30—31 页。

② Wall Street Journal，"The Top 25 Recruiter Picks"，2019 - 03 - 16，http://www.wsj.com/articles/ SB10001424052748704554104575435563989873060.

③ U. S. News，"America's Best Graduate Schools 2010"，2019 - 03 - 16，http:// grad - schools. Us. news. Rankingsandreviews. com/best - graduate - schools.

Training Program，AACTP）拥有先进的科学方法，在培训项目及授权讲师评估方面的应用领域亦具有丰富经验。目前，美国培训认证协会已拥有RM4Es 和 Research － Map 两项专利技术，此类独特的评估与考核体系有力地保证了培训项目的质量和学员的资质水平。作为国际第一家专注培训项目与管理者资质的互动研究和资格认证的非营利性组织，也是国际首创终身制继续教育跟踪服务的专业机构，美国培训认证协会致力于整合全球范围内的优秀教学资源和专业认证机构，为全球化浪潮下的各国企业管理者和专业人士提供权威的培训认证服务和终身制继续教育跟踪服务。

（二）基金会

根据学生的课堂内外表现以及学习结果，一些基金会为其提供支持。例如，AI 主要基金，为计算机科学学院的人工智能专业提供一般支持；Mark Stehlik 影响力奖学金，Stehlik SCS 奖学金表彰并支持 SCS 本科生，鼓励他们在课堂内外都有所作为；Raj Reddy 人工智能基金成立于 2018年，支持计算机科学学院的人工智能和相关领域的研究和教育。该基金可以支持教师（包括教授）、学生（包括奖学金）和其他计划。①

二　评价指标

（一）教学评估

适合课程性质的教学评估，应该包括其他相关材料，如课外活动相关的委员会工作，论文和报告，软件开发，研究或教学研讨会；课堂材料，如教学大纲的课程开发。那些外部资助的项目和资助成员也可进行专业活动，教学评估时应考虑：专业实践，咨询、公共服务，服务在技术和专业社团和协会，在专业期刊编辑工作。教师通过教学评估成为一个教育家，通过以下这些指标进行评价：第一，课程内容创建：开发新课程和课程材料。第二，教育学：开发新的教学方法。第三，传播：受邀参加座谈会，并在会上发言。第四，工程监理：指导 Capstone 项目。第五，教育宣传活动：K － 12 和高等教育机构。第六，研究教育：实证研

---

① CMU, School of Computer Science, "Ways To Give to SCS", 2019 － 05 － 08, https：//www. cs. cmu. edu／alumni.

究教育方法。第七，学生建议：给学生提供具有建设性的意义。第八，教师指导：为青年教师提高教学技能。第九，政府：管理一个项目的研究，如计算机科学专业或确认学位课程。第十，服务（内部和外部）：大学委员会成员和参与项目委员会。

（二）学分制

卡内基梅隆大学人工智能方面课程体系体现出以学分制①为基础的基本特征，是在创新型人才培养目标的指导下，以提高问题解决能力为取向，依据专业设置和本科生的特点而确定的。其中，绩点制是一种以学分来计量学生学习量的教学管理制度，成为监测学生学习过程的重要制度。卡内基梅隆大学人工智能方面的课程考核引入了课程成绩绩点制，该专业课程成绩绩点计算方法如下：首先，任课教师可以根据学生的课业表现将其成绩从高到低依次分等级记为 A、B、C、D、R 等级，分别代表 4、3、2、1、0 个绩点（0 个绩点表示不及格）；其次，还有弹性等级性质的 X、I 等，其中 X 属于诊断性评价，表示条件性不及格，即当学生得到 X 等级时，教师会给予学生一定量的学习任务，如果学生在下一学年结束前，通过努力学习能够获得 D 等级，即及格通过，否则，系统会自动给予一个 R，即不及格。I 等级表示学生因自身或其他因素在规定的学期没有完成某门指定科目的学习任务，在与教师协商的前提下，可以先得到一个 I 等级，当在指定的时间内完成导师的规定学习任务后才能获得通过。再次，是专门针对自由选修课的评价等级 P 以及 N，分别代表及格和不及格。但是，应注意的是该自由选修课的学分都不计入课程成绩平均绩点（Grade Point Average，GPA）。最后，还有一个专门为旁听生而设的旁听课程评价等级 O、标识退课的 W 以及跨学科的 AD。O 表示学生注册了该课程并递交了旁听申请，得到了该门课程指导老师的允许进入课堂旁听，但是旁听生无学分和绩点。W 表示退课，学生可以通过规定程序退选短期课程外的任意课程。AD 则表示跨学科和院系选修课程所得学分，也叫作学分评估转移。可见，卡内基梅隆大学充分考虑了课程评价中的课程考核因素和其他非成绩性因素，将绩点制的优势与其他弹

---

① 李志峰、汪洋：《卡内基梅隆大学本科课程体系：核心要素与实践》，《现代教育管理》2017 年第 6 期，第 101—105 页。

性考核标准有机结合,科学监测学生的学习过程。

三 评价策略

(一) 在线评价

作为一个注册者,校友和在校学生可以与新老朋友联系,共同交流以提升课程线上学习的有效性,发挥合作学习的优势,促进卡内基梅隆大学人工智能方面课程体系的系统化,线上线下相结合,扩展学生学习途径的多元化。

(二) 学生评价

卡内基梅隆大学人工智能专业采用传统的课程评价方式,即让学生回答一组问题来评价教师的教学效果,旨在衡量课程的质量和教学的质量。调查问卷的选择要注意平衡两个对立的要求:第一,要求有一个标准化的工具,允许在不同的课程、教师和学期之间比较;第二,要求设计不同的问卷。大学考试可能不够全面,所以需要设计问卷掌握学生对课程实施的评价。

四 保障措施

(一) 美国国家科学基金的支持

把布卢姆夫妇(The Blooms)从伯克利"挖"过来,是卡内基梅隆大学计算机系的巨大收获。因为计算机系向来以应用计算机科学(机器人、语言翻译、程序语言)闻名于世,而布卢姆夫妇的加盟则大大加强了它在理论计算机方面的威望。2001 年,在美国国家科学基金信息技术研究 1.56 亿美元的拨款中,卡内基梅隆大学得到了 2400 万美元,而在学校的总共 14 个受资助项目中,最大的一个是得到 550 万美元的"阿拉丁项目"(ALADDIN 项目是算法的自适应、分解与集成)。[1] 布卢姆一家三口均是此项目的研究人员。对一个理论研究项目而言,550 万美元经费的确是个天文数字。

卡内基梅隆大学人工智能方面的研究旨在让人工智能造福社会,专业课程和研究项目不仅涉及医疗保健、交通和教育领域,同时兼顾道德

---

[1] 刘瑞挺:《卡内基梅隆大学与计算机教育》,《计算机教育》2004 年第 7 期,第 54—57 页。

和社会责任方面内容，致力于打造更加美好的世界。此外，卡内基梅隆大学人工智能处于全球第一，作为人工智能方面的领先者，外界对其赞助也不少。比如机器人研究所拥有每年超过 6500 万美元的预算，该研究所资金主要从外界筹集而来，其研究资金中有 70% 来自工业界。[①]

（二）联邦政府机构的支持

机器人学研究所一建立就接受了外部资助，当前有 17 个公司和一些联邦政府的机构给它提供资金。提供资助的方式有如下三种：第一，主要资助每年 1000000—2000000 美元的多年资助金，主要用于大规模的研究规划以及几个彼此独立但有联系的项目。主要资助者持有通过他们的资助方式发展起来的技术专利权。第二，辅助资助每年 150000—1000000 美元的 2—3 年资助金，主要资助非常具体的研究规划。[②] 第三，辅助资助者不享有所用的一般技术的独占权，但可获得内部利用这种技术的许可。产业同行资助取决于产业同行年度收入 10000—50000 美元的可更新的年度资助金，资助金主要用于关键项目。产业同行接受从它所资助的项目产生的技术的非唯一的许可，并参与信息传播和技术输出规划的制定和实施。

（三）与索尼合作

卡内基梅隆大学人工智能专业与索尼在美的子公司达成有关人工智能和机器人合作研究的协议。最初的研究和开发工作将集中在优化准备食物、烹饪和交互。之所以选择在这一领域进行研究和开发，是因为通过机器人处理复杂多变的任务，可以应用到更广泛的技能和行业。应用程序可能包括那些机器必须处理的形状不规则的材料、复杂的家庭和小型企业的任务。此外，对于许多其他行业，开发机器人在生活中某个细分领域的应用能力可能是有价值的。并且除了当前的项目，索尼计划继续支持卡内基梅隆大学的 AI 和 Robotics – Related 研发工作和创业公司通过其种子加速项目（Seed Acceleration Program，SAP）、索尼的业务孵化平台，以及索尼的创新基金和公司风险投资基金。

---

① CMU，"About The Robotics Institute"，2019 – 04 – 11，https：//www. ri. cmu. edu/about/.
② 刘永宽：《工业机器人》，高等教育出版社 1981 年版，第 15—18 页。

第六节　卡内基梅隆大学人工智能专业
人才培养的总结启示

以下将对卡内基梅隆大学人工智能专业人才培养的主要优势、存在问题、学习借鉴进行总结，并从中得到一些启示，为我国人工智能专业人才培养提供学习参考建议。

一　主要优势

（一）课程内容综合化

卡内基梅隆大学人工智能专业课程体系综合化是保障课程设置灵活性和促进学生可持续发展的前提，这种综合化主要表现在课程设置上通识课程与专业课程的相结合、必修课程与自由选修课相结合。各类课程各司其职，又相互贯通，通识课程的重点在于加强学生有关道德、文化和艺术等方面的修养，培养学生成为一个道德高尚、基础扎实、兴趣广泛、拥有自主学习能力的人；专业课程旨在帮助学生掌握该领域的基础知识并掌握学科最新发展动态，以提高分析、运用知识的能力，提供认识、分析和解决问题的视角方法；自由选修课则有效激发了学生学习兴趣和科研潜力。这种课程结构不仅可以增强学生写作、沟通交流能力，还可以帮助学生拓展学术视野、提高数理逻辑思维能力。

（二）课程设置弹性化

卡内基梅隆大学人工智能专业课程设置弹性化主要表现在课程内容的选择性、时间安排的灵活性上。在课程内容的选择上，学生可以根据自己的兴趣和自身特点自由申请和规划，全校范围内的课程选择、短期课程退课另选等制度都为学生选取自己满意的课程提供了契机。而且，允许课程结构的多样化组合，把不同课程按功能组合成可以相互沟通和融合的课程板块，促进了跨院系选课学分的相互承认，以增强不同专业课程之间的兼容能力，进而促进整个校园乃至整个地区校际的教育资源共同体的形成。在时间安排上，学生可以根据自己的知识结构和基础水平，自主制订不同的课程计划。因为除了某些特定的课程仅在某一学期设置一次以外，其他课程基本上都会多次开课，学生可以在自己认为适当的年级进行相应课程的学习，且只要确保至少两年的全日制学习或至少180学分的非全日制学习即可达标。

（三）课程考核科学化

卡内基梅隆大学人工智能专业课程成绩的考核体现了科学性、动态性和完整性。首先，课业成绩考核以A、B、C、D、R等级标识，以绩点制计算方法将学生的成绩绩点进行换算，以一定的学分绩点为标准，对学生学业予以表彰、警示和惩罚，有力地督促学生追求更好的学业表现，以学生的现实表现为判定学生质量的依据，具有科学性；其次，X和I这种动态考核标准，避免了一次性评价的低效度，它要求教师对学生深入了解，要求教师密切关注学生课内外的表现并且给予恰当指导；最后，课程考核中非课业成绩等级的标识，如旁听、退课等标识，是传统评价方式的补充，以方便学生修习其他学科或专业知识，使课程评价体系更具完整性。

二　存在问题

虽然卡内基梅隆大学一直是众所周知的计算机领域的领头羊，自人工智能领域创建以来，一直在全球引领AI的研究、教育和创新，但毕竟其人工智能专业也是在2018年秋季刚开设，难免会存在些许不足之处。

第一，其研究生项目中除了机器人方向与硬件关系较多之外，其他基本上都是纯软件的，只适用于偏软的人工智能专业，对于人工智能方面的硬件要求有所缺乏。

第二，卡内基梅隆大学的教学手册上没有从传统意义上针对人工智能专业学生的导论课，虽然有名为"计算机科学伟大思想"的两学期课程，但是从内容上看应该是离散教学的替代，因为此外没有其他离散教学方面的课程。

三　学习借鉴

卡内基梅隆大学人工智能专业课程体系的实践逻辑注重通识教育,①强调课程的基础性、扩展性和研究性以及自由选择性。在确保学生掌握了一定专业知识后,大学一年级就鼓励学生积极参加研究项目、学术会议等,以激发科研兴趣,发掘科研潜力。世界一流大学本科课程体系的实践逻辑②,对我国一流大学本科课程改革具有重要的启示和借鉴。

（一）高度重视通识教育课程的设置

我国通识教育面临着表面性倾向,过于注重学生基本技能的培训,忽视思维的训练。通识课程中实用性课程偏多,而一些提高学生素质和情感体验的人文课程不足。我国一流大学建设首先需要明确通识教育的基本任务,科学划分通识课程在整个课程体系中的比重,改变偏重职业技能型课程泛滥的现状,构建能够实现注重全面性的课程体系,进而实现人工智能专业多领域的探索学习。

（二）强化课程的基础性、扩展性和研究性

我国一流大学本科课程体系建设过程中存在基础性缺失、扩展性不足、研究流于表面等问题,课程设置不能很好地适应人才培养的“转型”要求。一是在课程设置和实施方面,忽视了基础理论学习对形成知识网络和学术根基的重要性,因此,加强专业课程设置的适应性,针对不同学科专业,在课程体系和教学计划中增设基础理论课程至关重要。二是课程扩展性不够,培养出来的学生专业面狭窄,知识迁移和运用能力弱。大学课程结构优化应该以发展学生的知识、能力、素质等作为目标,突出以学生发展为本理念,使学生在原有的基础上获得最充分的发展。因此,课程体系的建构需要加强不同学科课程的交流和沟通,搭建院系课程互选平台,培养综合性、复合型人才。改变课程研究性流于形式的现状,在课程计划中提高研究、实践性课程比例,将导师制与学分制紧密

① Fengying Guo, Ping Wang, Sue Fitzgerald, Syllabus Design across Different Cultures between America and China [A]. Thaung K., Advanced Information Technology in Education Aduances in Intelligent and soft computing [C], 2012: 55–61.
② 李志峰、汪洋:《卡内基梅隆大学本科课程体系:核心要素与实践》,《现代教育管理》2017 年第 6 期,第 101—105 页。

结合，将课内外的科研交流落到实处，增强师生对研究性课程的参与和重视。

（三）充分尊重学生的自由选择权力

在校大学生对专业和课程的选择权力是大学生应当享有的重要权力，是其受教育权和学习权的重要组成部分，是大学生作为学习者个人意愿的行为表达，是其个人需求和利益的外在表现，也是大学学术自由的应有之义。学生对学校所开设的任何一门课程都应该享有自由选择权力，不应局限于本专业，而应该跨年级、跨专业，甚至跨院系、跨学校选课。保障学生的选择权力是学分制课程体系的精髓。因此，在我国一流大学本科课程建设过程中保障学生的自由选择权尤为重要。这就需要转变观念，尊重学生的主体性，明晰自由选择权力对于学生意愿表达、利益诉求和潜力开发的重要意义，课程体系中丰富自由选修课的设置，尽可能地满足学生多样化的需求。

第 七 章

伦敦大学学院人工智能专业
人才培养研究

　　人工智能作为新一轮科技革命和产业变革的核心驱动力，将催生新业态和新的经济增长点，也是未来各国科技竞争的制高点，其正在对全球经济、社会进步和人类生活产生深刻的影响。当今世界，人工智能发展之争，归根到底是人才之争，本章以英国伦敦大学学院为案例，分析其在培养人工智能人才过程中的发展概况、目标定位、内容构成、实施过程和评价体制，基于此得出总结启示，有望为我国人工智能专业人才培养计划提供参考意见。

第一节　伦敦大学学院人工智能专业
人才培养的发展概况

一　关于伦敦大学学院

（一）伦敦大学与伦敦大学学院

　　伦敦位于英格兰的东南部，泰晤士河贯穿其中，是世界最大的经济中心之一，也是欧洲最大的城市，与纽约并列为全世界顶级的国际大都会。伦敦拥有英国数量众多的大学、学院、学校及学术研究机构。伦敦的高等教育起步较晚，但是在工业革命的催化下，伦敦大学等高校迅速发展成为世界一流大学。

　　19 世纪，在第一次工业革命的催化和英国功利主义思潮的影响下，英国高等教育呈现出全新的面貌，伦敦大学（Cockney College）应运而生。伦敦大学始建于 1826 年，它以功利主义为指导思想，打破了牛津和剑桥两所古典高校的宗教制度，它招生不分民族、教派，主张自由、开放，但是却未能获得皇家特许状。后经过发展，伦敦大学与国王学院（King's College）于 1831 年合并为伦敦大学（University of London）。① 原来的伦敦大学改为伦敦大学学院（University College London），与国王学院同时独立存在。经过 183 年的扩张，伦敦大学联邦已经成为世界上最具影响力的公立大学系统之一、世界最大的大学联邦体之一，包含 18 个成员机构。伦敦大学下属的学院拥有高度的自治权，允许独立招生、独立排名，这些学院互为独立又互相联系，各自作为独立的大学而存在。由于伦敦大学是一所联邦制公立大学，旗下涵盖的学院数量众多，而伦敦大学学院拥有强大、丰富的资源以及独特的人才培养方式，在人工智能人才培养方面取得了一定的成果。

伦敦大学学院（University College London，UCL），建校于 1826 年，是在英国享有顶级声誉的老牌名校，也是一所世界顶尖公立综合研究型大学，排名稳居世界前十。它是伦敦大学联盟的创始学校，与剑桥大学、牛津大学、帝国理工学院、伦敦政治经济学院并称"G5 超级精英大学"，同时也是英国金三角名校、罗素集团的成员、中英大学工程教育与研究联盟成员、U7 联盟创始成员。② 其校训是"期望让所有的努力都得到桂冠、得到奖赏"。以其多元、尖端的学科设置而著称，在 REF2014 英国大学官方排名居全英之冠，并享有英国最高的科研预算。迄今为止，伦敦大学学院共诞生了 29 位诺贝尔奖获得者和 3 位菲尔兹奖获得者。伦敦大学学院拥有国家医学研究中心（National Institute for Medical Research，NIMR）、欧洲顶尖的太空探索实验室（Mullard Space Science Laboratory，MSSL）以及世界著名的盖茨比计算神经科学中心（Gatsby Computational Neuroscience Unit，GCNU）等领先科研机构。

---

① University of London, "Our history", 2019 - 05 - 21, https：//london. ac. uk/about - us/our - history.

② University College London, "UCL among leading global universities to form U7 Alliance", 2019 - 06 - 07, https：//www. ucl. ac. uk/news/2019/jun/ucl - among - leading - global - universities - form - u7 - alliance.

伦敦大学学院在 2019 QS 世界大学排名中位列世界第 10 名、英国第 4 名；[①] 在 2018 年 QS 世界大学排名中排第 7 名；[②] 2017 年泰晤士报高等教育世界声望排名第四。根据美国 U. S. News 排名 2016 全球大学专业排名，伦敦大学学院计算机科学专业排名全欧洲第二，全英国第一。[③] 伦敦大学学院在人工智能和机器学习领域有世界领先的研究实力，比如 DeepMind 和 AlphaGo 的创始人戴密斯·哈萨比斯（Demis Hassabis）在伦敦大学学院获得计算神经科学博士学位。伦敦大学学院利用计算机科学系强大的科研实力与伦敦政经学院和帝国理工学院联合共建的国家计算金融中心（Central Finance and Contracting Agency，CFCA），目前的合作伙伴包括瑞士信贷、汤姆路森、苏格兰皇家银行、巴克莱银行、汇丰银行、花旗银行等 20 家企业（表 7 - 1）。

表 7 - 1　　　　　　　　　2019 年伦敦大学学院评分[④]

评分标准	分值
学术领域的同行评价（Academic Peer Review）占 40%	99. 3
全球雇主评价（Global Employer Review）占 10%	99. 2
单位教职的论文引用数（Citations Per Faculty）占 20%	99. 2
教师/学生比例（Faculty Student Ratio）占 20%	98. 7
国际学生比例（International Student Ratio）占 5%	100
国际教师比例（International Faculty Ratio）占 5%	66. 2
整体评分	92. 9

① University College London，"About UCL"，2019 - 05 - 21，https：//www. ucl. ac. uk/.

② University College London，"About UCL"，2019 - 05 - 21，https：//www. ucl. ac. uk/.

③ U. S. News，"Global Universities Search"，2019 - 04 - 21，https：//www. usnews. com/education/best - global - universities/search? country = united - kingdom&region = europe&subject = computer - science.

④ U. S. News，"University College London"，2019 - 05 - 21，https：//www. usnews. com/education/best - global - universities/University College London - 228778.

（二）工程科学学院与计算机科学系

1827 年，伦敦大学学院成立了世界上第一个致力于工程教育的实验室，也就是现在的工程科学学院（UCL Faculty of Engineering Sciences）——是伦敦大学学院规模最大的学院之一。工程科学学院统领 10 个系和多个研究中心或研究所，学院下系分支包括计算机科学系、电子与电气工程系、机械工程系、生化工程系、化学工程系、土木、环境与地理工程系、医学物理与生物工程系、安全与犯罪科学系、管理系和科学、技术、工程与公共政策系。[①] 工程科学学院与伦敦大学学院的其他十个不同院系合作，从斯莱德美术学院到生命与医学科学学院，共同开展创新型的多学科工作。当前许多基础技术都起源于伦敦大学学院的研究和工作，例如快速生产疫苗、光纤通信（2009 年诺贝尔物理学奖的一部分）和互联网基础设施。[②]

工程科学学院下的计算机科学系于 20 世纪 70 年代初在伦敦大学学院成立，当时统计系扩大为统计和计算机科学联合系。计算机科学系的专家的最初来自伦敦大学计算机科学研究所，该研究所在此时已经开设理学硕士课程和研究。1980 年，独立的计算机科学系成立，彼得·柯尔斯坦（Peter Kirstein）教授担任其首任负责人，当时主要研究领域是计算机网络和数据通信。[③] 现如今，学校的教学计划组合已经根据学院的发展而发展，研究范围广泛，包括自治系统、生物信息学、数据科学、金融计算、智能系统、信息安全、机器学习、量子计算、机器人等领域。计算机科学系还与多个研究中心建立合作关系，如伦敦大学学院人工智能中心（UCL Centre for Artificial Intelligence）、布鲁姆斯伯里生物信息学中心（The Bloomsbury Centre for Bioinformatics）、计算统计和机器学习中心（Computational Statistics and Machine Learning，CSML）等。[④] 正是因为拥

---

① University College London，"Departments"，2019 - 06 - 08，https：//www. ucl. ac. uk/engineering/departments.

② University College London，"About"，2019 - 03 - 03，https：//www. ucl. ac. uk/engineering/about.

③ University College London，"Department history"，2019 - 05 - 27，https：//www. ucl. ac. uk/computer - science/about/history.

④ University College London，"Centres and institutes"，2019 - 05 - 27，https：//www. ucl. ac. uk/engineering/research/centres - and - institutes.

有如此强大的计算机科学实力，这为伦敦大学学院人工智能专业人才培养的有效性打下良好的基础。

二　伦敦大学学院人工智能专业人才培养的历史考察

伦敦大学学院人工智能人才培养的历史分为三个阶段：首先，20 世纪 70 年代，伦敦大学学院的计算机通信发展迅速，为人工智能的发展奠定了网络基础；其次，20 世纪末 21 世纪初的世纪之交，盖茨比计算神经科学中心的建立和"虚拟握手"的成功使得人工智能得以快速发展；最后，21 世纪 10 年代，围棋程序 AlphaGo 的成功使得伦敦大学学院的人工智能走向成熟。

（一）萌芽阶段：20 世纪 70 年代

20 世纪 70 年代初，计算机科学进入伦敦大学学院，与当时的统计系合并为统计和计算机科学系，而此时人工智能的发展陷入了相对停滞阶段，科学家转而研究计算机科学技术。伦敦大学学院于 1973 年成为美国以外的第一个连接到 ARPAnet（Internet 的前身）的站点。1980 年独立的计算机科学系成立，由彼得·柯尔斯坦教授担任第一任系主任，研究领域为计算机网络和数据通信，1985 年计算机科学系开始设有数据通信、网络和分布式系统专业理学硕士。伦敦大学学院一直是计算机系统网络的设计、构建和研究的全球领导者，而人工智能的发展离不开计算机系统及数据通信。因此，伦敦大学学院人工智能人才培养早期是以计算机网络和数据通信为启蒙，培养学生的计算机思维能力。

（二）发展阶段：20 世纪 90 年代末 21 世纪初

被誉为人工智能教父的杰夫·辛顿（Geoffrey Hinton）教授，从 1998 年到 2001 年，花了 3 年时间在伦敦大学学院建立了盖茨比计算神经科学中心。[①] 该中心由盖茨比慈善基金会资助，与计算机科学系、统计科学系、认知神经科学研究所通力合作，致力于研究神经和机器系统中感知和行为的神经计算理论，侧重于计算神经科学和机器学习方面的应用。盖茨比计算神经科学中心汇聚世界上领先的神经网络建模者，在此产生的科研成果也是许多人工智能识别程序的理论基础。

---

① University College London，"Gatsby"，2019 – 06 – 07，http：//www. gatsby. ucl. ac. uk/.

2002 年，伦敦大学学院跨大西洋与麻省理工学院进行"虚拟握手"，① 两个学校之间传输触摸信号，允许两个用户在共享虚拟环境中执行协作操作任务。远程触摸的演示涉及计算机和取代鼠标的小型机器人手臂。用户可以通过扣住其末端来操纵手臂，其类似于人手执笔。整个系统通过在用户的手指上施加精确控制的力来产生触觉。在整个"虚拟握手"期间，伦敦大学学院负责软件开发和通信网络，推动了人工智能技术的发展。

（三）成熟阶段：21 世纪 10 年代

2015 年，英国政府组建艾伦·图灵研究所（Alan Turing Institute），② 该研究所拥有以剑桥大学、牛津大学、爱丁堡大学、华威大学和伦敦大学学院为中心的最好的人工智能相关学科群，形成多学科交叉状态，人工智能技术处于全球领先地位。这些机构和高校源源不断地培育出全球稀缺的人工智能人才。

人工智能程序 AlphaGo 在击败韩国围棋冠军李世石后，再次战胜排名世界第一的世界围棋冠军柯洁，不断在各类比赛中战胜人类职业围棋选手。③ AlphaGo 的成功让人工智能迎来了高光时刻，其背后的 DeepMind 团队与伦敦大学计算机系渊源颇深。DeepMind 创始人戴密斯·哈萨比斯在伦敦大学学院获得计算神经科学博士，大卫·席尔瓦（David Silver）则是伦敦大学学院计算机系的讲师。因此，伦敦大学学院在神经网络研究、机器学习和人工智能、计算机图形学和人机交互的研究上居于世界领先地位，学校与 Google、微软等公司保持密切合作关系，既有高水准的师资队伍，又在人工智能领域应用成果丰硕，伦敦大学学院的人工智能人才培养为社会输送了大量专业性、综合性人才。

---

① 机器人天空：《麻省理工学院和伦敦团队报告首次跨大西洋的接触》，http://www.robotsky.com/technology/201904/129347.html，2019 年 6 月 7 日。

② 英伦网：《钻研大数据，剑桥等名校领导阿兰·图灵研究所》，http://edu.sina.com.cn/bbc/abroad/educationintheuk/150129alanturinginstitutepartners.html，2019 年 6 月 7 日。

③ 百家号网：《深度学习笔记：深度学习——AlphaGo 阿尔法狗》，https://baijiahao.baidu.com/s? id=1588718838627021669&wfr=spider&for=pc，2019 年 6 月 7 日。

三　伦敦大学学院人工智能专业人才培养的现状分析

随着物联网、大数据、云计算等技术的发展，人工智能正快速朝我们走来，优质人工智能人才的缺口是当前亟待解决的问题。各个国家和高校也在积极开展人工智能专业建设和人才培养，伦敦大学学院在人工智能专业人才培养上一直是行业的佼佼者，拥有超前的专业领域、雄厚的师资力量、精良的配套设施等优势，以此打造了一批优秀、睿智的人工智能人才。

（一）研究领域前沿

伦敦大学学院人工智能专业主要分布在工程科学学院的计算机科学系，工程科学学院拥有4000多名在校本科生、硕士以及博士，专职教师700多名，为伦敦大学学院规模最大的学院之一。学院旨在提供整个现代世界各个方面的研究和培训，并一如既往地提供改变世界的创新技术。根据美国 U. S. News 2016 全球大学专业排名，伦敦大学学院计算机科学专业排名全欧洲第二，全英国第一。伦敦大学学院在人工智能和机器学习领域有世界领先的研究实力。计算机科学系、统计科学系、认知神经科学研究所以及盖茨比计算神经科学等相关院系和机构通力合作，在神经网络研究、数字信号处理、机器学习和人工智能、计算机图形学和人机交互、医学图像和信息处理的研究上，保持领先地位。从事的科研项目与工业界，诸如谷歌、IBM 与微软等保持着密切的合作。表7－2是伦敦大学学院计算机科学系各个学段的专业。

表7－2　　　　　　　伦敦大学学院计算机科学系专业①

阶段	专业分布
本科阶段	计算机科学（Computer Science BSc） 计算机科学（Computer Science MEng） 数学计算（Mathematical Computation MEng）

---

① University College London，"Department of Computer Science"，2019 － 05 － 27，http: // www. cs. ucl. ac. uk/home/.

阶段	专业分布
硕士阶段	计算统计和机器学习（Computational Statistics and Machine Learning MSc） 计算机图形学（Computer Graphics MSc） 数据科学与专业化（计算机科学）［Data Science（with specialisation in Computer Science）MSc］ 信息安全（Information Security MSc） 机器学习（Machine Learning MSc） 机器人和计算技术（Robotics and Computation MSc） 软件系统工程（Software Systems Engineering MSc） 虚拟现实（Virtual Reality MSc） 网络科学和大数据分析（Web Science and Big Data Analytics MSc） 计算金融（Computational Finance MSc） 金融风险管理（Financial Risk Management MS）
博士阶段	基础人工智能（PhD in Foundational AI） 医疗保健人工智能（PhD in AI – Enabled Healthcare）

（二）师资力量雄厚

伦敦大学学院的计算机科学系在人工智能人才培养上提供教学和研究两方面的支持。一方面，在教学上利用强大的师资力量教授学生最前沿的理论知识；另一方面，学校的研究中心和研究小组对内合作，对外与国家研究所、第三方公司合作，提供一些项目供学生实践加深理论知识。伦敦大学学院在人才培养上重视理论与实践的结合，开展扎实的基础教学和前沿科学研究。学校的教师不仅在教学中教授科学研究的理论知识，传授具体的技能。同时，教授带领学生加入研究中心或研究小组中以及一些企业项目实践中，在教学中研究，在研究中教学，学生的学习能力和研究能力都得到了显著提高。如在伦敦大学学院获得计算神经科学博士学位的戴密斯·哈萨比斯与伦敦大学学院计算机系讲师大卫·席尔瓦，均为 Alpha Go 创始人，共同创办了人工智能公司 DeepMind。大卫·席尔瓦既是伦敦大学学院讲师，又是伦敦大学学院盖茨比计算神经科学中心的一员，也是校外企业公司 Deepmind 的一员。

（三）配套设施精良

伦敦大学学院计算机系为人工智能人才培养提供精良的配套设施，

从周边环境到教学资源，从硬件设施到软件工具，为学生提供全方位的个性化服务。伦敦大学学院是一个开放式的大学，校区遍布伦敦，但主校区在伦敦中心的布鲁姆斯伯里高尔街（Bloomsbury Gower Street），周围有大英博物馆、大英图书馆等著名的机构。因此，就地理环境而言，伦敦大学学院在全世界大学间有着独特的学术优势。伦敦大学学院图书馆藏书达125万册，设有17个图书馆，分布于伦敦各地，涵盖从生物医学到艺术、工程到科学的广泛专业。除此之外，学校还不断地发展PCs、Macs和Unix workstations等计算机器材、计算机软件，务求丰富教师教育、学生学习方面的设备资源。开发多种数字工具，如Moodle虚拟学习环境（Virtual Learning Environment，VLE）、Turnitin系统、电子投票系统（Electronic Voting System）、Blackboard Collaborate Ultra实时视频会议工具和开放教育资源等，旨在为学生提供丰富多彩的校园生活，满足学生的个性化发展。

第二节　伦敦大学学院人工智能专业 人才培养的目标定位

一　价值取向

为了优质的专业人才的培养与发展，人工智能专业人才培养模式必须有正确的价值取向，以适合学生个性发展、社会未来需求等要求。因此，在伦敦大学学院人工智能专业人才培养方案中，主要是以知识专业型、研究实用型、未来引领型以及国际化为导向的人才培养价值取向。

（一）以知识专业型为导向

人工智能是一门内容复杂、学科交叉的专业，扎实的理论基础是成为优秀人才的前提。伦敦大学学院在人才培养的教学实施过程中，为学生合理安排有关人工智能知识基础的理论课程，为学生打牢专业理论知识架构。一方面，利用线下线上教学方式，为学生提供全方位个性服务，培养学生的学习能力和研究能力，具备扎实的专业知识，为后续攻读更高层次的学位或从事研究奠定基础。另一方面，建立完善的课程评估体系。禁止"严进宽出"等不利于教学的现象发生，综合应用笔试、口试、非标准答案考试等多种形式，科学确定课堂问答、学术论文、调研报告、作业测评、阶段性测试等过程考核比重。

（二）以研究实用型为导向

伦敦大学学院计算机科学系是由伦敦大学学院和各院校建立的几个大型跨学科团队的成员，凭借协作、跨学科的优势进行教学与研究的。学校同时建立多个研究中心和研究小组，与校外的公司、企业或银行通力合作，借助各种来源的外部资金，积极创造条件，鼓励学生参加实践项目，让学习机会与实践机会有效结合，让学生学到的理论知识实践于项目和计划中，并开展广泛的跨学科活动。比如计算机科学系的学生在学习过理论知识后，假期和课余时间可以加入计算统计与机器学习中心做一些有关机器学习与数据统计领域的项目研究。

（三）以未来引领型为导向

为了应对未来全球化对高质量人才需求的不断扩大，伦敦大学学院在2012年提出一种新的人才培养方案——文理学位项目（Bachelor of Art-sand Sciences programmes，BASc），该项目主要是通过"主修＋辅修"的形式，进行为期三年到四年的课程学习，要求学生文理兼修，让学生在不同的学习形式中都能得到发展。文理学位项目的目标是为世界培养未来各行各业的领导者以解决人类面临的共同挑战，提出培养学生成为未来引领型人才需要的两种能力：领导与沟通能力和在多个领域进行创新性、国际性工作的能力，这也与西方的博雅教育不谋而合。

（四）以国际化为导向

《全球视野：伦敦大学学院国际化发展战略（2012—2017）》（Global-Vision：UCL International Strategy 2012 – 2017）中确定了伦敦大学学院6项国际化战略目标，并对如何实现目标给出具体的执行策略。国际化战略目标主要从学生来源、教师来源和构成、课程和教学内容、科研与合作等几个方面来要求。伦敦大学学院为使该校学生能迎接进一步的学习挑战，并在未来的国际市场上更有竞争力，学校试图在所有学科中提供国际化的教学课程。比如，伦敦大学学院的文理学位项目，该项目提供两种培养方案：一种是校内学习三年，另一种是校内学习三年加海外高校学习一年。伦敦大学学院作为世界顶尖的多学科大学之一，在全球化的环境中追求卓越与创新。

二 基本要求

为了使学生能够得到研究、创新、领导等能力的培养，伦敦大学学院在人工智能专业人才培养上提出了整体性要求、层次性要求、具体性要求，以更好地帮助学生在学习期间能够得到知识与能力的提升、思想与精神的升华。

（一）整体性要求

伦敦大学学院在人工智能人才培养的目标定位上有一个整体性要求，人工智能专业的最终目标是创造新的人工智能技术，并就科学、工业和社会中的应用提出建设性的意见。① 伦敦大学学院汇聚了人工智能相关专业最顶尖的研究人员，共同关注机器视觉、机器学习、机器阅读、机器操作等领域，以期学生获得丰富又专业的人工智能知识和能力，为社会的发展与进步做出贡献。伦敦大学学院所要培养的人，不仅在专业实践中训练有素，而且具有更加广阔的知识和视野，创造出新的技术，实现全面发展，以应对未来社会的瞬息万变。比如在机器学习方向，除了学习必要的机器学习基础知识外，还需要参加不同的实战项目。在学中做，在做中学。此外，伦敦大学学院的文理学位项目、综合工程计划（Integrated Engineering Programme，IEP）等项目计划，鼓励学生进行跨学科、跨学院的学习，在自身专业之外的其他学科选修一定数量的课程，提高学生的综合素养，这种学习方式将带来多样化的视角，深化和拓宽学生对学科的理解。

（二）层次性要求

伦敦大学学院在人工智能专业培养目标的设置具有层次性。首先是课程和教学内容的层次性，课程和教学内容的难度是层层递进的，由浅入深、由易到难的。比如，在一年级学习的算法和编程原理等课程是后续学习人工智能的基础；其次是学位的层次性，大学本科学位、硕士学位和博士学位培养目标是不同的。在大学本科阶段的学习并不涉及人工智能的核心方向课程，只有硕士和博士阶段才会涉及人工智能的核心方

---

① University College London, "Study", 2019 – 06 – 05, https://www.ucl.ac.uk/ai – centre/study.

向和相关课程。最后是知识的层次性，学生需要学习足够的理论知识才可以加入研究小组或研究中心，深入到不同的项目中。学生需要在先前的学习中不断丰富自身的知识，为后续进入研究小组或研究中心的实战项目打好基础。

（三）具体性要求

伦敦大学学院在人工智能领域的每个方向都有具体的培养目标，对每个研究方向和每门课程都有对应的教学大纲，体现伦敦大学学院在人才培养方面的具体性要求。一方面，每门课程的教学大纲清晰具体、面面俱到，通常包括教学目的、教学内容、教学时间、教学方式、教学评估方法以及教学负责人、学分等。以机器学习方向下的监督学习课程为例，监督学习课程旨在通过对监督学习的基础主题及方法的学习，使学生深入了解过去和现代的监督学习算法、基本限制和原则以及评估和改进其性能的方式。采用面对面的学习方式，笔试占比 75%，课程作业和项目占比 25% 的评估方法。与此同时，学校为学生配备了在线同步的教学课程，这样一来，即使学生在课上没有理解，课下也能继续学习巩固。另一方面，课程学习具有限制性，比如监督学习课程限制学生专业，仅有计算统计学和机器学习 MRes、计算统计学和机器学习 MSc、数据科学和机器学习 MSc、机器学习 MRes、机器人技术 MSc、医学物理和生物医学工程 MSc、大数据挖掘工程学、计算机科学工程学、数学计算等本科、硕士阶段的学生可以学习。这些专业的学生在学习人工智能相关课程时，具有一定的计算机基础，可以较快地进入学习状态，不会感到课程晦涩、深奥，可以更好地学习理论知识。

三　目标构成

人工智能技术是一种颠覆性的技术，不仅改变了人民生活和社会生产力，也在一定程度上影响了"人"本身。纵观伦敦大学学院的人工智能发展及社会、国家对人工智能发展的要求，总结出伦敦大学学院人工智能专业人才培养的总目标和具体目标。

（一）总目标

伦敦大学学院致力于利用自身的地位和独特的优势来发展和传播原创知识，这不仅是因为其本身的内在价值，而且还在于解决当今世界以及未来将要面临的重大挑战。2017 年 11 月 27 日，英国商业、能源和工业战略部发布白皮书《产业战略：建设适应未来的英国》（Industrial Strategy：Building a Britain Fit for the Future），认为英国未来将面临四大挑战——人工智能、环境保护、未来交通和老龄化社会。该白皮书在人工智能方面提出了"引领英国进入人工智能和数据革命前沿阵地"的战略目标。[①] 第一，激发和增强研究领导能力。伦敦大学学院无论是在声誉方面还是科研实力方面，都是当今世界的佼佼者，其人工智能专业在一定程度上已经具备了领先性。第二，跨越边界以增加参与度。伦敦大学学院实行基于学科专业知识的跨学科研究已成为规划人才培养的核心。学校的数千名研究人员参与了跨学科研究，无论是非正式的学术交流、比赛或活动，还是近年来建立的学术中心和研究所进行的跨学科正式研究，更好地激发学生的颠覆性思维，以转变知识和理解，并解决复杂的社会问题。第三，为社会利益带来影响。国家战略目标的提出，使得人工智能人才培养上升到国家层次，伦敦大学学院人才培养的目标更应紧跟国家策略，为社会利益带来影响与发展。

（二）具体目标

伦敦大学学院的跨专业、跨学科、跨院系为人工智能的研究创造了一个协作环境，在人工智能的理论知识、研究应用、社会道德三个方面提出具体目标。

首先，理论知识方面，人工智能是一门涵盖多学科的复杂课程，需要扎实的理论基础，如数学、计算机学、统计学等学科。伦敦大学学院新提出的"人工智能下人与地球"计划的核心是基础的人工智能，既是人工智能技术前进的重要引擎，又是世界领先的力量。如果核心人工智能技术没有持续进步，则人工智能的变革潜力将被削弱。

其次，研究应用方面，人才培养，不仅有扎实的专业基础，还要有应用于实践的能力。"人工智能下人与地球"计划要求 AI 人才在应用领域之内和之间建立联系，与基础人工智能技术紧密相连，并认识到将其转化为实践和影响需要采取多种途径和不同形式。伦敦大学学院努力在

① 上海情报服务平台：《英国白皮书〈产业战略：建设适应未来的英国〉解读》，http://www.istis.sh.cn/list/list.aspx? id =11595，2020 年 2 月 18 日。

卫生与社会保健、生物学与神经科学、教育与工作、财务与风险、自然和建筑环境、能源与可持续性、公民、法律和政策、交通和出行、地球与宇宙 9 个应用领域中使用人工智能技术以改善现状做出贡献。

最后，社会道德方面，人工智能技术的开发和应用已经深刻改变人类的生活，不可避免地会冲击到现有的伦理与社会秩序，带来一些社会道德方面的问题。因此，在人才培养上不仅要"成才"，更重要的是"成人"。伦敦大学学院在人工智能人才培养上将伦理问题置于人工智能理论知识和研究应用的优先位置，强调人工智能应当符合人类价值观，服务于人类社会。

第三节　伦敦大学学院人工智能专业人才培养的内容构成

一　主要分类

伦敦大学学院人工智能人才培养的内容主要包括 AI 教学、AI 研究和 AI 创新三个方面，每个方面均有不同的人才培养策略。

（一）AI 教学

伦敦大学学院为了给学习者提供最前沿、最先进的人工智能知识，建立了伦敦大学学院人工智能中心，提供世界一流的与人工智能相关的知识教学，该中心包含一系列的人工智能硕士学位和博士学位的课程以及计划。对于人工智能学习而言，理解其背后的科学知识和数学原理固然很重要，但是不能只训练学生使用现有的人工智能工具，而是训练他们具有创造新的人工智能算法的能力。伦敦大学学院在人工智能教育方面拥有卓越的、骄人的历史成绩，因此，人工智能中心包含机器学习理学硕士、数据科学理学硕士、计算机视觉理学硕士、计算统计和机器学习硕士 4 个硕士学位和基础人工智能博士、人工智能医疗保健博士 2 个博士学位。[①]

[①] University College London，"Study"，2020 - 02 - 15，https：//www.ucl.ac.uk/ai - centre/study.

1. 本科课程

课程是实施教学活动的重要载体，是实现人才培养目标的重要渠道，是分析人才培养模式不能避免的一个要素。伦敦大学学院的人工智能专业课程主要设置在硕士阶段和博士阶段，但是本科阶段的学习也为以后学习人工智能知识打下基础。本科阶段分为两类专业，一类是为期三年学士计划，另一类是为期四年的本硕连读计划。

三年学士计划设置一套核心模块为主的学习计划，这些模块涉及计算机学科的主要内容：架构、编程、理论、设计和数学，核心模块的知识体系是学好人工智能知识的基础。表7-3是计算机科学（BSc）的课程表，一年级注重基础性，旨在帮助学生更快更好地理解知识，为后续的学习打下基础；二年级注重专业性，涵盖了更高级的编程、软件等知识，学习内容更加深入和高阶；三年级注重个人能力，需要完成更具有挑战性的项目，以此检测知识的掌握程度。

表7-3　　　　　伦敦大学学院计算机科学（BSc）课程表①

课程年级	一年级	二年级	三年级
核心模块	算法 编译器 设计和专业实践 离散数学和计算机科学 集成工程 面向对象编程 计划编程的原则 计算理论	逻辑与数据库理论 数学与统计 网络与开发 安全 软件工程 系统工程	计算复杂性理论 计算机系统 个人项目
可选模块		IEP 次要模块Ⅰ	IEP 次要模块Ⅱ IEP 次要模块Ⅲ

---

① University College London，"Undergraduate"，2020 - 02 - 17，https：//www. ucl. ac. uk/computer - science/study/undergraduate/computer - science - bsc.

续表

课程年级	一年级	二年级	三年级
选修模块			人工智能和神经计算 计算机图形 数据库和信息管理系统 功能编程 图像处理 交互设计 网络系统

　　本硕连读计划为三年本科＋一年硕士，计算机科学（MEng）专业在第一年和第二年的课程安排与学士计划相同，涵盖所有计算机科学所需的基本理论，但在第三年，学生可以选择去英国以外的合作大学学习国际课程，比如欧洲、北美、日本等地区的大学，也可以留在国内学习课程。最后一年是硕士阶段，可以从学校提供的理学硕士课程的模块范围中选择六个选项。除此之外，必须完成个人项目，能够深入研究具有挑战性的问题，从而提供另一个参与该部门研究活动的机会。表7－4是计算机科学（MEng）课程计划。

表7－4　　　　伦敦大学学院计算机科学（MEng）课程表①

课程年级	一年级	二年级	三年级	四年级
核心模块	算法 设计和专业实践 离散数学 集成工程 面向对象编程 计划编程的原则 计算理论	逻辑与数据库 网络与开发 安全 软件工程 系统工程	计算复杂性理论 研究项目 研究方法	个人项目 （硕士水平）

---

① University College London，"Computer Science MEng"，2020－02－17，https：//www.ucl.ac.uk/prospective－students/undergraduate/degrees/computer－science－meng/2020.

课程年级	一年级	二年级	三年级	四年级
可选 模块		IEP次要模块Ⅰ	IEP次要模块Ⅱ IEP次要模块Ⅲ	情感计算与人机交互 金融机构与市场 图形模型 机器视觉 人与安全 验证与验证 虚拟环境
选修模块			人工智能和神经计算 计算机图形 功能编程 图像处理 交互设计	

除了必修的核心模块外，学校设置了综合工程计划，该计划是学院下属8个系的共同课程计划，是一个跨学科、基于研究的项目和专业技能相结合的基础技术知识教学计划，对学院下的本科课程进行重构与变革，包括企业家精神学、纳米技术学、生物力学、管理学和连接系统等多种可选模块科目，旨在多维度培养学生的知识与能力。学生仍然可以注册一个核心学科，但除了该学科的学习外，还可以参加跨学科的项目活动，在本科阶段的学习中不仅仅包括课程学习，还包括讲座、普通课程和实验课程的混合式教学。作为本科生的第一周起，学生需要应用所学的理论知识与其他人合作解决具有挑战性的实际问题，而学校也会通过个人辅导系统为有需求的学生提供个人支持。

2. 硕士课程

在硕士学习的阶段中，人工智能专业主要分为机器学习、数据科学、计算机视觉和计算统计与机器学习4个专业。在机器学习理学硕士课程计划中，学生可以了解机器学习的基本原理和新技术的开发，并将其运用和解决新的问题。此课程计划包括一个核心模块（15学分）、五个到六个可选模块（75或90学分）、一到两个选修模块（15或30学分）和一个研究项目（60 学分），其中可选模块中的图形模型、概率和无监督学习是必须选择的课程，当学生成功修完 180 学分后，就可以获得机器学习理学硕士学位。表 7－5 为机器学习理学硕士课程计划表。

表 7－5　　　　　　　机器学习理学硕士课程计划①

专业模块	核心模块	可选模块	选修模块
机器学习	监督学习（15 学分） 机器学习理学硕士项目（60 学分）	高级深度学习和强化学习（15 学分） 机器学习高级主题（15 学分） 情感计算和人机交互（15 学分） 应用机器学习（15 学分） 生物信息学（15 学分） 深度学习简介（15 学分） 图形模型（15 学分） 机器视觉（15 学分） 概率和无监督学习（15 学分） 统计自然语言处理（15 学分）	生物医学成像计算模型（15 学分） 金融工程（15 学分） 成像中的反问题（15 学分） 多智能体人工智能（15 学分） 数值优化（15 学分） 机器人视觉和导航（15 学分） 机器人系统工程（15 学分）

在硕士阶段的学习中，学院为学生制定了一套固定的课程，其中规定了可以采取哪些组合模块、课程的限制，以及每门课能够得到多少学分。必修模块的课程是整个专业的基础课程、核心课程，可选模块通常与专业的核心课程密切相关。课程计划通过讲座、研讨会、课堂讨论和项目监督相结合的方式教授，学生成绩是课堂表现、期末测试，涉及程序设计或数据分析的课程作业以及研究项目的组合来评估的。

3. 博士课程

伦敦大学学院的人工智能中心目前包括基础人工智能博士和人工智能医疗保健博士 2 个博士学位点。基础人工智能博士学位是一个为期 4 年的人工智能深入学习的博士课程。从 2019 年 10 月开始，伦敦大学学院通

---

① University College London，"Master of Arts in Artificial Science Program"，2019 － 06 － 07，http：//www. cs. ucl. ac. uk/prospective_students/.

过博士培训中心（Centres for Doctoral Training，CDT）每年培养12—15名学生，整个CDT生命周期内会培训约70名博士生，旨在培养领先世界的AI研究人员或者AI企业家。除了标准的博士研究外，CDT还有神经科学、企业家精神、高性能计算、人工智能伦理和科学传播方面的额外培训内容，艾伦图灵机构（Alan Turing Institute）的专业研讨会、年度CDT休假和合作公司的实习机会仅仅提供给CDT的学生。人工智能中心人工智能医疗博士学位培养模式是1年硕士和3年博士的硕博连读。第一年的硕士学习计划涵盖了人工智能、医疗的核心知识，重点关注临床医学与人工智能的结合，培养学生在医学和人工智能的道德涵养，完成真实环境下的医疗人工智能项目。后续的博士课程主要是一些研究项目和能力培训，当前的研究主题是AI诊断、AI操作、AI疗法。[①] 除此之外，学生有机会参加研讨会、实习、技能发展课程，以培养学生的研究和创新能力、沟通能力、企业家精神等。

因此，伦敦大学学院的博士目标是培养学生成为创造新的人工智能技术的领导者，无论是科学家还是企业家。人工智能的责任是巨大的，通过培养学生做出基础性的进步，同时释放出人工智能的潜力，使未来的社会变得更好。伦敦大学学院正在寻找那些热衷于人工智能改变科学，经济或社会的学生。学校期望毕业生成为创建新的人工智能技术的世界、领导者，在行业或学术界担任研究领导者，或者塑造新经济的人工智能企业家。

虽然人工智能发展很快，但还有很多问题需要解决。目前的人工智能机器大多是"哑巴"——它们不了解自己的物理环境，也没有足够的人类文化理解能力，无法像人一样用自然的方式进行交流。人类具有显著的优势，因为我们知道物体的意义以及物理世界的运作方式。人工智能正处于初级阶段，控制和塑造未来的技术格局是人工智能技术突破的关键，然而，对于理解智能工作方式有限的我们，这是一项重大挑战，并不是简单地应用现有的人工智能工具，因此在人工智能人才培养的过程中，我们要将更多关于现实世界和人类文化知识融入人工智能代理中，

---

① University College London，"Centre for Doctoral Training in AI – enabled Healthcare"，2020 – 02 – 16，https：//www.ucl.ac.uk/aihealth – cdt/research.

为下一代人工智能开发新算法和新技术，使机器为我们的世界提供更加丰富、透明的数据。

（二）AI 研究

虽然近来人工智能取得了巨大的进步，但人工智能还远未适应人类社会。机器对周围的世界只有肤浅的了解，为了进入下一阶段，它们需要获得人类的物质世界、文化和情感行为所拥有的大量知识。如何使一台机器能够运行并以自然的方式与人类互动，这是一项巨大的挑战。因此，伦敦大学学院的人工智能中心组建了自然语言处理小组、计算机视觉小组、计算统计与机器学习小组和统计机器学习小组 4 个研究小组，[①]这些研究小组吸收了计算机科学、统计学习理论、概率模型、工程学、认知神经科学和社会科学的知识，使下一代人工智能系统在计算机视觉、自然语言处理、机器推理和机器交互方面的能力得到增强。比如，计算机视觉小组旨在从图像和电影中提取有用的信息，应用于人脸识别、医学图像自动分析、机器人技术以及构建真实世界的 3D 模型。

（三）AI 创新

伦敦大学学院人工智能中心对人工智能的研究、技能和创新有着清晰的目标，通过与学术界、学生、政府和工业界的讨论不断明确这些目标。归根结底，人工智能中心不是为学校服务的，而是为公众和社会服务的。人工智能中心既是欧洲最具活力的科技行业之一的一个分支，也是该行业的支柱。人工智能中心通过举办创业培训和行业活动，支持中心员工和学生帮助创造更多的人工智能企业和公司。人工智能中心与世界上一些最具有前瞻性的组织合作，得到了他们的合作研究和培训愿景的支持，为学生提供前瞻性的人工智能技术和真实的人工智能项目。在创办人工智能中心之初，思科、谷歌、DeepMind 和 Adobe 发挥了重要作用，帮助塑造了从硕士生到博士生再到资深研究员的渐进式研究和培训愿景。在这些公司和企业的帮助下，人工智能中心为学生提供多样化的课程和培训项目，了解研究工作如何以及在何处产生最大的影响。

---

① University CollegeLondon, "Research", 2020 - 02 - 16, https：//www. ucl. ac. uk/ai - centre/research.

二 选择标准

教学内容的选择标准除了应该符合必要的基本标准以外，还应该坚持教学内容前沿化、教学方式多元化和教学过程严谨化三个标准来提升教育教学专业性。

（一）教学内容的前沿化

伦敦大学学院的人工智能专业无论是在硕士阶段还是博士阶段，教学内容都是业界内最前沿的人工智能知识。教学内容的前沿化不仅体现在学生课堂学习到的人工智能理论基础知识，更体现在学生课余时间参与的研究小组、研究社区的真实项目中。在课上，学生了解和掌握人工智能的核心技术，在课下，学生利用所学习的知识参与到校外公司带来的社会前沿的项目、工作，带动学生思维，以此增加知识面的广度和深度，拓宽对人工智能的发展的认识。2019 年，机器学习硕士团队开发了一种名为 SentIMATE 的新型深度学习模型，该模型通过对书籍、网站评论等有关象棋的数据文本收集，进行自然语言处理，它通过分析专家解说员的反应，来学习国际象棋的算法。[①] 这与此前的通过不断地对弈训练学习围棋的 Alpha Go 是不同的，SentIMATE 尝试了一条自然语言学习的新路径。该团队的塞巴斯蒂安·里德尔（Sebastian Riedel）教授指出人工智能的学习不仅仅是在理论教授上，而是在教学生构建真实的自然语言处理（NLP）系统，让学生学会提出问题并解决问题，这仅仅是他们开设的 NLP 课程的一部分。这项研究成果不仅在 2019 年人工智能与交互式数字娱乐大会（Artificial Intelligence and Interactive Digital Entertainment，AIIDE）进行口头报告，也得到了《麻省理工科技评论》（MIT Technology Review）的好评。

（二）教学方式的多元化

伦敦大学学院尊重学生的个人发展，设置多种教学方式，鼓励学生进行多元化的学习，满足学生的个性化发展需求。一方面，学校为学生

---

① University College London，"Msc machine learning paper receives international acclaim"，2020－02－16，https：//www. ucl. ac. uk/computer － science/news/2019/oct/msc － machine － learning － paper － receives － international － acclaim.

提供文理学位项目，以核心课程和专业课程结合的方式，让学生在科学与工程、文化、社会、健康与环境四个方面文理兼修，给予学生充足的自由，满足学生的个性化发展，培养具有核心竞争力的学生。另一方面，学校除了为学生提供传统的课堂讲授之外，也开设一定的在线课程。在线下课堂与线上学习进行的同时，学校对内跨学科、跨学院组建研究中心，对外与企业、国家研究机构建立合作关系，为学生提供实习与兼职的机会，增强了学生跨环境交流与实践的能力。由伦敦大学学院的计算机科学系和心理语言科学系共同组建的伦敦大学学院交互中心（UCL Interaction Center，UCLIC），致力于研究人与技术之间的交互关系，借鉴计算机科学和人文科学的最佳优势，并与学术界和外界行业合作，工作领域涉及广泛，包括情感计算、协作交流、教育技术和人工智能人机交互技术等。这种类似的研究中心在伦敦大学学院随处可见、遍地开花，教学方式的多元化，体现了伦敦大学学院人工智能培养的独特性。

（三）教学过程的严谨化

伦敦大学学院为了保证教学质量与教学水平，培养出受社会欢迎的人工智能人才，不可避免地在教学过程中强调严格标准。一方面，保证课程计划的严谨性。人工智能技术本质上是以数学算法为核心，辅以计算机技术的产品，是一门科学，是最为严谨的数学课题，因此人工智能课程计划必须遵循严谨性。以计算统计与机器学习专业的课程计划为例，首先，学生必须学习统计模型与数据分析、监督学习两个核心课程；其次，学生必须从可用模块中选择 3—5 个课程；再次，需要完成 1—3 个选修课程；最后独立完成 10000—12000 字的研究项目论文。在完成课程的基础上，学生必须修得 180 学分，才能完成此项课程计划。① 另一方面，保证学生考核评价的严谨性。不同的课程有不同的考核办法，教师根据笔试成绩、课程作业、实践应用和项目论文等多方面考核评估学生的能力。

---

① University College London，"Computational Statistics and Machine Learning MSc"，2020 – 02 – 17，https：//www. ucl. ac. uk/computer – science/study/postgraduate – taught/computational – statistics – and – machine – learning – msc.

三　设计原则

为了进一步推动伦敦大学学院的人工智能专业人才培养目标及教学基本要求的落实，在人工智能专业人才培养的过程中就必须秉持基础扎实的专业性原则、学科交叉的多领域性原则、社会需求的一致性原则、兴趣导向的个性化原则。

（一）基础扎实的专业性原则

为了培养更多的人工智能专业的研究型专业人才，伦敦大学学院应用计算机科学系开设了多个与人工智能相关的研究方向，包括机器学习、计算统计与机器学习、数据科学与机器学习、机器人与计算机、计算机图形与视觉等研究方向。伦敦大学学院计算机科学系已成为欧洲应用计算机科学研究的重要中心之一，在机器学习、深度学习和机器人技术等领域皆有不俗的反响。在机器人技术的研究方向中，除了动力学链、传感和感知、控制系统等相关的机器人技术课程外，还包括机器学习、人机界面和计算机视觉中的可选模块课程，有助于学生更紧密地掌握与机器人学相关的领域，进而为学生进入机器人相关行业做好准备。[①] 伦敦大学学院以基础扎实的专业技术，实力雄厚的师资队伍、领先未来的国际眼光、不断为社会和国家输送优质人才。

（二）学科交叉的多领域性原则

伦敦大学学院人工智能方面的课程内容设置不仅包括人工智能方面的知识，还包括其他人文、艺术领域等方面的熏陶，课程体系内容构成上具有多领域相结合的原则。人工智能专业是一门综合度高、复杂性强的学科，需要学生在扎实的专业基础上，对工程、医学、理学等多种学科有较良好的知识与建模能力，从而能够实施更广泛更适应更有效的科研实践。比如伦敦大学学院中的计算统计与机器学习专业属于多学科交叉领域，涉及计算机科学、神经科学、天体物理学、生物科学等学科，

[①] University College London，"Robotics and Computation MSc"，2020 – 02 – 17，https：//www. ucl. ac. uk/prospective – students/graduate/taught – degrees/robotics – computation – msc.

将统计数据、机器学习与广泛应用程序结合在一起。[①] 该专业教授先进的数据分析和计算技能，帮助学生数字时代获得独特的竞争优势，取得成就。该课程的设计既严谨又切合实际，涵盖了机器学习和数据统计的基本方面，在信息检索、生物信息学、定量金融、人工智能和机器视觉等领域都有潜在的选择。

（三）社会需求的一致性原则

随着科技的迅速发展，越来越多的企业家渴望搭上人工智能这辆便车，打造新时代智能经济体，这样的需求迫使伦敦大学学院提出跟进社会需求的人工智能专业人才培养的方案。

当前，国内外对具有传统统计和机器学习接口技能的毕业生的需求很大，有相当大的人才缺口。英国工业的许多领先的公司，已经在其商业活动中广泛使用计算统计和机器学习技术，特别需要计算统计与机器学习方面的专业人才。一方面，学生毕业后可以选择去剑桥大学、芝加哥大学以及加州大学洛杉矶分校继续深造，获得统计学、机器学习或者相关领域的博士学位。另一方面，学生毕业后可以在德国、冰岛、法国和美国等国家的公司从事大规模数据分析和机器学习工作。

（四）兴趣导向的个性化原则

在课程选择过程中，伦敦大学学院为向往人工智能专业的学生提供了很多选择，鼓励学生根据自己的兴趣，结合自身基础知识的储备选择最适合的课程，激发学生学习的动机，给予学生充足的自由，满足学生的个性化发展。伦敦大学学院工程科学学院在本科教育中提出综合工程计划，学生在第二年需要学习为期两周的"怎么改变世界"的跨学科项目，提供给学生一些开放式的人道主义问题。比如，在疾病问题最严重的地区建立疫苗生产场，就需要学生组建一个跨学科技术团队，基于他们的工程教育进行设计，建立相应模型进行模拟、测试厂房电力、清洁水系统等。"怎么改变世界"这个跨学科项目包括多个问题，目前已有数千名学生参与到了这个项目中，与学校建立合作关系的世界银行、世界

[①] University College London, "Computational Statistics and Machine Learning MSc", 2020 – 02 – 17, https：//www.ucl.ac.uk/computer – science/study/postgraduate – taught/computational – statistics – and – machine – learning – msc.

红十字协会等都会给学生提供帮助。伦敦大学学院不仅联合多个部门设立研究组、研究中心、研究计划（社区）等组织，还在 Coursera 平台上设置在线课程，方便学生进行个性化的学习。这些富有个性化的教育活动为学生提供最好的服务与支持，促进学生更快更好地发展。

四　组织形式

伦敦大学学院丰富多彩的教学组织形式为学生构建了全新的学习环境，改变了传统的教条化教学方式，更好地激发学生的学习兴趣，为培养高水平的优质专业人才奠定基础。

（一）课堂教学

伦敦大学学院人工智能专业课程的实施主要以课堂教学的形式为主。采取集中授课的教学方式进行，由相应数量的学生组成班级，按照学校编排的课程表在固定的教室、固定的时间，由特定的教授向大家进行相关知识的传授，学生根据相关要求完成相应的作业。课堂教学重视学生掌握人工智能技术相关理论的全面性培养，并致力于全面培养学生的综合能力。课程由世界一流的研究人员设计和教授，讲师大卫·席瓦尔是 Alpha Go 人工智能项目的领导者之一，以此确保教学材料的前沿性。人工智能的课堂教学形式以课上讲解为主，辅以课堂练习与课后作业，并组织学生实施阶段性项目。表 7 - 6 为机器学习专业的监督学习课程表。

表 7 - 6　　　　　　　　　　　监督学习课程计划①

课程计划	内容
课程目标	本模块涵盖机器学习（ML）的监督方法。目标是获得一些机器学习（ML）方法的数据，它们是如何工作的，它们在哪里表现得好或差等。这些数据将作为数学结果给出，从标记的训练数据来推断一个功能的机器学习任务

---

① University College London, "Supervised learning course", 2020 - 02 - 17, http://www.cs. ucl. ac. uk/1819/A7P/T1/COMP0023_Networked_Systems/.

课程计划	内容
课程内容	该课程既包括监督学习的基础主题，如线性回归、最近邻和核化，也包括当前研究领域，如多任务学习和通过近端方法的优化。包括以下主题内容：最近邻；线性回归；内核和正则化；支持向量机；高斯过程；决策树；协作学习；稀疏方法；多任务学习；近端方法；半监督学习；神经网络；矩阵分解；在线学习；统计学习理论
课程限制条件	计算统计学与机器学习硕士；数据科学与机器学习硕士；机器学习硕士；机器人学硕士；机器人学与计算硕士；数据科学硕士；医学物理与生物医学工程硕士；科学计算硕士等专业才可以学习
成绩评估	笔试（2小时30分钟）75% 课程作业25%
学习方式	课堂讲授

（二）在线课程

伦敦大学学院建立了属于自己的在线学习平台Moodle，Moodle是一个在线学习环境，它易于使用，并具有许多创新工具，使其成为创建可促进协作学习和创建学习社区的课程的绝佳环境。① Moodle具有广泛的支持学与教的工具，其中包括：管理资源，支持交流、团队合作、在线评估、日常行政管理等功能。学生借助在线学习的灵活性，可以深入了解机器学习和人工智能、网络安全和软件工程等主题相关内容。Moodle提供具有协作性和吸引力的个性化学生体验，学习过程中学生和教师的互动是至关重要的，凭借在线学习学生与教授和同伴之间的互动不再依赖于校园，在职的学生不再需要暂停职业生涯来完成学业和学习相关计算机科学技能。除此之外，伦敦大学学院创建了开放教育资源（Open Education Resources，OER），包括录制的讲座和研讨会、讲义、论文、图表、动画、视频、演示幻灯片、阅读列表等，OER是通过教学和培训活动产生的可重复使用的、数字化的学习或教学对象。它们不必是一门完整的

① University College London, "Moodle for Staff", 2020-02-17, https://www.ucl.ac.uk/isd/services/learning-teaching/e-learning-staff/e-learning-core-tools/moodle-for-staff.

课程，可以是员工创建的用于辅助教学的单个项目，也可以是展示教学成果的学生生成的内容。此外，伦敦大学学院还拥有领英学习（LinkedIn Learning）网站的站点许可。① 该网站主要是软件、商业、科技和创意技能等领域的教育视频。学生拥有伦敦大学学院的用户 ID 和密码可以免费访问课程，这个网站涵盖 7000 个不同主题的视频资源，可以帮助学生学习新技能、新软件，并授予课程结业证书，有利于学生的个人发展。UCLeXtend 是伦敦大学学院开发的面向公众的在线学习环境，用于为 CPD、高级管理人员教育和宣传目的提供不计学分的短期课程。该平台除对公众开放外，还向所有伦敦大学学院员工和学生开放。

（三）研讨活动

伦敦大学学院的一些研究中心会定期邀请其他高校或公司对科学、哲学、人工智能等领域进行学术讨论活动，帮助学生及教师了解当前各区域、各学校最新的研究成果，相互交流，共同进步。在计算统计和机器学习中心会举办研讨班、大师班、阅读组、午餐会和工作坊等研讨系列活动。② 例如，大师班系列活动，该活动邀请来自世界各地的杰出的人工智能专家在 CSML 停留几天，在这期间，他们会在研讨会议中深入介绍自己的工作和研究成果，每年举行一到两次。午餐会是一个极其有趣的研讨活动，通常在每周五下午 1 点至 2 点，提出了一系列代表 CSML 各种兴趣小组的演讲。演讲者一般是来自各大英国高校的人工智能领域的博士和博士后，旨在促进 CSML 中大量机器学习和统计研究人员之间的协作。研讨会氛围特别活跃、互动性强，在演讲结束后经常会去吃自助午餐，这给予演讲者留出了充裕的讨论时间。这些研讨活动大都是由 DeepMind 公司提供赞助的。表 7 - 7 是 2019 年春—2019 年夏计算统计和机器学习中心（CSML）活动，表 7 - 8 为 CSML 的一个活动的具体内容。

---

① University College London，"DeepMind CSML Seminar Series"，2019 - 06 - 07，https：//www. ucl. ac. uk/isd/linkedin - learning.

② University College London，"Mind the gap - Digital skills at UCL"，2019 - 06 - 07，http：//www. csml. ucl. ac. uk/events/lunch_talks.

表7-7　　2019 年春—2019 年夏计算统计和机器学习中心（CSML）活动①

日期	合作对象	讨论主题
2019 年 2 月 20 日	牛津大学	Alpha Go，Hamiltonian 系统以及机器学习的计算挑战
2019 年 2 月 18 日	卡内基梅隆大学	非参数混合模型的可识别性，聚类和半监督学习
2019 年 3 月 1 日	TBA	在原始音频域中生成音乐
2019 年 3 月 7 日	伦敦大学玛丽皇后学院	Dirichlet 工艺混合物模型的选择
2019 年 3 月 14 日	马克斯普朗克研究所	盖茨比单位研讨会系列
2019 年 3 月 22 日	牛津大学	强化学习的变分推理
2019 年 4 月 26 日	TBA	DeepMind CSML 研讨会系列
2019 年 5 月 9 日	Télécom ParisTech	DeepMind CSML 研讨会系列
2019 年 5 月 31 日	剑桥大学	DeepMind CSML 研讨会系列

表7-8　　PAC-Bayes 学习入门在深度神经网络中的应用②

论坛	内容
时间	2019 年 6 月 28 日，星期五，13：00—14：00
学校	伦敦大学学院
发言人	本杰明·古杰（Benjamin Guedj）
内容	PAC-Bayes 是一个通用且灵活的框架，用于解决机器学习算法的泛化能力。它利用贝叶斯推理的力量，并允许推导新的学习策略。将简要介绍 PAC-Bayes 的关键概念，并说明如何将其用于研究深度神经网络的泛化特性

---

① University College London，"Csml Events"，2019 - 06 - 07，http：//www.csml.ucl.ac.uk/events.

② University College London，"Seminar：A primer on PAC - Bayesian learning with applications to deep neural networks"，2020 - 02 - 17，http：//www.csml.ucl.ac.uk/events/396.

（四）兴趣小组

在伦敦大学学院计算机科学系设有兴趣小组，兴趣小组是非正式的小组，小组成员来自五湖四海，只要对讨论的主题感兴趣，就可以聚集在一起探索新的主题，扩展研究范围或将不同的科学、文化、艺术、教育汇集在一起。这些兴趣小组反映了充满活力的校园文化，是新的研究可以发展的方向。伦敦大学学院计算机科学系设有机器阅读小组、数字生物学小组、特斯拉艺术/科学兴趣小组等。如机器阅读小组是自然语言处理小组，研究内容是制造能够读取和"理解"文本信息的机器，并将其转换为可解释的结构化知识，以供人类和其他机器使用。而特斯拉是一个艺术与科学研究并存的兴趣小组，[1] 这是一个供艺术家、科学家和思想家以及对该主题感兴趣的人一起展示和辩论他们的想法与梦想的独特的学术平台。特斯拉会谈及其在线档案现已成为主要的宣传途径，全世界的人都可以通过伦敦大学学院的门户网站，或者各种学术和社交网络界面观看。会谈通常在伦敦大学学院的 Garwood 演讲厅举行，通常持续 45 分钟到 1 小时，会以不定期的间隔（大约每一个月或两个月）进行，然后在附近的 Jeremy Bentham 酒吧进行非正式讨论。特斯拉会谈的谈话主题和结构没有任何规定或限制，只要它涉及从广义上理解的艺术和科学。[2]

第四节　伦敦大学学院人工智能专业人才培养的实施过程

一　主要部门

人工智能专业人才培养是一个漫长的过程，需要多方面的合作，因此，伦敦大学学院设立了研究小组、研究中心、研究社区（校企合作）以及国家研究所为人工智能专业人才培养保驾护航。

① University College London，"Tesla group"，2019 – 05 – 27，http：//www. tesla. org. uk/.

② University College London，"Tesla group about"，2019 – 05 – 27，http：//www. tesla. org. uk/index. php/about.

（一）研究小组

伦敦大学学院人工智能专业设有多个研究小组，比如自然语言处理小组、计算机视觉小组、计算统计与机器学习小组、统计机器学习小组、智能系统小组、虚拟环境和计算机图形学小组、视觉和影像科学小组等。研究小组在学校和外部机构的支持下，以理论知识和项目实践结合为导向，与银行、政府建立项目合作关系。研究小组除了提供一线的教学工作之外，还带领学生参与到外部的项目实践中。比如伦敦大学学院的视觉和影像科学小组，该小组由8名学术人员和40多名博士后、学生组成。研究小组会经常举办学术研讨会和阅读小组，并且负责几个相关的硕士学位和课程教学，特别是在面部识别、医学图像分析、颜色信息的统计建模、增强现实的跟踪、扩散张量成像等领域产出多项学术成果和项目实践。①

（二）研究中心

研究中心是由伦敦大学学院或跨机构、跨学院组建的大型研究团队。研究中心是伦敦大学学院利用其广泛学科优势的重要途径。学校积极组织学生参与校内的研究中心，通过研究中心的课题项目实现学生所学的知识应用于解决社会真实存在的问题，而不是单纯地学习理论知识或者练习性质的实践活动。校内的研究中心丰富多样，如伦敦大学学院人工智能中心、伦敦大学学院互动中心、计算统计和机器学习中心等。如计算统计和机器学习中心联合计算机科学、统计科学和盖茨比计算神经科学三个部门，汇集统计数据、机器学习等领域的最新科研成果，并与神经科学、天体物理学、生物科学等领域专家通力合作，积极带领学生研究人工智能的前端领域，推动社会向更加自动化的社会发展。② 表7-9是伦敦大学学院人工智能中心的任务和活动介绍。

① University College London，"Vision and Imaging Science"，2019-06-09，http：//vis. cs. ucl. ac. uk/home/.

② University College London，"About CSML"，2019-05-27，http：//www. csml. ucl. ac. uk/about/.

表 7 - 9　　　　　　　**伦敦大学学院人工智能研究中心简介**①

中心任务	研究内容
研究主题	研究生研讨会，调查和讨论当前有关视觉识别问题
研究目标	创建新的人工智能技术，并就人工智能在科学、工业和社会中的使用提出建议
研究方向	机器视觉，机器学习，自然语言处理，机器操作，解释和知识表示等方向
研究途径	创业：该中心的成员一直积极参与 AI 领域的初创公司。该中心将支持在中心内设有孵化器的初创企业 教学：该中心人员负责教授机器学习、监督学习等与人工智能相关的课程 研究：人工智能中心下涵盖多个研究小组，如自然语言处理小组、计算机视觉小组、计算统计与机器学习小组、统计机器学习小组等，分方向进行人工智能的研究

（三）研究社区（校企合作）

伦敦大学学院计算机科学系建立了一个大型的、活跃的研究社区，社区中包含一些校内与校外的研究计划和教学计划。目前学校的研究社区包括：虚拟环境、交互和可视化中心、金融计算与分析博士培训中心和伦敦大学学院 SECReT 等。其中，金融计算和分析博士培训中心是国家博士培训中心，是伦敦大学学院独特的跨部门、跨学院、跨公司合作建立的。金融计算和数据科学涵盖广泛的研究领域，包括金融数学建模、计算金融、金融 IT、定量风险管理、高性能计算、统计信号处理和金融工程。虚拟环境、交互和可视化中心专注于在各种应用中推进计算捕获、渲染和仿真的科学和工程项目。虚拟环境、交互和可视化中心拥有研究硕士学位（MRes）、工程博士学位（EngD）课程，研究工程师（RE）通过这些课程完成共同建立、开展与工程和设计中的虚拟环境、成像和可视化相关的研究。这些学生在研究社区学习的同时也相当于开展他们的未来的工作。

（四）国家研究所

伦敦大学学院是英国政府主办的艾伦·图灵数据科学研究所的五个

---

① University College London, "Research Themes", 2019 - 05 - 27, http://ai. cs. ucl. ac. uk/research/.

学术合作伙伴之一。研究所位于新的国王十字知识区，总部设在大英图书馆，以第二次世界大战的破译者和数学家艾伦·图灵命名，汇集了英国五所高校的计算机科学家、数学家、统计学家和其他专业人士，共同研究数据科学和人工智能的关键驱动因素。该研究所工作是由负责对研究和培训项目进行投资的工程与物理科学研究委员会（Engineering and Physical Sciences Research Council，EPSRC）主持协调，这五所高校投入一定的研究经费，同时研究所也将与公共部门及私营部门的其他组织建立伙伴关系，建立世界一流的数据科学和人工智能研究，并多次参与政府和国际项目。① 伦敦大学学院的研究人员和实验人员利用数学、统计学和计算机科学等领域的成就，从多方面对大数据进行分析，从这些大量信息中产生新理论与数据，为研究所带来了新一轮数据科学，在管理工业、商业和服务业等领域的管理方面，大数据正在发挥核心作用。

二 路径选择

当前，传统的教学模式已经不能满足学生的个性化发展，必须设定多条合理路径来培养学生，伦敦大学学院采用以体验式项目教学为主、数字工具辅助教学以及个性辅导支持的路径相结合的方式，全面提升学生的学习能力、思维能力、创新能力。

（一）以体验式项目教学为主

伦敦大学学院人工智能专业的课程在应用理论教学的同时采用以学生为中心的基于问题的学习、基于项目的学习和协作学习的综合性教学法，强调对学生实践能力的培养，因此鼓励学生参与到实际的项目之中，并将其项目制作成果作为课程考核标准之一。深度学习课程是人工智能专业的核心课程之一，该课程很少以讲授、编程作业的方式开展，大部分教师通过讲座和基于问题的学习相结合的方式开展教学，在讲座中共同讨论发现问题，引导学生以问题为项目，制订解决方案并完成项目，项目计划的预期结果与可行性作为课程最终成绩的主要评定依据，深度学习成绩评定表如表 7 – 10 所示。

---

① 人民网：《英选定 5 所大学领导图灵研究所》，http：//scitech. people. com. cn/n/2015/0209/c1057 – 26528214. html，2019 年 6 月 9 日。

表 7 – 10　　　　　　　　　　深度学习成绩评定①

考核方式	内容	成绩占比
笔试（2 小时）	1. 深度神经网络学习的基本原理、理论和方法 2. 深度学习的主要变体（如前馈和周期性架构）及其典型应用 3. 深层架构培训和建模时的关键概念、问题和实践 4. 自动差异理论和多元优化 5. 深度学习如何适应其他 ML 方法的背景，以及哪些学习任务被认为适合并且不适合执行	70%
课程作业	编程作业	30%

（二）数字工具辅助教学

伦敦大学学院开发多种数字学习工具来辅助教学，比如，黑板协作（Blackboard Collaborate）是一种实时视频会议工具，② 该工具包括添加文件、屏幕共享、聊天和视频、共享应用程序以及使用虚拟白板进行师生交互等功能。每个导师和学生都可以通过自己计算机上的 Web 浏览器访问该会议工具，在浏览器端体验与 Ultra 的协作，无须安装任何软件即可进行交互，这种网络上的会议又称虚拟教室。除了实时视频会议工具之外，伦敦大学学院开发了电子投票系统。③ 电子投票系统又称观众/个人响应系统，可以在讲座和课堂中使用，既可以提高学生的参与度，鼓励学生在课堂上积极思考问题，又可以帮助教师诊断测试学生、进行偶然性教学，还可以促进课堂讨论、鼓励同伴指导，及时得到生成性反馈。目前，该投票系统仅安装在伦敦大学学院的几个教室内，但学生也可以根据不同情况，使用电脑或手机下载并安装该软件（如图 7 – 1）。

---

① University of London，"Deep Learning Scores"，2019 – 06 – 07，http：//www. cs. ucl. ac. uk/1819/A7P/T1/COMP0090_Introduction_to_Deep_Learning/.

② University of London，"Blackboard Collaborate Ultra – Virtual Classroom and Videoconferencing"，2020 – 02 – 18，https：//www. ndsu. edu/its/blackboard_collaborate_ultra/.

③ University of London，"Electronic Voting Systems（EVS）"，2020 – 02 – 18，https：//www. ucl. ac. uk/isd/services/learning – teaching/e – learning – services – for – staff/e – learning – core – tools/electronic – voting.

图 7-1　安装在教室中的电子系统

（三）个人辅导支持

伦敦大学学院的个人辅导与剑桥大学、牛津大学的导师制既有相似之处，又有不同之处。在伦敦大学学院，为每位新生安排导师是新的大学教育的开端。① 导师在与学生接触后，了解了学生的学习基础、兴趣爱好等，支持和鼓励学生适应伦敦大学学院生活，指导学生的学习计划。在随后的学习中，学生会与导师定期见面，讨论近期的学习情况、分享各自的意见。导师还可以为学生的就业提出建议，为学生联系企业或公司，帮助学生更好地就业。伦敦大学学院不仅有个人导师，还包括个人辅导——教学助理。② 本科生的教学助理是由本校博士研究生担任的，博士研究生在学习的同时，承担一部分的教学和管理工作，对学生进行个别辅导，包括课业辅导和生活辅导。

---

① University of London，"Personal tutors"，2019-06-09，https：//www.ucl.ac.uk/teaching-learning/teaching-resources/personal-tutors.

② University of London，"Personal tutoring"，2019-06-09，https：//www.ucl.ac.uk/students/academic-support/personal-tutors/personal-tutoring.

三　策略方法

教学策略是教学的基本组织形式，也是实现教学目标而采取的一系列教学方式和行为。在人工智能培养计划的实施过程中，伦敦大学学院采用线上线下相结合、校内与校外合作、跨学科交叉培养以及依托隐喻文化的教学策略方法。

（一）线上线下相结合

伦敦大学学院目前采用线上线下结合的方式进行课程教学，传统的教学模式很难促进学生更好地发展，因此，伦敦大学学院紧跟互联网的发展潮流，积极开发在线教育工具，将其运用到传统的线下教学中。

一方面，伦敦大学学院计算机系拥有一流的师资队伍，传统的线下教学依旧受欢迎。线下教学的形式虽然在时间空间上的自由度不是很大，但也有在线教育不可取代的优势。比如，教师与学生同一时间同处一间教室，教师在课堂教学过程中，通过学生现场给出的反应和行为，及时调整教学进度，带动学生的思维，活跃课堂气氛，提高学生参与度，产生良好的教学效果。

另一方面，互联网时代的到来，实现了获得教育资源的多元化。伦敦大学学院自主研发的线上教学工具 Moodle，涵盖课程内容、在线交流、在线评价、学习资源、在线互动等功能，教学人员将线下的教学进行录制上传到 Moodle 平台。这样一来，即使学生有不理解的，还可以在平台上回看视频以解决问题。除此之外，线上教学工具还具备版权保护、文件的跨平台兼容，以确保线上使用的成功。

（二）校内与校外合作

伦敦大学学院除了跨学科、跨学院开展双线并行的课程教学外，还对内建研究中心，对外与企业、国家研究机构建立合作关系，为学生提供实践与兼职的机会，增强了学生跨环境交流与协作的能力。伦敦大学学院与谷歌 DeepMind、Adobe、华为、思科等有远见的公司建立合作关系，这些公司拥有超前的人工智能新算法、新技术和新设备，能够带给学生最先进的体验，同时公司会单独拿出资金设立奖学金以支持学生和研究人员的 AI 技术研究。这种校内与校外联合培养的合作方式，受到了学生的欢迎，学生在获得知识、增长见识的同时，又可以有一份额外的收入来补贴生活。校外公司或企业给伦敦大学学院的学生、研究人员创造了自由、奇妙的教学环境，将具有不同经验、知识和背景的人们聚集在一起，以迸发出智慧的火花，有助于形成新知识的碰撞。

（三）跨学科交叉培养

伦敦大学学院人工智能专业采用跨学科的培养方式，比如文理学位项目①为学生提供文理双修的专业设置，综合工程计划为本科学生提供跨学科的教学模式。文理学位项目将专业分为四大方向："文化""健康与环境""科学与工程""社会"，其中"文化"和"社会"属于文科，"健康与环境"和"科学与工程"属于理科，该项目规定学生以"主修＋辅修"的方式选择文理。例如，当学生选择文科为主修时必须选择理科为辅修。这种专业设置让学生能根据自身的兴趣和优势自主选择、设计适合自身需求的培养方案。在每一学年的假期，学生都会有大量的实习工作机会，接触到真实的项目，锻炼自身的能力。再比如，综合工程计划，该计划允许不同领域的专家或跨学科的工程教育在不同的学科之间流动。学生在学习核心计算机知识的同时，还跨学科学习、参加研究型项目或活动。学生可以注册一个核心学科，但他们除了在该学科的学习，还需要参加一些跨部门的课程或活动。伦敦大学学院与诸多世界一流大学及企业建立了密切合作关系，为学生的实习工作和海外学习提供了很多机会，增强学生交流与实践的能力。

（四）依托隐喻文化

伦敦大学学院的某些课程计划与项目，不仅注重培养学生的跨学科学习和工作的能力，还注重学生的跨文化素养。比如文理学位项目，该项目提供三年的校内学习加一年的海外学习，学生在第三年有出国学习一年的机会。海外学习为学生提供跨文化学习的机会和环境，学生自身也要掌握一门外语，为海外学习奠定基础，提高跨文化学习的能力。

除了海外学习，校内也有隐性课程的环境。来自世界各地的学生因为兴趣聚集在一起组建的兴趣小组，多元文化在交流中得到碰撞，产生新的想法。课堂之外，丰富的社会实践工作、社团活动和演讲比赛，如

---

① University College London, "10 Reasons to choose the BASc ｜ Arts and Sciences（BASc）－ UCL － London's Global University", 2019 － 06 － 09, https：//www. ucl. ac. uk/basc/file/675.

为了"公益"而组织的"F'AI'R黑客马拉松比赛"系列,让来自不同专业、不同地区的学生会聚在一起,共同成长。

四　影响因素

人工智能专业人才培养的实施过程必然会受到多方因素的制约和影响,伦敦大学学院在人才培养过程中综合考虑社会需求、隐喻文化、资源支持、教师能力等方面要素,从而整合多方因素促进人才培养过程的发展。

(一)社会需求

人才培养是指大学层面的"培养什么样的人"的问题,社会需要什么样的人才,学校就应该培养什么样的人才,它对整个人才培养起着导向作用。在面临众多严峻问题的今天,癌症、信息安全、全球变暖和资源耗尽的问题都急切地期待着新的工具来解决。人工智能的大规模发展有望寻找出问题的根源,缓解或解决问题,同时补充和增强人类的经验,创造出人机协同的新时代。因此,面对社会的需求,人工智能的未来可以使医疗服务平民化,改善客户体验,甚至可以解除负担过重的劳动力,也能够帮助人们处理、分析与评估世界上海量的数据,留下更多时间给人类从事高层次的思考、创造与决策。人工智能催化每个行业发展的巨大潜力,从游戏开发到医疗诊断,离不开人工智能的研发与创新。因此,社会需求是影响人工智能人才培养的因素之一。

(二)隐喻文化

在人才的培养过程中,不仅教授学生文化专业知识,同时还需要培养学生的价值观、人生态度和其他成长因素。学生的价值观、态度是在学生学习中潜移默化、间接传递的。伦敦大学学院是英国功利主义思想的产物,功利主义认为教育是谋求"最大多数人最大幸福"的工具,每个人都享有获得幸福的权利,所以教育不能存在性别、宗教、出身方面的歧视,高等教育不是宗教的附庸。伦敦大学学院独特的校园隐喻文化影响着其课程体系。它引入现代科技科目,将宗教科目排除在外,满足了社会发展对实用型人才的需求。伦敦大学学院十分重视自身的优良传统,通过导师制以及优良的校园文化和丰富的社团活动,对学生的发展进行全方位的引导,培养学生的良好品质。

（三）资源支持

在人工智能人才培养的实施过程中离不开两个资源支持，一方面是教学资源支持，体现在配套设施、教学工具等，伦敦大学学院提供从教学工具包到开放教育资源，再到有用的资源平台，涵盖了学生在学习期间所涉及的任何方面。伦敦大学学院校园的配套设施环境良好，确保学生在舒适、设备完善和鼓舞人心的空间中学习。另一方面是经济资源支持，经济支持在培养人才方面极其重要，伦敦大学学院设立了针对工程科学学院的院长奖、面向中国学生的国家奖学金，与伦敦大学学院建立合作伙伴关系的企业，不仅设立奖学金或助学金，还会提供活动赞助和设备赞助，比如微软公司赞助伦敦大学学院举办了许多活动，并对表现出色的学生给予一定的物质奖励。

（四）教师能力

伦敦大学学院拥有强大的师资力量，教师来自113个国家，学校通过适当的激励措施，招聘世界范围内最优秀的研究者。学校将吸引、奖赏和留住杰出的教职员作为学校的重要发展策略之一。伦敦大学学院有甄别和招募机制以选聘世界范围内各学术领域杰出的个人和研究小组。招募的教师并不仅仅局限在学术领域，也分布在工业、商业和公共部门。尤其是计算机科学系更是汇聚了世界顶尖的计算机专家，比如被誉为"人工智能之父"的杰夫·辛顿曾在伦敦大学学院任教，并且创建了盖茨比计算神经科学中心；人工智能程序 Alpha Go 的创始人之一大卫·席瓦尔不仅是伦敦大学学院的讲师，也是 DeepMind 公司的工程师。此外，伦敦大学学院的课程都是由各个核心部门的教师讲授。

第五节　伦敦大学学院人工智能专业人才培养的评价机制

一　组织机构

为了综合评价学校的教育教学能力，提升人才培养质量。伦敦大学学院组织了外部质量保障和内部质量保障，共同为人才培养这一过程提供可靠的、全面的评价。

（一）外部质量保障组织

1. 政府机构保障

英国高等教育质量保证署（Quality Assurance Agency，QAA）于 1997 年成立，其目的是向英国高校提供完整质量保证服务，以保证和提高高等教育质量，推动高等教育质量管理的不断改革。英国高等教育质量保证署初期的工作主要是进行延续审查和学科评估，2002 年改革后则采用院校审查的方式来进行评估。主要对学校质量评估和学科专业质量评估，并向公众公开发布评估结果。[1]

2. 专业机构保障

伦敦大学学院会在一些特定的职业资格相关的专业领域进行评估，如工程、医学、法律等，英国还有由法定的行业组织实施的、带有行业准入性质的课程质量认证，以保证课程设置的资质满足职业资格的要求。自从 1997 年后，专业和法定机构专业准入性学术课程越来越多地参照高等教育质量保障署的评估。

（二）内部质量保障组织

1. 内部质量评估

伦敦大学学院开展内部质量评估（Internal Quality Review，IQR），来检查和控制内部的教育质量。学校设立学术委员会，作为学术事务的最高决策机构。各个学院和系设立教学委员会。校学术委员会之下设有专门质量保证与提高委员会，负责内部质量评估。内部质量评估每年评估若干系，五年一次循环。评估中对典型案例进行经验总结，并反馈给各个院系，以相互促进。这种内部质量评估制度在伦敦大学学院内部质量控制中发挥了一定的作用。整个程序包括五个步骤：科系提交自评报告；评审团（IQR team）实地访查（1—2 个工作日）；评审团撰写报告；评审团和科系共同召开追踪会议帮助科系撰写行动计划；向学校质量保证委员会提交相关材料。

2. 同行评价

伦敦大学学院每一位教师均需接受同行的评价，有些学院让教师自

---

[1] 张珊珊：《英国高校质量文化与内部质量保障机制研究——以伦敦大学学院（UCL）为例》，《教育与考试》2013 年第 1 期，第 83—86 页。

行邀请同行进行评价，有的学院则指定一些校外的教师进行评价。但不论是采用哪种形式，目的均在于帮助教师提高教学质量。这一策略对改善当前高校教师过于重视科研而忽略教学活动的现状有重要作用，同时，更能增加高校教师之间的交流和沟通，促进教师专业发展，更是为新教师提供了一个向经验丰富的教师学习观摩的机会。

3. 学生反馈

伦敦大学学院的内部教学质量保障体系不仅对教师的关注较多，也非常注重学生的积极参与，为学生提供了多种参与方式，如在各级质量保障委员会中设置学生代表，建立学生质量保证组织，让学生填写反馈问卷等。伦敦大学学院非常强调学生对教师上课的评价。学生课程评价包括口头性的建议和正式评估问卷，评估结果由学校分析后反馈给老师。

二　评价指标

构建合理的人才评价指标体系是提高高校教学质量的必然要求，科学的人才培养评价体系有利于院校教育管理的科学化与规范化，有利于提高教学质量。

为了通过此课程考核，学生课程的评价指标包括：如果仅有一项作业，则学生需要实现总体加权模块的50%；如果有两项或两项以上的作业，则学生需要实现总体加权模块标记至少40%。如果组件包含多个评估，则最小标记模块要大于等于30%。

此外，学校还设置了二次评估的方法。如果通过一个模块，学生必须：对于 FHEQ 级别为 4、5、6 的模块，模块中的总体标记为40%，而 FHEQ 等级 7 的模块的总体标记为50%。在 FHEQ 第 4、5 和 6 级的模块中获得40%的不可评估评分和 FHEQ 等级 7 的模块50%。满足为评估设定的任何最低资格标志；完成模块（仅限本科课程）学生必须：满足为评估设定的任何完成阈值（仅限本科课程）。如果学生在第一次评估时一个或多个模块不符合条件，则将允许对不符合条件的模块进行重新评估。如果学生通过了一个模块，无论学生的标记如何，都无法对其进行重新评估。

学生如何重新评估取决于他们没有得到的学分。未能达到 60 学分（4.0 课程单元）的学生将被要求在下一个机会进行重新评估，该机会将在夏末评估期间进行。如果重估仍未达到 60 学分（4.0 课程单元）的学生将被要求在下一学年重复该课程，并且需要多支付学费。表 7 - 11 和表 7 - 12 分别为伦敦大学学院计算机科学系的等级描述和评分标准。

表 7 - 11　　　　　伦敦大学学院计算机科学：等级描述①

等级描述	不合格	不合格	低于 40；BSc：Fail；MEng：Fail
		差的	40—49；BSc：3rd；MEng：Fail
	合格（2：2）	满意	50—54 低过
			55—59 高过
	良好（2：1）	良好	60—64 低效
			65—70 高效
	优秀（1）	优秀	70—79
		杰出	80—80
		优越	90 +

表 7 - 12　　　　　伦敦大学学院计算机科学：评分标准②

评分标准	具体内容
	对任务集答复的质量：答案、结构和结论
	对相关问题的理解
	参与相关工作、文献和早期解决方案
	分析：反思、讨论、局限
	算法或技术解决方案
	测试解决方案（如正确性、性能）
	口头介绍或演示解决方案
	写作、交流和文件
	格式化、可视化、清晰度、引用规范

① University of London, "Grade Descriptor", 2019 - 06 - 07, http：//www. cs. ucl. ac. uk/fileadmin/UCL - CS/ students/documents/ COMPS_ENG_Grade_Descriptor_1819. pdf.

② University of London, "Grade Descriptor", 2019 - 06 - 07, http：//www. cs. ucl. ac. uk/fileadmin/UCL - CS/students /documents/ COMPS_ENG_Grade_Descriptor_1819. pdf.

三 评价策略

伦敦大学学院从课程考核、书面考试、项目论文三个方面完成对学生的考核评价。

(一) 课程考核

课程有广泛的考核方法,包括:书面报告、论文、技术问题、编程任务、应用程序开发、课堂或实验室测试、在线 MCQ、演示、实践。大多数模块都有一个或多个基于课程作业的评估。一些课程包括多个任务,例如,课程作业可能包括书面报告和实际演示。

(二) 书面考试

书面考试是一种评估方法,其中学生在受控条件下尝试解决一组问题。书面考试在主考试期间和夏末评估期间进行。学生可以通过模块目录(教学大纲)了解模块的评估规则,以及课程的评估方式。

(三) 项目论文

所有授课课程都有一个最终的项目/论文模块,学生可以在这个模块中开展一个关于特定主题的实质性研究项目,每个项目都有一名主管,他将就实施项目/论文的过程向学生提出建议。项目模块的教学方式与其他模块不同,没有定期的教学。相反,学生将定期与他们的项目主管会面以获得建议和指导,同时他们应该自我组织和指导自己的工作。表 7 - 13 为本科阶段、硕士阶段的项目论文模块。

表 7 - 13 　　　　　　　　　　　　项目论文①

学生层次	项目模块
本科项目模块	三年级个人项目 BSc 集团研究项目 (BSc CS) 四年级个人项目 (MEng CS;MEng MC)

---

① University of London,"Projects Dissertations",2019 - 06 - 09,http://www.cs.ucl.ac.uk/current_students/projects_dissertations/.

学生层次	项目模块
研究生项目模块	论文（MSc InfoSec） 业务分析项目［理学硕士（CS）］ 个人项目报告（MSc CS） 项目（MSc DSML；MSc ML） MRes 计算统计学和机器学习论文（MRes CSML） 个人项目（MSc CSML） 软件工程研究项目（MSc SSE） 软件系统工程小组项目（MSc FSE；理学硕士 SSE） 研究项目（理学硕士 CGVI） 论文（MRes WSBDA） 硕士论文项目（MSc WSBDA） MRes 机器人论文（MRes Rob） 机器人与计算学论文（MSc RaC）

该项目可以由外部行业合作伙伴设置，例如通过行业交换网络（Industry Switching Network，IXN）或者与其他大学合作。行业交换网络是一个第三方机构，给学生提供大量真实的项目，使学生能够通过基于学校的客户项目参与基于问题的实际学习。与微软的初步合作能够将伦敦大学学院学生与微软客户群托管的行业项目相匹配。现在，IXN 通过不同层次的管道匹配行业项目，学生包括从事应用程序设计的 BSc 一年级学生到从事更高级数据科学项目的 MSc 级别。

四　保障措施

伦敦大学学院的教学质量保障措施主要包括检测学术诚信的 Turnitin、学生成绩的反馈以及 FHEQ 的评价标准，为教育教学过程提供保障措施。

（一）Turnitin

学术诚信是学术活动的诚实和负责任的行为。Turnitin 是一个由外部托管与 Moodle 平台集成的第三方工具，支持学生使用和参考资料进行学术写作，帮助发现抄袭、伪造数据等不良的学术行为。因此，伦敦大学学院使用复杂的检测系统 Turnitin 扫描学生的工作以获取抄袭证据，这是一个非常有效的方式。学校会要求学生通过 Turnitin 系统在 Moodle 平台上直接提交作品，或者交给负责收集作品的学生，整个过程完全数字化，不需要纸质拷贝，不需要排队等候交作业。该系统可以访问全球数十亿来源，包括网站和期刊，以及之前提交给伦敦大学学院和其他大学的工作。大多数部门都需要以电子方式和纸质形式提交您的工作。如果学生涉嫌剽窃、串通或伪造数据，那么将根据伦敦大学学院的考试违规和作弊程序进行调查。

（二）成绩反馈

学生会在评估/课程作业提交日期后的 30 个工作日内收到有关成绩的反馈，这些反馈旨在帮助学生了解学生在模块/评估任务中取得的学习成果，帮助他们找出自己知识方面的差距，并为未来的学习提供信息。评估的反馈可以采用不同的形式，具体取决于评估的性质。学生会在整个计划中收到各种形式的反馈。例如：书面评论、关于一件作品的注释、带注释的标记网格、带注释的等级描述符、模型或指示性答案、自动反馈（如 MCQ 和一些编程任务）、课堂上或实验室中的口头反馈、通过音频/视频剪辑的口头反馈等。反馈是个性化的，即与学生的工作有关，或者可以是问题，例如与学生经历的常见问题有关。书面考试的反馈通常是量化的，因为评估的范围仅限于一组特定的问题。学校会给每个学生 Moodle 成绩册，包含相同时间内所有课程的评估成绩。

（三）FHEQ

英国高等教育资格框架（The Framework for Higher Education Qualifications in England, Wales and Northern Ireland, FHEQ）[①] 是英国的高等教育评价的方式之一，一共有 5 个层次，分别用数字 4—8 代表，涵盖本科、硕士、博士阶段。使用这种评价方式，可以确保国内外同等学位文凭的质量符合一定的水平，建立完整的学位文凭体系，对此框架提供者的课程、学分、学位进行认可。因此，高等教育资格框架在国际学位文凭互认中是很必要的（见表 7－14）。

---

① 中国教育新闻网：《英国高等教育资格框架的特点与启示》，http://www.jyb.cn/theory/bjjy/200902/t20090226_244367.html，2019 年 5 月 21 日。

表7－14　　FHEQ 与 FQ－EHQA（欧洲高等教育区资格框架）资格的对应关系

每一层次代表性的高等教育资格	FHEQ 的层次	对应的 FQ－EHEA 周期
博士学位	8	第三周期（周期结束）资格
硕士学位	7	第二周期（周期结束）资格
综合硕士学位		
研究生文凭		
教育学研究生证书		
研究生证书		
荣誉学士学位	6	第一周期（周期结束）资格
学士学位		
教育专业本科证书		
本科文凭		
本科证书		
基础学位	5	短期周期（在第一周期内或与第一周期相联系）资格
高等教育文凭		
国家高等教育文凭		
国家高等教育证书	4	
高等教育证书		

第六节　伦敦大学学院人工智能专业人才培养的总结启示

一　主要优势

伦敦大学学院能成功地培养一批批的创新型、领导型的人工智能人才，与其课程设置、教育资源力量、课程评价体系有着必然的联系。

（一）交叉学科培养

伦敦大学学院为学生文理学位项目和综合工程计划等学科交叉培养的项目，课程在融合跨学科开设知识的基础上，对不同学段的培养目标都有严格的评价考核标准，以达到能力的进阶，并通过不同的项目任务来提升学生的学习能力、思维能力、创新能力。学校还提供了完善的教学服务资源，除了提供前沿的、专业的课程内容外，还提供丰富的配套数字化教学资源、个人辅导支持等教学辅助，帮助学生提升知识和能力水平。

（二）教育资源雄厚

伦敦大学学院教育资源雄厚，不仅拥有一流的教师团队进行教学，还建立多个研究中心、研究机构提供实践机会，更有多种教学工具资源辅助教学，一同为学生的"学与做"保驾护航。首先，伦敦大学学院计算机科学系拥有世界著名的计算机专业教师团队，这些导师对于计算机知识的理解与知识教授经验对人工智能专业课程的设计与开展具有积极意义；其次，学校对内建立研究中心、研究小组，对外与企业公司合作，为学生提供实践与实习的机会；最后，学校积极开发多种教学辅助工具资源，为教师教学、学生学习提供了有效的帮助与支持。除此之外，校园文化环境也为学生构建了一个开放、多元的学习氛围。

（三）课程评价严谨有效

学校重视学生对课程学习后的评价，学校不仅有独立的评估系统，还设置了重估模式，对学生的反馈进一步分析。学校通过外部机构与内部机构共同对学生做整体评价，排除其他冗余的数据，根据多项指标对教师以及课程进行评价，有效选择正确的评价，回馈给学生与教师较为精确的课程评分结果，帮助其优化课程。学校实施科学有效的评价策略，用积极的态度看待学生，从每个学生发展的内在需要和实际状况出发，评价他们各自的发展进程，让每个学生都得到赏识，体验到成功，促使他们向着更高、更好而努力。

二　存在问题

虽然伦敦大学学院对于本校人工智能领域的人才培养方案都很完备，但是仍存在一些小的问题，善于总结问题有助于后期的修正和调整。

（一）专业课程分支较少

伦敦大学学院的专业分支较少，更加侧重人工智能的纵深研究，方向主要是机器学习和计算机视觉。目前，人工智能专业的方向为狭义的"人工智能""计算机视觉""机器学习与数据挖掘""自然语言处理""网络与信息检索"共五个子类。虽然，伦敦大学学院人工智能专业课程安排了人工智能领域下的多种技术，但是课程的设置还是不够全面，学生学习面虽广，但是缺乏学习的针对性。因此，学校应该拓宽课程的分布，专业的设置既要有深度，又要兼具广度，使学生选择感兴趣的方向深入学习。

（二）过于重视评估结果

伦敦大学学院过于重视外部评估结果，外部评估和内部评估的结果影响伦敦大学学院对于学生的发展，尤其是卓越研究框架评估（Research Excellence Framework，REF）的结果对英国各高校的办学行为产生了重要影响、促使学校更加重视自身科研能力建设。[①] 但是，这种政策状况也导致了另外一些间接负面后果，比如，学校重视自身科研能力建设却忽视了日常的教学任务。学校科研人员为了获得更多的科研经费而大肆搞科研从而忽视了学术的发展。

三　学习借鉴

当前，人工智能技术能力已成为衡量国家科技创新实力的重要标志，伦敦大学学院在人工智能领域经过多年的教学实践，形成了学生主体、学科交叉、科学合理的课程体系，学校本身雄厚的计算机科学研究实力为人工智能课程提供了大量基础课程资源。其次在人工智能人才培养方面有着较为成熟的经验，培养出了一大批优秀的精英人才。所以，学习、借鉴伦敦大学学院人工智能人才培养的经验，具有战略和现实双重意义。

（一）交叉学科探究融合

伦敦大学学院注重构建跨学科的课程设置，将人工智能的专业课程与心理学、哲学、艺术等课程结合，打破传统的学科界限，构建学生对人工智能领域认知的整体框架。学校与机构、公司建立合作关系，为学生提供丰富的人工智能项目，学生积极参与到真实的项目中，培养解决问题的能力。人工智能人才培养最终目的是培养以适应各种社会需求的人才，如果大学单方面任务导向培养人工智能人才，就会出现专业人才知识面单一、简单化等不足。根据伦敦大学学院的经验，我国的人工智能专业设置要以"学科交叉、领域融合"为原则，拓展学生知识的广博

---

① 崔晓明：《英国高校卓越科研评估框架研究》，硕士学位论文，黑龙江大学，2015 年。

与专深；让学生根据自己的兴趣和潜能自由选择；灵活设置专业辅修学位和证书课程，满足学生的多元需求。

（二）严格标准选拔人才

人工智能是一个典型的交叉学科，涉及数学、心理学、神经生理学、信息论、计算机科学、哲学和认知科学等多种学科知识。尤其和计算机科学、信息学、数学关联性最强。所以，想要在人工智能方向有所发展的学生，都需要具备很好的数学基础、有扎实的计算机信息知识功底。坚持知识扎实标准，大力选拔优秀人才，不能滥竽充数、搞凑合，要严格坚持质量、切实把握好标准。当前人工智能人才缺口大，高校在选拔人才时定要做到宁缺毋滥。伦敦大学学院本科并未开设人工智能专业，其将重点放在基本的计算机知识上，并辅以丰富的选修课供学生选择，让学生发现和定位自己的兴趣和志向，选择最适合自己以后的专业方向。

（三）重视隐性课程文化

促进学生个性化发展是人工智能专业培养创新人才的基础和前提。促进学生个性化发展，隐性课程文化有着其他教育模式所无法替代的作用。伦敦大学学院的隐性课程无处不在，利用优美的学习环境、融洽的师生关系、丰富的课外活动，对学生的课外活动进行全方位的引导，与课堂教学形成合力，促进学生的发展。营造努力上进的学术生活氛围，有利于学生综合素质的拓展和个性的发展。学生的课外时间与课内同等重要，必须要加以有效引导，要将学生宿舍变成一个学习、交流、自律的空间，对学生的社团活动要加强引导和规范，激励学生通过有意义的社团活动全面发展。

（四）完善教学评价体系

建立完善的教学评价体制，切实有效地实行学生评教或其他课程评价方案，认真处理学生反馈的信息，对学校、课程组、教师提出课程修改意见以及教学意见，促进课程和教学的优化，逐步提高学生培养质量。目前，国内高校刚设立人工智能专业，在确定培养目标、专业定位之后，需要建立完善的课程体系。由于人工智能专业是一个融合多学科的专业，课程教学评价上有待进一步完善。首先，各高校应主动与机构、企业建立联系，形成良好的内外部沟通，构建第三方评价体系。设置一定的标准，从多个方面对人工智能人才培养展开客观而全面的评价。其次，高校内部应积极建立完善的评价保障体系，基于相关学科的评价体系，从学生课堂表现、考试测验、项目实践、科研比赛等多个方面评价。最后，对毕业生就业率、就业满意度、就业去向、收入状况等方面呈现数据评价。通过校内、校外和就业三方构建多维评价体系，确保教学质量、人才质量。

人工智能人才是推动人工智能行业发展的核心基础，深度布局人才战略方案，掌握顶尖的人工智能技术，这些硬核实力使得国家在人工智能领域可以位于一个高起点上，拥有更多胜券。国家政策的扶持，使人工智能产业未来的发展具有很高的可期性，同时也给高校的人工智能专业教育方面提出时代性的挑战。本章通过对伦敦大学学院人工智能专业人才培养开展多层次、多角度、多方位、多形式的剖析阐述，总结出该校人工智能专业人才的培养理念与培养方式，以期望为我国的人工智能专业人才培养提供一方视角。

第 八 章

爱丁堡大学人工智能专业人才培养研究

在诸多开设人工智能学科的世界一流大学中，爱丁堡大学在人工智能方面有着悠久的传统，发展初期就勇于开拓创新，实现人工智能与其他学科的交叉融合。在 20 世纪 60 年代后的许多年间，其与麻省理工学院 AI 研究组、卡内基梅隆大学 AI 工作组以及斯坦福大学的 AI 项目并称 AI 学术界的研究中心。在 2014 年的计算机科学和信息学卓越研究框架（Research Excellence Framework，REF）评估中，爱丁堡大学有 4 个 AI 主题研究所参选，在"世界领先"和"国际一流"两个评价指标上远优于英国其他大学。[①] 爱丁堡大学是英国领先的人工智能大学中心，研究领域广泛，包括计算机视觉、机器学习、自然语言处理等主题。本章试图以爱丁堡大学人工智能专业为例，探讨其人才培养过程中的重点要素及其彰显的特征，为我国人工智能专业提供经验借鉴和理论参考。

第一节 爱丁堡大学人工智能专业
人才培养的发展概况

一 关于爱丁堡大学

爱丁堡大学（University of Edinburgh）成立于 1583 年，是苏格兰排名前三的大学之一，同时也是世界一流且极负盛名的顶尖公立研究型大

---

① REF 2014，"Research Excellence Framework"，2019 - 12 - 18，https：//www.ref.ac.uk/2014/.

学，位于苏格兰首府爱丁堡市。爱丁堡大学的建立最初由爱丁堡镇议会
（Edinburgh Town Council）启用先人赠予的创业基金付诸实施，这与当时
教皇诏书创立大学的传统背道而驰，具有非比寻常的意义，最终在多方
努力下于 1582 年由詹姆斯六世颁发皇家宪章成立。① 建立 400 多年以来，
经历了不断更名、扩建和重组的过程，逐步发展壮大，并于 2002 年对大
学进行重新规划，将九个院系整合形成 3 个大学院，分别是人文和社会
科学学院（Colleges of Humanities and Social Sciences）、医学和兽医学学院
（College of Medicine & Vet Medicine）以及科学和工程学院（College of Sci-
ence & Engineering），在 3 个大学院下再分设 24 个小学院（schools）。爱
丁堡大学作为苏格兰排名第一的综合性大学，以经济学、管理学、教育
学、哲学、法学、医学、人工智能、信息科学等学科较为出名，且拥有
着雄厚的科研水平和师资力量，这个古老的大学孕育出了 19 位诺贝尔奖
获得者，3 位图灵奖获得者，1 位菲尔兹奖获得者，1 位阿贝尔奖获得者
以及 2 位普利策奖获得者。古老而庄严的校园，浓厚的学术科研氛围，
雄厚的师资力量，独特的组织架构，丰富多彩的学生生活都是爱丁堡大
学所具备和拥有的。作为英国与牛津大学、剑桥大学并驾齐驱的世界一
流顶尖大学，爱丁堡大学在 2018 年泰晤士高等教育世界大学排名中位列
世界第 27 位、欧洲第 7 位、英国第 5 位。② 在 2019 年 QS 世界大学排名
中位列世界第 18 位、英国第 5 位、苏格兰第 1 位。③

二 爱丁堡大学人工智能专业人才培养的历史考察

爱丁堡大学人工智能的历史起源可以追溯到 1963 年由唐纳德·米奇
（Donald Michie）和搭档建立的小型研究小组。唐纳德·米奇相信可以把
计算机构建成可以思考和学习的机器，这样的理念为爱丁堡大学人工智
能的诞生创造了契机。回顾爱丁堡大学人工智能的发展历程，共经历了

---

① Grant，Alexander，*The story of the University of Edinburgh*：*During its first three hundred years*，London：Nobel Press，2011，pp. 5 - 8.

② Times Higher Education，"University of Edinburgh"，2019 - 07 - 11，https：//www. time-shighereducation. com/world - university - rankings/university - edinburgh.

③ QS World University rankings，"University of Edinburgh"，2019 - 07 - 22，https：//www. topuniversities. com/universities/university - edinburgh/postgrad.

四个发展时期，分别是萌芽探索期、内部重组变革期、迅速发展期和稳定繁荣期。① 每个时期大约持续 10 年，由最初萌芽时期人工智能的性质和目标受到损害，到内部组织重新调整变革，再到适应了新的组织形式迅速发展，最后构成了以人工智能为主导的交叉科学融合领域。

（一）萌芽探索期：1963—1973 年

这一阶段是从米奇在爱丁堡大学建立实验编程部门到 1973 年 FRED-DY Ⅱ 机器人的诞生。1965 年米奇在爱丁堡大学建立了实验编程部门，并于第二年 10 月成立了机器智能感知系。此外，他还说服了理查德·格雷戈里（Richard Gregory）和克里斯托弗·隆格 - 希金斯（Christopher Longuet - Higgins）一起参与到机器智能的发展建构中，三人共同建立了一个大脑研究所。其中，米奇的主要研究领域在于阐明智能机器人构造的设计原则，而格雷戈里和隆格 - 希金斯认识到机器认知过程的计算建模可能为其性质提供新的理论见解，因而，他们各自成立了不同的研究小组，隆格 - 希金斯将他的研究小组命名为理论部门，格雷戈里称他的小组为仿生学研究实验室。在他们的研究基础之上，罗宾·波普斯通（Robin Popplestone）和罗德·伯斯塔尔（Rod Burstall）设计并开发出了 POP - 2 符号编程语言，将其运行在一个多访问交互式计算系统上，是英国人工智能研究历史上第二个具有显著成就的产品，旨在推动英国人工智能的研究与教学开展。到了 1973 年，机器人技术的研究日益深入发展，创造出了能够从一堆零件中自动组装物体的 FREDDY Ⅱ 机器人。人工智能研究人员的合作探究，一方面深化了人工智能技术的进步与变革；另一方面，从他们合作的开始，这些科学成就因人工智能研究的性质和目标以及该部门创始成员之间日益不协调的重大知识分歧而受到损害。格雷戈里于 1970 年辞职去了布里斯托尔大学，三个研究小组改成部门，保留了仿生学研究实验室的名称，实验编程部门则成为机器智能系，理论部门更名为理论心理学部门。1963 年到 1973 年是爱丁堡大学人工智能人才培养专业萌芽的阶段，也是其发展缓慢、与外界孤立且充满内部斗争的阶段，被称为"AI 冬季"，而在这一阶段，人工智能人才培养仅限于

① Jim Howe, "Artificial Intelligence at Edinburgh University: a Perspective", 2019 - 10 - 22, http://www.inf.ed.ac.uk/about/AIhistory.html.

硕士和博士学位段的教学，并未与其他部门产生联系。

（二）内部重组变革期：1974—1982 年

这一阶段是从 1974 年的人工智能小组内部审查到 1982 年第一个人工智能联合培养学位——人工智能语言学的诞生。鉴于创始成员之间的紧张关系，爱丁堡大学任命大学法院旗下的委员会对人工智能小组进行内部审查。在诺曼·费瑟（Norman Feather）教授的主持下，委员会在大学内外广泛征询意见。他提出，人工智能小组在保留一项研究活动的前提下对内部组织开展重大变革，废弃学校原有的结构，将其改成一个独立的部署：人工智能系。在新的组织形式下，历经了两次学院负责人的更替，确立了未来 10 年的研究方向，研究主题定为自动推理、认知建模、儿童学习和计算理论，并取得了一些成就，如卫·沃伦（David Warren）设计和开发的爱丁堡 Prolog 编程语言，它强烈影响了 20 世纪 80 年代日本政府的第五代计算项目；艾伦·邦迪（Alan Bundy）演示了元级推理在控制数学解决方案中的应用问题等。[①] 同时，在这段时期内，人工智能系与学院其他部门的联系更为紧密，旧的组织结构仅在硕士和博士学位上进行过教学，新的部门将教学延展至本科阶段，并于 1974—1975 这一学年推出了它的第一门计算机建模课程 AI2，在 1978—1979 这一学年推出 AI1 入门课程，1982 年推出了第一个联合培养学位——人工智能语言学。这些课程没有蓝图，在每种情况下，教学大纲都必须从研究机构中划分出来。此外，在同一时期，人工智能系还同意与巴里·理查兹（Barry Richards）负责的认知学院合作，帮助其引入认知科学专业的博士学位。由此，爱丁堡大学的认知科学中心诞生，并在 1985 年授予其部门的地位。

（三）迅速发展期：1983—1992 年

第三阶段始于 1983 年推出的高级信息技术 Alvey 计划。在这一阶段，人工智能技术成功应用于实际任务，特别是专家系统，被视为是一项关键的信息技术。通过充分利用 Alvey 项目，激发了各种资助计划，研究人员队伍不断发展壮大，研究领域主要集中在智能机器人、知识系统、数学推理和自然语言处理四个方面。在这一阶段，研究成果不断涌现，与

---

① Jim Howe，"Artificial Intelligence at Edinburgh University：a Perspective"，2019 - 10 - 22，http：//www. inf. ed. ac. uk/about/AIhistory. html.

外界的交流合作不断加强，研究生教学队伍也在迅速扩大。例如，知识系统硕士学位于 1983 年成立，提供人工智能、专家系统、智能机器人和自然语言处理基础的专业研究主题，多年来一直是该学院最大的研究生班，每年大约会有 40—50 名硕士研究生毕业。1987—1988 年在人工智能和计算机科学联合学位的启动下，人工智能本科阶段的发展得到了 UFC 工程和技术计划的支持。随后，课程材料的模块化结构使人工智能和数学、人工智能和心理学的联合学位得以引入。

（四）稳定繁荣期：1993 年至今

这一阶段开始于 1993 年发行的"实现我们的潜力"战略，即政府利用科学和工程优势实现财富创造的新战略。人工智能系于 1998 年解散，爱丁堡大学将人工智能系、认知科学中心和计算机科学三个部门合为一体，组建成新的信息学院。[①] 信息学院自 1998 年成立以来一直是英国同类中最大的研究和教学机构，在人工智能领域扮演着全球领导者的角色，被广泛认为是世界上最重要的专业中心之一。在信息学院的领导下构建了以人工智能单科学士学位和联合学士学位为主导的学位体系，人工智能单科学士学位为常设学位，联合学士学位通常包括人工智能与计算机科学、人工智能和数学、人工智能与软件工程等，但联合学位则按照每年学院的具体安排开设，如 2019—2020 学年仅开设人工智能与计算机科学联合学位。[②] 近年来，信息学院按照学科群来组织安排教学，极大地提高了学生学习的灵活性，为学生各类学科的学习提供了便捷的机会。

三 爱丁堡大学人工智能专业人才培养的现状分析

爱丁堡大学人工智能经过三十多年的发展与完善，已经成为一个综合多领域知识较为完备且专业的学科体系。该专业包括了本科、硕士和博士三个学段的人才培养，且在各个学段都具备了典型的特征，因此在人工智能人才培养上具有代表性和示范性。

---

① The University of Edinburgh, "History makers: Informatics", 2020 – 06 – 06, https://www. ed. ac. uk/edit – magazine/supplements/history – makers – informatics.

② The University of Edinburgh, "BSc Artificial Intelligence and Computer Science", 2020 – 06 – 06, https://www. ed. ac. uk/studying/undergraduate/degrees/index. php? action = view&code = GG47.

（一）爱丁堡大学人工智能本科阶段人才培养现状

爱丁堡大学人工智能专业本科学段的人才培养可以追溯到 1974 年开设的计算机建模课程，数十年的发展与完善，人工智能专业的人才培养模式已经具备了成熟的规格与体系，以下将根据英国全国大学生普通调查（National Student Survey，NSS）对爱丁堡大学人工智能人才培养现状的调查，[①] 从学生满意度、评估与反馈、就业与认证等方面来分析。

1. 学生满意度调查现状

根据 NSS 对爱丁堡大学人工智能人才培养研究现状的调查，笔者将以表格的形式展示其中部分与人工智能专业人才培养模式直接相关的调查类目，并将对其展开深入分析（表 8 – 1）。

表 8 – 1　　　　爱丁堡大学人工智能专业学生满意度调查结果

调查类目	一级类目	二级类目	占比（%）
学生满意度	课程教学	教师授课质量高	81
		教师对人工智能学科知识传授方式较为有趣	66
		课程对智力的刺激性发展有好处	85
		课程让我获得了最好的工作	76
	学习机会	课程给我提供了深入探究主题和概念的机会	85
		我的课程为我提供了将不同主题信息和想法结合在一起的机会	73
		我的课程为我提供了应用所学知识的机会	77
	学术支持	我需要时可以联系工作人员	85
		我收到了与我的课程相关的充分建议和指导	61
		当我需要在课程中选择学习时，可以获得好的建议	55
	组织和管理	课程组织良好，运行顺畅	45
		时间表对我起作用	78
		已经有效地传达了课程或教学方面的任何变化	73

---

① UNISTATS, "BSc（Hons）Artificial Intelligence", 2019 – 06 – 20, https：//unistats. ac. uk/Subjects/Overview/10007790FT – UTAINTLBSCH.

调查类目	一级类目	二级类目	占比（%）
学生满意度	学习资源	所提供的 IT 资源和设施很好地支持了我的学习	95
		图书馆资源（如书籍，在线服务和学习空间）很好地支持了我的学习	75
		我需要的时候能够访问课程特定的资源（如设备，设施，软件，馆藏）	92
	学习社区	我觉得自己是员工和学生社区的一部分	70
		作为课程的一部分，我有机会与其他学生一起工作	87
	学生的声音	学生会（协会或行会）有效地代表了学生的学术兴趣	36
		我有机会对我的课程提供反馈	89
		工作人员重视学生对课程的看法和意见	73

调查结果显示，对人工智能课程质量达到总体满意程度的学生人数占比达到 80%，① 由此可以看出当前爱丁堡大学人工智能本科阶段人才培养的发展现状良好，总体上能做到让大多数学生满意。在学习资源类目中，所提供的 IT 资源和设施很好地支持了我的学习、我需要的时候能够访问课程特定的资源（如设备，设施，软件，馆藏）分别占比 95%、92%，学生满意度较高，说明爱丁堡大学人工智能专业向学生提供的可供学习和研究的课程资源、设施、设备等都是比较完善的；但教师对人工智能学科知识传授方式较为有趣、我收到了与我的课程相关的充分建议和指导、当我需要在课程中选择学习时，可以获得好的建议、课程组织良好，运行顺畅、学生会（协会或行会）有效地代表了学生的学术兴趣这五个类目学生满意度占比偏低或较低，说明爱丁堡大学人工智能人才培养在创新变革授课方式、提供课程建议指导、课程组织运行和学生会的学术精确定位等方面还有待提升和改进。

---

① UNITATS, "BSc（Hons）Artificial Intelligence – Student satisfaction", 2019 – 06 – 20, https：//unistats. ac. uk/subjects/satisfaction/10007790FT – UTAINTLBSCH/ReturnTo/.

2. 就业与收入现状

高等教育离校生目的地调查（Destination of Leavers from Higher Educa-tion Survey，DLHE）数据显示完成课程 6 个月后毕业生的平均年薪以及毕业生的典型薪资范围。如果课程只有少数学生，可以合并两年的 DLHE 数据以便发布，或者可以显示更广泛的主题分组而不是特定课程的结果。根据 DLHE 在 2016—2017 年对爱丁堡大学人工智能专业本科毕业生的调查报告显示，爱丁堡大学人工智能专业的本科生在毕业 6 个月之后的平均年薪为 26000 英镑（基本范围：24000—29000 英镑）；而在英国国内人工智能专业的本科生毕业半年之后的平均年薪为 25000 英镑（基本范围：20000—30000 英镑），① 由此可见，爱丁堡大学的人工智能本科毕业生收入状况良好，超出了英国国内人工智能专业本科毕业生的平均年薪，收入状况比较乐观。

在就业方面，爱丁堡大学从是否就业、就业去向以及职业类型三个方面对人工智能专业已经毕业 6 个月的本科生进行了相关调查。在就业总体状况方面，结果显示 85% 的学生参加了工作，选择继续深造学习、一边工作一边学习以及未就业的分别占 5% 的比例，未获得工作机会的学生人数为 0，就业状况比较好，具体结果如图 8 - 1 所示；在就业去向方面，从事人工智能领域的专业工作或管理工作的比例达到 85%，仅有 15% 的本科毕业生从事非人工智能领域的相关工作，人工智能专业就业针对性较强，具体结果如图 8 - 2 所示；在职业类型方面，调查结果显示有 65% 的本科毕业生从事的职业是信息技术和电信专业人员，还有一些学生从事质量和监管、媒体、小学教育等行业，具体结果如图 8 - 3 所示。

（二）爱丁堡大学人工智能研究生阶段人才培养现状

根据爱丁堡大学信息学院的人工智能硕士人才培养大纲显示，爱丁堡大学人工智能专业毕业的研究生为就业和学术研究做好了充分的准备，最近毕业的学生现在担任 HarperCollins、J. P. Morgan、诺基亚、IBM、亚马逊、Soundcloud 和英格兰银行等公司的软件开发人员、工程师、程序员

---

① UNITATS，"BSc（Hons）Artificial Intelligence – Employment & accreditation"，2019 – 06 – 19，https：//unistats. ac. uk/subjects/employment/10007790FT – UTAINTLBSCH/ReturnTo/.

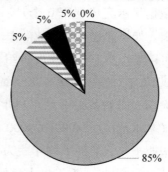

图 8 - 1　爱丁堡大学人工智能专业本科毕业生就业总体状况调查结果

注：根据爱丁堡大学人工智能专业本科生就业状况相关数据绘制。

资料来源：https：//discoveruni.gov.uk/course - details/10007790/UTAINTLB-SCH/FullTime/，如无特别标注，下文相关数据均来源于此。

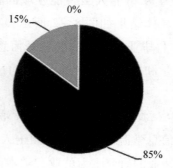

图 8 - 2　爱丁堡大学人工智能专业本科毕业生就业去向调查结果

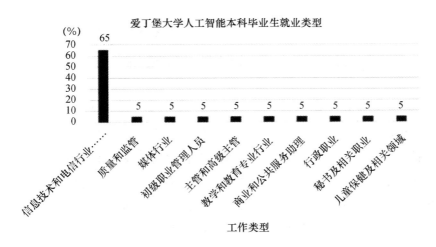

图 8 - 3　爱丁堡大学人工智能专业本科毕业生就业类型

和数据分析师。迄今为止，爱丁堡人工智能专业培养出了数名业界内具有一定影响力的知名人物，如安德鲁·布莱克（Andrew Blak）教授，他于 1983 年在爱丁堡大学人工智能专业获得博士学位，是英国国家数据科学研究所——艾伦·图灵研究所的第一任主任;[①] 迈克尔·科琴德弗（Mykel Kochenderfer）2006 年在爱丁堡大学的人工智能专业完成博士学位，先后在剑桥大学微软研究院实习、在麻省理工学院林肯实验室工作了 7 年、到斯坦福大学担任航空航天助理教授，再到如今成为斯坦福大学智能系统实验室主任，迈克尔·科琴德弗把爱丁堡大学看作是家，认为在爱丁堡人工智能专业读完博士学位带给自己人生的价值是无法估量的。[②] 爱丁堡大学人工智能专业培养出了行业领域内的多名专家，且近期毕业学生都在知名企业内担任工程师等职务，这在一定程度上也反映了爱丁堡大学人工智能人才培养的现状是优良的、具有发展前景的。

[①]　SCHOOL OF INFORMATICS, "Andrew Blake", 2019 - 08 - 08, https://www. ed. ac. uk/informatics/alumni/alumni – profiles/andrew – blake.

[②]　SCHOOL OF INFORMATICS, " Mykel Kochenderfer ", 2019 – 07 – 19, https://www. ed. ac. uk/informatics/alumni/alumni – profiles/mykel – kochenderfer.

第二节　爱丁堡大学人工智能专业
人才培养的目标定位

一　价值取向

价值取向是经过价值主体的不断选择而在具体的历史文化情境中形成，被刻上了不同时代的烙印，同时也随着时代的发展不断地变迁与进化。在爱丁堡大学人工智能人才培养的发展历程中，其目标定位中的价值在多种取向之间变迁，表现出明显的历史阶段性和所处时代的本质特性，而现阶段的人工智能人才培养目标则是多种取向综合作用下的必然产物，呈现出多元共生的态势。基于历史和现实角度的考察与分析，将其概括为三种基本的价值取向：社会取向、知识取向和人本主义。

（一）社会性

爱丁堡大学人工智能人才培养的"社会性"，是指在人才培养过程中除了遵循爱丁堡大学的一般教育理念和特定的专业教育规则，还要基于社会对人工智能人才培养提出的要求审慎考虑、适度调整，进而完善人才培养结构的过程。具体而言，爱丁堡大学人工智能人才培养的"社会性"体现在三个方面：第一，与国家发展战略的政策性需求相一致。2018年3月，英国政府发布了AI部门协议，要求采取"立即、切实的行动"来推进英国人工智能的发展，并启动超过3亿英镑的财政投资，以帮助院校开设人工智能硕士或博士课程、建立图灵奖学金。[①] 在国家政策的推动和资金资助下，爱丁堡大学人工智能专业的自然语言处理博士培训中心（Natural language processing，NLP）和生物医学人工智能博士培训中心（Biomedical artificial intelligence，BioMedAI）得以建立。新博士培训中心的建立是英国发展人工智能国家战略的集中体现，旨在投资人工智能的技能发展和培养技术人才，从而推动英国生产力的增长。第二，迎合了市场的结构性需求。根据范森·伯恩（Vanson Bourne）对英国企

---

① Gov. UK, "AI Sector Deal", 2019 – 05 – 21, https：//www.gov.uk/government/publications/artificial – intelligence – sector – deal/ai – sector – deal.

业组织高级决策者进行的调查，81%的企业表示人才短缺是企业实现人工智能技术突破性变革的障碍，而缺乏精通人工智能自动化流程的人才则是其最大的障碍和瓶颈。① 所谓人工智能自动化，即无须人为干预就能驱动智能机器或系统以自主实现其目标的过程和技术。爱丁堡大学基于两类课程目标来设置本科课程内容，一类是通过计算机模型来理解自然智能，另一类则是构建能进行智能决策、动作系统的技术。② 由此看出，爱丁堡大学的课程目标设置较好地适应了市场对人才的结构性需求。第三，适应了社会结构的变化。人工智能带来的科技进步将在潜移默化中逐步实现"人—机器"到"人—智能机器—机器"社会结构的跨越。智能系统操作逐渐代替人类劳动，人类双手得到解放的同时也会由此引发一系列社会问题，如失业、安全、隐私等。爱丁堡大学在人工智能课程计划中提出，学生通过课程的学习不仅要掌握智能过程的基本原理和机制，更重要的是要对人工智能出现的哲学、道德、法律等社会问题进行深层次的探讨，以期在课程学习中对人工智能快速发展背后可能引发的社会问题形成客观认识。

（二）知识性

知识是人类对物质世界和精神世界探索结果的总和，是人自身以及与自然、社会相处积淀下的精神财富。知识的价值判断标准在于其可以转化为生产力的实用性，因而在课程价值取向的确立中必然要考虑知识取向这一因素。爱丁堡大学人工智能人才培养的"知识性"分为以下两个方面：第一，爱丁堡大学人工智能人才培养一直致力于将人工智能应用到更广泛的专业领域，与不同的学科、专业产生联系，从而形成学科交叉性的价值取向。首先，爱丁堡大学在人工智能专业发展的第二个十年期间，也就是人工智能系内部经过组织调整之后，新的部门开始与学院其他部门展开合作，并在1982年推出了人工智能语言学这一联合学位；

---

① Alistair Hardaker and James Duez, "81% of UK Firms Say Skills Gap is Preventing AI Adoption", 2019 - 10 - 01, https：//www. businesscloud. co. uk/news/81 - of - uk - firms - say - skills - gap - is - preventing - ai - adoption.

② University of Edinburgh. "Introducing BSc Artificial Intelligence and Computer Science", 2019 - 10 - 24, https：//www. ed. ac. uk/studying/undergraduate/degrees/index. php? action = view&code = GG47.

在同一时期，与认知学院进行合作，帮助其引进了"认知科学"博士学位，成立了认知科学中心，并于 1985 年成为大学的一个部门。其次，在课程建设方面也体现了人工智能人才培养的学科交叉性。爱丁堡大学当前除了开设人工智能单科学士学位之外，同时还开设了三个与人工智能相关联的联合学士学位，分别是人工智能与计算机科学硕士学位、人工智能与数学硕士学位以及人工智能与软件工程硕士学位。[①] 最后，讲授人工智能专业课程的研究人员和教授，这些研究人员研究方向也涉及人工智能的广泛领域，并且还利用神经科学、认知科学、语言学和数学等相关领域的研究来进行授课。第二，课程设置遵循知识的本质和逻辑。知识本位倡导把教育建立在知识的本质及其重要性的基础之上，课程也必须根据知识本身的逻辑和状况来组织。爱丁堡大学在本科课程设置中强调以人工智能知识学习的内在逻辑来编排课程。第一学年设置公共基础课和专业基础课程；第二学年进入细分领域的专业分化，以专业基础课程和专业学科课程为主；第三、四学年以专业学科课程和项目实践为主。课程设置在横向上遵循"公共基础课程—专业基础课程—专业学科课程—项目实践"的内在逻辑。

（三）人本主义

人本主义的价值取向主张在人才培养过程中要尊重学习者的本性和要求，重视学生的主体地位，为学生提供有助于实现个性成长和自我发展的教育内容。爱丁堡大学人工智能人才培养的"人本主义"体现在以下三个方面：第一，尊重学生的内在需求，给予学生充分的选择权。人工智能研究生专业设置设有三种模式：一年制的全职学习和二、三年制的兼职学习。[②] 不同模式的选择仅在时间上有所区分，课程的内容结构均一致。这在很大程度上充分尊重了学生的需求，体现了爱丁堡大学在学年设置上的人性化。第二，尊重学生身心发展规律和个体差异性。学生的发展水平有阶段性，发展方向亦呈现出差异性。爱丁堡大学人工智能课程设有严格的学分选修标准，但在必修课程、选修课程的具体选择上

① School of Informatics, "Our degrees", 2019 - 05 - 23, https：//www. ed. ac. uk/informatics/undergraduate/our - degrees.

② University of Edinburgh, "Artificial Intelligence MSc", 2019 - 10 - 03, https：//www. ed. ac. uk/studying/postgraduate/degrees？ id = 107&r = site/view.

留有较大的学分区间，学生可以根据学习兴趣选择课程，继而在宽松的区间范围内修满相应学分。第三，培养目标的设置以学生的全面发展为导向。不仅要求学生掌握人工智能专业领域内的知识和技能，还对学生的研究和探究能力、个人抽象思维的能力、研究或项目实践中的沟通能力、处理问题的个人效率能力、应用实践能力等多个能力维度提出具体要求。

二　基本要求

人工智能专业人才培养目标包含课程目标、培养计划目标、教学目标等多个要素，而多个目标又涵盖了多项基本要求，综合来看，爱丁堡大学人工智能人才培养目标的基本要求具有以下共性：系统性与层次性、整体性和具体性。

（一）系统性与层次性

系统指由若干个相互联系、相互依赖、相互作用着的要素与部分所组成的、具有一定结构和功能的有机整体。而一个大系统可以包括若干个比它更小的系统，同时它自身又从属于更大的系统。[①] 爱丁堡大学人工智能人才培养目标的系统性则体现在对通过特定的结构和顺序来进行课程设置，即要求学生先掌握人工智能领域涉及的基本结构和知识，进而通过螺旋式的顺序进一步深入学习专业理论知识。以人工智能本科学位段的课程为例，由低年级学习线性代数、微积分等基础课程到高年级学习认知计算科学、视觉和机器人等课程，高年级的课程学习是一个大的系统，它包含了低年级课程知识的小系统，大的系统包含小的系统，最终构成了人工智能专业的有机整体。

层次性要求即人才培养目标表现出了各个分层，不同阶段有其不同的规定与要求。人工智能本科阶段主要侧重于打基础，强调知识学习的广博性，学生以完成必修课程和相应的选修课程学分为主，实践为辅助。此外，本科阶段的人才培养目标设置也是逐渐递进和不断深化的，由第一年了解编程和计算的基本原理到第二年学习更高级的数据结构和编程，再到第三年基于学生兴趣的专业分流以及最后一年的毕业荣誉项目；而

[①]　何新主编：《中外文化知识词典》，黑龙江人民出版社1989年版，第75页。

在研究生阶段的学习则侧重于专业化学习，以论文写作和实践操作为主，课程为辅助，较本科阶段课程减少，着重培养论文写作以及基于真实项目中的实际操作和运用能力；博士阶段强调对人工智能领域的探索研究，是针对人工智能及其他相关领域的深入研究与学习，较本科阶段和研究生阶段来说，课程学习减少，更多的是采取小组研究或项目的方式开展研究，且研究更为深入具体，这体现了爱丁堡大学人工智能人才培养模式上的层次性与渐进性要求。由此可以看出，爱丁堡大学人工智能专业本科、硕士和博士的人才培养目标遵循"广博性—专业化—高深性"的内在逻辑，具有一定层次性。

（二）整体性与具体性

整体性是指人工智能专业人才培养要求的整体性要求，具体性是指人才培养目标的针对性与特定性。人工智能专业，无论是本科阶段还是硕士阶段、博士阶段的人才培养，在培养目标上都有一个整体性的要求，即培养在人工智能理论和实践领域具有深入了解的学生；但信息学院又根据不同阶段、不同方向的专业学习设置了相应而具体的人才培养要求，如在本科阶段，信息学院对学生提出的具体要求是在学习编程、计算、数据结构的基础之上从人工智能特定的一系列课程以及信息学的其他课程中选择专业课程，从而根据选择的专业课程进行较为深入的课程学习以及项目研究；在研究生阶段，课程学习围绕学生的主要研究领域，在自然语言处理、机器学习、机器人和相关领域提供多种课程选择，课程学习仅占总学习时间的1/3，该阶段主要要求是培养学生对于某一自己感兴趣的领域进行论文学习和项目探究；博士阶段的具体要求则是针对某一特定的领域进行深入的项目探究，课程仅占少部分比例。

三　目标构成

人才培养目标构成是指根据特定社会领域和特定社会层次的需要，依据国家的教育目的和各级各类学校的任务、性质等提出的具体培养要求。纵观爱丁堡大学人工智能本科、硕士和博士阶段的培养目标，可以归纳出以下共同点，即培养对人工智能理论和实践方面有深入了解的学生、培养能参与团队合作、实现有效沟通交流的学生、培养能利用人工智能专业知识解决社会现实问题的学生。

（一）培养对人工智能理论和实践方面有深入了解的学生

在人工智能专业本科人才培养计划中，信息学院设置了"知识和理解"目标，分别是：了解各种智能过程的基本原理和机制，了解如何使用 AI 工具和技术更有效地处理自然智能，了解如何在计算机中表示和推理知识，了解人工智能中出现的哲学问题，了解计算系统使用中涉及的社会、专业、道德和法律问题，了解人工智能中的关键问题，以备将来的研究人员继续在此领域进行深入探究。除了在培养目标中明确提出此类要求，在实践中也将理论教学与实践教学相结合的培养目标一以贯之。以本科第二学年的"信息学 2—算法和数据结构简介"课程为例，总课时为 200 小时，其中学术讲座 30 小时，研讨会/与导师交流时间为 10 小时，工作坊（Workshop）学习 8 小时，教学实践 4 小时，总结评估时间 2 小时，定向学习与独立学习时间为 146 个小时。① 在课程设置中将课程学习与工作坊、教学实践有效结合起来，开展在课程目标指导下的专业课程学习和实践探究。

（二）培养能参与团队项目合作、有效交流与沟通的学生

爱丁堡大学人工智能专业本科、硕士和博士阶段在注重理论学习的同时，也极其注重通过团队项目合作的教学模式来培养学生的团队协作能力以及沟通交流能力。以爱丁堡大学为人工智能专业本科人才培养计划为例，信息学院为学生拟定了 5 条教育目标，其中明确提出要使学生能够发展沟通技巧、主动性、专业性以及独立工作和与他人一起工作的能力；信息学院在 2019—2020 年本科生学位课程规范中指出，培养学生在沟通中的技能和能力，作为团队的一员，能有效地参与工作，提供并接受同行评估，通过各种媒体进行有效沟通，包括口头、视觉、书面、图解和在线等形式。

（三）培养将人工智能专业知识运用到社会问题领域的学生

人工智能专业研究生专业阶段的课程已经初步体现出学校要求学生

---

① University of Edinburgh, "Undergraduate Course：Informatics 2 – Introduction to Algorithms and Data Structures（INFR08026）", 2019 – 07 – 22, http：//www. drps. ed. ac. uk/19 – 20/dpt/cxinfr08026. htm.

能够通过专业课程的学习探讨潜在社会问题的趋势，如在信息学项目提案这一课程中，学院要求的课程结果之一就是能够概述项目、研究管理中的问题和潜在的法律、社会、道德或专业问题；英国研究与创新公司在英国 14 所大学内部建设 16 个新的博士培训中心（Centers for Doctoral Training，CDTs），该研究中心致力于使用人工智能技术改善医疗保健条件，应对气候变化并创造新的商业机会，其中爱丁堡大学人工智能专业共建立了两个培训中心，分别是 UKRI 自然语言处理博士培训中心和UKRI 生物医学人工智能博士培训中心，两个培训中心都是在英国政府政策的指导下开展，将人工智能人才培养与社会进步发展相结合，以期凭借培养下一代顶级 AI 人才的方式来保持英国作为新兴市场开拓者的声誉技术，推动高技能工作，增强整个英国各行业的生产力。

第三节　爱丁堡大学人工智能专业
人才培养的内容构成

一　主要分类

在爱丁堡大学设定的人工智能专业人才培养目标、价值取向和基本要求的指引下，人工智能专业本科、硕士和博士各个学段展开了各具特性的课程和教学，纵观各学段的具体课程，主要有以下分类。

（一）公共基础课程和专业基础课程

人工智能专业的公共基础课程和专业基础课程主要集中在本科学段的第一、二学年，分别设 80 学分和 140 学分课程。一年级注重人工智能领域知识学习的基础性和广博性，旨在帮助新生完成适应性、过渡性和学术性的转换。以必修专业基础课程为主，如"线性代数""微积分及其应用""信息学 1—计算导论"等，同时也包含 1/3 的选修公共基础课程，公共基础课程共设 120 门，由人文社会科学学院、科学与工程学院和医药兽医学院提供，其下属院系以 A – V 的字母序列排列，学院下所属课程类目又以相应数字等级排列。学生在人文社会科学学院、科学与工程学院中的 A－Q，T 和 W 字母序列中选修 40 学分的 7、8 级课程。① 二年级以一年级为基础，涵盖了更高级的编程、数据结构以及相关的数学知识，知识学习变得更为高阶和深入，包含 90 学分的专业学科课程和专业基础课程，30 学分的公共基础课程。

（二）专业学科课程

专业学科课程在人工智能专业的本科和硕士阶段占比较高，在本科阶段占 220 学分，在硕士阶段占 60—100 学分的课程。就本科阶段而言，专业学科课程主要集中在第三、四学年，第三、四学年的本科课程学习逐步转向专业和高深领域，必修课程比重逐渐降低，学生在学校提供的大量选修课程中选修人工智能的专业课程、信息学领域的其他课程，学习变得更具自主性和适切性。就硕士生阶段而言，专业学科课程不再局限于单一学科领域，逐步转向人工智能交叉学科领域的研究，共提供 36 门人工智能和认知科学课程，包括计算认知科学、数据挖掘与探索、机器学习与模式识别等，学生必须从中至少选修 60 学分的课程。② 专业学科课程的交叉性决定了专业基础课程的广泛性，专业基础课程不仅包含了必要的系统和软件课程，还囊括了少部分编程课程，信息学和数学课程在硕士阶段已转变为公共基础课程。

（三）毕业论文

毕业论文在研究生阶段占比较高，尤其是博士阶段。就硕士阶段来说，毕业论文的学分要求是 60 学分，人工智能专业硕士生获得学位证书的最低学分要求为 180 学分，硕士学位论文占据其中的 1/3，属于硕士阶段的核心课程。③ 硕士学位论文并不是单纯的写作，是学生依托所学的科学和工程原理，基于特定的社会问题在导师指导下独立完成的大型项目，旨在考查学生在人工智能领域分析问题、设计问题、收集信息、组织实

① University of Edinburgh，"DRPS：Course Catalogue – Schools"，2019 – 10 – 24，http：// www. drps. ed. ac. uk/19 – 20/dpt/cx_schindex. htm.

② University of Edinburgh，"Degree Programme Table：Artificial Intelligence（MSc）（Full – time）– informatics MSc AI and Cognitive Science Courses"，2019 – 01 – 21，http：//www. drps. ed. ac. uk/19 – 20/dpt/ptmscaintl1f. htm.

③ University of Edinburgh，"DRPS：School of Informatics DPTs. Degree Programme Table：Artificial Intelligence（MSc）（Full – time）"，2019 – 12 – 05，http：//www. drps. ed. ac. uk/19 – 20/dpt/ ptmscaintl1f. htm.

施等实质性探究能力。就博士阶段来说，以 NLP 为例，其课程结构设置为基础课程（40 学分）、专业课程（60 学分）、项目探究（80 学分）、博士论文项目（520 学分）。[①] 其中博士毕业论文占总学分的 74.29%，足以显现博士阶段对毕业论文的重视程度。

（四）项目探究

项目探究是本科、硕士和博士阶段课程学习的有效和必要补充，且在研究生阶段明显提升了项目探究在培养方案中所占学分的比例。项目探究课程的开设旨在提升学生对人工智能课程的理解以及掌握相应理论知识在实践中的应用。以硕士阶段的信息学项目提案课程为例，课程旨在开发学生在学术或商业环境中部署的通用研究和实践技能。此外，学生将所学概念或假设应用到研究项目中，以展示他们识别法律、社会、道德等专业问题的能力。通过课程描述，我们可以发现学生要先与导师共同商榷一个基于社会情境问题的项目议题，首先要做的是对研究项目领域进行文献综述，以了解研究领域的脉络历程，在此基础上再进行项目提案的完成。完成该课程后，学生将能够完成以下任务：（1）批判性地评估研究文献或适合其项目主题的其他先前工作；（2）使用现有的研究文献或其他先前的工作来证明在实验设计、理论目标和实施方面的选择；（3）制定结构化项目提案；（4）概述项目/研究管理问题和潜在的法律、社会、道德等专业问题。

（五）在线课程

爱丁堡大学人工智能专业在 2013 年开始启动在线课程，该在线课程名称为人工智能规划慕课课程（AI Planning MOOC），旨在为学员提供开放式的学习体验，使其了解人工智能规划技术及其应用。[②] 该在线课程通过 Coursera 平台开展，Coursera 平台是由斯坦福大学教授吴安德（Andrew Ng）和达芙妮·科勒（Daphne Koller）创建的免费在线大学公开课程，该网站旨在同顶尖的大学合作帮助他们创建在线免费课程，以计算机科学为主。爱丁堡大学人工智能在线课程由奥斯汀·泰特（Austin Tate）教

---

① University of Edinburgh, "UKRI CDT in NLP", 2019 – 09 – 20, https：//edinburghn-lp. inf. ed. ac. uk/cdt/courses/.

② Open. Ed, "Artificial Intelligence Planning", 2019 – 06 – 20, https：//open. ed. ac. uk/arti-ficial – intelligence – planning/.

授和格哈德·威克勒（Gerhard Wickler）博士创建，提供从"低级水平"到"基础水平"等多个级别的课程，以及更具参与性的"完美水平"，其中包括编程和其他作业。课程材料包括 YouTube 视频、每周幻灯片、测验、作业、考试以及 Second Life 虚拟学习空间和小组。

二　选择标准

爱丁堡大学人工智能专业在部署和落实人才培养内容的过程中，要根据一定的标准来构建和确立不同课程的定位，以此来确保其相关课程的设置符合人才培养目标的指引。综合来看，爱丁堡大学人工智能专业在课程体系建设的过程中遵循了知识标准和能力标准的指引。

（一）知识标准

爱丁堡大学人工智能专业，无论是本科学段还是硕士、博士学段的学生培养，都要以知识作为首要选择标准。在本科阶段，人工智能专业学院在四年内要学习编程和计算基本原理、数学和数据结构、计算机语言处理、机器学习和自动推理等课程；在研究生阶段要完成加速自然语言处理、自动语音识别、机器学习和模式识别、概率建模与推理等知识的学习；在博士阶段要完成规定范围内的必修课程知识学习。通过这些课程的学习，爱丁堡大学人工智能专业期望学生能达成人才培养目标中的"知识与能力"目标，即了解各种智能过程的基本原理和机制，如何使用 AI 工具和技术更有效地处理问题；了解如何在计算机中表示和推理知识；了解人工智能中出现的哲学问题以及计算系统使用中涉及的社会、专业、道德和法律问题；了解人工智能中的关键问题，这些问题也将是未来人工智能领域中的难点和关键。

（二）能力标准

爱丁堡大学对人工智能专业的学生有多方面的能力要求标准，具体体现在以下几个方面。首先是专业能力，通过公共基础课程、专业基础课程、专业学科等课程的学习，能理解人工智能领域内的专业知识和理论知识，理解智能过程的原理和机制，具体而言就是制定适当的评估标准并评估基于计算机的系统，将人机交互原则应用于系统的评估和构建；其次是解决问题的能力。在项目探究中获得个性化和智力自动化的技能与能力，制定和设计基于计算机的智能系统，推导抽象并为问题制订适当的解决方案；再者是在学习过程中的沟通、交流和合作能力，人工智能课程的项目探究多以团队形式开展，作为团队的一员能够有效地工作，提供并接受同行评估，能与各种媒体进行包括口头、视觉、书面、图解和在线等层面的沟通；最后是自我管理能力，在独立工作时有高超的自我指导和时间管理技能，在面对复杂问题的情况下，能拥有清晰的逻辑来分析问题，从而为解决问题提供方案，能有效利用各种材料、从多种来源中获取并应用知识的能力。

三 设计原则

为了将爱丁堡大学人工智能专业的培养目标、基本要求、价值取向等理念落到实处，在部署人工智能专业人才培养内容的过程中就必须根据相应的设计原则来构建其课程体系、课程设置、教学内容、教学方式等。

（一）基于学生的兴趣构建具有多重选择的课程体系

爱丁堡大学人工智能专业在课程设置上充分体现了基于学生的兴趣来设计。在本科阶段，经过一年级和二年级基础理论知识的学习，到了三年级，学生的学习就表现得更为集中，学生可以根据自己的兴趣，从人工智能和计算机科学以及信息学其他课程的一系列选项中选择专业课程；到了四年级，学生将从人工智能和计算机科学中的大量高级课程中进行选择，根据学生的兴趣进行专业组合的学习。此外，值得一提的是，本科二年级的时候出现专业分化，衍生了人工智能联合专业，学生可以根据学习兴趣和职业发展方向继续学习本专业课程或改选联合专业的课程模块，如人工智能与计算机科学专业，除了要学习人工智能专业的信息学 2D - 推理和代理、离散数学与数学推理等课程，还需学习计算机科学领域的专业课程。[①] 在硕士阶段也是如此，课程除了包括 60 学分的硕士学位论文、10 学分的信息学研究评论以及 10 学分的信息学项目提案，还包括 100 学分的选修课程，有多达 120 门的选修课程可供学生基于兴趣来进行选择。多样性的课程选择和以学生兴趣为基准的设计理念，充分

---

① University of Edinburgh，"BSc Artificial Intelligence and Computer Science"，2019 - 10 - 24，https：//www. ed. ac. uk/studying/undergraduate/degrees/index. php? action = view&code = GG47.

体现了爱丁堡大学人工智能专业在课程设置上的宽松、自由和灵活。

（二）基于课程学习与项目探究结合的原则设计课程体系

爱丁堡大学人工智能专业，无论是本科学段还是硕士、博士学段，在学年安排、课程设置上都遵循课程学习与项目研究相结合的原则来进行。在本科阶段，大学前三年学习人工智能必备的基础理论以及专业课程的知识，在最后一年学院为学生提供具有多种选择的荣誉项目，学生结合自身的兴趣选择其中一个特定主题，之后就围绕这一主题开展可行的项目；在硕士阶段，学生除了完成硕士学位论文和选修课程之外，信息学项目提案作为一门必修课程，要求学生能在批判性地评估研究文献或适合其项目主题基础上，使用现有的研究文献或其他先前的工作来证明在实验设计、理论目标或实施方面的选择，制定结构化项目提案，概述项目、研究管理问题和潜在的法律、社会、道德或专业问题。在 NLP 的 CDT 四年博士阶段，学生除了完成该阶段的必修课程和博士论文之外，其余时间均参与到博士项目中，致力于使计算机能够理解和生成人类语言的算法研究。综上，爱丁堡大学人工智能专业的人才培养是遵循课程学习与项目研究相结合的设计原则的，既重视学生的理论知识的掌握，也重视理论运用于实践的环节。

（三）基于与社会发展方向和需求相一致的设计原则

英国商务大臣格雷格·克拉克（Greg Clark）说："英国长期以来一直是创新者的国家，今天的人工智能技能和人才投资将帮助培养领先国际人才，使英国在国际发展中处于领先位置，以确保我们在研发方面保持世界声誉。"[①] 他还说："从更有效的疾病诊断到建设智能家居，人工智能具有提高生产力和增强每个行业的巨大潜力。今天宣布的是我们的现代工业战略，投资技能和人才，以推动高技能工作、提高整个英国的生产力。"在这样的政策背景和社会发展需求的引导下，在英国多家企业的巨额投资下，英国国内 14 个大学建立起了 16 个人工智能博士培训中心，新一代博士生将使用人工智能技术改善医疗保健，应对气候变化并

---

① UK Research and Innovation, "£200m to create a new generation of Artificial Intelligence leaders", 2019 – 02 – 21, https：//www.ukri.org/news/200m – to – create – a – new – generation – of – artificial – intelligence – leaders/.

创造新的商业机会。在这些博士培训中心中，爱丁堡大学人工智能专业就占了 2 个，建立了 UKRI 自然语言处理博士培训中心和 UKRI 生物医学人工智能博士培训中心，可见爱丁堡大学人工智能专业在英国国内的影响力之大和实力之强。

（四）基于交叉学科的课程设置原则

爱丁堡大学在课程设置的结构安排上强调学科交叉。首先，在本科阶段的第二学年出现专业分化，学生可以继续学习人工智能单一学科专业，也可以选择人工智能与计算机科学专业这一联合专业进行学习。其次，在人工智能学位课程设置上也做到了多学科交叉，既有人工智能与理工科交叉的课程，如自然语言处理、认知神经科学、算法博弈论及其应用等；也有人工智能与人文社科艺术类的交叉课程，如语言学、计算机动画与可视化、艺术设计等课程。① 最后，在博士阶段的学科设置也着力体现了学科交叉的设置原则。以 BioMedAI 为例，它是一个涉及多个领域的交叉学科，在课程设置上既包括人工智能和科学课程，也包括生物学和医学课程。②

四　组织形式

人才培养的组织形式，即爱丁堡大学人工智能专业采用哪些形式来培养人才。古今中外，从教育诞生到社会起，最经典也是最古老的人才培养组织形式就是知识授受的形式，爱丁堡大学人工智能专业也不例外，课堂教学也是最基本的组织形式之一，除此之外，还有讲座、辅导和实践课程等形式。

（一）课程教学

爱丁堡大学人工智能专业人才培养的主要组织形式是集中授课。由相应数量的学生组成班级，在固定的教室、固定的时间，按照编排的课程表由特定的教授向大家进行相关知识传授，学生根据相关要求完成相应的作业。但是在课程申报之前学生需要提前确认自己是否满足并符合

① University of Edinburgh, "Artificial Intelligence at. . . Edinburgh", 2019 – 08 – 31, http: // www. dai. ed. ac. uk/home. html.

② University of Edinburgh, "Centre for Doctoral Training UKRI CDT IN BIOMEDICAL AI", 2019 – 09 – 30, http: //web. inf. ed. ac. uk/cdt/biomedical – ai/apply/programme – structure.

该课程的报考条件，"以信息学1—面向对象的编程"这门课程为例，学生申报这节课的先决条件是学生必须通过"信息学1—计算和逻辑""信息1—功能编程"或"信息1—计算简介课程"这三门课程中的两门；除此之外，申报这门课程还有一个条件就是学生还必须参加信息学1—数据和分析这门课程。

（二）讲座与实践课程

爱丁堡大学人工智能专业在本科阶段有一部分课程通过讲座、辅导和实践课程的组合进行教学。以大学一年级的"信息1—数据和分析课程"为例，该课程在整个一学年共举办21次讲座、8次课程练习，讲座每进行3周就开展一次实践练习，以第16、17、18讲座为例，三次讲座分别以信息检索的向量空间、样本的汇总统计和预估、假设检验和χ^2为主题，8—10周的教程实践练习即以统计分析为主题，学生需要对操作系统的练习、睡眠和选择数据进行统计分析，这是在课程开始时通过匿名问卷从"信息1—数据和分析课程"学生那儿收集的数据。数据和分析课程每举办三次讲座、进行一次教程练习，学院会准备一份教程解决方案的说明，给学生提供相应的技术和方向指导。

（三）研讨会

爱丁堡大学人工智能专业人才培养还有讲座与研讨会相结合的组织形式。以硕士阶段的信息学研究评论课程为例，这节课的总课时为100课时，其中讲座1课时，研讨会8课时，课程水平学习和教学时间为2课时，定向学习和独立学习为89课时，学生根据自己的兴趣、结合自己的专业选择导师，进而选择自己感兴趣的研究领域，在该领域内接受导师的文献综述指导、文献检索和引用方法指导、评论指导，学生与导师以研讨会的形式对学生探究的领域进行深入探讨。最终，预计每个学生提交2个小型评论，批评性地评估学期的前半部分论文研究或研讨会演示。在学期的后半段，学生将对研究领域进行实质性的审查。

（四）定向和独立学习

爱丁堡大学人工智能专业在人才培养模式上也特别注重给学生留有充足的时间进行探讨研究。以本科二年级的离散数学与数学推理课程为例，总课时为200课时，讲座占30课时，研讨会为10课时，总结性评估2课时，课程水平学习和教学时间为4课时，定向学习和独立学习时间占了154个课时,可见信息学院人工智能专业的人才培养模式对定向研究与独立研究的重视;以硕士阶段的信息学项目提案这节课为例,总课时100课时,定向学习与独立学习的时间是88课时,该课程的开展是依赖于学术或商业环境中的项目进行的,课程可能包括文献综述、数据准备、初步实施、建立相关联系和收集利益相关者的要求,之后学生要独立制作一个项目提案,并提供合理的项目目标预设、时间管理安排等。

第四节 爱丁堡大学人工智能专业
人才培养的实施过程

一 主要部门

爱丁堡大学人工智能专业人才培养的实施离不开各个部门的协调与配合,只有在多个部门协调共进的联合努力下,人工智能专业人才培养的质量才能得到有效保障。综合来看,主要有以下部门参与了人工智能人才培养的实施:

(一)信息学院

信息学院成立于1998年,由计算机科学系、人工智能系和认知科学系3个院系合并而成。信息学院是爱丁堡大学科学与工程学院下面的七所院校之一,目前拥有450多名学术和研究人员以及850多名学生,是英国最大的信息学院,也是欧洲最大的信息学院之一。信息学院为7个专业提供本科课程和学位,分别是信息学、人工智能、认知科学、计算语言学、计算机科学和软件工程。信息学院分管人工智能专业的本科和硕士学段,以2019—2020学年为例,信息学院在本科学段开设了人工智能单科学士学位和人工智能与计算机科学联合培养学位,在研究生阶段开设了1年制全职学习学位和3年制兼职学习学位。

(二)智能系统及其应用中心研究社区

智能系统及其应用中心(The Centre for Intelligent Systems and their Applications,CISA)是一个小型但充满活力的研究社区,对复制或补充人类能力的计算机系统感兴趣,与人合作并支持人与人之间的协作。① CISA 是爱丁堡大学信息学院的 6 个研究机构之一，在解决医疗保健、科学合作、社会计算、应急系统、运输、工程和航空航天等领域的实际问题方面拥有国际领先纪录。研究领域主要有三个方面：首先是类似人类的认知计算，以人类可理解的方式模仿人类认知的系统；其次是智能协作系统，与人合作支持人与人之间协作的系统；最后是人工智能的基础，用于描述意义的出现、理论和本体变化、创造力、数学证明的计算方法。CISA 主持多个研究小组，在自动推理、智能代理、自动化规划和数据密集型研究等领域开展前沿研究。在大学内部，CISA 与法尔研究所、爱丁堡并行计算中心、地球科学学院以及科学、技术和创新研究所建立了紧密的合作关系，同时也欢迎对 CISA 研究领域有兴趣的学生加入团队。

（三）人工智能应用研究所研究小组

人工智能应用研究所（Artificial Intelligence Applications Institute，AIAI）是一家技术转让组织，致力于促进人工智能研究的应用，为商业、工业和政府客户带来利益。AIAI 在与小型创新公司合作、与大型企业的研究团队以及政府机构合作方面拥有丰富的经验。AIAI 成立于 1984 年，2011 年成为爱丁堡大学信息学院智能系统及其应用中心的一部分。② AIAI 及其成员继续向政府机构、商业组织和其他教育工作者提供其资源、教育材料和专业知识。CISA 及其他领域的应用 AI 工作、商业和合作项目，都是由参与 AIAI 的员工、学生和合作者在执行和操作。

二　路径选择

路径是指到达目的地必经的道路，将路径与本文的主旨相结合即可以解释为通过何种路径来实现人工智能人才培养目标。笔者对爱丁堡大学人工智能专业人才培养的路径进行了如下归纳：

（一）促进个性发展的专业设置模式

爱丁堡大学在人工智能专业本科、硕士和博士阶段普遍注重促进学

---

① Centre for Intelligent Systems and their Applications, "About us", 2019 - 11 - 20, http://web.inf.ed.ac.uk/cisa/about - us.

② AlAl, "Artificial Intelligence Applications Institute", 2019 - 06 - 07, http://www.aiai.ed.ac.uk/.

生的个性发展，尊重学生的差异性、选择的自由性和发展的自主性。在专业设置的时间上，早期注重以模块化课程和教学来组织安排，一方面提高了教学效率，另一方面也保障了学生公共基础知识和专业基础知识的扎实学习，有利于拓展知识，为后期专业选择打下基础并提供方向指引；后期根据学生的发展方向和学习兴趣进行专业分化，有了早期基础知识的夯实，学生能更理性地选择适合的专业进行学习。在专业设置的口径上，强调突破学科壁垒，从人工智能专业建立以来就注重学科交叉，以进一步拓宽人工智能专业及相关专业的研究领域。在专业设置上不仅实现了与理工科的交叉融合，也与人文社科类诸多学科建立起紧密联系，实现文理渗透，让学生在专业发展的道路上能触类旁通。

（二）构建以导师制为核心的教学管理模式

重视导师制是英国大学世代沿袭的优良传统，也是保障其高效人才培养质量始终卓越的关键。在爱丁堡大学人工智能专业的教学制度体系建设中，学校始终注重将导师制贯穿到人才培养的全过程，在学期开始时导师与学生根据专业方向及研究兴趣进行双向选择并配对组合，在后期的学习过程中，学生学习计划的制订和指导、课程的选择和确立、专业的选择和确定、项目的开展和实施、论文推进、职业规划等环节都需要导师的参与，且导师在各个环节中发挥着关键作用。此外，学生还需定期与导师开展研讨会，就相关学习问题与导师进行沟通交流，导师则要为学生提供有针对性的指导和建议。

（三）创建自由、宽松、灵活的课程模块

爱丁堡大学极其注重人工智能专业本科、硕士和博士课程设置的自由度、宽松度和灵活性，基于一些基本的硬性设定，强调本科、硕士和博士阶段根据不同的培养目标，有侧重点地实施个性化的课程设置，具有很强的指导性、针对性和实用性。具体表现在以下几个方面：第一，表现在学年制的类型多样。在研究生阶段提供多种模式和类型的学年制供学生自由选择，学生可根据自身时间安排和内部需求选择一年制的全职学习或二、三年制的兼职学习。第二，表现在课程结构上，在本科阶段设置学科群和联合专业。本科阶段依照学科群组织课程，将单科专业和联合专业的相关课程联系起来。单科专业与联合专业第一年开设相同的专业基础课和公共基础课，第二年由学生自主选择课程模块，不同的选修课程模块对应不同的专业学位。第三，表现在学分的区间设置，学生在设定的学分范围内自由选择。以人工智能专业硕士阶段来说，学校仅对项目探究和硕士论文项目做出了明确的学分规定，专业学科课程、专业基础课程和公共基础课程均设上下限区间范围，学生只需达成最低学分标准，即可在规定范围内结合自身学习兴趣和发展方向进行自主选择。

（四）实现多元化的教学组织形式

在爱丁堡大学人工智能专业本科人才培养过程中，学院通过课堂教学、项目实践、研讨会和辅导等交叉结合的方式进行教学，其背后践行的原则是：保证基础理论和专业知识教学的同时，更注重理论知识与现实生活的结合，以及在实践中的开发与运用。正如爱丁堡大学信息学院所说："在本科学习的未来几年内，学生将花费更多时间从零基础开始构建计算机系统、开发系统，以及进行实验工作或在导师的指导下开展更多理论性的项目。"以第二学年的"信息学2—算法和数据结构简介"课程为例，采用课堂教学、研讨、实验等方式开展。总课时为200小时，其中学术讲座30小时、研讨会时间为10小时、工作坊学习时间为8小时、课程学习和教学实践为4小时、总结评估时间为2小时、定向学习与独立学习时间为146小时。① 教学时间的分配足以显现爱丁堡大学教学方式的多元化，以及在人工智能人才培养上强调学生在某一领域或某一方向上的定向学习和自主学习。在保证课堂教学的同时，给予学生充分的自主学习时间，在自我探讨和实践中实现对知识的突破性理解。此外，人工智能课程教学也注重从现实世界中寻找案例，从而建立现实世界与课程之间的联系。在"信息学2—算法和数据结构简介"课程教学中，教师在介绍不同的特定算法和算法策略时，利用现实世界中的例子对之进行阐释，以加深学生对知识的表征性理解，如分二分法、递归回溯、动态编程等。

三 策略方法

（一）学分制度

爱丁堡大学人工智能人才培养的最基本方法是实施学分制度，以学

① The University of Edinburgh，"Undergraduate Course：Informatics 2 – Introduction to Algorithms and Data Structures（INFR08026）"，2019 – 07 – 22，http：//www. drps. ed. ac. uk/19 – 20/dpt/cxinfr08026. htm.

分制度作为人才培养考核的基础量化标准。对于必修课程，学校规定了固定的学分，也就是说学生在一定时间范围内必须上完规定的课程，修完相应的学分；而对于选修课程则要求较为宽松，以本科三年级的课程来说，学生必须修满必修课程的 70 学分，但在选修课程方面，学生需要在 AI 学科课程里面修 30—50 学分，在非 AI 学科课程范围内修 0—20 学分，也就是说学生可以最低只修 30 个 AI 课程类的学分，而不选择非 AI 领域的课程，学有余力的学生也可以选择 AI 学科课程的 50 学分，甚至再修非 AI 类的 20 学分，给予学生充分的自主选择权。

（二）跨学科交叉培养

爱丁堡大学人工智能专业还实行跨学科的人才培养模式，以人工智能与计算机科学联合培养学位为例。人工智能研究人类和其他生物体内智能过程的基本原理和机制，并试图将这些知识应用于基于计算机的系统的设计和对自然智能的理解；而计算机科学关注的是理解、设计、实现和使用计算系统，范围小至单个处理器的微小组件，大至跨越全球的计算机互联网，研究范围覆盖面广且极其复杂。人工智能与计算机科学两者有互补和重叠的方面，这就使得两者成为一个良好的学位组合。在课程学习方面，本科一年级和二年级跨学科学习的内容与人工智能专业一致，到了三年级选择专业课程学习的阶段开始出现差异，人工智能与计算机科学专业相较于人工智能专业来说，选择专业课程领域更为具体化，需要从人工智能和计算机科学领域选择高级课程。除了课程以外，项目实践也是以人工智能和计算机科学为主体，而人工智能专业则侧重于人工智能和信息学研究领域。

（三）基于社会现实问题的项目探究

爱丁堡大学人工智能专业的项目探究是以社会现实问题为基准的。以硕士阶段信息学项目提案（Informatics Project Proposal）这一课程为例，该课程分为两个学期进行，第一学期，学生在导师的指导下为项目提案准备，其中代表性的活动包括文献综述、数据准备和初步实施；第二学期需要将项目提案全部完成。学生进行的这类探究项目都是基于社会真实的问题情境中进行，包含社会中一些潜在的法律、社会、道德或专业问题。

四　影响因素

人工智能专业人才培养的实施过程必然会受到多方因素的制约和影响，高校在人才培养过程中应综合考虑社会需求、教学资源、管理体系等方面要素，从而整合多方因素促进人才培养过程的良性运转。

（一）社会需求

爱丁堡大学人工智能人才培养影响因素是多方面的，其中英国的学术文化氛围以及对人工智能创新的重视是其基本影响因素之一。英国商务大臣格雷格·克拉克说："英国长期以来一直是创新者的国家，今天的人工智能技能和人才投资将帮助培养领先的英国和国际人才，以确保我们在研发方面保持世界声誉。"另外他还说："人工智能具有提高生产力和增强每个行业的巨大潜力，从建设智能家居或者是实现更有效的疾病诊断，离不开人工智能的研发与创新。"英国颁布的现代工业战略，要求大力发展人工智能，提高投资技能和培养人工智能方面的人才，从而推动高技能工作，推动整个英国的生产力发展。在英国政府的鼓励下，300个合作伙伴投资了7800万英镑，最终在英国14所大学内建立了16个新的博士培训中心，其中爱丁堡大学人工智能专业就占据了2个博士中心。

（二）管理体系

爱丁堡大学人工智能专业人才培养具备灵活的管理体系，结合学生原有水平和成长特点合理制订人才培养计划，让学生在自由、宽松的学习环境中接受顶尖的教育。本科、硕士和博士三个学段都根据学生认知水平和发展阶段特点设置不同的人才培养目标，在硕士阶段充分考虑到学生的需求，分别设置了1学年全日制学习和3年制兼职学习的模式。宽松舒适的学习环境、灵活而富有多样的课程选择，是爱丁堡大学人工智能人才培养所具有的特点，这就构成了人工智能专业有层次、有特点、有针对性的管理体系。

（三）教学资源

教学资源也是对教学和课程实施产生影响的重要因素，如师资力量、软硬件配套设施等，教学资源也是影响爱丁堡大学人工智能人才培养的重要因素之一。以本科阶段学习为例，学生在信息学院学习，在阿普尔顿塔（Appleton Tower）举办讲座、辅导和课程，信息学院为学生提供专门的学习和教学空间，所有这些都位于大学的中心区。除此之外，学生可以 24 小时访问计算机实验室，并获得高质量的软件支持。人工智能专业硕士阶段课程在英国历史最悠久的人工智能中心开展，该中心是世界上最好的人工智能中心之一。许多专业课程是由国际知名的研究人员讲授，这些研究人员的项目主题涉及人工智能的广泛领域，例如神经科学、认知科学、语言学和数学等相关领域的研究。

第五节　爱丁堡大学人工智能专业人才培养的评价机制

一　组织机构

为了获得学生对课程和教学的反馈，提升人才培养质量，校内外诸多组织和机构参与了爱丁堡大学人才培养的质量评价，包括英国政府、英国高等教育资助和监管机构（Higher Education Funding and Regulators）、英国工程技术学会（The Institution of Engineering and Technology，IET）。

（一）英国高等教育资助和监管机构

英国高等教育资助和监管机构对英国各大高校实行有效监管，旨在为高校提供公共资金、保护学生权益以及维护英国高等教育的声誉。① 除此之外，高等教育资助和监管机构还与政府、质量保证局等机构保持紧密的合作，以确保当前乃至未来能持续有效地实现监管和保证质量。英国高等教育资助和监管机构面向英国所有大学，对所有大学实施的资助和监管具有一致性和可比性；且考虑到外部质量评估的相对性和风险性，高等教育资助和监管机构选择与有质量保障的相关机构进行合作，以确保其调查结果有着公平、平稳的质量基准。在人才培养方面，为了获得学生对课程和教学的反馈，提升人才培养质量，英国高等教育资助和监管机构每年会开展全国大学生普查（National Student Survey，NSS）对全

---

① Universities UK, "Regulation of higher education", 2020 – 01 – 05, https：// www. universitiesuk. ac. uk/policy – and – analysis/Pages/regulation. aspx.

国的大学毕业生进行满意度调查。

（二）英国计算机协会

与大多数英国大学一样，爱丁堡大学通过适当的专业机构寻求其学位课程的认证。英国大学计算机学位的课程是通过英国计算机协会（British Computer Society，BCS）进行认证的，该协会是信息系统工程的特许工程学会。与所有工程机构一样，BCS 根据英国工程委员会（外部）制定的标准评估认证课程，与电子学的综合学位也可以由工程技术学院（外部）认证，有关 IET 认证的问题应提交给工程学院。对于爱丁堡大学人工智能专业的学生，BCS 授予各种级别的认证，相关级别是特许 IT 专业人员（CITP）和特许工程师（CEng）。比如，人工智能理学士（荣誉）学位、人工智能与计算机科学理学士（荣誉）学位、人工智能与软件工程学士（荣誉）学位、人工智能管理学士（荣誉）学位等。

二　评价指标

评价指标指对某一事物进行价值判断以及好坏评判的标准，人才培养的评价指标即是衡量人才培养方案实施结果的重要尺度标准。爱丁堡大学人工智能人才培养实施方案有以下几种评价指标：

（一）课程作业、项目及考试

爱丁堡大学人工智能专业人才培养的实施方案一部分通过课程作业、大型项目和考试进行评估。评估方法包括书面考试、在线编程考试、课程作业以及总结课程作业。除此之外，学生还需要完成个人和小组项目，在学段的最后一年需完成一个大型的个人项目。该人才培养计划同样基于学段后半部分的表现，学位根据大学的标准分数进行分类，边界分别为 70%、60%、50% 和 40%。

（二）就业率与收入现状

根据 DLHE 在 2016—2017 年对爱丁堡大学人工智能专业本科毕业生的调查报告显示，爱丁堡大学人工智能专业的本科生在毕业 6 个月之后的平均年薪为 26000 英镑（基本范围：24000—29000 英镑）；而在英国国内人工智能专业的本科生毕业 6 个月之后的平均年薪为 25000 英镑（基本范围：20000—30000 英镑）。① 由此可见，爱丁堡大学的人工智能本科毕业生收入状况良好，超出了英国国内人工智能专业本科毕业生的平均年薪，收入状况比较乐观。

（三）学生满意度和续课率

在英国高等教育资助和监管机构委托 NSS 进行的全国大学生调查中，选取了课程教学、学习机会、学术支持、组织和管理、学习资源、学习社区以及学生的心声七个类目，涵盖了人工智能专业人才培养的基本过程，得以总体反映其人才培养情况。在 2018 年 NSS 对爱丁堡大学人工智能专业本科毕业生进行的人才培养现状调查中，毕业生满意度达到80%。② 其次，爱丁堡大学协助英国高等教育资助和监管机构收集每一学年所有学生的数据，以整合成 HESA 学生记录。数据的生成将反映学生在人工智能专业学习一年后的状况，仍在课程学习中的学生人数称为"续学率"。在英国，学生上完第一学年就离开学校的情况并不罕见，而如果续修率远低于其他课程，则可能表明该课程未达到学生的期望。调查显示，爱丁堡大学人工智能专业 2018 年的续学率为90%，总体续学情况优良。③

三　评价策略

评价策略是指用某种方式、策略对某一具体事物进行评定。经过笔者查阅相关资料并进行概括，总结出如下两种评价策略：

（一）定性与定量相结合的评价方式

首先，毕业生满意度和续学率是从内部对人才培养质量进行的正面、定量评价。该机构从各高等教育机构获取课程和学生数据，每年开展一次全国学生调查和续学率调查，调查的结果最终仍被大学使用，用以改善课程差异和学生的学习体验。其次，毕业生就业及收入情况是从外部对人才培养质量进行的侧面、定量评价。单一的毕业生就业率并不能说

① UNITATS，"BSc（Hons）Artificial Intelligence – Employment & accreditation"，2019 – 06 – 19，https：//unistats. ac. uk/subjects/employment/10007790FT – UTAINTLBSCH/ReturnTo/.

② UNITATS，"BSc（Hons）Artificial Intelligence – Student satisfaction"，2019 – 06 – 20，https：//unistats. ac. uk/subjects/satisfaction/10007790FT – UTAINTLBSCH/ReturnTo/.

③ Discover Uni，"BSc（Hons）Artificial Intelligence – After 1 year of the course"，2019 – 10 – 24，https：//discoveruni. gov. uk/course – details/10007790/UTAINTLBSCH/FullTime/.

明就业问题，毕业生就业领域与该专业的吻合度则是学生就业的重要考察尺度。爱丁堡人工智能本科生在毕业 6 个月之后有 85% 的学生从事专业领域内的工作，就业针对性和吻合度情况良好。此外，选取毕业后 6 个月和 3 年两个时间节点对毕业生收入状况进行调查，近期和长远的双重结合考察更能反映其人才培养质量。最后，专业认证是对其人才培养质量进行的正面、定性评价。爱丁堡大学将人才培养规格、职业方向、综合素养等要素纳入质性评价的范畴，是对人工智能专业毕业生职业素养、职业技能、职业资格的有效检验，也是对量化评价的必要补充，使其人才培养质量评价更为丰满全面、科学专业。

（二）形成性评价与终结性评价相结合的评价方式

形成性评价最初由美国哈佛大学的斯克里芬（Scriven）在 1967 年提出，后由美国芝加哥大学的布鲁姆（Bloom）引入教学领域。[1] 形成性评价是指在学生学习过程中对其学习表现或成果进行评价，旨在发现学生的问题和不足，挖掘学生的发展潜力；终结性评价是为了了解学生在某一阶段学习全部完成之后的学习成果与教学结果而进行的评价。爱丁堡大学人工智能专业在本科学段的课程作业、课程布置的项目都是形成性评价的手段，是评价学生阶段性成果的重要指标，而最终的个人项目、考试则是在一个学期或四个学年的学习全部完成之后进行的考核，是一种终结性评价。

四　保障措施

（一）政府政策支持与资金资助

2017 年，英国发布的 AI 政府工作报告明确提出要大力发展人工智能产业，期望通过人工智能来提高行业的生产力和潜力，从而保持英国作为新兴市场开拓者的声誉，增强英国的创新能力、经济生产力以及综合国力。[2] 商务大臣格雷格·克拉克和数字秘书杰里米赖特（Jeremy

---

① 李曦：《高中英语教学中终结性评价和形成性评价的比对分析》，硕士学位论文，东北师范大学，2007 年，第 3 页。

② GOV. UK, "Growing the artificial intelligence industry in the UK", 2017 - 10 - 15, https://www.gov.uk/government/publications/growing - the - artificial - intelligence - industry - in - the - uk.

Wright）也宣布，政府将投入 1.15 亿英镑用于培训下一代人才，将对人工智能专业的 1000 名学生进行资助，使他们能够在全国各地的 16 个英国研究与创新 AI 博士培训中心完成博士学位。包括 Google DeepMind、BAE Systems 和思科在内的一系列企业也承诺为英国大学的 200 个新的 AI 硕士课程提供资金支持。① 此外，英国政府还和艾伦·图灵研究所合作创建了五项新的研究奖学金，以保留和吸引英国学术机构的顶级人才。

（二）全球图灵奖学金计划

艾伦·图灵研究所正在与人工智能 UKRI 办公室合作，首次开设图灵高级人工智能奖学金和图灵人工智能奖学金。② 奖学金将涵盖人工智能的广泛视角，包括跨数学科学、统计科学、计算科学和工程学的基础学科应用。除此之外，还包括生命科学、社会科学或人文科学等领域相关的人工智能工作。通过为做出贡献的研究员或学生提供奖学金，从而激发研究人员的研究热情。获得图灵奖学金的研究人员可以享受多方面的收益，比如与图灵大学合作伙伴的交流机会，向潜在的行业合作伙伴、合作者和政府机构介绍的机会，通过计划和支持团队促进国家和国际研究合作的机会，通过宣传影响政策和领导力以及塑造人工智能领域未来的机会。

（三）同行观察教学制度和就业服务

为了提升教学和人才培养质量，加强教师在教学中的批判性思考，信息学院推出了同行观察教学制度。③ 无论是课程教学、还是研讨会、项目实践，均可采取此方式进行。同行观察教学涉及三个阶段：观察前、观察中和观察后，观察者就以上三个阶段分别作相应记录。通过观察教学可以给授课教师提供积极评价和改正建议，同时，观察者也可学习授课教师好的教学方法以完善自身不足。

---

① Sam Shead，"U. K. Government To Fund AI University Courses With £ 115m"，2019 – 03 – 03，https：//www. forbes. com/sites/samshead/2019/02/20/uk – government – to – fund – ai – university – courses – with – 115m/#654ee9f430dc.

② The Alan Turing Institute，"Al Fellowships. Fellowships to attract and retain exceptional researchers in artificial intelligence"，2019 – 06 – 20，https：//www. turing. ac. uk/work – turing/ai – fellowships.

③ The University of Edinburgh，"Peer Observation of Teaching"，2017 – 04 – 25，http：// web. inf. ed. ac. uk/sites/default/files/atoms/files/peer_observation_of_teaching_0. pdf.

"职业服务中心"（Careers and Employment）是由爱丁堡大学信息学院领导创办的一个组织，旨在为信息学院的学生和毕业生提供职业方面的建议和指导。职业服务中心将为学生提供一个支持性的环境，[①] 学生在其中可以发现如何发展个人技能和自身素质。

第六节　爱丁堡大学人工智能专业人才培养的总结启示

一　主要优势

（一）宽松自由、灵活多元专业设置

爱丁堡大学人工智能专业在本科学段一贯采取的是四年制，而在研究生阶段，为了迎合学生的多种需求，设置了多种学年阶段供学生们选择，学生可以选择一年制的全职学习，也可以选择三年制的兼职学习，而两者除了时间安排上的不同，其余所有学习任务量和学习要求都是相同的。这在很大程度上充分尊重了学习者的需求，体现了爱丁堡大学在学年设置上的人性化和灵活性。实行宽口径、一体化的培养模式，主张突破学科壁垒，文理渗透，实现学科间的交叉融合。如 BioMedAI 实行"1+3"硕士博士一体化培养模式，学生先进行一年的硕士学习，结束之后直接转入三年的博士阶段进行学习。一年级的课程与传统硕士课程相比，涵盖了更为广泛、丰富的知识，包括人工智能、生物医学、科学课程等领域。

（二）合理有序、编排合理的课程设置

一方面，专业内容的学习循序渐进。第一、二学年注重打牢基础，学习数学、编程、计算等基本原理，注重人工智能领域知识学习的基础性和广博性，旨在帮助新生完成适应性、过渡性和学术性的转换。第三、四学年逐步转向专业和高深领域，学生在课程上有了更多选择，可以根据自己的兴趣选择人工智能的专业课程、信息学的其他课程以及毕业个

---

① The University of Edinburgh, "Careers and Employment", 2018 - 06 - 15, https：//www. ed. ac. uk/studying/undergraduate/student - life/facilities/careers.

人荣誉项目，学习变得更具自主性和适切性。另一方面，以人工智能为学科群组织课程，将人工智能专业的主要课程和联合专业的相关课程联系起来，提高课程开展效率。单科专业与联合专业在第一学年开设一致的专业基础课，在第二学年出现专业细分领域的分化。

（三）结构均衡、能动高效的教学活动

在教学中，首先注重教学的模块化组织。一方面是教学时间的模块化，每学期的周一、周四和周五进行学术讲座，周二进行工作坊学习、研讨会和总结评估等，这些活动均由导师和学生自主安排时间。另一方面是教学内容的模块化。教学内容分为讲授模块、实践模块、研讨会交流模块、工作坊模块等。模块化的教学组织有着很高的灵活性，同时也利于提高学生的学习效率。其次，在教学过程中注重与项目实践、自主学习的结合。教学过程中各课程的时间、组织形式分配不仅较好地适应了人工智能专业注重理论知识和实践应用的结合导向，而且也反映了学院和学校注重自主学习的传统，致力于在定向和独立学习中提升学生的研究探究能力、自我管理技能以及主观能动性。

（四）丰富全面、科学专业的评价机制

首先，该机构从各高等教育机构获取课程和学生数据，每年开展一次全国学生调查和续学率调查，调查的结果最终仍被大学使用，用以改善课程差异和学生的学习体验。其次，毕业生就业及收入情况是从外部对人才培养质量进行的侧面、定量评价。单一的毕业生就业率并不能说明就业问题，毕业生就业领域与该专业的吻合度则是学生就业的重要考察尺度。爱丁堡人工智能本科生在毕业 6 个月之后有 85% 的学生从事专业领域内的工作，就业针对性和吻合度情况良好。此外，选取毕业后 6 个月和 3 年两个时间节点对毕业生收入状况进行调查，近期和长远的双重结合考察更能反映其人才培养质量。最后，专业认证是对其人才培养质量进行的正面、定性评价。爱丁堡大学将人才培养方案、职业方向、综合素养等要素纳入质性评价的范畴，是对人工智能专业毕业生职业素养、职业技能、职业资格的有效检验，也是对量化评价的必要补充，使其人才培养质量评价更为丰富全面、科学专业。

（五）完备细致的质量保障

在学业保障方面从宏观和微观角度给予完备细致的支持与服务。在宏观层面，艾伦·图灵研究所作为国家机构，根源在于英国各大学卓越的研究中心，汇集了数据科学和人工智能领域的顶尖人才，能顺利实现与相关产业、政策制定者和公众的互动交流，其为爱丁堡大学人工智能人才培养提供的支持与保障无疑是深厚而强大的。职业服务中心机构的建设以及同行观察教学制度的提出，作为学校内部"自我的支持与保障"，从微观层面引领人工智能人才培养的良性运作。面向人工智能专业学生的课内外学习、实践活动和就业，在课内不断优化教师教学水平；在课外为学生提供丰富的免费课程学习资源和针对性的建议指导，开展人工智能领域实践活动，活跃校园学习氛围并激发学生在人工智能领域深入探索的兴趣。可以说，校园提供的支持、服务与保障将促进学生更深入、更广泛、更高效地进行人工智能理论与实践研究，具有深远的意义和价值。

二　存在问题

（一）评价系统不够完善

评价在学习中具有诊断、激励、发展、调节和导向的功能。爱丁堡大学人工智能专业在人才培养模式上缺乏系统而完整的评价，侧重于依赖外部评价。虽然在学习期间也有课程作业等过程性评价，在期末有考试、项目等总结性评价，但忽视了对学生课堂、项目参与和实践的评价，及时而有效的反馈更有利于促进学生的发展。学校应在课程中提供评价资源，除了包括适量的定性评价之外，也要重视不确定性、解释性的过程性评价，只有这种以"不确定性和解释性评价"的组合来进行的开放性评价，评价才会更客观、具体，人才培养方案也能收到及时的反馈予以积极调整。

（二）教师参与度不够高

在爱丁堡大学人工智能专业人才培养过程中，学校在人才培养目标和要求上普遍阐述较多的是以学生为对象，较少涉及教师在人才培养过程中所发挥的不可替代作用。教师应更多地参与到学生的人才培养活动中去，除了课堂教学，项目、课外活动、实践操作、论文等环节都需要教师的参与，而教师在人才培养过程中除了担任课堂教学者的责任，同时也担任着引导者、实践者、管理者、合作者、朋友等角色，除了要设计出具有创新性的教学活动、激励学习者融入课堂氛围以外，也需要在课堂之外引领学生参与社会实践、企业合作等活动。

（三）对不同的学段用力不均

爱丁堡大学人工智能专业目前开设了本科、硕士和博士三个学段，但对比来看，爱丁堡大学对本科阶段提供了更为详细具体的人才培养信息，共包括 10 个类目（学习什么、在哪里学习、学习和评估、职业机会、入学要求、第二年入学要求、英语语言要求、调查数据、费用及查询方式）；对研究生提供的人才培养信息共包括 6 个类目，分别是项目描述、项目结构、职业机会、入学要求、费用及资金、奖学金，对于研究生的评价机制和保障措施并未全面而完善地落实到位。而对于博士阶段来说，人才培养则由分院独立管理，如 UKRI 自然语言处理博士培训中心有自己的独立网站，对课程设置、人才培养目标等均有明确的规定；而对于 BioMedAI 实行的"1 + 3"硕博一体化培养模式而言，1 年的硕士培养和 3 年的博士培养，其课程设置、培养目标以及具体的培养计划较为笼统而含糊，并不能明确而清晰地给予学生正确的指引。

三 学习借鉴

当前，我国高校人工智能专业普遍实行通识教育模式，"只是对原来专业教育模式培养目标的一种修补，没有全面地反映出通识教育的思想"[1]，课程结构失衡，学生"仅是从一门狭窄的课程修读到另一门同样狭窄的课程而已，并不能掌握不同领域知识之间的内在联系"[2]；课程教学以教师为中心，缺乏学生参与。爱丁堡大学人工智能专业作为世界一流大学内享誉盛名的专业，培养出了一大批优秀企业的精英人才，其人才培养模式对我国刚刚兴起的高校大面积开设人工智能专业的热潮具备研究和借鉴意义。

（一）厘清人工智能的专业建设方向，制定明晰具体、交叉融合的培养目标

人工智能有别于传统的计算机科学，它是通过研究如何应用计算机

---

① 李曼丽：《我国高校通识教育现状调查分析》，《清华大学教育研究》2001 年第 2 期，第 125—133 页。

② 蒋红斌、梁婷：《通识精神的彰显与我国大学通识教育改革》，《教育研究》2012 年第 1 期，第 95—99 页。

软硬件来模拟人类智能行为、探索人类智能活动规律的技术科学。对我国已开设或预备开设人工智能专业的高校而言，首先要注意厘清人工智能的核心概念，避免落入套用旧专业的人才培养模式来培养人工智能人才的陷阱。我国高校可以依托计算机、自动化、大数据等专业基础，基于自身办学特色和学科优势，结合人工智能专业的发展趋势、应用特点和未来走向，开始新的人工智能人才培养模式的尝试，并在此过程中探讨新的专业特色和优势。① 其次，专业建设方向的不同将会影响人工智能人才培养的类型生成。截至 2019 年 4 月，全国共有 35 所高校获得人工智能本科专业的建设资格，35 所高校建设的人工智能专业均属于工学门类，② 以工学为主导的专业建设方向属于技术领域的学习研究，偏向工程师或设计师等类型的人才培养。但工学门类的确定并不意味着具体细分领域的生成。清华大学智能技术与系统国家重点实验室教授邓志东认为："国内人工智能人才的培养，不仅有计算机科学技术方向，还有信息化方向、电子信息工程方向，以及芯片等硬件方向。"③

预计到 2020 年，我国人工智能产业规模将达到 1500 亿元，带动相关产业规模超过 1 万亿元，④ 但目前仅有全球 5% 左右的人工智能人才储备。⑤ 在人工智能人才紧缺的状态下进行人才培养，确立明晰而具体的培养目标更具紧迫性和现实性。一方面，高校要对培养什么样的人才、培养的人才具备何种知识、能力和品质以及通过何种途径来实现要有具备可行性、实操性的指引。在人工智能顶层设计中打破传统专业方向的壁垒，⑥ 培养目标要足够聚焦，面向人才培养体系的全局性视角，打造培养

---

① 杨博雄、李社蕾：《新一代人工智能学科的专业建设与课程设置研究》，《计算机教育》2018 年第 10 期，第 26—29 页。

② 北京考试报：《35 所高校首设人工智能本科专业》，https://chuansongme.com/n/2910811952915，2019 年 4 月 17 日。

③ 新浪财经：《人工智能专业首次独立招生人才缺口或达百万级》，https://finance.sina.com.cn/roll/2019-05-24/doc-ihvhiews4134138.shtml，2019 年 5 月 24 日。

④ 新华网：《达沃斯：云从科技与人工智能未来十年》，http://www.xinhuanet.com/money/2019-07/04/c_1210178218.htm，2019 年 5 月 24 日。

⑤ 梁道然：《以人工智能为例浅析技术革命为我国经济发展带来的机遇与挑战》，《中国战略新兴产业》2018 年第 8 期，第 43—45 页。

⑥ 周全：《关于高校人工智能人才培养的思考与探索》，《教育教学论坛》2019 年第 16 期，第 131—132 页。

目标的系统性、连贯性和针对性。另一方面，形成交叉融合的培养目标体系。高校应结合自身学科特色，勇于探寻新的交叉点，另辟蹊径，实现文理渗透，构建具有自身特色的培养目标体系。

（二）关注课程设置的结构均衡，着眼理论与实践教学的结合

当前各高校的人工智能专业课程设置均带有自身的办学特色，如南京大学人工智能本科专业的课程设置分为四类：数学基础课程、学科基础课程、专业方向课程和专业选修课程。① 北京航空航天大学人工智能本科核心课程体系具有两大特点：一是数学类专业基础课程在课程结构中所占比例大；二是课程涉及的知识面广泛，在专业必修课的设置中还包含了认知科学与控制科学等相关课程。② 因此，我国高校在人工智能课程设置上，优先需要注意课程结构的均衡，学科基础课和专业课是课程设置的核心，夯实学生理论基础、深化专业知识学习固然重要，但不能影响其他必备知识的学习，公共基础课程的开设也应达到相应比例。此外，针对研究方向设置较多的高校，如清华大学，可以组织人工智能学科群，将人工智能不同方向的公共基础课程、专业基础课程及相关课程合并开设，以提高课程开展效率。

当前我国高校人工智能专业的教学方式较为单一，大致与其他专业一致，多采用课堂教学的授课方式，在实践、交流合作、校企合作等环节较为薄弱。③ 人工智能的专业特殊性对实践应用提出了较高的要求，且人工智能人才培养目标提出的多种能力的习得同样需要在多元化的教学方式中得到贯彻和落实。因此在培养过程中，应打破过去由教师讲、学生听的知识灌输方式，树立创新型人才培养理念，充分调动学生学习的主动性和能动性，结合课堂教学、小组研讨、项目实践、团队协作、线上线下活动、独立探究等多种教学方式。在教学过程中注重学生逻辑思维和批判性思维的锻炼，引导学生进行良好的自我管理和时间管理，启

---

① 南京大学人工智能学院：《南京大学人工智能本科专业教育培养体系》，机械工业出版社 2019 年版，第 10—15 页。

② 贾爱平：《北京航空航天大学新增人工智能等三个专业》，《中国教育报》2019 年 5 月 28 日第 1 版。

③ 张茂聪、张圳：《我国人工智能人才状况及其培养途径》，《现代教育技术》2018 年第 28 卷第 8 期，第 19—25 页。

发学生独立思考、自主探究、团队协作等多方面能力的形成。

（三）加强质量保障和评价机制建设，助力人才培养质量整体提升

爱丁堡大学人工智能人才培养成为典型范式绝非偶然，它是国家政策、内外部相关支持、校方协同育人机制、管理体制、人才培养评价机制等多方共同运作的结果。当前我国人工智能人才培养尚处于起步阶段，基础设施设备建设跟不上，而人工智能交叉学科的特性不仅让学生学起来吃力，更是让部分教师也深感力不从心。课程建设、师资队伍建设、基础设施设备的完善绝非一朝一夕，因而寻求内外部的相关支持成为各高校的必然选择。我国获得首批人工智能专业建设资格的 35 所高校中，有 22 所属于教育部直属高校。首先，国家应从政策、资金等层面加大对资格获批高校的扶持，在基础设施、师资、课程等建设方面投入关注、提供支持；其次，各高校应加强交流、合作和借鉴，树立共同体意识，整合教学科研力量，共同致力于人工智能人才培养的师资队伍建设、课程建设及协同育人机制建设等方面，在交流和实践中进一步优化和检验人才培养方案的科学性、合理性和可行性；最后，各高校应深化与产业之间的协同育人机制建设，加强与企业的产学研合作。与此同时，企业也应依靠自身的技术力量积极配合高校的教育教学，为人工智能专业学生提供实践操作平台。

另一方面，加强人才培养质量评价机制建设也是确保和提升人才培养质量的关键要素。首先，各高校应主动与相关机构建立联系，形成良好的内外部沟通，构建第三方评价体系，从多个方面、多个维度对人工智能人才培养展开客观而全面的评价。其次，高校内部应积极建立完善的评价保障体系。基于相关学科的评价体系，从学生课堂表现、教师教学监督、社会实践参与、科研竞赛等方面入手进而逐步完善。最后，兼重定量与定性评价。对毕业生就业率、就业去向、收入状况等通过量化构建呈现数据评价，而人才培养目标、综合素质、职业上岗资格等要素应纳入质性评价的范畴。

近年来，人工智能在全球各国发展中所占的份额日益加重，各国对利用人工智能来实现科技创新和社会经济发展的诉求日益强烈。英国商务大臣格雷格·克拉克说："英国长期以来是一个重视创新的国家，现如今，人工智能技能和人才投资帮助英国培养领先的国际人才，并使英国

的发展地位领先于其他各国，以确保我们在研发方面保持世界前列。"①本章以爱丁堡大学人工智能人才培养的成功范式为例，从课程设置、教学组织、评价机制、保障措施等方面探讨了其人才培养的成功经验，以期为正在如火如荼兴建人工智能学院、开设人工智能专业的我国高校提供借鉴参考。

---

① UK Research and Innovation, "£200m to create a new generation of Artificial Intelligence leaders", 2019 – 02 – 21, https：//www.ukri.org/news/200m – to – create – a – new – generation – of – artificial – intelligence – leaders/.

第 九 章

牛津大学人工智能专业人才培养研究

牛津大学是一所闻名世界的高水平大学，在长达800多年的发展过程中一直重视人才的培养。在历史长河中，它积淀了人才培养的优良历史传统，始终以领袖型人才为培养的目标，并且围绕此目标建立和发展了一个包括学科、教学、管理、评价、环境建设等诸多因素在内的学校人才培养的完整系统，它们互动连接、相互协调，共同为牛津大学高水平的人才培养服务。牛津大学人工智能专业成立于2012年，但随着跨学科专业的发展，人工智能与生物、医学等专业的结合日益紧密，其人才培养在面对社会发展的新需要时也呈现出新的走向。深入研究牛津大学人工智能专业的人才培养，明确学校的发展定位，坚持传统与适应变革相协调的原则，将为改革中国大学的人才培养提供可借鉴的经验。①

第一节　牛津大学人工智能专业人才培养的发展概况

一　关于牛津大学

牛津大学（University of Oxford），简称"牛津（Oxford）"，位于英国牛津，是一所誉满世界的公立研究型大学，采用书院联邦制，与剑桥大学并称"牛剑"，并且与剑桥大学、伦敦大学学院、帝国理工学院、伦敦

---

① 何梅：《牛津大学人才培养的历史传统与现代走向》，硕士学位论文，西南师范大学，2005年，第1页。

政治经济学院同属 "G5 超级精英大学"。牛津大学成立于 1167 年，为英语世界中最古老的大学，也是世界现存第二古老的高等教育机构。牛津大学涌现出了一批引领时代的科学巨匠，培养了大量开创纪元的艺术大师以及国家元首，其中包括 27 位英国首相以及数十位世界各国元首、政商界领袖。截至 2017 年，共有 69 位诺贝尔奖得主、3 位菲尔兹奖得主、6 位图灵奖得主曾在牛津大学学习或工作过。2016—2019 年，牛津大学在泰晤士高等教育世界大学排名中连续三年位列世界第一[1]。在 U. S. News 世界大学排名中，牛津大学位列世界第五[2]。

牛津大学是英国最大的科研中心，学校在世界顶尖刊物刊发的科研学术报告超过英国任何其他大学。同时，牛津大学也是全英拥有科研专利最多的学术机构，旗下公司超过百余家。目前，牛津地区的 1500 多家高科技企业中，多数都与牛津大学有着深度合作[3]。牛津大学共有 38 个学院，它们和学校的关系就像美国中央政府与地方政府的关系那样采用联邦制形式。每一所学院都由院长（Head of House）和几个职员（Fellows）管理，他们都是各种学术领域的专家，其中大多数在学校都有职位。与大多数大学组织结构相似，牛津大学又根据专业分为不同的系。系通常在研究生教学中扮演主要角色，提供讲座、课程以及组织考试。系也通常是被外部机构包括大型研究委员会资助的研究中心。除了系外，牛津大学的教学和研究活动，主要由学部来组织，学部不附属于任何一个学院，也不是大学内的自治单位，它们都是跨学院的机构，不过各学部的教师和学生，首先必须是牛津大学内某一学院的一员。

牛津大学的校训为："耶和华是我的亮光。"出自《圣经》中的诗篇第 27 篇。英国牛津大学校长安德鲁·汉密尔顿（Andrew Hamilton）说："我认为大学精神的核心有两点，第一是在每件事情上对卓越的追求，第二是自由而公开的辩论。"他认为，牛津大学所体现出来的大学精神就

---

① Times Higher Education, " The World University Rankings", 2020 - 01 - 10, https：//www. timeshighereducation. com/world - university - rankings/2020/world - ranking#! /page/0/length/25/sort_by/rank/sort_order/asc/cols/stats.

② U. S. news, " Best Global Universities Rankings", 2020 - 01 - 10, https：//www. us-news. com/education/best - global - universities/rankings.

③ Oxford of University, "About Us", 2020 - 01 - 10, http：//www. ox. ac. uk/cn.

是，首先对卓越有绝对的追求，无论是在教学还是科研上，永远都不会安于现状，持续地追求做得更好。①

二　牛津大学人工智能专业人才培养的历史考察

牛津大学人工智能专业最早起源于计算机科学系。牛津大学在1957年成立了计算实验室，2012年，开设人工智能专业。随后与谷歌等相关企业合作发展机器人研究，目前，人工智能与医学、生物学等相关领域不断融合。

（一）萌芽探索期：1957—2011 年

牛津大学共有38个学院，其中有巴利奥尔学院，基督教堂学院，赫特福德学院，玛格丽特夫人学院，默顿学院，新学院，奥利尔学院，圣安妮学院，圣凯瑟琳学院，圣约翰学院，大学学院这几个学院都有计算机科学系，牛津大学计算机科学系是该国历史最悠久的计算机科学系之一，拥有世界一流的研究和教学社区②。牛津大学于1957年成立了计算实验室。在成立之初，它在数学系提供本科讲座并培训一些研究生，实验室拥有一台大型计算机，为大学提供数字化服务。在这一阶段，实验室的研究工作几乎完全是数值分析，数值小组也因此建立。1965 年，牛津大学计算实验室开始转移其研究重点，扩大其研究范围，但在这期间内，实验室的研究小组与数据分析小组还未在研究领域达成一致。直到1993 年后，随着员工数量的快速增加，住宿条件的稳步提升以及小组间共同利益的一致化，逐渐形成了一个有着共同目标的部门。随着该部门的进一步发展，新的电子科学大楼为计算实验室提供了额外的空间，并且还成立了牛津电子研究中心。2006 年，牛津大学加入了一个机器人足球队（RoboCup），并于2011 年在机器人世界杯的第一场比赛中踢进第一个球;③ 2011 年，牛津大学计算机科学系对机器人探索与机器人搜索救

---

①　Oxford of University，"Organisation"，2020 – 01 – 10，https：//www. ox. ac. uk/about/organisation/history.

②　Oxford of University，"Organisation"，2019 – 03 – 15，https：//www. ox. ac. uk/about/organisation.

③　Oxford of University，"Goal! Oxford Scores at Robot World Cup"，2020 – 01 – 10，http：//www. cs. ox. ac. uk/news/368 – full. html.

援两个应用领域进行研究并举办了首届牛津机器人大赛,这为人工智能专业的出现奠定了坚实的基础①。2011 年 6 月 1 日,牛津大学计算实验室更名为牛津大学计算机科学系,发展成为一个大型学术部门,在计算机相关的许多领域进行了领先世界的研究。现在,该系在大学内负责计算机科学相关的所有学术活动,如进行教学、基础研究以及与其他部门和应用研究行业的合作。②

(二) 内部重组变革期:2012—2013 年

随着牛津大学计算机科学系的发展,人工智能研究也崭露头角。2012 年,计算机科学和哲学的新联合学位宣布成立,主要课程有人工智能、机器人与虚拟现实等,即牛津大学通常所理解的人工智能专业③。学生可以在巴利奥尔学院、赫特福德学院、新学院、奥利尔学院、圣凯瑟琳学院、圣休学院、圣约翰学院与大学学院中选择三年或四年的课程,相应地获得学士或者硕士学位。自此,牛津大学人工智能专业正式成立。2012 年 5 月,学校为机器人研究项目提供了 1600 万英镑的资金支持,该项目致力于使飞行机器人或水下机器人团队更有效地合作。

(三) 迅速发展期:2014—2016 年

自人工智能专业成立以来,该专业就进入了高速发展期,这一时期最显著的特征就是牛津大学与多个企业进行了多个项目的合作,以加速人工智能的研究与校企联合的人才培养。2014 年 10 月,谷歌和牛津大学建立了合作伙伴关系,合作专注于图像识别和自然语言领域,作为合作的一部分,谷歌与牛津大学计算机科学和工程科学系建立研究合作关系,其中包括学生实习计划和一系列联合讲座和研讨会,为人工智能专业的学生分享专业知识④。2015 年 6 月,赫特福德学院宣布建立新的计算机科学与哲学研究生奖学金,赫特福德学院将坚定地支持该计划,并努力将

---

① Oxford of University, "Missed the October Robot Games? Thinking of Attending the December one?", 2020 – 01 – 10, http://www.cs.ox.ac.uk/news/409 – full.html.

② Oxford of University, "Cs History", 2019 – 03 – 15, http://www.cs.ox.ac.uk/aboutus/cshistory.html.

③ Oxford of University, "New Degree in Computer Science and Philosophy Announced", 2020 – 01 – 10, http://www.cs.ox.ac.uk/news/299 – full.html.

④ Oxford of University, "University of Oxford Teams up with Google Deep Mind on Artificial Intelligence", 2020 – 01 – 10, http://www.cs.ox.ac.uk/news/847 – full.html.

计算和哲学扩展到研究生领域，由此牛津大学人工智能专业硕士学位和博士学位正式确立。2016 年，牛津计算机科学系的 21 篇论文被第 31 届国际人工智能学术大会（Association for the Advancement of Artificial Intelligence，AAAI）录用，该大会是国际人工智能领域最为权威与重要的协会之一①，这一定程度上从侧面反映出了牛津大学人工智能专业强劲的科研实力。

（四）稳定繁荣期：2016 年至今

2016 年 11 月，国际技术公司大陆集团和牛津大学进行了人工智能领域的联合研究，美国大陆航空与牛津大学工程科学系之间的合作关系侧重于人工智能算法的开发，这些算法进一步增强了未来的移动应用，深度学习算法促进了高度可靠的视觉对象检测和人机对话。美国大陆航空期望合作伙伴关系能够拓展人工智能的应用，包括自动驾驶、未来车辆通道系统的改进、通过智能警报系统实现事故最小化等②。2018 年，牛津机器人研究所（Oxford Robotics Institute，ORI）成立。学院是由研究人员、工程师和学生的协作和整合小组组成的，全都致力于改变机器人来方便人们生活。学院目前关注的领域是多种多样的，从飞行到掌握，从检查到跑步，从触觉到驾驶，从探索到计划，研究者就这些领域开展了广泛的技术主题，例如机器学习和 AI，计算机视觉，制造，多光谱传感，感知，系统工程等。③ 这一时期另一重要特点即人工智能专业所获得的校内外资助显著增多。2018 年 11 月，DeepMind 为在牛津大学攻读计算机科学的研究生提供了一项新的奖学金。除了奖学金，DeepMind 还与牛津大学建立了更深入的合作，为学生提供企业指导和更广泛的支持，以加强学生的学习。④ 据英国《金融时报》（Financial Times）报道，2019 年 6 月 8 日，美国富商史蒂芬·施瓦兹曼（Stephen Schwarzman）宣布向牛津

---

① Oxford of University, "Record Number of Papers Accepted to the 31st AAAI Conference on Artificial Intelligence", 2020 - 01 - 10, http：//www. cs. ox. ac. uk/news/1221 - full. html.

② Oxford of University, "Cs history", 2019 - 03 - 15, http：//www. cs. ox. ac. uk/aboutus/cshistory. html.

③ Oxford Robotics Institute, "About Us", 2020 - 02 - 17, https：//ori. ox. ac. uk/about - us/.

④ Oxford of University, "DeepMind Scholarships to Encourage wider Participation in Computer Science", 2018 - 11 - 15, http：//www. cs. ox. ac. uk/news/1589 - full. html.

大学提供1.5亿英镑捐款，用以资助该校建设一个全新的学术中心，首次为大学人文学科提供融合协作平台，外加设立人工智能道德研究所。施瓦兹曼认为，麻省理工学院计算机学院是世界上最好的人工智能研究中心。向牛津大学的捐款将有助于将其"世界领先的道德和哲学专业知识"带入人工智能相关议题研究。施瓦兹曼先生说"人工智能的发展是非常重要的方向，牛津大学需要对技术、发展和未来影响进行广泛且深入的讨论""牛津大学要确保人工智能以一种智慧和平衡的方式发展"。牛津大学校长路易丝·理查森（Louise Richardson）表示，当今的大学正面临全球竞争，牛津大学必须增强竞争力。牛津大学将于2024年建成新的人文学科中心并投入使用，该中心将有2.3万平方米空间。该笔捐赠将使牛津大学继续保持在研究和教学的最前沿，并为学术岗位和奖学金的增长提供资金。①

三 牛津大学人工智能专业人才培养的现状分析

牛津大学计算机系研究活动包括核心计算机科学，以及计算生物学、量子计算、计算语言学、信息系统、软件验证和软件工程。该系提供本科生、全日制和兼职硕士生学位，并拥有强大的博士课程。其中本科学位包含以下专业：计算机科学、数学和计算机科学、计算机科学与哲学，计算机科学与哲学专业主要培养的就是人工智能专业人才。

（一）人工智能专业排名世界领先

牛津大学人工智能专业由计算机科学学院开设，牛津大学的计算机科学系在教学和研究方面一直在世界上名列前茅。2014年，牛津大学被公认为欧洲第二大计算机科学机构，在2016年至2018年的泰晤士高等教育世界大学排名中，牛津大学蝉联榜首。在2010—2020年的CSRankings人工智能排名中，牛津大学的人工智能研究在欧洲地区排名第一。② 该排名主要依据各个高校在计算机领域的顶级学术会议发表的论文数量，统计了绝大多数院校教员在计算机科学领域的各大顶会所发布的论文数量。

---

① 王永利：《牛津大学获有史以来最高额度单笔捐款》，《世界教育信息》2019年第14期，第74页。

② CSRankings, "Computer Science Rankings", 2020 – 02 – 17, http://csrankings.org/#/index? ai&europe.

（二）人工智能实验室助力人才培养

牛津大学是全球领先的 AI 研究中心之一，目前有多个人工智能实验室，包括人工智能办公室（Office of Artificial Intelligence，OAI）、艾伦·图灵研究所（Alan Turing Institute，ATI）、英国研究与创新机构（U. K. Research and Innovation，UKRI）、欧洲学习和智能系统实验室（European Lab for Learning and Intelligent Systems，ELLIS）、创意破坏实验室（Creative Destruction Lab，CDL）[①]、牛津机器人技术研究所（Oxford Robotics Institute，ORL）、移动机器人组（Mobile Robotics Group，MRG）、人工智能应用实验室（The Applied AI Lab，A2I）、自主智能机器和系统博士培训中心（Autonomous Intelligent Machines and Systems，AIMS）[②]。ELLIS 的成员中包括 35 个获得欧洲研究委员会奖助学金的教授、15 个国家科学与工程学院会员，ELLIS 的成立由 36 家创业公司共同出资或捐款。ELLIS 的研究主题包括基础机器学习、计算机视觉、自然语言处理、机器人技术、以人为本和可信赖的 AI，以及应用领域，例如环境建模、自主系统设计、生物学和健康。人工智能和机器学习是牛津大学的主要战略重点，ELLIS 的成立为未来几年人工智能的扩展奠定了基础。[③] 谷歌、TIPS、三星、经济及社会研究理事会和英国法通保险公司等行业重量级企业都与牛津大学计算机科学学院有着密切的投资合作关系，联合开发人工智能项目。

（三）人工智能专业师生获奖无数

近年来，牛津大学人工智能教师和学生所做的研究获得了无数赞誉，主要有：2014 年，牛津大学和阿姆斯特丹大学联合团队获得"机器人世界杯"第一名[④]。2016 年，玛丽亚·布鲁纳（Maria Bruna）博士被授予

---

① Oxford of University，"Creative Destruction Lab Startup Programme Comes to Oxford"，2019 – 03 – 12，http：//www. ox. ac. uk/news/2019 – 03 – 12 – creative – destruction – lab – startup – programme – comes – oxford.

② Oxford Robotics Institute，"We are the Oxford Robotics Institute"，2020 – 02 – 17，https：//ori. ox. ac. uk/.

③ Oxford of University，"AI Experts from across Europe Assembled in New Units"，2019 – 12 – 11，http：//www. ox. ac. uk/news/2019 – 12 – 11 – ai – experts – across – europe – assembled – new – units.

④ Oxford of University，"First Place in 'Robot World Cup' for Joint Oxford & Amsterdam Universities' team"，2020 – 01 – 10，http：//www. cs. ox. ac. uk/news/819 – full. html.

欧莱雅—联合国教科文组织英国和爱尔兰科学女性奖学金①。2017年，希蒙·惠特森（Shimon Whiteson）获得谷歌研究奖②。2018年，马丁内斯（Maria Vanina Martinez）入选"人工智能10大风云人物"名单。该奖项表彰年轻科学家在职业生涯早期对人工智能领域做出的贡献③。计算机科学系的学生凯瑟琳（Catherine Vlasov）入围WCIT杰出信息技术2019学生奖④。同年，艾伦·图灵研究所亚林·盖尔（Yarin Gal）担任AI研究员⑤。教授玛塔·克瓦特科夫斯卡（Marta Kwiatkowska）被选为英国皇家学会院士⑥。继在西北欧洲地区竞赛（Northwestern European Regional Contest，NWERC）上获得金牌之后，牛津队又于2019年4月在葡萄牙波尔图举行的洛斯赞助人队晋级国际大学编程总决赛⑦。2020年，尼基（Niki）在伦敦IT大奖中赢得年度CTO奖⑧。

（四）人工智能专业毕业生就业率高

牛津大学人工智能专业的学生毕业后就业率非常高，根据2014年《星期日泰晤士报》的报道，牛津大学的计算机科学家拥有英国所有专业中的最高毕业生工资，在离开大学6个月后平均收入为43495英镑。所有专业的毕业生在英国和国外的技术、管理、学术、金融与商业职位等职位非常受欢迎，近年来，人工智能专业的毕业生已经在许多领域取得了进步，这些领域既包含需要了解计算机系统的专业，又包含与计算机专

---

① Oxford of University，"L' Oréal – UNESCO Women in Science Fellowship Award Granted"，2020 – 01 – 10，http：//www. cs. ox. ac. uk/news/1154 – full. html.

② Oxford of University，"Google Research Award Success for Shimon Whiteson"，2020 – 01 – 10，http：//www. cs. ox. ac. uk/news/1267 – full. html.

③ Oxford of University，"Maria Vanina Martinez in 'AI's 10 to Watch' List for 2018"，2020 – 01 – 10，http：//www. cs. ox. ac. uk/news/1528 – full. html.

④ Oxford of University，"WCIT Outstanding IT Student Awards 2019"，2020 – 01 – 10，http：//www. cs. ox. ac. uk/news/1642 – full. html.

⑤ Oxford of University，"Yarin Gal Announced as Turing AI Fellow"，2020 – 01 – 10，http：//www. cs. ox. ac. uk/news/1743 – full. html.

⑥ Oxford of University，"Marta Kwiatkowska one of five Oxford Academics who have been elected as Fellows of the Royal Society for their exceptional Contributions to Science"，2020 – 01 – 10，http：//www. cs. ox. ac. uk/news/1670 – full. html.

⑦ Oxford of University，"First – year student team reach World Final of International Collegiate Programming Contest"，2020 – 01 – 10，http：//www. cs. ox. ac. uk/news/1663 – full. html.

⑧ Oxford of University，"Niki Trigoni Wins CTO of the year Award at Women in IT Awards London 2020"，2020 – 01 – 30，http：//www. cs. ox. ac. uk/news/1780 – full. html.

业联系不紧密的岗位。毕业生工作的单位包括 IBM、谷歌、亚马逊、Palantir Technologies、思科、摩根士丹利和高盛等，其中包括高级软件工程师和开发人员、分析师、首席技术官、游戏程序员和技术主管等职位。还有部分学生进入教学、政府和政策组织管理咨询和法律，其他人继续攻读博士学位和学术或研究职业，或者创办自己的公司。有 Facebook 账户完整性团队的软件工程师、BAE Systems 海军作战系统团队的工程主管、人工智能研究员等。

第二节　牛津大学人工智能专业人才培养的目标定位

牛津大学人工智能专业学生知识、能力、素质三元结构培养模式为英国提供了大量的精英人才，他们来自世界各地，宗教信仰、种族、兴趣、爱好、家庭背景、个人学习经历及文化传统都不尽相同，牛津大学均能让他们各尽其才，得到充分发展。

一　价值取向

在牛津大学人工智能专业人才培养的发展历程中，基于历史和现实角度的考察与分析，将其概括为三种基本的价值取向：社会取向、文化取向和学者取向。

（一）社会取向

人的本质属性是社会性，人的任何价值都是社会性的价值。社会性是人生价值取向的最核心的维度。计算机科学是一门实践学科，目标就是面对并解决现实中的挑战。第一，牛津大学人工智能专业的培养旨在使学生掌握丰富的知识与技能，增强牛津人才在市场中的竞争力。例如，2019 年，牛津大学展示了 AI 如何在现有测试的前两天就可以预测患者可能致命的恶化情况，利用机器学习来加速塞伦盖蒂的生态研究，与 Waymo 合作进行进化选择，以训练能力更强的自动驾驶汽车，学习如何帮助 Play 商店用户发现更多相关应用等。第二，牛津大学人工智能专业课程的设置增强了学生的社会性。计算机科学的课程包含许多实用性的知识，如算法与编程、计算机应用、计算机学科等课程旨在培养学生的知识应用能力，而小组项目实习、校外参与的集团项目为学生计算机技能的发展创造了十分有利的条件。

（二）文化取向

英国文化传统的核心是绅士文化，绅士文化实际上是英国社会文化价值观念的集中体现。反映在教育上，这种文化主要表现在培养人工智能专业精英人才的要求上面，即培养有风度的绅士。牛津大学计算机科学系教授、机器学习专家、牛津大学机器人研究所主任史蒂夫·罗伯茨（Steve Roberts）在 2017 年春季人工智能博览会中提到，牛津大学正处于一场信息革命之中，科学技术的进步，以及成功组织和企业的日常运营越来越依赖于数据分析。牛津大学人工智能和机器学习社区在各个领域都拥有丰富的人才资源，这是为该领域的大规模增长奠定基础的最佳时机。在今日，牛津大学乃至牛津大学人工智能专业培养的人才仍是绅士，为学生创设丰富的课外活动，创造良好的学习交流环境，在培养学生掌握知识技能，发展能力的同时，培养和造就有智慧、有哲理、有修养的绅士。培养绅士一直以来都是牛津大学的培养目标并且成为传统一直传承至今。20 世纪，面对中产阶级的职业需求，牛津大学增加了许多包括职业技术科目在内的新科目，例如工程及其分支和计算科学等，以培养该领域的领袖人才。这体现出牛津大学为适应社会的发展与需要对人才培养目标进行的调节，以"培养良好的公民，培养将要成为社会各界和学术界未来领袖的精英"为主要职责的牛津大学取得了人才培养的丰硕成果。[1] 牛津大学人工智能专业开展的课程中，强调对学生哲学思维与算法逻辑思维能力的培养，发展学生成为未来领袖的思维。不仅如此，牛津大学为学生创建开放的环境，为学生开展各种各样的社团活动，这为吸引未来的领袖，培养本科生较强的组织领导能力创造了条件，同时又增加了社会其他领域的领袖型人才。

（三）学者取向

第一，牛津大学开展的人工智能实习与项目设计科研无形之中培养

---

[1] 何梅：《牛津大学人才培养的历史传统与现代走向》，硕士学位论文，西南师范大学，2005 年，第 7 页。

了学生的科学品格、科学精神，使他们未出校门就有了几分学者的成熟，为以后成才奠定了坚实的基础。科研与教学相结合的培养也有助于学生将经验知识与事实知识、理论知识与探究发现的过程联系起来，不仅能够激发学生探究的好奇心，理解科学发现的过程与本质，学会科学研究的方法，而且有助于学生逐渐形成像成熟学者那样思考、观察、描述和分析问题的方式。第二，自从牛津大学 10 年前启动 DeepMind 以来，牛津大学的使命一直是通过了解和重新创建智能本身找到世界问题的答案。到 2019 年年底，牛津大学在建立实现长期任务所需的组织方面已经走了很长一段路——从牛津大学的研究环境到与其他 Alphabet 公司的合作，再到跨学科和多元化的团队。在过去的 12 个月中，牛津大学取得了重大进展，从赢得一场国际盛会以预测蛋白质的形状——生命的基础——到 2018 年年底的大型国际竞赛，到开发可以相互合作的 AI 代理以及《科学》杂志发表的《夺旗》一书中的人员，以及牛津大学在掌握复杂策略游戏《星际争霸Ⅱ》方面的最新工作，该游戏被发表在《自然》杂志上。第三，牛津大学还有广泛的基础研究计划，每年发表数百篇论文。许多公司对其领域做出了重大而令人兴奋的贡献，例如 MuZero，它是一种学习模型，不仅可以掌握国际象棋、围棋，甚至无须提前了解游戏规则，被应用到雅达利（Atari）游戏中。牛津大学已经开发出了新的方式来开放和解释牛津大学的工作，例如牛津大学专用的 AI 安全研究博客，无监督学习等研究概念的主题摘要以及牛津大学的许多开源项目，这些都为该领域带来了新的框架和环境。①

二 基本要求

牛津大学一直重视人工智能专业人才培养的基本要求，特定的组织特质、深厚的文化氛围和宽松自由的育人场所等多样的因素为牛津大学实现本科生的素质结构提供了良好的途径。

（一）开展精细化、个性化教学

19 世纪的英国教育家纽曼对大学理念作过评论："大学的性质、使命

---

① Oxford of University，"From unlikely start – up to major Scientific Organization：Entering our tenth year at DeepMind"，2019 – 12 – 05，https：//deepmind. com/blog/announcements/entering – our – tenth – year – at – deepmind.

和目标是与大学的办学理念分不开的。有什么样的大学理念，就会有什么样的大学教育实践。"牛津大学最具特色的是其导师制，导师制的成功也在于其鲜明的教育理念：学生品格的塑成、兴趣的培养以及智力生活习惯的养成。区别于传统的班级授课制，牛津大学采用导师辅导制教学，每个导师指导两到三名学生。

（二）发展思辨性思维

牛津大学人工智能专业的教学强调思辨性思维、批判性思维是辅导的重点。也就是说，人工智能专业的学生参加辅导之前，必须事先做好准备发表自己的见解，并准备好为自己的观点辩护。同时，学生也将学习接受有建设性的批判以及随时听取他人的意见。

（三）强调开放性理念

牛津大学人工智能专业的教学强调开放性，课堂教学形式灵活多样，教学过程强调学生的参与度，导师在与学生的交流过程中，探讨学生知识的边界与极限，因材施教，有利于激发学生的创新思维。这种教学形式给予了师生任何一方充分思考和表达的机会，对学生来说，其在教学过程中的主体地位得以充分凸显，因为导师不再是知识的单向传播者，而是批判性的指导者，导师教学是建立在师生互动和师生合作基础之上的。

三 目标构成

牛津大学建立了一种基于个性发展的以能力培养为核心的教学实施体系，分别从教学方式、科学研究和教学组织形式等方面强化对学生遵守人工智能社会道德、智力和能力两者共同发展的培养。

（一）培养遵守人工智能社会道德的学生

牛津大学认为，人工智能专业是计算机科学与哲学相遇的一个神秘领域。计算机科学是关于深入理解计算机系统的，计算机及其运行的程序是人类创造的最复杂的产品之一，这给有效设计和使用它们带来了巨大的挑战，计算机科学作为一门实践学科，目标就是面对并解决这些挑战。[1] 计

---

[1] DeepMind, "Computer Science and Philosophy", 2020 – 01 – 11, http：//www. cs. ox. ac. uk/admissions/undergraduate/courses/computer_science_and_philosophy. html.

算机科学的课程包含许多实用性的知识，如算法与编程、计算机应用、计算机学科等课程旨在培养学生的知识应用能力，而小组项目实习、校外参与的集团项目为学生计算机技能的发展创造了十分有利的条件，为推动 AI 科学发挥作用以及取得突破奠定基础。人工智能可以为世界带来巨大利益，但前提是要遵守最高的道德标准。技术不是价值中立的，技术人员必须对其工作的道德和社会影响负责。历史证明，技术创新本身并不能保证社会更广泛的进步。人工智能的发展带来了重要而复杂的问题，它对社会以及我们的整个生活的影响不应该是偶然的，必须从一开始就积极争取并建立有益的成果和防止伤害的措施。但是在像 AI 这样复杂的领域中，说起来容易做起来难。① 2019 年 6 月 8 日，美国富商史蒂芬·施瓦兹曼（Stephen Schwarzman）宣布向牛津大学提供 1.5 亿英镑捐款，用以资助牛津大学设立人工智能道德研究所。

（二）培养智力和能力两者共同发展的学生

培养学生的智力也是牛津大学人工智能专业培养目标构成之一。计算机科学课程教会学生如何编程与设计有效和高效的流程，并且以逻辑正确的方式进行推理；哲学教导学生如何分析复杂概念及其之间的相互关系，并且如何以书面形式精确地表达所得出的结论。这种技术和话语分析复杂问题的能力旨在培养学生具备成为当今世界的技术领导和高层职位所需的智力。学生能力的发展依赖于他们知识的掌握，但是能力的培养也是十分重要的，学生能力的发展能够帮助他们更有效地获取与利用知识，所以知识的掌握与能力的发展在学生的培养过程中都是必不可少的。牛津大学人工智能专业将其重点放在培养学生的能力上，无论是从教学的设计，还是课程的设置上来看，牛津大学旨在培养学生独立获取知识，学会学习的能力，发现问题解决问题的能力，以及创造思维能力与学生的表达交流合作能力。

---

① DeepMind, "Why we Launched DeepMind Ethics & Society", 2020 - 01 - 11, https: // deepmind. com/blog/announcements/why - we - launched - deepmind - ethics - society.

第三节　牛津大学人工智能专业
人才培养的内容构成

人工智能、机器人技术是计算机科学与哲学相遇的迷人领域，因为这两个学科广泛关注信息的表达和理性推理，包括算法、认知、智能、语言、模型、证明和验证。因此人工智能专业人才培养的内容构成从主要分类、选择标准、设计原则和组织形式四方面分析。

一　主要分类

计算机科学家需要能够批判性地和哲学性地反思他们正在进入的人工智能新领域。哲学家需要在一个日益受计算机技术影响的世界中理解它们，从人工智能、人工生命和计算的哲学，到隐私和知识产权的伦理，到认识论，开辟了全新的探究范围。哲学研究学者的分析性、批判性、逻辑性与严谨性，以及思考新思想和推测后果的能力；计算机科学是关于深入理解计算机系统的，计算机及其运行的程序是人类创造的最复杂的产品之一，这给有效设计和使用它们带来了巨大的挑战，解决这些挑战是计算机科学作为一门实践学科的目标。牛津大学将人工智能人才培养的内容构成主要如下。

（一）专业基础课程

第一学年的人工智能专业基础课程包括：功能编程、算法的设计与分析、命令式编程、离散数学与概率。[①] 第二学年的人工智能专业基础课程：计算模型、并发编程、编译器、智能系统、面向对象编程、数据库等。其中特别要提到智能系统，这是人工智能领域的入门课程，特别关注搜索作为解决人工智能问题的基本技术。使用已知布局导航道路地图的问题是在该课程中研究问题的典型例子，诸如此类的问题可以通过累计所有可能的移动序列来解决，直到找到最好的解决方案。然而，这种

[①] Oxford of University, "Computer Science and Philosophy core 1", 2020 – 01 – 11, http：//www. cs. ox. ac. uk/admissions/undergraduate/courses/computer_science_and_philosophy_core_1. html.

天真的想法在实践中很少适用，因为搜索空间通常很大。本课程向学生介绍基本的人工智能搜索技术，如深度优先、广度优先和迭代深化搜索，并将讨论启发式技术，如人工智能搜索，通过修剪搜索空间来提高效率（见表9－1）。

表9－1 　　　　　　　　牛津大学人工智能专业课程内容①

学年	计算机科学课程	哲学课程
第一学年	• 功能编程 • 算法的设计与分析 • 命令式编程 • 离散数学 • 概率	• 一般哲学 • 演绎逻辑要素 • 图像可计算性和智能性
第二学年	• 计算机科学核心课程 　☆计算模型 　☆算法 • 计算机科学选修课程 　☆并发编程 　☆编译器 　☆智能系统 　☆面向对象的编程 　☆数据库	• 知识与现实 • 从笛卡尔到康德的哲学史 • 科学哲学 • 心灵哲学 • 道德规范
第三学年	• 知识表示和推理 • 机器学习 • 计算复杂性 • 计算机辅助形式验证 • 社会计算机 • 计算机安全 • Lambda 微积分和类型	• 形式逻辑 • 数学哲学 • 认知科学哲学 • 逻辑与语言哲学

---

① Oxford of University, "Computer Science and Philosophy", 2020 － 01 － 11, http://www.cs.ox.ac.uk/teaching/csp/.

学年	计算机科学课程	哲学课程
第四学年	• 计算语言学 • 数据和知识库理论 • 自动机、逻辑和游戏 • 概率模型检验 • 计划分析 • 并发算法和数据结构 • 高级安全性 • 高级机器学习 • 可选计算机科学项目	• 哲学的进阶论文 • 可选哲学论文

（二）哲学课程

第一学年的哲学课程包括：一般哲学，演绎逻辑要素，图像可计算性和智能性。关于图像可计算性和智能性：这门课程是一门衔接课程，专门为计算机科学和哲学的学生设计，致力于研究学习艾伦·图灵对现代思想的两个开创性贡献。将从他 1936 年的开创性论文中探索这些想法开始，该论文将著名的"图灵机"作为第一个（并且仍然具有影响力的）计算模型。随后将继续探索其 1950 年的研究，这是一篇有争议的论文，其中提出了"图灵测试"作为机器智能的标准。课程的两个部分将在计算机模型的帮助下以小班授课形式为主，为学生们的实验和讨论提供充足的机会。第二学年的哲学课程包括：知识与现实，哲学史，科学哲学、心灵哲学与道德规范。

（三）考试

牛津大学的大多数课程都在第一年和最后一年的末期进行考试评估。第一年的考试通常称为预备课程或中级考试，需要通过这些考试才能晋升到第二年。学生必须通过最后一年的考试或"决赛"才能通过学位。决赛成绩也决定了学位的等级。对于某些课程，学生也可能会受到评估，或者可能需要提交论文。在每个学期开始时，学校会设置选修课考试，这些考试是为了检查整个课程中的进度是否令人满意，但不计入最终学位。

（四）项目或论文

牛津大学计算机科学学院三年级和四年级的本科生以及计算机科学硕士学位的学生被要求承担一个项目。数学与计算机科学专业的本科生在四年级时必须完成一个计算机科学项目或一篇数学论文。计算机科学与哲学专业的本科生可以选择在四年级进行计算机科学项目或哲学论文。

二 选择标准

综合来看，牛津大学人工智能专业在人才培养的过程中遵循了学院标准和能力标准的指引。

（一）学院标准

以学院制为基本的学生管理方式是牛津大学人才培养的特色传统，这种方式有利于学生的全面发展。人工智能专业主要是在牛津大学计算机科学系开设相关课程。学院不是按学科划分的，在同一学院中有不同的学科，跨学科的学院制学生管理方式强调集体生活，因为学校认为学生所处的生活环境对学生是最有价值的东西，因此学生要生活在一起，一起讨论和吃饭，有助于他们成长。人工智能专业与机器人、计算机、哲学等相结合，同一个学院的学生往往有着不同的知识和学术背景，比如生物、经济、哲学等学科的学生和教师经常在一起共同生活和学习，他们接触交谈、相互启发、相互吸收彼此的知识、融合彼此分析问题的思维方式，有利于全面发展。特别是理科师生和文科师生更是要保持紧密的接触。此外，不同学院有着不同背景和独特风范，为牛津大学培养有个性的人才也提供了良好的外部环境。

（二）导师标准

牛津大学以导师制为人才培养的主线，即通过导师制把课堂教学、实践操作与个别辅导教学相结合，并辅之以各种讲座、讨论和丰富多样的课外活动，共同完成对学生的培养。这也是牛津大学人才培养的特色。这种面对面的导师个别辅导方式，能够培养学生具备获取知识的能力、独立思考的能力、逻辑思考的能力以及临场反应的能力等。导师不仅要传授知识给学生，而且要指导学生如何去查找有关的知识，使学生对查找的知识进行加工筛选，去粗取精；面对导师的提问以及与导师、其他同学的讨论，教会学生要能提出并论证自己的观点，使学生在具备精深专业知识的同时培养学生大量阅读和独立思考的能力，具备较广的知识面。除了个别辅导外，牛津大学的导师制还通过课堂教学、实践操作、讲座、自学、课外活动等各种途径渗透到人才培养的各个层面，成为一种大学思想或精神。

三 设计原则

为了进一步推动牛津大学人工智能专业人才培养目标、基本要求落到实处，在人工智能专业人才培养内容的过程中就必须保证基于学生的未来发展具有实用性的课程体系、基于科技性与人文性相融合的原则设计。

（一）基于学生的未来发展具有实用性的课程体系

选择某种知识进入课程，在课程理论发展的历史上就存在争议。形式教育说认为选择某种知识，是因为它可以训练人的智力，使人变得聪明，即具有对学生个体的发展价值；而实质教育说认为选择该种知识，是因为它具有实用价值，可以去实现自己的各种生活目标。牛津大学认为坚持任何一种都会失之偏颇，课程内容的选择应该兼顾实用性与发展性相统一的原则。一方面，牛津大学人工智能专业在课程内容的选择方面，充分考虑社会现实、社会需求，将计算机科学专业知识与哲学结合，并致力于研究人工智能的新兴应用领域，既注重培养学生的学科基础知识，也注重培养学生的应用能力。另一方面，牛津大学人工智能人才培养的内容构成也注重培养学生的心智发展价值，要实现这一功能，就必须考虑选择那些对学生智力训练价值较大的内容作为课程内容。牛津大学人工智能人才培养过程不仅仅只有课堂教学，还有更多其他组织形式，例如：实践、小组合作设计、参与公司的实训项目等，诸如此类丰富多彩的教学组织形式不仅培养了学生的学科知识，也同样发展了学生各方面的能力，例如：团队协作能力、实践应用能力。实用性的内容便于人工智能专业实现其社会价值，发展性的内容便于人工智能专业实现其对学生的思维训练价值，在培养内容的选择过程中必须坚持两方面相统一的原则。

（二）基于科技性与人文性相融合的原则设计

牛津大学人工智能专业在保证培养的学生有扎实的知识结构、过硬的专业才干的同时，又注重培养具有综合素质的人才，以适应社会的要求。在学生培养的过程中，牛津大学通过人文知识教育、人文环境和科技实践参与等的熏陶，提高学生的文化素养，同时牛津大学将提高本科生人文素质贯穿到大学校园文化建设的全过程，校园环境的营造能为学生读书学习、开展多种形式的课内外活动提供良好的空间。不仅如此，牛津大学人工智能专业在育人环境建设中既重视让本科生受到优秀人文传统的熏陶，又注重以各类科技活动、项目实践为载体，建立科技素质培养的环境，促进课外学术科技氛围的形成。通过各类实践项目，学生直接进行实践进入科技前沿，掌握人工智能学科的前沿知识，了解世界领先的研究成果和先进的人工智能成果，从而增强学生的创新意识。

四　组织形式

组织形式指的是教师用何种方式对学生进行教育，牛津大学人工智能专业人才培养的组织形式主要有以下几种。

（一）课堂教学

同国内的大学一样，国外的课堂教学也是主要的教学组织形式。牛津大学的教学强调培养学生的个人思想表达和独立思考能力。牛津大学的课堂教学形式灵活多样，但都有一个共同的特点，就是强调学生的深度参与。牛津大学每学年的三个学期中，前两个学期教新课，第三个学期主要用来做实验、写论文或者考试前的复习准备。在牛津大学，学生每个星期通常有两到三节课堂教学。在新课教学之前，学生要充分预习教学内容，并为导师所提出的一系列问题编写解决方案，导师根据学生的任务完成情况进行打分，并交流讨论一个小时。两名学生与导师一起深入讨论教学内容。

（二）讲座

相对于课堂教学，牛津大学为学生提供更为丰富多彩的讲座，讲座由计算机学院组织，讲座的次数每周高达八到九次。通过讲座与研讨，让学生聆听时代前沿的知识，接触最前沿的理论，开阔学生的视野。参加讲座的学生来自各个高校，作报告的讲师也往往是计算机科学专业的世界级专家，讲座的内容集中于计算机系统如何工作的原理等问题上，使学生受用终身。

（三）小组设计实践

牛津大学强调学生获取与应用知识的能力，注重培养创新能力与合作交流的能力，所以牛津大学的教学体系是一种基于个性发展的、以能力培养为核心的教学实施体系。牛津大学人工智能专业的学生在第二学年将参加小组实践设计，学生们将与同组成员一起在 Microsoft 和 IBM 等行业合作伙伴的支持下设计解决实际问题的方案。学生在第三学年或者是第四学年将在项目主管的指导下参加一个占考试成绩四分之一的项目，这个项目能够帮助他们对所研究的项目进行更深入的探索。

（四）实习

牛津大学人工智能专业的学生在他们的第二学年将有机会参与其所学专业方向的实践课程，并且熟悉最新的计算与编程技术。在学生实习的第一周与第二周，学生还将参加小班课程，了解他们选择攻读学位课程的专业课程。这些小班由具有该专题知识的人教授，工作人员将指导学生创建交互式计算机图形且为其编程语言构建一个编译器。

（五）研讨会

牛津大学人工智能专业的学生在其求学期间还有机会参加由学院举办的各种研究研讨会。研讨会的内容丰富多彩，其中热门内容包括网络安全、信息系统和验证。除去课程相关的内容外，还有牛津大学的行业合作伙伴提供的一系列技术讲座，例如：午餐时间的行业研讨会。这些研讨会旨在为本科生和研究生提供计算机科学用于分析和解决现实问题的方式，参与的公司包括亚马逊、谷歌、瑞士信贷、彭博等。

第四节　牛津大学人工智能专业人才培养的实施过程

牛津大学人工智能专业人才培养的实施过程和牛津大学其余专业保持一致。这些学院虽然独立和自我管理，却形成了大学的一个核心要素，就像美国以一种联邦关系与"中央"大学联系在一起。牛津大学实行学院制，是自治的法人实体，以学院为基础是牛津的核心组成部分，各学院是招生和教学的基本单位，本科生是学院和大学的成员。牛津大学的教育由大学和学院共同完成。

一 主要部门

人工智能专业人才培养是一个漫长的过程，需要多方面的合作，因此，牛津大学设立了计算机科学系、机器人研究所、学部以及计算机学会。

（一）牛津大学计算机科学系

牛津大学共有 38 个学院，每个学院都有计算机科学系，它们和学校的关系就像美国中央政府与地方政府的关系那样采用联邦制形式。每个学院规模不等，但都在 500 人以下，学生、教师（院士）来自不同的专业学科。牛津的学院系统产生于大学诞生之时，并逐渐成为牛津市独立机构的集合体。与大多数其他大学组织结构相似，牛津大学又根据专业分为不同的系。计算机科学系通常在教学中扮演主要角色，提供讲座、课程以及组织考试。① 人工智能专业的课程形式与课程组织形式丰富多彩，不仅包含导师的讲授、课堂讨论、课程论文和专题作业等理论课程，还包括实习、小组合作项目设计、课程设计与毕业设计等实习实践课程。该专业第一年的课程涵盖了计算机科学与哲学这两门课程的核心材料，第二学年与第三学年有多种选择，但其重点为两个课程之间的衔接课程。如果学生在第三学年的夏天有意愿继续研究人工智能，在完成第四年的学习之后将会拿到硕士学位，第四年为学生提供学习高级主题的机会，并进行更深入的研究项目。人工智能专业自诞生起发展迅速，迄今为止，牛津大学的人工智能研究已拓展到以下八个领域：医疗保健智能化、改变制药环境、生物医学智能、心脏病诊断、自动驾驶汽车、改变金融部门、拯救地球、机器人学习。②

（二）牛津大学机器人研究所

牛津大学机器人研究所（Robot Institute）是世界领先的机器人导航

---

① Oxford of University，"Course Handbooks"，2020 – 01 – 11，http：//www.cs.ox.ac.uk/teaching/handbooks.htm/.

② Oxford of University，"Research"，2019 – 03 – 15，http：//www.cs.ox.ac.uk/research/ai_ml/.

研究中心，拥有雄心勃勃的、以应用为导向的研究议程。这是一个由 60 多名研究人员、工程师和学者组成的紧密社区，专注于开发强大的机器人自主能力，研究的主题是机器学习和 AI 等，有 6 个实验室，其中包括人工智能应用实验室。研究所拥有多项国家级项目，核心的机器人与人工智能项目汇集了英国机器人技术专家以及团队。

（三）牛津大学学部

除学院外，牛津大学的教学和研究活动，主要由牛津大学学部（Division）来组织，学部不是大学内的自治单位，它们都是跨学院的机构，不附属于任何一个学院，不过各学部的教师和学生，首先必须是牛津大学内某一学院的一员。截至 2017 年 5 月，牛津大学现有 4 个学部：人文学部（Humanities）、社会科学部（Social Sciences）、数学物理和生命科学学部（Mathematical，Physical and Life Sciences）、医学科学学部（Medical Sciences），学部下设独立的中心和研究所等。

（四）计算机学会（Computer Society）

牛津大学计算机协会（The Oxford University Computer Society，CompSoc）最初由牛津大学圣约翰学院（St John's College）于 1978 年组建成立，名为"圣约翰学院微型计算机协会"（St John's College Microcomputer Society，MicroSoc），旨在为大学成员提供一个讨论、使用和构建微型计算机的环境。现阶段，该协会的宗旨是支持、发展、提高和促进牛津大学计算、技术和编程的使用。协会会定期举办由科技公司支持的讲座，每周举行一次学术交流活动。每个秋季学期（Michaelmas term）还为协会成员开设一门 Python 入门课程。该协会的各项事务由不超过八人组成的委员会管理，委员会包括主席、秘书、财务主管、高级会员等。该委员会控制协会的资金和财产及其管理，并对协会的活动负有最终责任。

二　路径选择

牛津大学实施创新驱动发展战略，在这个方针、路线的指引下，选择怎样的路径来完成好这个重大的战略部署，已然成为当前的重大研究课题。根据论述认为：以培养学生获取知识能力为核心，促进实践教学、创建具有科学研究，创造性思维的学习模式是实施创新驱动发展战略的必由之路。

（一）构建以培养学生获取知识能力为核心的教学制度体系

知识结构是培养目标和业务规格中的重要组成部分，知识结构是发展各项能力的基础，其优劣是衡量人才培养质量的主要尺度之一，其形成在培养模式中主要是与课程体系相关联。首先，牛津大学人工智能专业培养学生知识的广博性，课程体系主要体现在较多的学科设置上，人工智能专业将计算机科学与哲学课程相结合，众多的学科是构建学生坚实知识体系的基石，是大学文化广阔的表征。牛津大学人工智能专业除了设置大量的核心课程之外，还增设大量专业选修课，选修课多是某一学科中的专门知识科目，是专业基础知识的专门化，推动学生在基础课程和核心课程的基础上进一步发展其兴趣，更广泛地接触新的知识，有利于加快本科生知识体系的建构。通过核心课程的学习，学生具备广博的知识储备、开阔的视野，在此基础上进行专业教育，才能培养又博又专的人才。其次，牛津大学本科生具有广博的知识结构设计也体现在储存丰富的文化典籍资源上。为保证教学与研究的高效性，牛津大学设置多个图书馆，各种有价值的藏书是学生可以自由选择以助成长的知识食粮，丰富的电子信息资源成为学生获取高深知识的深厚土壤，图书馆、语言学习中心、实验室和计算机室等是牛津大学学生扩充知识的场所。最后，牛津大学还积极开拓与国外高校联合培养人才的途径，互派留学生，开展国际高校间的科研协作培养，从而使学生直接学习外国的先进科学技术知识和理论方法。通过图书馆使本科生有较多机会接触各种著作，国际高校的合作和交流为学生提供了与国际著名学者交流的机会，这些为学生建立博学和专精兼取的合理知识结构提供了独特的知识传播途径。

（二）促进实践教学的专业设置模式

教学过程中学生能力的发展依赖于他们掌握的知识，系统的知识是智力发展、能力养成的必要条件。能力是培养人才重要的智能因素，只有提高能力才能更有效地获取知识和创造新知识，传授知识和发展能力是整个教育过程的两个不可分割的方面。牛津大学人工智能专业有其特定的教学实践，开设实践课环节有以下五个方面：（1）讨论课、科学实验课、课程讨论、专题讨论、辩论、演讲、作业、科技写作；（2）实习教学实习、生产实习、毕业实习；（3）海外学习；（4）社会调查和野外实地调查；（5）课程设计、实验设计和毕业设计。

（三）创建具有科学研究、创造性思维的学习模式

第一，科学研究。创新活动只能源于有创造性思维和能力的人，要培养学生的创造性思维，最为重要的是"学生在课程学习中参与科学研究，获得的正是运用基本原理进行思考的能力，而这种能力培养可以产生创新的种子"。牛津大学人工智能专业让学生尽早地接触科研，进入学科的前沿阵地，不仅获得运用原理思考问题的能力，还有助于学生发展其创造性思维，提高他们的分析判断能力，学会学习和学会探究。以科研为基础的教学也进一步丰富和完善本科生的知识结构。第二，牛津大学人工智能专业通过每周的导师制教学，促进学生对所学科目的兴趣和好奇心。导师制的精神就是训练学生创造性思维能力及逻辑思考，从而有效激发他们强烈的创造活力，使他们更善于思辨，更富有想象力和探索开阔精神。导师在与人工智能专业学生的交流互动过程中，不仅要让学生知道思考什么，而且让本科生学会怎样去思考。正是导师善于从多角度激发学生主动性，挖掘学生潜力，从而培养了学生严谨的学习态度，养成能影响他们一生的科学思维方式。

（四）融合科技与人文提高学生的自身修养

牛津大学人工智能专业加强对学生人文素质的熏陶，主要通过使学生掌握一定的文、史、哲基本知识，学生从国内外的历史文化中汲取人文精华，接受高尚的人文陶冶，培养高尚的人文情操，建立深厚的人文底蕴。学生可以接触经典著作掌握古代文化，古典著作的阅读对学生智力的训练，开启原始的心智，促进身心的和谐发展起着独特的作用。牛津大学将提高学生人文素质贯穿大学校园文化建设的全过程，校园环境的营造能为学生读书、开展多种形式的课内外活动提供良好的空间，借助于历史的陶冶、自然的陶冶、艺术的陶冶等手段提高学生的人文素质，并促进学生身心素质的发展。

三　策略方法

教学策略是教学的基本组织形式，在牛津大学人工智能培养计划的实施过程中，采用有效的反馈制度、跨学科交叉培养和企业合作。

（一）反馈制度

牛津大学人工智能专业非常注重学生的积极参与，为学生提供了多种

参与方式，为学生提供反馈权利，如在考试过程中出现不可预见的情况且影响了学生的考试，学生可以向学院申请放宽评价标准，评委在搜集充分证据且评估之后会做出相应处理；在各级质量保障委员会中设置学生代表，建立学生质量保证组织，让学生填写反馈问卷等，学生课程评价包括口头性的建议和正式评估问卷，评估结果由学校分析后反馈给老师。

（二）跨学科交叉培养

牛津大学人工智能专业还实行跨学科的人才培养模式，以人工智能与软件工程培养学位为例。牛津大学人工智能专业基础广泛的第一年课程旨在为随后的三年奠定坚实的基础。除了传统的哲学领域外，它还涵盖了一般哲学、演绎逻辑的要素、可计算智能的图灵。第二学年涵盖了哲学课程的大部分核心材料，并有机会通过可选的补充课程扩展到其他领域。可用的补充主题包括科学史和哲学，或现代语言，以及与哲学更接近的主题。学生将接受 2 次考试，夏季（IA 部分）进行的三项考试涵盖了前两年的材料，占学位的 15%。第三年继续涵盖核心材料，但也提供了一些更专业的选项供选择，这些选项涵盖了广泛的主题，其中一些涉及该系的研究兴趣。IB 部分的考试于年底进行，包括 6 篇有关积累的核心材料的普通论文和 1 篇涉及期权的论文。这些考试占最终学位的 50%。实践课程是前三年不可或缺的一部分。在整个课程中对实践进行评估，第二年和第三年的实践评估占最终学位的 10%。第四年完全花在研究项目上，与学生选择的主管一起工作。论文将在年底提交评估，评估将纳入最终学位结果，该项目占最终学位的 25%。

（三）企业合作

牛津大学人工智能专业的研究能力具有独特的广度和深度，并且人工智能专业热衷于与企业和其他组织合作，以造福于所有相关人士以及整个社会。人工智能专业积极鼓励其学者参与合作，并在必要的互动的各个阶段提供支持。许多协作是跨学科的或多学科的，并且所有关系都是定制的。大学内部由人工智能专业的业务开发专业人员提供帮助，以促进必要的关系，并切实有效地进行合同谈判。核能机器人与人工智能（Robotics and AI in Nuclear，RAIN）是由 EPSRC 资助的一项合作研究项目，该项目成为加速英国核工业机器人技术发展的中心枢纽。RAIN 汇集了英国机器人技术专家，他们致力于新建、延长寿命和退役、弥合裂变和融合，以应对共同的挑战。①

四　影响因素

全球化趋势、知识经济的挑战以及英国国家政策的变化促进了牛津大学人工智能专业人才培养的变更。面对 21 世纪，牛津大学人才培养目标向着全面性的方向发展，以此也促进了学科与课程的综合性、培养环境的合作性发展趋势，而入学条件的公平性、培养方式的技术性发展趋势，又进一步保障了全面性培养目标的实现。

（一）社会需求

社会需要什么样的人才，高校就应该培养什么样的人才。因此，当社会的需要改变时，高校的课程体系也需要改变。正如现今人工智能大热，人工智能技术必然会在不久的将来广泛地应用在各行各业。因此，牛津设置了人工智能研究领域，并将人工智能的应用拓宽至各个领域，致力于培养社会需要的人才。

（二）管理体系

牛津大学通过灵活的管理体系充分调动学生的积极性，让学生在自由宽松灵活的管理中感受到学习的快乐。牛津大学根据不同学历层次考虑学生的能力来进行不同管理，虽本科生、研究生都是学分制的管理，但是他们的要求是有所差别的，如本科生学分多数关注的只是必修与选修，但研究生选修的灵活性比本科生更大，因为其涉及见习与实验等方面的事情。

（三）教学资源

教学资源泛指对教学与课程实施产生影响的重要因素，如师资、图书馆等。教学资源也是牛津大学课程实施的基本因素之一，拥有优质师资与一系列实验室是牛津大学人工智能专业课程的重要教学资源，不仅如此，学校与众多校外企业合作也为学生的学习提供了能够将理论知识转化为实践经验的合适场所。也正是这些可利用到的丰富教学资源，才使牛津大学人工智能专业成为优秀专业之一。

---

① Oxford Robotics Institute, "RAIN Research Hub", 2020 – 02 – 17, https://ori. ox. ac. uk/projects/rain – research – hub/.

第五节　牛津大学人工智能专业
人才培养的评价机制

　　评价方式主要有两种：一是发展性评价，如档案袋，记录了实习生整个学年学习和实习的所有信息，并将伴随他们的职业生涯，以将其专业发展进程可视化；二是终结性评价，如成绩考核，考核结果能够反映学生在特定时间和特定模块里的学习效果，同时也是相关证书的获取凭证之一。

一　组织机构

（一）英国高等教育质量保证署

　　英国高等教育质量保证署（Quality Assurance Agency，QAA）成立于1997年，是英国高等教育大学学院签署授权的独立基金组织，并和英国主流高等教育基金组织签署合作协议。其宗旨是保障和评估英国高等教育的较优标准和质量，鼓励英国高校在管理和教学质量上进一步提高。通过和英国高等教育研究所合作，QAA定义大学或学院高等教育的标准和质量，并对这些标准进行发布。

（二）英国高等教育基金委员会

　　从1986年开始，英国在全国范围内推行高校科研评估，科研水平评估是由政府主导，委托高等教育基金委员会负责对全国范围内高校的科研水平进行评价。高等教育基金委员会主要采用同行评议的方法对英国高校各系科研质量进行评估，并根据评估结果划拨科研经费。其评估目的是为将有限的科研资源在院校及学科之间高效分配，提升科研经费使用效率，同时加强高校间的科研竞争，提升科研质量。

（三）牛津大学计算机科学系本科监督委员会

　　牛津大学人工智能专业的考核分为两部分。第一部分的初试（Preliminary）是在第一学年内举行，为了继续以后的课程必须通过考试，不与学位相关联。第二部分的考试集中在第三学年末进行，考核方式为毕业设计或者学位论文。课业的评估是牛津大学最具特色的学习成绩考核评估方式。"课业"评估包括以下六个内容：书面报告、实践记录、学位论文、项目论文、口头表述、拓展论文，每一项任务都需要学生认真对待。牛津大学人工智能专业人才培养的评价主要由牛津大学计算机科学系本科监督委员会来组织，委员会制定课程的具体评估标准并根据标准严格评判分数；列出如何标记审查工作以及如何使用这些标记来得出最终结果和奖励分类。①

二 评价指标

通过考试科目、书面作业和毕业调查三方面构成的指标体系，牛津大学人工智能专业在学校的表现和发展得到完整而全面的反映。

（一）考试科目

牛津大学人工智能专业的评估方式多种多样，主要包括以下几个内容：考试、实践记录、学位论文、项目论文、口头表述、拓展论文等，每一项任务都需要学生认真对待（见表9-2）。

表9-2　　　　　牛津大学人工智能专业考试分布②

学年	科目权重	项目实习	考试形式
第一学年	计算机科学核心课程50% 哲学核心课程50%		5次考试
第二学年	计算机科学课程50% 哲学选修课50%	集团项目	2次考试
第三学年	计算机科学课程25%—75% 哲学选修课程25%—75%		9—11次考试
第四学年	计算机科学选修课程0—100% 哲学选修课程0—100%	CS项目或哲学论文	5000字论文

---

① Oxford of University，"Examinations"，2019-03-15，http：//www.cs.ox.ac.uk/teaching/examinations.

② Oxford of University，"Examinations"，2019-03-15，http：//www.cs.ox.ac.uk/teaching/examinations.

如表 9 - 2 所示，人工智能专业的学生在第一年会将 50% 的时间花在计算机科学核心课程上，将 50% 的时间花在哲学核心课程上，第一年没有选修课。在第二学年，学生将学习相同权重的计算机科学课程和哲学课程，其中，25% 是计算机科学核心课程，25% 是计算机科学选修课，50% 是哲学选修课，这就相当于 4 个计算机科学模块和 2 个哲学模块，而每篇哲学论文的评分比例都是计算机论文的两倍。在第三学年，学生将 25% 的时间花在项目实习上，他们需要创建一个比他们在实验室练习中更大的计算机程序。在第四年，学生需要开展一个更大的项目，选题的方向取决于学生的研究兴趣。①

（二）牛津大学人工智能专业书面考试评价指标

牛津大学人工智能专业第一学年的 5 份书面作业分别是：功能编程和算法设计与分析；命令式编程；离散数学与概率；哲学概论；演绎逻辑要素。其中，离散数学与概率考试要求在两个半小时之内完成，学生应在全部 6 个问题中选择 4 个问题回答；哲学概论考试要求在 3 小时内完成，共有 12 个问题分别分布在 A、B 两个部分，学生应在 12 个问题中选择 4 个问题作答且至少每个部分选择一题；演绎逻辑要素要求学生在 3 小时内完成，学生应在典型的 8 个问题中选择 4 个问题作答。

1. 评分表

每个问题都计分为 20 分，评分标准如表 9 - 3 所示。

表 9 - 3　　　　　　　　　　　　　评分标准②

分数	评分标准
优秀：14—20	完全正确
通过：8—13	基本正确
不及格：0—7	答案十分不全面或者不切题

---

① Oxford of University, "Examinations", 2019 - 03 - 15, http://www.cs.ox.ac.uk/teaching/examinations.

② Oxford of University, "Convention", 2019 - 03 - 15, http://www.cs.ox.ac.uk/files/11320/Conventions%20Prelims%202020.pdf.

2. 等级评判标准

审查员将每篇论文的原始得分转化成大学标准化,标记满分100分,各个论文的商定最终成绩将使用表9-4比例表示。

表9-4 等级评判标准①

分数	等级
70—100	优秀
40—69	及格
0—39	不及格

3. 其他情况的处理

第一,内容短缺与偏离主题问题,扣除缺少答案的比例的分数;第二,缺考问题,未参加考试将会导致评分记为不及格;第三,实训问题,如果考生在实际工作中取得成绩,则实践不参与分类。没有达到实际工作标准的考生,可以由考官自行决定,并被视为未通过考试。

4. 项目论文的评分

每个项目论文将由至少两名评估员盲目标记,至少有一名考官,每位评估员将独立撰写关于论文的简要报告,认真评估项目论文的背景、贡献、能力等。每位评估员对学生们的论文进行独立计分,如果两位评估员达成一致意见,则撰写一份对于评分的简要报告,如果两位评委未达成一致,则让第三位评委来评价。计分标准如表9-5所示。

表9-5 项目论文计分标准②

分数	评价标准
90—100	1. 学生表现出非凡的能力和真实的见解,该项目报告令人满意 2. 值得在声誉良好的会议或期刊上发表

① Oxford of University, "Convention", 2019 – 03 – 15, http：//www. cs. ox. ac. uk/files/11320/Conventions%20Prelims%202020. pdf.

② Oxford of University, "Course Handbooks", 2019 – 03 – 15, http：//www. cs. ox. ac. uk/teaching/handbooks. html.

分数	评价标准
80—89	1. 学生表现出突出的解决问题的能力和出色的表现 2. 学生能够充分理解材料并有效地利用这些知识 3. 该项目值得在研讨会上发表 4. 项目报告满足上述所有主要标准，但是未达到 90 + 的额外标准
70—79	1. 学生表现出优秀的解决问题的能力和出色的知识 2. 能理解材料并有效地利用这些知识 3. 项目报告几乎满足以上所有标准但可能存在轻微错误
60—69	1. 该项目报告实现了大部分目标，但没有解决一些适当的问题 2. 遵循明显的实施路径，未经过彻底测试或评估或者写得不太清晰
50—59	1. 是一个可能代表可行计划开始的项目，但留下了大部分仍有待完成 2. 一个项目未能成功解决许多问题，或者不太现实，缺乏任何分析，或者非常不清晰
40—49	1. 是一个可能只包含程序的片段 2. 对相关概念理解不足，或者包含严重错误，或非常不完整
30—39	1. 实质性的报告 2. 对材料认识程度低
0—29	1. 项目报告显示仅尝试项目的一个片段 2. 不掌握基本材料

为了达到评价标准，评委还需要参考以下问题：第一，在背景上，报告是否表明对工作背景的良好理解，是否表明项目目标、相关背景和相关参考文献。第二，在能力方面，报告是否证明了学生的能力，展现适当技术水平。第三，在任务方面，报告是否表明学生已经制作了一些基于该主题的项目，是否设计和实施了适当的系统。第四，报告是否提供了适当的评估、已经完成的工作以及过程。第五，报告的编写方式对于非专业人员而言是不是可读且清晰的，有没有适当的记录表。

（三）毕业调查

在毕业后阶段，牛津大学实行以社会为评价主体的业绩反馈考核评价。牛津学子毕业后依然还要经受严格多样的考核评价，与以前不同的是，评价的主体由以学校中的教师（专家集体、教师个体）为主转向了社会，评价的载体由考试、论文、读书报告等转向了工作业绩等。牛津大学通过与用人单位的合作与交流，获取用人单位对毕业学生各方面信息的反馈，在此基础上，学校组织专门人员，针对不同的信息或意见，有针对性地调整人才培养的具体目标和方式。同时牛津大学及牛津毕业学子还成立有专门的校友会，定期组织各种校友活动。学院办校友刊物报道校友的去向，每年在接近夏季时开办游园会欢迎校友参加，还有专门的返校节。通过这些渠道，学校可以获取毕业学生的相关信息，逐渐形成一种以牛津品牌为特色的社会性人才评价手段。

三　评价策略

牛津大学人工智能专业的评价策略为：用多种考核方式评估学生各方面的能力。牛津大学人工智能专业的评估方式多种多样，主要包括以下几个内容：考试、实践记录、学位论文、项目论文、口头表述、拓展论文等，每一项任务都需要学生认真对待。其中，命令式编程、离散数学与概率、哲学概论等课程需要进行书面考试，而学生在第三学年的时候可以根据学科内容选择自己感兴趣的方向完成学科论文。与此同时，学院也建立了完备的评价方案与详细的评价标准，且论文的评价至少由两个评审员进行盲审，每位评审员都会独立撰写关于论文的简要报告，认真考虑论文的背景、贡献、能力和清晰度，并在此基础之上提出整体建议。这种评价策略能够真实地评价学生的潜能、学习成就，真正把学习过程与评价过程结合在一起，为促进学生的发展提供全方位信息，有利于在真实的作业情境中对学习者的高级思维能力、反思能力、合作能力、信息搜集能力、处理能力和创造能力等进行评价，这有利于调动学生认真参与学习过程的积极性。

四　保障措施

（一）政府政策支持与资金资助

2019 年，英国政府明确提出要大力发展人工智能产业，商务大臣格雷格 – 克拉克和数字秘书杰里米赖特宣布，政府将投入 1.15 亿英镑用于培训下一代人才，将对人工智能专业的学生进行资助，包括 Google、DeepMind、BAE Systems 和思科在内的一系列企业也承诺为英国大学的

200 个新的 AI 硕士课程提供资金支持。① 此外，英国政府也与艾伦图灵研究所合作创建了五项新的研究奖学金，以保留和吸引英国学术机构的顶级人才。

（二）学院监督委员会

首先，牛津大学计算机科学系本科监督委员会制定了课程具体的评估标准，并为评委详细阐述了如何利用这些具体标准去打分，从而得出最终结果与奖励惩罚措施；其次，评分过程透明公正，评委在评阅试卷的过程中，被授权可以根据各种情况来修改评分标准，并将其修改的理由与过程公布在网上，从而达到公平公正的目的。最后，牛津大学人工智能专业允许学生对此评价过程提出异议，若考试过程中出现不可预见的情况且影响了学生的考试，学生可以向学院申请放宽评价标准，评委在搜集充分证据且评估之后会做出相应处理。

第六节　牛津大学人工智能专业人才培养的总结启示

牛津大学人工智能专业人才培养模式对我国高校人工智能专业人才培养产生深远影响，推动着世界人工智能专业人才培养模式不断发展完善。

一　主要优势

（一）因材施教的教学制度体系

导师制在牛津大学的教学制度体系中处于最核心的地位，是其最耀眼的标签和久负盛名的教学传统。② 导师制要求导师每周至少进行一次教学，在教学过程中，导师不仅仅是提供咨询与指导，而且应当着重于因

---

① Sam Shead, "U. K. Government to Fund AI University Courses with £115m", 2019 – 03 – 03, https：//www. forbes. com/sites/samshead/2019/02/20/uk – government – to – fund – ai – university – courses – with – 115m/#654ee9f430dc.

② 王晓辉：《一流大学个性化人才培养模式研究》，博士学位论文，华中师范大学，2014年，第 62 页。

材施教，针对不同个体的知识、个性特点来指导，提供最适合学生的教育，培养学生的个性与创新思维。牛津大学人工智能专业的学生被要求在课前预习教学内容，在课堂上汇报并讨论他们已经完成的学习与研究内容，导师要点评学生的学习和研究成果，并释疑解惑，然后还要提出进一步学习研究的主题，帮助学生在学习专业知识的同时，适应和掌握研究方法，培养严谨、细致、踏实的学习态度与作风。与此同时，牛津大学的学院制为导师制奠定了坚实的基础。牛津大学的38所学院由联邦制组成，每个学院都是自治的法人团体，有其独特的传统与优势。此外，牛津大学赋予学生充裕的专业选择权、课程选择权、活动选择权和导师选择权，同时赋予学生更多的选修课程，保证学生学习内容的系统性和完整性。导师制给学生十分宝贵的机会使其能够与自己学科领域的世界领先者讨论，此外，导师制下的个体支持意味着每个学生都能接受单独指导，发挥每个人自身的优势。

（二）学科交叉的课程设置方式

牛津大学人工智能专业课程体系所涵盖的学科种类十分广泛，因此所开设的核心课程与选修课程种类都极为丰富，形成了丰富多样的课程类型和课程形式，通过课群的合理设置，有效地促进了学科交叉，从而形成了别具一格的课程体系。首先，牛津大学人工智能专业开设大量的核心课程，如计算机科学课程里的算法的设计与分析、命令式编程、功能编程等课程，哲学课程里的一般哲学、演绎逻辑要素、图像可计算性和智能性等课程，在核心课程中即交叉融合了计算机科学课程与哲学课程。除核心课程外，牛津大学人工智能专业还增设了大量的选修课程，如协作编程、编译器、智能系统、面向对象的编程等，选修课程是人工智能这一领域中的专门科目，是专业知识的专门化。大量的选修课程帮助学生在基础课程和核心课程学习的基础上进一步发展其兴趣，更广泛地接触新的知识，有利于促进学生知识体系的建构。其次，牛津大学设置多个图书馆，各种有价值的藏书可供学生自由选择学习，与牛津大学人工智能专业合作的诸多校外企业、新建立的自主智能机器和系统博士培训中心、计算机科学学院的实验室等同样也是牛津大学人工智能专业学生们扩充广博知识的场所。最后，在为学生打好专业知识的基础上，牛津大学人工智能专业还十分注重实践教学环节与科研训练，为学生从事实际工作与继续深造奠定良好基础，牛津大学人工智能专业积极开拓与国外高校联合培养人才的途径，互派留学生，开展国际高校间的科研协作培养，从而使本科生直接学习外国的先进科学技术知识和理论方法。

（三）理论与实践结合的教学理念

学生能力的发展依赖于他们对知识的掌握，系统的知识是发展能力、养成能力的必要条件，与此同时，能力的提高也会帮助学生更有效地获取知识和创新知识。牛津大学人工智能专业在学生的能力培养方面独具匠心，它强调学生课内与课外两种学习环境同等重要，学生在上课前需要先充分预习课程内容，在课堂中，除导师的讲授之外，课堂讨论、课堂实践、实验、课程论文和专题作业等都是为了培养学生深刻钻研学科知识的能力，锻炼勇于探索新知识的能力。牛津大学人工智能专业同样重视学生实践能力的培养，努力为学生创造实践活动的条件，帮助学生理论联系实际，使学生在拓宽知识面、掌握各种能力的同时具备实践能力与运用知识的能力。牛津大学人工智能专业有着特定的教学实践，开设实践课环节有以下几个方面：讨论课、实习、小组合作项目设计、课程设计与毕业设计。这些实践活动使学生全方位多角度地接触社会，在掌握知识的基础之上创造性地将知识应用到实践中去，培养了学生的实践运用能力。

（四）交流互动的教学组织形式

牛津大学人工智能专业课堂教学形式灵活多样，教学过程强调学生的参与度，强调培养学生独立思考能力与语言表达能力。人工智能专业的学生不仅能够参加丰富多彩的讲座与研讨会，还有一系列项目实践活动，这些教学组织形式都非常注重学生的学习参与性，且实践性强，满足了学生多样化的学习需求。但在以上教学组织形式中，最具特色的还是导师制。导师教学形式强调对学生的个别辅导，这是传统导师教学的主要特征，导师教学使得师生在近距离的密切交流互动中更加了解彼此，对导师来说，按照学生的知识结构、智力水平、兴趣意愿进行教学成为可能，针对学生个性差异因材施教成为现实。这种教学形式给予了师生任何一方充分思考和表达的机会，对学生来说，其在教学过程中的主体地位得以充分凸显，因为导师不再是知识的单向传播者，而是批判性的指导者，导师教学是建立在师生互动和师生合作基础之上的。

二 存在问题

(一)落后于英国人工智能政策规划的脚步

2017 年,英国政府发布《在英国发展人工智能产业》(Growing the Artificial Intelligence Industry in the UK) 提出初步规划政府资助学术界开展人工智能研究项目,改革高等学校人工智能专业人才培养模式,希望学术界可以加快人工智能的发展,使英国成为世界上最适合发展和部署人工智能的国家。[①] 在人才培养方面,高校需要采取多种措施培养或引进更多人工智能领域的人才,如设立人工智能领域的行业资助型硕士项目 (Industry – funded Masters Programme in AI),但是牛津大学人工智能专业所研究的项目覆盖范围较广,对于人工智能专业的硕士并未设立相关的项目。同时,政府提倡在大学中新增 200 多个博士学位名额,吸引来自全球各地、具有各种学科背景的博士申请者,但是牛津大学人工智能专业博士学位尚未成立,人工智能专业的教师席位空缺。在课程设置方面,政府承认在线人工智能课程学分,开发符合学习者需求的人工智能转换课程 (Conversion Courses in AI),但是随着牛津大学人工智能专业适应市场竞争,牛津大学开始加强人工智能应用性的研究以及人工智能技术开发和成果转化,所以在线人工智能课程的开放并未完全落实。因此,面对国家教育政策的变化,牛津大学必须作出应对。

(二)忽视人工智能伦理和道德问题

随着牛津大学人工智能与物理学、医学等相关专业的融合,关于人工智能伦理方面的考虑已经不能再停留于想象阶段,而是要考虑我们的社会生活实际情况。欧盟委员会于 2019 年 4 月 8 日发布了"值得信赖的人工智能伦理准则"。2019 年 6 月 8 日,美国富商史蒂芬·施瓦兹曼宣布向牛津大学提供 1.5 亿英镑捐款,用以资助牛津大学设立人工智能道德研究所。目前,牛津学者在机器伦理和计算哲学等基础上,开始探讨人工智能伦理的本质以及需要解决的一些问题,形成了一个新的伦理学研究

---

① UK Government, DDCMS, "Growing the Artificial Intelligence Industry in the UK", 2017 – 10 – 15, https://www.gov.uk/government/publications/growing – the – artificial – intelligence – industry – in – the – uk.

方向。这方面的研究对于我们未来进一步开发和应用更复杂的人工智能系统，并降低它可能带来的负面影响是极其重要的。当人工智能具备一系列超级认知能力，而偏离设定的意图或能力时，可能给未来社会带来灾难性的后果，因此我们需要加强对人工智能人性建构和伦理问题的研究。虽然各国纷纷出台相关法律措施，但是在人工智能发展的过程中，相关的质疑和道德问题将会一直存在。

三　学习借鉴

牛津大学从 1167 年建校至今，历经数百年的发展，始终保持着卓越的教学质量，被认为是"世界上最著名的教学型大学"与英国最大的科研中心，对我国教学与科研质量的提高具有十分重要的启示与借鉴意义。[①]

（一）完善我国导师制，调整教与学关系

牛津大学的教学以导师制为鲜明特征，在此制度下，牛津大学人工智能专业的学生学习有以下鲜明特征：以发展学生独立思考能力为学习的核心目标；以高强度的论文写作为学习的主要形式；以师生合作基础上的独立探究为基本的学习状态；以师生间的有效互动为学习质量的基本保障。[②] 而在我国，由于导师与学生数量比例失衡、学生习惯于用死记硬背的方式学习、许多教师倾向传统的课堂讲授法等种种原因，学生思维能力的发展备受限制，想象力与批判性思维的发展远没有达到社会的预期水平，所以我国大学应当优化导师团队，明确导师制含义，完善导师制建设。

（二）丰富课程内容，面向社会需求设置

课程是教育质量的基础性保障，牛津大学人工智能专业为学生提供的课程丰富多样，牛津大学稍加研究就不难发展，其课程坚持基础、坚持实用、坚持实效、坚持创新与坚持发展学生各项能力。不仅如此，人工智能专业在课程的建设上，不仅重视理论性课程的开发，更注重实践

---

① Palfreymand, *The Oxford Tutorial*："*Thanks，You Taught Me How to Think*"，Oxford，UK：Oxford Center for Higher Education Policy Studies，2001，p33.

② 畅肇沁：《牛津大学导师制下学生学习模式探索及启示》，《中国高教研究》2018 年第 10 期，第 63—67 页。

性课程的开发，充分利用合作企业、集团项目等课程资源的开发与利用。不仅如此，教学内容应该是灵活性、针对性和职业适应性的统一，真正的教学内容应该根据社会和企业实际工作岗位的需要而定。这就要求学校不断根据社会、行业的发展，针对企业的需要更新教学内容。同时还要保证教学内容的职业适应性，即在针对性的基础上适当拓宽专业面，加强基础教学内容，使毕业生可以胜任更广泛的工作岗位。

（三）加强校企合作，理论与实践结合

牛津大学人工智能专业为学生提供丰富的课程，主要培养能够应用理论解决生活中的实际问题的人才，同时由于高校、企业和学生都能致力于校企合作，人才培养的外部环境也就得到了最优化。而我国高等院校已经充分认识到实践对于人才培养的重要性，同时也在积极寻求与相关企业合作，但是由于缺乏政府的有力支持和法律保障，与国外人才培养模式中企业的参与感和责任感相比，目前很多校企合作只是流于形式，不能做到紧密结合。且国内大学培养学生的应用能力，常常把重点放在实际操作技能的学习上，比较常见的做法是简单增加实践型的课程，使学生的操作浮于表面，却没有学会如何利用所学理论知识来设计或选择这些具体操作程序，也缺乏利用所学理论知识解决新问题的能力。因而必须协调好理论课与实践课的比例，不能简单地通过增加实践课程数来培养应用能力，而需要把重点放到理论与问题解决方案之间的联系上，让学生不但掌握具体的操作技能，更学会应用理论解决新问题的能力。

牛津大学的人工智能专业人才培养模式对各国高校人工智能专业人才培养产生深远影响，推动着世界各国人工智能专业人才培养模式的发展完善。牛津大学人工智能专业主要分布于计算机科学学院，牛津大学计算机科学系在教学和研究方面一直跻身世界前列。2014年，牛津大学被公认为欧洲第二大计算机科学机构，自2016年至2018年的泰晤士高等教育发布的《高等教育世界大学排名》中，牛津大学蝉联榜首。在2010—2020年的CSRankings人工智能排名中，牛津大学的人工智能研究在欧洲地区排名第一。① 该排名不同于其他排名，如US News 和 World

---

① CSRankings, "Computer Science Rankings", 2020 – 02 – 17, http：//csrankings. org/#/in-dex？ ai&europe.

Report 的排名是仅仅基于调查的方法，CSranking 的排名主要依据各个高校在计算机领域的顶级学术会议发表的论文数量，考量了绝大多数院校教员在计算机科学领域的各大顶会所发布的论文数量。

　　本章通过对牛津大学人工智能专业人才培养方案的解读，对牛津大学人工智能专业人才培养模式进行了深入的分析，探究了培养本科生精英人才的道路。人工智能专业人才培养模式涉及的要素颇多，是一个较为复杂的涉及教育理论和实践两方面的课题，且随着社会的发展和变革，人工智能专业人才培养模式也呈现多样性。因此，笔者对牛津大学人工智能专业人才培养模式进行了研究，希望能为完善我国人工智能专业人才培养尽一份微薄之力，也期望能引起更多同人关注我国人工智能专业人才培养模式的改革和完善，总结国外一流大学人工智能专业人才培养模式的先进经验，创造性地解决我国人工智能专业人才培养中存在的问题。

第 十 章

哈佛大学人工智能专业人才培养研究

近年来，人工智能技术对人类社会的影响越来越广泛，它正在为农业、医疗、教育、能源、国防等诸多领域提供大量的发展机遇。有机构预测，未来 10 年几乎每个应用和服务都将包含一定的人工智能参与，到 2025 年，人工智能应用市场总值将达到 1270 亿美元，① 人工智能也因此成为很多国家和政府争相角逐的领域，而教育作为培养创新型人才的领域，也在加紧对人工智能人才培养模式的研究与探索。

哈佛大学作为世界顶尖高校，其在人工智能方面的研究和人才培养战略上的贡献不容忽视，可以说是世界著名高校中最有代表性，也是最为成功的典型之一。通过对哈佛大学人工智能人才培养模式的研究，了解其目标定位、内容构成、实施过程和评价机制，分析其优势与劣势并从中学习借鉴，从而促进我国人工智能人才培养的研究工作。

第一节　哈佛大学人工智能专业
人才培养的发展概况

一　关于哈佛大学

哈佛大学（Harvard University）成立于 1636 年，是美国乃至世界上著名的私立综合研究型大学，坐落于美国马萨诸塞州波士顿都市区剑桥

---

① 新华网:《资金 + 人才，人工智能领先的关键》，http：//www.xinhuanet.com//world/2017－05/25/c_129618201.htm，2019 年 12 月 20 日。

市。哈佛大学最早由马萨诸塞州殖民地立法机关创建，学校被命名为"新市民学院"（The College at New Towne），成为全美第一所高等教育机构。1638 年 9 月 14 日，年轻牧师兼伊曼纽尔学院院长约翰·哈佛（John Harvard）病逝，他将自己的图书馆和一半财产捐赠给这所学校。为了感谢和纪念约翰·哈佛牧师，马萨诸塞湾殖民地议会通过决议，将学校更名为"哈佛学院"（Harvard College）。1780 年哈佛学院扩建、更名为哈佛大学（Harvard University）。哈佛大学建校以来，经历了不断更名、扩建和重组，成为享誉美国乃至世界的私立综合研究型大学。截至今日，哈佛大学由 13 个主要学术单位组成，包括 12 个学院和拉德克利夫高等研究所，这 12 个学院负责为学生提供管理和课程以及授予学位等工作。

在其 380 多年的历史中，哈佛大学经历过财政危机、生源危机和模式僵化等困境，但是在历任校长的改革下，如教育世俗化、新建学院、删去课程中固有的宗教文化、导师制、建立创意奖学金制度、改变收生政策等，哈佛大学的师生人数不断增加，地位和声誉不断提升，该校也成为受捐资金最多的科研机构，成为世界上最富有的大学。此外，在哈佛大学不断发展的过程中，培养出了 49 位诺贝尔奖获得者，32 位国家元首和 48 位普利策奖获得者。①

ARWU 世界大学学术排名、US News 世界大学排名、泰晤士高等教育世界大学排名和 QS 世界大学排名是国际上公认的权威世界大学排名，这 4 个权威排行榜在 2019—2020 年公布的排名榜单中，哈佛大学分别排名第一②、第一③、第七④和第三。另外，哈佛大学在 2020 年 QS 公布的世界大学学科排名中占据领先地位，综合排名第一，其中哈佛大学的生命科学与医学、社会科学与管理排名第一，自然科学排名第三，工程与技

①　Harvard University，"About Harvard"，2018 - 10 - 20，https：//www. harvard. edu/about - harvard/harvard - glance.

②　Academic Ranking of World University，"Academic Ranking of World Universities 2019"，2020 - 02 - 15，http：//www. shanghairanking. com/ARWU2019. html.

③　U. S. News，"Education"，2020 - 02 - 15，https：//www. usnews. com/education/best - global - universities/rankings.

④　The，"World University Rankings"，2020 - 02 - 15，https：//www. timeshighereduca-tion. com/world - university - rankings/2020/world - ranking #! /page/0/length/25/name/Harvard% 20University/sort_by/stats_female_male_ratio/sort_order/desc/cols/stats.

术排名第十二。① 从哈佛大学基本情况来看，哈佛大学是一所历史悠久、学术地位高、影响力广泛的世界一流综合大学。

二 哈佛大学人工智能专业人才培养的历史考察

（一）萌芽探索期：1941—1962 年

人工智能专业人才的培养是建立在计算机学科发展的基础上的，而哈佛大学计算机学科的产生和发展要从第一台计算机开始说起，第二次世界大战期间（1939—1944）第一部机电式计算机被搬至哈佛大学，即霍华德·艾肯（Howard Aiken）的 Harvard Mark 系列计算机。② 从体系结构角度看，这些计算机还不算现代意义的大型计算机，但它们揭开了计算机时代的序幕，也开启了学者对计算机科学的研究。1946 年，美国海军预备役少将格蕾丝·霍普（Grace Hopper）成为哈佛大学工程和应用物理学研究员，她与艾肯有密切的合作，她领导研发的世界上第一个商业通用编程语言（Common Bussiness Oriented Language，COBOL），直到现在仍然被广泛使用。第二年，哈佛大学在计算机科学专业开设了硕士学位，这在美国国内尚属首次，对硕士生的培养由霍华德·艾肯负责监督审查。人工智能这一概念在 1956 年达特茅斯会议被计算机学家约翰·麦卡锡首次提出，标志了人工智能的诞生。1962 年哈佛计算中心成立，取代了旧的统计数据实验室。在这一阶段，来自不同领域（数学、心理学、工程学等）的一批科学家开始探讨制造人工大脑的可能性。哈佛大学从开展计算机科学研究到开设硕士学位，再到成立相关实验室来辅助研究，这一系列的尝试为计算机科学的发展以及跨学科培养人工智能专业人才打下基础。

（二）内部重组变革期：1968—2007 年

虚拟现实技术（Virtual Reality）是 20 世纪发展起来的一项全新的实用技术，它囊括计算机、电子信息和仿真技术于一体。1968 年，电气工程的专家伊万·萨瑟兰（Ivan Sutherland）和他的研究生鲍勃·斯普劳尔

---

① QS，"QS World University Rankings by Subject"，2020 – 02 – 15，https：//www. topuniver-sities. com/subject – rankings/2020.
② 刘瑞挺：《哈佛大学与计算机教育》，《计算机教育》2004 年第 3 期，第 125—129 页。

（Bob Sproull）发明了最早的带跟踪器的头盔式立体显示器，他们将它命名为"达摩克利斯之剑"（The Sword of Damocles），这项发明是虚拟现实技术萌芽的标志性产物，由此萨瑟兰也被认为是计算机图形学之父，作为哈佛教授的他在哈佛教授和指导了埃德温·卡特莫尔（Edwin Catmull，皮克斯公司的创始人之一）、詹姆斯·克拉克（James Clark，硅谷图形公司创始人）、约翰·沃诺克（John Warnock，奥多比公司的创始人之一）等著名人物。

　　20 世纪 70 年代是一个网络的时代，美国国防部高级研究计划局开发的世界上第一个计算机远距离的封包交换网络，也是全球互联网的始祖，哈佛大学是第一所加入阿帕网络（Advanced Research Project Agency Network，ARPANET）建设的高校。1978 年保罗·马丁（Paul Martin）对学部进行重组，将学部分为四个系：应用物理系、环境科学与工程系、机器工程与材料科学系、电子工程和计算机科学系。1984 年，哈佛大学开始提供独立的计算机科学学士学位，之前计算机科学是与应用数学联合培养的，这标志了哈佛大学计算机科学专业的正式成立。1999 年，比尔·盖茨和史蒂芬·鲍尔默（Steve Ballmer）出资建造了麦克斯韦德沃金大楼（The Maxwell Dworkin Building）来纪念他们的母亲。这座建筑事实上也是为计算机科学和电气工程专业建造的，拥有学院最大的教室和公共空间，包括一个新的本科设计实验室、学生休息室和电气工程教学实验室。2004 年，哈佛大学的学生马克·扎克伯格（Mark Zuckerberg）开发了脸书（Facebook）并大获成功。

　　随着网络的发展，哈佛大学意识到发展工程和应用科学的重要性，所以在 2007 年将艺术与科学学院的工程与应用科学部（Division of Engineering & Applied Science，DEAS）转型为工学院，改名为工程与应用科学学院（The School of Engineering and Applied Science，SEAS）。[①] 在这段重组变革期，除了计算机科学外，与之相关的学科，如遗传学、生物科学等也取得极大进展，为之后人工智能的跨学科研究和人才培养创造了良好的条件。

---

① Harvard University, "About SEAS", 2019 - 10 - 20, https：//www. seas. harvard. edu/about - seas/history - seas/seas - today.

（三）稳定繁荣期：2007 年至今

通过重组变革，SEAS 逐渐成为一个各方面全面发展的学院，计算机科学、生物工程、应用物理、电气工程等专业发展逐渐走向成熟。首先表现在不断攀升的学员数量，2007 年学院只有 291 名学生，2019 年学院已有 1055 名学生。其次，学院的研究一方面吸引一些哈佛大学校友以及企业家向 SEAS 进行捐赠来支持计算机科学的研发。如 2014 年微软前首席执行官史蒂芬·鲍尔默承诺支持计算机科学系 50% 学生培养的费用；2015 年，哈佛大学商学院校友约翰·保尔森向 SEAS 捐赠 4 亿美金，这也是哈佛收到的最大一笔捐赠，为了纪念，将 SEAS 命名为约翰·保尔森工程与应用科学院（Harvard John A. Paulson School of Engineering & Applied Science，SEAS）；另一方面一些学院学生和教师的研究项目还会受到国家资助，如哈佛大学一个由计算机科学家、工程师和生物学家组成的多学科团队获得了美国国家科学基金会（National Science Foundation，NSF）的资助，资金将被用于小型移动机器人设备的开发。除了资金之外，学院也吸引着一批批优秀的青年教师的加入，如阿里尔·普罗卡奇（Ariel Procaccis），是计算机科学的教授，他在耶路撒冷希伯来大学获得计算机科学博士学位，在 2015 年获得由国际人工智能联合会议（International Joint Conference on Artificial Intelligence，IJCAI）授予的斯隆研究奖、古根海姆奖。[①] 最后，为了加快学科建设和技术研发，哈佛大学针对计算机科学成立了一批具有代表性的研究所和实验室，如由罗杰·布洛克特教授（Roger Brockeet）在 1983 年成立的机器人实验室，在计算模拟、动力系统编排、控制量子系统、生成模式、机器人操纵和识别系统等方面取得重大成果。[②] 综上可见，SEAS 拥有源源不断的生源、优秀的教师队伍、多元的经费来源和现代化的设施设备，展现了哈佛大学约翰·保尔森工程与应用科学院蓬勃的发展前景。

---

① Harvard John A. Paulson School of Engineering and Applied Science，"NEWS & EVENTS"，2020 – 02 – 25，https：//www. seas. harvard. edu/news/2020/01/computer – scientist – and – applied – physicist – join – seas.

② Harvard Robotics Laboratory，2018 – 10 – 20，http：//hrl. harvard. edu/.

三　哈佛大学人工智能专业人才培养的现状分析

（一）影响力大

哈佛大学人工智能人才培养方面展现了其较大的影响力，主要表现在以下几个方面。

一是哈佛大学人工智能专业在全球排名比较靠前，展现出较强的品牌影响力。哈佛大学的工程与应用科学学院在 US News 最佳研究生院排名第 22 位，其计算机科学专业排名第 16 位[①]，人工智能专业在全球排第 18 位，[②] 在 2017 年全球大学人工智能影响力排行榜上排名第 4 位，人工智能专业在 2019 年哈佛大学研究生院（专业）排名第 18 位。

二是哈佛大学人工智能先进的技术和培养的优秀人才为美国乃至世界做出较大的经济贡献。从世界知识产权组织（World Intellectual Property Organization，WIPO）近十年公布的《世界知识产权指标》来看，美国专利申请数量稳居世界前列，而美国高校是专利申请的"巨头"，在 2013 年，哈佛大学专利申请排名世界第 5 位，根据《IEEE Spectrum》同年对全美所有专利申请进行广度和深度的专业分析，哈佛大学专利申请位居世界第 6 位。[③] 哈佛大学专利申请的领先地位体现了哈佛大学活跃的创新思维和夯实的研究能力，这些专利成果的转化在某种程度上可以促进相关行业、企业的利益增长。

三是哈佛大学在学界取得了丰硕的原创研究成果。大学是学习和研究高深学问的地方，学术论文发表的数量和质量在某种程度上能够反映出一所大学的学术水平。自然指数主要是针对前一年各科研机构在 Nature 系列、Science、Cell 等 82 种自然科学类期刊上发表的研究型论文数量进行计算和统计，该指数于 2014 年 11 月首次发布，目前已经成为评价科研机构高水平学术成果产出的重要指标。从近三年公布的数据来看，美国

---

① US News，"Best Graduate Schools Rankings"，2018 – 10 – 21，https：//www. usnews. com/best – graduate – schools/rankings.

② Best Artificial Intelligence Programs，2020 – 02 – 10，https：//www. usnews. com/best – graduate – schools/top – science – schools/artificial – intelligence – rankings.

③ 国家知识产权局：《国外高校专利转移转化的最新进展》，http：//www. sipo. gov. cn/gwyzscqzlssgzbjlxkybgs/zlyj_zlbgs/1062561. htm，2020 年 2 月 25 日。

遥遥领先，位居世界第 1 位，其中哈佛大学近三年一直稳居世界第 2 位。[①]

（二）生源丰富

哈佛大学刚建校时只有 1 位教师和 9 名大学生，发展到今天有 12 所学院、1 个高等研究所以及 2 万多名本科及研究生，办学规模和学生培养质量都有了质的飞跃。据哈佛大学提供的截至 2020 年春季的数据，工程与应用科学学院 2019 年有本科生 1077 人，研究生 551 人（其中硕士 125 人，博士 426 人），其男女比为 7：3，其中计算机科学系有博士 109 人，是这个学院研究生人数最多的系。[②] 另外，从表 10－1 的数据也可以看出，工程与应用科学学院每年注册入学的人数是呈逐年递增的趋势的。这不仅反映出学生对计算机科学专业的关注，也从侧面肯定了哈佛大学计算机专业的人才培养模式及其影响力。

表 10－1　　　　　截至 12 月注册学生的研究方向统计数量[③]　　　（单位：人）

	2008 年	2009 年	2010 年	2011 年	2012 年	2013 年	2014 年	2015 年	2016 年	2017 年
计算机科学	86	86	99	143	198	253	263	306	363	394
计算机科学 + 其他领域	4	7	10	13	17	22	32	42	47	59
其他领域 + 计算机科学	4	8	10	15	7	18	21	24	25	41

（三）跨学科培养人才与研究

哈佛大学 SEAS 认为，为了应对当前和未来的社会挑战，必须通过将工程原理应用于法律、医学、公共政策、设计和商业实践等专业，将基础科学、艺术和人文科学的知识联系起来。换句话说，就是解决问题需

①　Nnatureindex，"Annual Tables"，2020－03－24，https：//www.natureindex.com/annual－tables/2020.

②　Harvard University，"About SEAS"，2019－10－21，https：//www.seas.harvard.edu/about－seas/quick－facts/numbers#facres.

③　Harvard University，"Fields Of Concentration"，2019－10－21，https：//handbook.fas.harvard.edu/book/computer－science.

要采用多学科方法。凭借工程与应用科学学院和文理学院（Faculty of Arts
and Sciences，FAS）的综合优势，哈佛大学理想中的下一代领导者需要了
解技术和社会的复杂性，并能够利用其智力资源和创新思维来应对挑
战。① 因此，哈佛大学 SEAS 主张通过体验式学习（设计项目和研究经
验）来让学生接触跨学科领域的机遇和挑战，从表 10 - 1 就可以看出
SEAS 多样化地培养学生，除了培养专门的计算机科学人才外，注重计算
机科学与其他领域结合，通过将其他领域嵌入计算机科学或将计算机科
学嵌入其他领域的方式培养跨学科人才。另外值得注意的是，哈佛大学
SEAS 研究生院为了与现代研究的跨学科性质保持一致，没有传统的学术
部门，这意味着在研究过程中以校内外多个部门的合作为主，如 2019 年
美国高级情报研究计划局（Intelligence Advanced Research Projects Activi-
ty，IARPA）提供给哈佛大学 2800 万美元的奖金，旨在探究"为什么人
类的大脑在处理信息方面比人工智能更好"，该研究由 SEAS、脑科学中
心（Center of Brain Science，CBS）和分子与细胞生物学系负责进行。②

第二节　哈佛大学人工智能专业
人才培养的目标定位

在人才培养的过程中，人才培养目标是方向，是先导，影响着高校
办学和高等教育的发展方向，因此对其进行研究是十分有必要和有价值
的。各个学者对于人才培养目标都有自己不同的见解，但我国普遍认为
教育学中的人才培养目标是有关人才培养活动的目标，是学校通过对自
身发展情况的认知以及对外界环境变化的了解，确定了内在能力水平与
外在社会需求，在理性分析与思考的基础上，结合自己的使命与愿景而

---

① Harvard University, "About SEAS", 2019 - 10 - 21, https：//www. seas. harvard. edu/about -
seas/history - seas/seas - today.
② AI 中国网：《哈佛大学研究新人工智能系统》，https：//www. cnaiplus. com/a/info/
193636. html，2020 年 2 月 10 日。

设计出的一种有关学生成长的合理性且理想化的未来图景①。

一 价值取向

1998 年我国颁布的《高等教育法》指出："高等教育的任务是培养具有创新精神和实践能力的高级专门人才，发展科学技术文化，促进社会主义现代化建设。"② 该规定促使高等教育的价值取向走向"三元"格局，即个人本位价值取向、社会本位价值取向和知识本位价值取向三维共存。而人才培养价值取向不仅会影响人们对人才培养的整体认识，而且对人才培养过程的各个环节如人才培养目标的确定、人才培养的内容构成、人才培养的实施过程以及人才培养的评价机制等都发挥着至关重要的作用。哈佛大学工程与应用科学学院（SEAS）明确发展的长远目标是：通过教学和合作研究，发现、设计和创造新的技术和方法应对社会挑战，为世界、国家和社区服务。同时为工程学、应用科学和其他科学之间架起桥梁，培养训练有素的领导者，推进基础科学，并实现转化影响。③ 这个愿景既体现了学院培养专业人才的个人本位价值取向，也表明了为国家和社会发展做贡献的社会本位价值取向，还有着眼于学科和科技发展的知识本位价值取向。哈佛大学工程与应用科学学院三位一体的价值取向也促使该学院成为一个具有多样性和包容性、创造力和影响力的学院。

第一，人才培养目标的个人本位价值取向。个人本位价值取向认为，人工智能人才培养的最终目标是培养具有鲜明个性的，有能力的、为社会可用的、完整的、自由的人工智能技术人才。现代大学最早出现在西方发达国家，资产阶级个人主义及自由主义可以追溯至亚里士多德的自由教育理论，他认为，闲暇和自由是实施教育的基本条件，人只有充分发展理性，才能真正实现自我④；卢梭认为，教育的本质就是造就自然

---

① 王严淞：《论我国一流大学本科人才培养目标》，《中国高教研究》2016 年第 8 期，第 13—14 页。

② 张沉香：《外语教育政策的反思与构建》，湖南师范大学出版社 2012 年版，第 77 页。

③ Harvard University, "Mission & Vision", 2020 - 02 - 10, https：//www.seas.harvard.edu/about - us/school - overview/mission - vision.

④ 吴式颖、任钟印主编：《外国教育思想通史》（第二卷），湖南教育出版社 2002 年版，第 320—327 页。

人；赫钦斯认为，教育是对理智美德的追求，教育的最高宗旨是促进人的理性、道德和精神力量的充分实现。① 资产阶级执掌政权后，个体的充分自由被赋予法律地位而受到保护，现代大学愈益促使其成熟和发展。哈佛大学旨在让学生为创造"有意义的、富于公民感和道德感的"生活做好准备，例如计算机科学系制定了五个软目标，希望毕业生：（1）无论是口头还是书面，都能清晰而有力地提出想法；（2）以道德原则的方式合作解决问题；（3）将他们的优势应用于已知的、不擅长的区域；（4）在团队中高效、负责、有效地工作；（5）适应技术领域的变化。② 当学生在二年级中途进入专业学习时，本科学习主任会指派一名教授担任学生的教师顾问，尽一切努力使学生的研究兴趣与顾问的专业知识相匹配，一切从学生出发，为了学生更好地成长，实现个人价值。

第二，人才培养目标的社会本位价值取向。社会本位价值取向源于社会对教育的需求，以满足社会需求为本位，以促进社会发展为目标。社会本位价值取向的观点最早见于柏拉图，他认为要利用政治统治下的教育来建立"理想国"，要通过具备理性的少数高级人才来治理国家。20世纪初"威斯康星思想"的形成使社会本位价值观得以确立，该思想由查理斯·范·海斯（Charles Richard VanHise）提出，他认为"要把教学、科研与社会服务紧密结合起来"③。虽然哈佛大学在成立之初是以英国的学院，尤其是以剑桥学院为模型的，但是在发展过程中，哈佛大学通过不断创新，设计出更加适合哈佛师生需求的蓝图。无论是办学理念改革、专业学院改革、课程改革方面，还是开创知识市场化先例，建立管理捐赠基金的商业公司、任命女性校长方面，都显示出这所大学 380 多年以来的勃勃生机。进入 20 世纪以后，哈佛大学本科生课程每隔 25—30 年都会进行一次较大规模的课程改革，以适应社会经济、政治和文化的需要。哈佛大学的人工智能专业也很好地践行了这一价值取向。如

---

① 吴式颖、任钟印主编：《外国教育思想通史》（第九卷），湖南教育出版社 2002 年版，第 446—451 页。

② Harvard University，"Computer Science"，2018 - 10 - 23，https：//handbook. fas. harvard. edu/book/computer - science.

③ 康健：《"威斯康星思想"与高等教育的社会职能》，《高等教育研究》1989 年第 1 期，第 38 页。

詹姆斯·沃尔多（James Waldo）教授的隐私和技术（Privacy and Technology）这门课程以批判性的方式检视技术发展对人的隐私的影响，运用严谨的科技分析来理解政策与伦理问题。[①] 哈佛大学人工智能专业几乎所有的课程都说明了要将所学应用于实际的目标，让其所学可以为社会做贡献，在社会中发挥作用，体现其社会本位的价值取向。为了应对当前和未来的社会挑战，哈佛大学人工智能专业将工程原理应用于法律、医学、公共政策、设计和商业实践等专业，将基础科学、艺术和人文科学的知识联系起来，采用多学科的方法培养下一代全球领导者。此外，哈佛 SEAS 设立多个跨学科研究俱乐部，为学生提供了无与伦比的机会，他们可以从事社会科学、艺术和人文科学的学术研究，旨在文科背景下融合严谨的分析思维，为培养出有道德、敬业、有远见和创新的领导者做准备。

第三，人才培养目标的知识本位价值取向。知识本位价值取向起源于德国，洪堡提出，大学的真正成绩应该体现在它使学生有可能，或者说它迫使学生至少在他一生中有一段时间完全献身于不掺任何目的的科学。人工智能人才培养过程中的知识本位价值取向，就是传授各类知识，强调在选择知识的过程中要重视学科本身的结构和逻辑，这些带有科学逻辑的学科知识是人类智慧的结晶。通过对计算机科学系各门课程目标的研究，我们可以清楚地看到哈佛大学人工智能专业人才培养目标的知识本位价值取向。如"系统编程和机器组织"的课程目标之一就是：为系统编程提供扎实的背景，并深入理解低级机器组织和设计；"计算机科学导论"的课程目标就是教会学生如何通过算法思考并有效地解决问题。这些都说明了学校对知识的重视，注重学生知识掌握的程度，也从侧面反映出了对知识这一基本价值取向的关注。此外，我们也可以从计算机科学系的一些课程（表 10 - 2）中看出人工智能专业的人才培养目标所表现出来的知识本位价值取向。

---

① Harvard University, "Academics", 2018 - 10 - 23, https：//www.seas.harvard.edu/academics/courses/computer - science.

表 10 - 2   计算机课程（部分）

课程名称	时间
计算机科学的伟大思想	2019 年春季
计算机科学的离散数学	2019 年春季
计算机科学导论	2018 年秋季
计算中的抽象与设计	2019 年春季
系统编程和机器组织	2018 年秋季

二 基本要求

（一）系统性

哈佛大学人工智能人才培养的系统性主要体现在课程安排和课外实践两个方面，哈佛大学为人工智能专业的学生建立了从基本知识到专业知识、从理论学习到专业实践为一体的培养体系。首先，在课程安排上，哈佛大学要求学生先学好基础知识，再钻研学习更加高深的知识。以本科学生为例，由于这些学生是刚刚接触这个专业，所以哈佛大学为计算机专业第一学年的学习给出了详细的安排和建议，建议学生这一学年重点学习计算机科学和数学这些基础课程。其次，在理论和实践方面，学校为学生提供多样的实践机会。如哈佛大学为本科生设立了 16 个与专业相关的俱乐部，SEAS 针对应用数学专业、计算机科学专业和工程专业设立的组织和俱乐部分别有 5 个、7 个和 10 个，给予了学生多样的实践机会；对于研究生来说，他们除了可以参与学生俱乐部，还可以参与学校的跨学科研究项目，在二年级还可以申请担任某门课程的助教等。

（二）层次性

层次性反映了系统从简单到复杂，从低级到高级的发展过程。哈佛大学人工智能专业人才培养体现出较强的层次性。第一，不同层次的学生学习要求不同。对本科生来说，学校要求学生既要学习理论知识又要学习技术选修课，同时还要兼顾课程的广泛性。而对将计算机科学作为第二学历学习的本科学生，课程要求就比较低了，只有 4 门课程，但是必须是编号 100 及以上的课程；同样将计算机科学作为第二学历学习的博士生，则至少要学习一门应用数学和计算机课程的核心课程，还要参与一个学期的独立研究项目，最后还必须完成论文答辩。第二，课程内容的层次性。就数学课程来说，不同数学背景的学生要选择不同难度的课程，哈佛大学为学生设置了不同难度的课程，学生要根据自己的实际情况进行选择。第三，学习要求和学习内容的差异也反映出哈佛大学人工智能专业人才培养的目标也具有层次性。对本科生的培养侧重于基础知识的学习和综合能力的提高，旨在培养综合型人才；研究生的培养则更深一层，侧重于高深知识的学习和研究能力的培养，旨在培养专业研究型人才。综合以上三点来看，哈佛大学在人工智能专业本科生和研究生的培养上表现出一定的差异，体现了其人才培养的层次性。

（三）融合性

哈佛大学人工智能专业人才的培养追求融合性。一方面是追求不同学科知识的融合。因为人工智能在医学、工程学、教育学等多个学科领域都有较大的应用前景，所以哈佛大学在为人工智能专业设置课程时不仅仅设置与人工智能相关的专业课程，还会设置一些跨学科课程作为选修，如人工智能下的教育、法律、伦理道德课程等。另一方面是追求知识学习和应用能力的融合。哈佛大学为学生提供了多元的创新实践机会，如 SEAS 为学生开设的多样的俱乐部和社团。另外，学校还有许多研究项目可以让学生参与，来提升学生的研究能力。如暑期研究项目，即国家自然科学基金资助本科生的研究项目（Research Experience for Undergraduates Funded by NSF，REU Programs），该项目涉及多个学科门类，既有数学、物理、工程、生物等理工类项目，又有教育学、伦理学和社会学等这样的文科类项目，可以供学生选择。另外，学校内部的一些研究中心也有很多跨学科研究让学生参与，如计算与社会研究中心（Center for Research on Computation and Society，CRCS）、应用计算科学研究所（Institute for Applied Computational Science）和伯克曼克莱恩互联网与社会中心（Berkman Klein Center for Internet & Society）等。

三　目标构成

目标构成简而言之就是目标是由哪些成分所构成的，按照系统论的观点，一切系统都是诸要素间及其与外界环境间相互协调的作用与方式构成的一定组织的整体，而人工智能人才培养的目标构成作为一个系统，既受到所属系统及其外界环境的影响，而且自身又包含了许多子系统，并与它们发生作用。① 本文主要从国家层面的总目标和专业层面下的人才培养细化目标来探究哈佛大学人工智能人才培养的目标构成。

（一）总目标

美国高等学校有着较为严格的分层分类的办学传统，不同类型和层次的高校，其人才培养的目标和标准是不一样的。一般来说，本科四年制培养工程型、技术型的应用人才，两年制社区大学和专业学院主要是培养服务生产、管理和服务一线的技能型和操作型应用人才。② 2016 年10 月，美国白宫科技政策办公室（The Office of Science and Technology Policy，OSTP）发布《国家人工智能研发战略规划》（The National Artificial Intelligence Research and Development Strategic Plan），为美国人工智能的未来发展提出了七个战略规划：第一，对人工智能研究进行长期投资；第二，研发更有效的人类与人工智能的协作方法；第三，了解和处理人工智能的道德性、法律性和社会性影响；第四，确保人工智能系统的安全性；第五，开发用于人工智能训练及测试的共享公共数据集和环境；第六，通过制定标准和相关参照，对人工智能技术进行测量评估；第七，了解美国人工智能的人力资源需求。③ 这份报告也为美国各大高校人工智能专业的人才培养指明了方向。

（二）具体目标

根据人才培养目标的相关理论分析，知识、能力、素质是人才培养目标构成的三大要素。人才培养目标的内容就是依据一定的教育目的、社会需要和教育理念提出的关于人才培养的基本规格要求和人才在知识、能力、素质三要素方面的质量标准。④ 第一是知识要素的质量标准。哈佛

① 周念云：《高等职业教育人才培养目标体系研究》，硕士学位论文，广西师范大学，2006 年，第 28 页。
② 杜才平：《美国高等院校应用型人才培养及其启示》，《教育研究与实验》2012 年第 6 期，第 17—21 页。
③ National Science Foundation，"NSF statement of support for National Artificial Intelligence Research and Development Strategic Plan"，2020 - 02 - 20，https：//www. nsf. gov/news/news_summ. jsp? cntn_id =190150.
④ 江萍：《独立学院人才培养目标定位的研究》，《南京医科大学学报》（社会科学版）2012 年第 4 期，第 311—313 页。

人工智能专业培养出来的学生必须具备一定的知识广度和深度，并形成合理、精练的知识结构。知识结构是培养目标中的重要组成部分，其优劣是衡量人才培养质量的主要尺度之一。第二是能力要素的质量标准。高等教育大众化时代社会需要的人才应该具备四种基础能力：学习能力、创新能力、实践能力和创业能力，哈佛大学人工智能专业培养出的学生必须重点掌握以创新为特点的实践能力。第三是素质要素的质量标准。这也是教育工作最艰难的部分，要加强对学生非智力因素的培养，强化身心素质、人文素质与职业素质，并且训练学生良好的敬业精神和强烈的社会责任感。

第三节　哈佛大学人工智能专业
人才培养的内容构成

一　主要分类

哈佛大学约翰·保尔森工程与应用科学院设定的人工智能专业主要为以下八个领域培养人才：一是人工智能领域：专业人才应当能够开发模拟人类学习和推理能力的计算机；二是计算机体系结构领域：不论是高性能、联网的并行机，还是低成本、低功耗的 iPod 等设备，专业人才应当能够为各种设备设计新的组件和系统；三是计算机设计与工程领域：专业人才要能设计新的计算机电路、微芯片和其他电子元件；四是理论计算机科学领域：不仅要能研究计算机解决问题的基本理论，还要能将其应用到其他领域；五是信息技术领域：主要是培养能开发和管理支持企业或组织的信息系统；六是操作系统和网络领域：专业人才要能够开发计算机通信的一些基本软件；七是软件应用领域：要用计算机和技术解决计算机领域以外的问题，如教育和医学领域；八是软件工程领域：要培养能在预算内按时开发出软件系统的人才。① 综观这八个领域人才培养的要求，不难发现：人工智能专业的学生除了能参与人工智能领域的

---

① Harvard John A. Paulson School of Engineering and Applied Science，"CAREERS"，2020 – 03 – 28，https：//www. seas. harvard. edu/computer – science/undergraduate – program/careers.

工作，也能够胜任其他七个领域的工作。可见，人工智能专业具有较强的适用性。

基于以上提到的这些领域所需的人才培养要求，同时也为了培养出具有综合能力的人才，SEAS 为人工智能专业人才的培养提供了集理论课程、实验课程和实训课程三类课程于一体的课程体系。如果说理论课程是知识基础，那么实验课程就是原理基础，实训项目则是为学生提供将知识和原理进行应用的一个平台。

（一）理论课程

人工智能是综合性很强的学科，既需要扎实的数学基础知识，也需要一定的计算机软硬件开发能力，还需要注重学习技术伦理和道德的知识，如果要将技术应用在其他领域，学生还需要学习除人工智能外的其他专业课程。因此，哈佛大学为学生提供了多样的和不同层次的理论课程。就拿很基础同样又很重要的计算机课程（简称 CS 课程）来说，学校按内容设置了 100 门不同序列的课程，学生学习基本软件开发需要选择 CS50、CS51 和 CS61 三门中的两门，但是 CS50 的课程学习的是关于计算机的基本知识，如果有相关背景知识的学生则可以跳过这一课程直接学 CS61。大二的学生一般会选择 CS121、CS124 编号的课程，但是如果大一的学生已经具备了较强的基本知识，也可以提前选修。除了 CS 课程，哈佛大学同样将数学课程按序列编号，代表不同层次的知识水平供学生选择。为了培养学生的综合能力，学校还开设了一些综合课程，如"论计算机科学与经济学的结合点"（Topics at the Interface between Computer Science and Economics），这门课会介绍计算机科学与经济学之间的相互作用，主题包括电子商务、市场预测、经济理论等；"CS + X：人文艺术中的软件工程"（CS + X：Software Engineering in the Arts and Humanities）介绍了计算机科学（包括网络技术、可视化和数据库设计）在艺术和人文领域的应用。[①]

（二）实验课程

哈佛大学实验课程主要指的是学校根据人才培养的目标安排学生学

---

① Harvard John A. Paulson School of Engineering and Applied Science，"COURSE LISTING"，2020 – 03 – 29，https：//www. seas. harvard. edu/computer – science/undergraduate – program/careers.

习机器学习、智能化应用、深度学习等模块的内容，其设计体现了人工智能较强的应用价值。如概率机器学习和人工智能课程（Probabilistic Machine Learning and AI），该课程将重点介绍一些前沿的研究领域，如贝叶斯深度学习、贝叶斯优化、数据科学人工智能等主题。还有机器人学导论课程（Introduction to Robotics），是介绍计算机如何控制机械手臂的一门课程，课程主题包括坐标系与变换、运动学结构、串并联链式机械手的静力学与动力学、控制与编程、路径规划导论、遥操作导论、机器人设计、驱动与传感装置。实验室练习提供工业机器人编程和机器人仿真与控制的经验。① 这些实验课程的设置可以让学生将学到的理论知识和实际应用结合起来，促进知识的转化。

（三）实训项目

实训项目主要指的是为了提升学生的实践和研究开发能力，学校的一些组织为学生提供参与的活动和研究项目等。哈佛大学为了培养人工智能专业学生的实践能力，开设了丰富的俱乐部活动，如哈佛公开数据项目（Harvard Open Data Project，HODP）为学生利用大数据解决校园问题提供了平台，这些学生参与活动的过程中也是研究的过程。如人工智能专业的博士生还需要在第二年担任教学研究员（Teaching Fellows，TFing），最后申请毕业需要完成毕业论文，这些学习过程不仅能锻炼学生的语言表达和沟通能力，也促进学生研究能力的增长。除了完成平时学业的要求和参与根据兴趣选择的俱乐部活动外，学校鼓励学生开展创新创业活动，极大地增加了学生创新创业的热情，也使得学校在创新方面取得良好的效果，如研究生韩赛俊（Han Sae Jung）在 2020 年 4 月被亚德诺半导体技术有限公司（Analog Devices，ADI）颁发优秀学生设计师奖（Outstanding Student Designer Award）。②

① Harvard John A. Paulson School of Engineering and Applied Science, "SEARCH RESULTS", 2020 – 03 – 26, https：//www. seas. harvard. edu/search? search = laboratory&f% 5B0% 5D = content_type% 3Acourse.

② Harvard University, "NEWS & EVENTS", 2020 – 03 – 28, https：//www. seas. harvard. edu/search? search = laboratory&f% 5B0% 5D = content_type% 3Acourse.

二　选择标准

哈佛大学人工智能专业培养的是高素质应用型工程技术人才，应当具备以下素质和能力。

（1）具有较为深厚的人文底蕴、强烈的创新意识、宽广的国际视野和扎实的专业知识，拥有良好的思想道德修养、创新创业精神和职业道德精神，具备自主学习能力、批判思维能力和国际交流能力。

（2）具备信息科学、数理统计、数据科学、智能硬件等基础知识与基本技能，熟练掌握传感网、物联网、嵌入式、大数据处理、机器学习、深度学习等专业技术，能够从事智能机器人、无人系统等产品的设计开发与生产。[①] 能够胜任政府、企事业单位、社会组织等部门有关数据统计与分析、智能系统设计与建设、智能系统安全维护、舆情监测、专家决策等方面的工作。

（3）能够胜任政府、企事业单位、社会组织等部门有关数据统计与分析、智能系统设计与建设、智能系统安全维护、舆情监测、专家决策等方面的工作。

三　设计原则

（一）科学性原则

科学性原则就是指人才培养的内容构成要讲究科学性、讲究科学方法，要实事求是、符合客观规律。哈佛大学人工智能专业人才培养目标的设计分类合理，反映了对学生德、智、体、知识、能力、素质的总体要求，从四个等级层面规定了不同层次学生的学习要求，并对计算机科学系的毕业生提出了14个技术学习目标和5个软目标。[②]

（二）规范性原则

规范性原则就是指确定人才培养目标，进行人才培养活动时，要以国家法令法规为依据，通过建立合理的规章制度体系，依法实施管理，克服主观随意性，使人才培养的各项工作制度化、规范化，从而使人才培养活动中的教育教学工作有条不紊地进行。在数据化大时代，哈佛大

---

① 李德毅、马楠：《智能时代新工科：人工智能推动教育改革的实践》，《高等工程教育研究》2017年第5期，第8—12页。

② Harvard University，"Computer Science"，2018 - 10 - 27，https：//handbook. fas. harvard. edu/book/computer - science.

学以社会需求为导向开设了人工智能专业，并在充分的市场调查后确定了人才培养的数量。同时，依据职业岗位群对人工智能人才的专业知识、能力和职业综合素质的要求，确定了人才培养的质量规格，保证了人才培养工作质量的标准化。

（三）多样性原则

高等教育大众化的显著特征之一就是人才培养的多样化，1998年在巴黎召开的世界高等教育大会上通过的《21世纪高等教育展望和行动宣言》指出："高等教育的质量是一个多层面的概念。""考虑多样性并避免由一个统一的尺寸来衡量高等教育的质量。"① 因此，高等教育人才培养的标准不是单一的，应该多样化。哈佛大学人工智能专业就是在"培养下一代全球领导者"的总目标下，结合自己的专业方向，培养工程、教学、医学、法律、管理等众多领域的拔尖人才。

四　组织形式

人才培养的组织形式就是指通过何种方式来培养学生，哈佛大学人工智能专业主要通过以下三种组织形式来培养该领域内的领导者：

（一）课堂教学

从古至今，人才培养最基本的组织形式就是课堂教学，哈佛大学也一样。哈佛大学人工智能专业主要也是以集体授课的形式进行，固定教室、固定时间、固定教授，学生按照课表安排上课并完成相应的作业。人工智能是一门综合性的学科，既需要有扎实的数学基础，还需要有一定的计算机硬件开发基础，因此，课程设置的整体性和层次性就显得尤为重要。哈佛大学人工智能专业除了微积分、线性代数、矩阵运算、概率与统计等基础数学课，还有人工智能导论、系统编程和机器组织、机器人开发、AI中应用的道德和治理挑战等专业核心课程。

（二）实验教学

"实践是检验真理的唯一标准。"人工智能专业作为当下的热门专业，它的理论知识就更加需要通过科学的实验来检验其正确与否，随后才能

---

① UNESCO, *World Declaration on Higher Education for the Twenty – first Century*: *Vision and Action*, 9 October 1998: 7 – 8.

进一步推广与创新，SEAS 主动学习实验室就是主要侧重于实践研究的。哈佛大学人工智能专业不仅要求学生在课堂上学习理论知识，而且要在实验室进行试验操作和制作机器人。根据人才培养目标和教学计划安排，实验课程主要从 Python 开发、机器学习、深度学习、智能化应用等模块展开，通过这些实验课程来巩固学生所学的理论知识，并在此基础上进行创新与拓展延伸。

（三）体验式学习

哈佛大学通过体验式学习（设计项目和研究经验），让学生更好地接触跨学科领域的机遇和挑战，例如计算与社会研究中心、应用计算科学研究所、伯克曼互联网与社会中心等跨学科计划。此外，学校通过与研究企业建立合作，学生可以到企业进行实习，可以了解最新的科学和工程方法，以解决人工智能领域的社会需求和挑战，[1] 有的企业结合当前热点设计了一些实训课程，包括智能机器人、智能金融、智能医疗、智能搜索、智能教育、智慧旅游、无人控制等领域，为学生锻炼实践能力提供了较多的机会。

第四节　哈佛大学人工智能专业人才培养的实施过程

一　主要部门

任何一所大学人才培养的过程不外乎学生的输入环节、培养环节和输出环节，这些环节由学校相关部门分别负责，只有部门之间相互协调与配合，才能为人才培养质量提供保障。就哈佛大学人工智能人才培养过程来说，主要涉及负责本科教育的哈佛学院、负责研究生培养的约翰·保尔森工程与应用科学学院和一些独立学生组织。

（一）哈佛学院

哈佛学院是哈佛大学唯一的本科生院，为学生提供了 50 个专业以及

---

[1]　Harvard University, "About SEAS", 2018 - 10 - 27, https：//www. seas. harvard. edu/about - seas/history - seas/seas - today.

3700 多门课程供学生学习。其中，哈佛学院下的工程与应用科学研究方向包括应用数学、生物医学工程学、计算机科学、电气工程、工程科学、环境科学与工程和机械工程 7 个具体学习方向，在计算机科学专业人才培养的过程中，为学生提供了关于人工智能的课程作为必修和选修。除此之外，哈佛学院还将计算机科学专业作为第二专业，供那些对计算机科学其他领域感兴趣的学生修读，选择修第二学位的学生要求修完 4 门课程（16 个学分），而且学生必须每门课程取得 C 或更好的成绩。

（二）约翰·保尔森工程与应用科学院

哈佛大学的工程和应用科学教学和科研有着悠久的辉煌历史，可以追溯到 1847 年创立的劳伦斯科学学院，该学院是以捐赠人阿伯特·劳伦斯（Abbott Lawrence）的名字命名的。在 19—20 世纪，哈佛大学的工程与应用科学院的组织架构历经多次变革和重组（包括成立研究生院、若干系和学部等），其名字也多次变化。2007 年，哈佛大学认识到发展工程和应用科学的重要意义，将其前工程和应用科学部转型为当前的工程和应用科学院。该学院历史悠久，从 1847 年的劳伦斯科学学院，到 2007 年又由艺术与科学学院的工程与应用科学系（DEAS）改名为哈佛大学约翰·保尔森工程与应用科学学院（SAES）。目前该学院共有教职人员 161 人，其中教授 83 人，2017 年本科生 1013 人，研究生 524 人（其中硕士 111 人，博士 413 人），并拥有著名的机器人实验室和致力于生物启发机器人的开发以及微结构制造的微型机器人实验室，教学实力雄厚。师资队伍中教师主要来自文理学院各系（天文系、化学与化学生物学系、地球和行星科学系、分子与细胞生物学系等）、肯尼迪学院、医学院、法学院和公共卫生学院等。虽然该学院是哈佛大学最年轻的学院，但是其取得的成就是辉煌的。从学院成立以来，学院的学生人数迅速增长，创新性项目也持续增加。如今，约翰·保尔森工程与应用科学院在跨学科研究和教学方面表现优异，为哈佛大学的研究人员提供了世界一流的环境。

（三）文理学院研究生院

哈佛大学工程与应用科学学院提供计算机科学哲学博士学位，由文理学院研究生院（Graduate School of Arts and Science，GSAS）授予。GSAS 到目前有 100 多年的历史，哈佛大学研究生部（Harvard's Graduate Department）的第一位毕业生是威廉·艾尔伍德·拜利（Willian Elwood

Byerly），他于 1873 年获得了数学博士学位。1890 年，研究生部成为哈佛大学研究生院，成为新组建的文理学院的一部分，1905 年更名为文理学院研究生院。文理学院负责监督 GSAS，并设置入学条件，为学生提供教学课程，指导学生学习并进行审查。截至 2020 年，GSAS 有 4392 名博士、293 名硕士，其中从事学习和研究人类学、自然科学和社会科学的分别占 17%、56% 和 27%。对于计算机科学专业，课程是由 SEAS 负责的；另外，GSAS 还为博士生提供了计算机科学与工程专业（Computational Science and Engineering）作为第二专业，为那些对这方面感兴趣的学生提供学习机会。

（四）学生组织

负责计算机科学本科生培养的哈佛学院为学生成立了 16 个学生俱乐部，这些俱乐部涉猎范围广泛，从制造足球机器人、游戏开发到创业和竞赛，旨在为学生实现将专业知识与实践紧密结合提供平台。如哈佛大学本科生机器人俱乐部，致力于为本科生提供参与兼具趣味性和教育性的机器人项目，同时也致力于建立一个温暖和有成就感的工程师团队；哈佛公开数据项目（Harvard College Open Data Project，HODP）是一个由学生和教师共同组成的团队，目的是利用哈佛大学公开数据解决校园问题，提高学校透明度，该团队曾利用数据科学和数据可视化技术，对校园安全、教师性别差异、学生组织选举投票率和集中度流行趋势等数据进行分析。

负责人工智能专业博士人才培养的约翰·保尔森工程与应用科学院共成立了 30 个学生组织，其中跨学科组织有 8 个，针对应用数学专业、计算机科学专业和工程专业的组织分别有 5 个、7 个和 10 个。其中针对计算机科学专业的学生成立的 7 个组织，分别是哈佛计算机学会（Harvard Computer Society，HCS）、计算机科学中的女性（Women in Computer Science，WiCS）、哈佛大学网络俱乐部（Harvard College Cyber Club，HC3）、哈佛大学开发学院（Harvard College Developers for Development，D4D）、哈佛大学量子计算协会（Harvard College Quantum Computing Association，HCQCA）、哈佛大学电子游戏开发俱乐部（Harvard College Video Game Development，VGDC）和哈佛计算机竞赛俱乐部。在这些众多的学生组织中，与人工智能相关的组织包括 1 个跨学科组织，即哈佛大学本科生机器人俱乐部（Harvard Undergraduate Robotics Club，HURC），这是哈佛最大的以项目为中心的俱乐部，该俱乐部将哈佛的学生聚集起来开发机器人，为几项比赛做准备。又有 3 个设在计算机科学专业下的组织，分别是：①哈佛大学计算机学会，这是哈佛大学内最大的计算机俱乐部；②哈佛大学开发学院，是一个致力于在社会影响领域应用技术技能的学生社区；③哈佛大学计算机竞赛俱乐部，每年至少组织两支由 3 名本科生组成的队伍参加国际大学生程序设计大赛（International Collegiate Programming Contest，ICPC），这是一个面向大学生的算法编程竞赛。这些学生组织是学生学习社区的一个组成部分，大部分是学生主任办公室或艺术与科学研究生院下注册的独立学生组织。虽然这些组织通常是针对本科生或研究生的，但是也欢迎所有人的参与。这些学生组织在运行过程中展示了大学生的创新能力和团队精神，也提升了他们分析问题和解决问题的能力。

二　路径选择

（一）一种理念——持续稳定的教育理念引领人工智能人才培养机制的建构

哈佛大学的校徽和校训均体现出其崇真的办学宗旨。学校几经变革，但是这一宗旨始终不变。哈佛大学人工智能人才的培养分本科和研究生两个阶段，分别秉持通识教育理念和精英教育理念进行人才培养。

通识教育与专业化教育相比，提供的选择是多样化的。学生通过多样化的选择，得到自由、顺其自然的成长。可以说，通识教育是一种人文教育，它超越功利性与实用性。承担人工智能本科生培养的是哈佛学院，为学生提供的课程包括核心课程、专业课程和任意选修课三个部分。此外，所有的学生必须修习三个必修领域，分别是写作、外语和数理应用。这三个必修领域属于通识教育的范畴，因此，哈佛学院为学生提供的通识课程占到了本科课程总数的 54%。哈佛学院为学生提供的通识课程是为了向所有入学的学生提供一种共同的通道，让学生虽然学习不同的课程，但是都能掌握发现、思考和解决问题的途径和方法。虽然哈佛大学对人工智能本科生重视通识教育，但是也对学生提出了专业学习要求，即学生需要达到的技术目标和"软目标"，如哈佛大学希望计算机科学专业的毕业生能够：设计和编写正确的问题解决方案；设计一个具有可用性、安全性和持久性的系统；在口头和书面上能清晰有力地表达自己的观点；合作解决问题等。

哈佛大学的研究生院更多的是针对拔尖博士生的培养，学制一般为6年，学生可以提前毕业。一般不专门培养硕士生，只是针对那些完成了前两年学业之后由于种种原因不能继续攻读博士学位的研究生而提供的一个出口。哈佛大学人工智能博士由约翰·保尔森工程与应用科学院负责，该学院为了培养出高水平的人工智能专业人才，对研究生提出了明确的更高的要求，如研究生必须修够10门课程，包括8门学科课程和2门计算机科学以外领域的辅修课程。这8门学科课程中至少要有7门是来自约翰·保尔森工程与应用科学学院的技术课程，而那2门辅修课程必须有别于以上的8门课程。除了课程，学院还会通过资格考核、班级项目、暑期实习等途径考核学生的专业知识与能力。可见，相比于本科生，哈佛大学人工智能研究生的培养更注重专业能力，旨在为人工智能领域培养尖端人才。

（二）一套体系——配套的人才培养体系把人工智能人才的培养落到实处

哈佛大学之所以成为世界名校，为世界输送顶尖人才，是因为哈佛大学在380多年的发展历程中逐渐探索出一套人才培养体系，并形成制度，为哈佛大学人才培养提供保障。

约翰·保尔森工程与应用科学院具有完备的人才培养组织机构。该学院内设有包括学生职业发展办公室、活动办公室、学位管理办公室、计算机办公室等办公部门以及哈佛科技与创业中心（Technology and Entrepreneurship Center at Harvard，TECH）、学习孵化器（Learning Incubator，LInc）等在内的26个部门，这些部门涉及学业救助、学位授予、课程安排、学生就业、研究项目资助等，涵盖学生培养的方方面面，这些部门提供的服务及其相互之间的沟通与配合为SEAS培养人工智能人才提供了保障。

哈佛大学自主招生制度为学校的生源质量提供保障。哈佛大学主要依靠社会捐赠和投资回报维持运营，管理机构不受联邦和州政府控制，由哈佛董事会管理。① 这就允许哈佛大学在招生过程中不受地域限制，在经济资助政策协助下，按照自己的人才培养目标选择学生。虽然美国高等教育已经处于大众化阶段，但哈佛大学依旧坚持精英教育，在招生方面采取的是高选择性的竞争入学制度，美国《普林斯顿大学评论》（Princeton Review）把哈佛大学列为全美最难申请的高校之一。哈佛大学本科自主招生标准主要体现在三个方面：学术成绩、课外活动和个性品质，其中学术成绩包含标准化测试成绩（SAT Ⅰ、ACT 等）和中学、学年中期报告（包括申请者所在班级等级与规模、平均成绩及最高成绩、家庭情况等）；个人品质证明材料包含教师推荐信和校友面试；课外活动主要针对那些学习成绩不十分突出，但是在课外活动中取得突出成绩的学生，通过申请者提交的短文考核他们的表达能力、创造能力和思想水平。哈佛大学对本科生的招生更注重学生的兴趣和创造力。相比于本科招生，研究生的招生更注重学生的研究能力和学科背景。对于 2019 年秋季入学的研究生，SEAS 收到了 4000 多份申请，而学院只录取了约 6% 的申请者。从硕、博入学的学生基本情况来看，这些学生本科成绩平均绩点均在 3.8 分以上（4.0 分制），美国研究生入学考试（Graduate Record Examination，GRE）量化分数平均在 90—95 个百分点之间，GRE 语文分数平均在 80—85 个百分点之间。由于该学院专业的跨学科性强，所以录取的学生本科专业背景也具有多样性的特点，这些学生本科主要学习的是计算机科学专业、工程专业（如机械、生物、电气和化学）、数学专业、物理和化学。②

高等教育生师比是反映高等教育质量的一个重要指标，是从人力资源使用效率的高低分析院校办学效益最重要的客观量化的经济指标，也是本科教学评估中用来衡量高等院校办学水平是否合格的重要指标，同时也是国际上比较常用的考察高等教育发展程度的指标。只有生师比保持在一定规模时，才能保障教师与学生的互动质量。据专家论证和很多一流大学的实际情况显示，高校教学活动中良好的教学状态应该是生师

---

① 和震：《美国大学自治制度的形成与发展》，北京师范大学出版社 2008 年版，第 6 页。

② Harvard University，"Prospective Graduate Students"，2020 - 02 - 10，https：//www. seas. harvard. edu/prospective - students/prospective - graduate - students/graduate - student - data.

比不超过 13：1，否则会使教师增加负担，影响教师对学生创新精神的培养，进而影响人才培养质量。[①] 哈佛大学人工智能专业的本科生培养由哈佛学院负责，由哈佛学院官方网站得知其生师比为 7：1，[②] 该比例说明哈佛学院有充足的教师资源。

（三）一支队伍——高素质的创新型教师队伍是人工智能人才能力培养机制的重要支撑

哈佛大学第 25 任校长德里克·博克（Derek Bok）在回答"为什么哈佛能长期保持第一流学府的声誉"时指出，"要使我们的学校长居于前列，归根到底是要有好的教授"。为了保证能够招聘到世界上最好的学者，哈佛大学每年都有一批联络员或顾问在世界各地为哈佛大学进行调查分析，把各个学科最优秀的学者推荐给哈佛大学。

基于对卓越的追求，哈佛大学分别对教师队伍和人才培养进行了大刀阔斧的改革。1939 年，柯南特对教师聘任制度进行改革，将以前重视教学、忽视研究的本科生辅导员制度改革为 8 年内非升即走的终身教职制度，此次改革的效应是为哈佛保留和吸纳了各个学科领域的顶尖人才。此外，哈佛大学人力资源办公室（The Office of Human Resource）致力于开发和提供创新的人力资源项目服务，旨在支持哈佛大学的发展，不仅从薪酬、绩效管理、津贴福利、退休等方面做了详细的规定，还为教师的专业发展提供了保障，如哈佛课程学费资助计划（Tuition Assistance Program，TAP）、其他任课学校课程的学费补偿计划（Tuition Reimbursement Program，TRP），以此鼓励教师继续学习，提升自身能力。

人工智能是一个新兴研究领域，具有学科跨度大、专业性强的特点，哈佛大学人工智能专业的教师团队则具有年轻化、学科背景和研究方向多样化的特点。哈佛大学人工智能专业教师团队共有 23 人，其中高级教授 1 人、教授 15 人、副教授 5 人、助理教授 2 人；这些教师的专业背景也不尽相同，其中计算机科学领域的有 12 个，其他的是与计算机科学相关的专业背景，如电子工程与生物工程、工程与应用科学、电气工程和

---

①　陈武林：《美国研究型大学教师队伍管理的制度化效用》，《现代教育管理》2011 年第 11 期，第 115—120 页。

②　Harvard University，"About Harvard University"，2020 – 02 – 10，https：//college. harvard. edu/about.

法学等。值得注意的是，这些教师虽然从事人工智能研究，但是他们的研究方向却不局限于此，这 23 位教师团队中有 20 位教师均从事 2 个及以上的研究方向，最多的甚至有 12 个研究方向。这些具有多学科背景和研究方向多样化的教师团队为人工智能专业人才的培养提供支撑，不仅能提升学生的创新思维和能力，而且也有助于将人工智能与其他领域结合起来，促进人工智能技术的实践与应用。

（四）一种文化——浓厚的"学术自由"文化为人工智能人才的成长注入了精神动力

大学作为人才培养的基地，校园文化的建设至关重要。哈佛大学从单一的文理学院发展成为一所以英国学院为模式的本科文理学院，以德国大学为模式的研究生院和若干研究生教育层次的专业学院所构成的一所美国式的现代研究型大学，① 与其创新文化环境建设密不可分，哈佛大学文化最主要的特征是"自由"，主要体现在学术自由、学习自由、教学自由和创新自由。哈佛大学校徽为拉丁文"Verities"，意为"真理"。追求真理是哈佛大学从创立至今的基本理念。在这种理念的引导下，培养独立、自主、具有探索精神和创新能力的人，就成了哈佛大学的培养目标。创新人才的培养需要大学学术自由的环境，为此哈佛大学推行自由选修制，使得学生可以跨系、跨院甚至跨学校选课，这一制度极大地调动了学生的学习积极性。哈佛大学的研究讨论课上一般只有助教和学生，辅导老师一般为高年级的研究生（学院要求计算机科学专业研究生二年级必须担任助教），其职责是根据主讲教授的教学内容回答学生的提问或组织学生讨论。助教不关注是否得出问题的答案，而是重视得出结论的过程，助教会将集中讨论的问题或新颖的观点反映给主讲教授，主讲教授在上课时进行反馈。这种研究讨论课营造出自由的氛围，可以让学生充分发挥自己的创造性。

三　策略方法

人才培养的效果要通过具体的实施来实现，而实施则是要通过具体

---

① 陈利民：《办学理念与大学发展——哈佛大学办学理念的历史叹息》，中国海洋大学出版社 2006 年版，第 87 页。

的策略方法来实现的。人才培养实施过程的策略方法多种多样，哈佛人
工智能专业主要是通过以下几种方法来实施人才培养过程的：

（一）实行严格的学分制

与其他学校一样，哈佛大学人工智能专业实行的也是学分制，"学分
制规定哈佛的学生无论选择何种课程，只要考试合格，都可以取得相应
的学分，学生只要修满规定数量的学分，不论时间长短均可毕业"①。另
外，哈佛大学还引入选课制来进一步完善学分制，从制度方面保证了学
生在学习方面的自由性。如哈佛大学人工智能专业规定了本科生、研究
生课程的学分要求，让学生在一定限度的范围内自由选择课程来进行学
习，这有利于激发学生的学习动力和学习兴趣，从而最大限度地调动学
生的学习积极性和创造性。SEAS 为本科计算机科学专业的学生设计了四
类学习方案：计算机科学基本课程、计算机科学荣誉课程、计算机科学
联合课程以及思维、大脑和行为研究项目（The Mind，Brain，and Behav-
ior Program，MBB）。每类学习方案有不同的学分要求，SEAS 进行了详细
的规定，如基本课程学习需要 40—48 学分，没有论文要求和一般考试；
想要获得荣誉资格的学生需要学习荣誉课程，修得 48—56 学分，虽然没
有一般考试，但是需要撰写论文；联合课程的学习与荣誉课程学习要求
相同，但是需要有 3 门技术选修课；参加 MBB 项目学习的学生需要修
48—56 学分，需要撰写的论文主题也是与思维、大脑和行为相关的，因
此参与这个项目学习的学生必须是对思维、大脑和行为研究感兴趣的学
生。② 从不同类型的课程学习要求来看，这四类学习方案的难度逐渐
增强。

（二）重视基础课程学习

对任何学科来说，扎实的基础知识是研究的先决条件。计算机科学
也不例外，不论是使用线性代数、概率和微积分进行机器学习，还是算
法设计中使用图形、在编程语言中使用逻辑，都离不开数学。事实上，
数学是计算机科学许多领域的基础，计算机科学的学习需要强大的数学

---

① 马赛，郝智秀：《学分制在哈佛大学创立和发展的历史轨迹——兼论美国学分制产生和
发展的社会背景》，《高教探索》2009 年第 1 期，第 71 页。

② Harvard University，"Computer Science"，2018 - 10 - 27，https：//handbook. fas. harvard.
edu/book/computer - science.

基础。因此，哈佛大学为学生提供了包括线性代数、概率/统计、微积分等内容丰富且层次不同的数学课程。另外，从必修课程的学分比例来看，基础数学的学分占比高达1/3，足以见得学校对数学学科的重视。所以在给一年级学生的建议中明确"由于数学课程是许多其他更高级课程的先决条件，我们强烈鼓励所有计算机科学的学生不要推迟上数学课程"①。除了数学，学生还需要掌握基础软件和理论知识，学校为学生提供了计算机科学编号为50、51和61的课程来学习基础软件，计算机科学编号为120—220的课程来学习相关理论知识，学校为学生开设的多样课程为学生创造了多样的选择机会。在学生的课业方面，每位学生必须提交一份研究计划，说明他们打算如何达到学位要求，并不断更新学习计划，直到他们的课程完成。如果该计划可以被接受，学校将通知学生该计划已获批准，最终使每个学生都享有一套专属的可以达到学位要求的培养计划。

（三）提供多样的研究机会

哈佛大学为学生提供了多样的研究机会，首先在教学过程中，教师会让学生单独或组成小组完成科研作业，这些作业水平的高低很大程度上会影响学生的最终成绩。对于博士生来说，他们还需要进行两年的全职学术实习，在博士二年级可以选择担任课程的负责人或选择在德里克博克教学中心进行教学等，进行为期一学期的学习和锻炼。其次，学生撰写毕业论文的过程也是学生研究的过程，哈佛大学特别重视论文的选题至答辩的过程。再次，哈佛大学作为全美顶尖的研究机构，从来不乏各种学术交流与研讨，经常采用研讨会的形式让学生接受前沿知识。在哈佛大学人工智能专业的人才培养过程中，计算机科学系会定期邀请来自产业界和学术界不同领域的专家举办讲座并展开讨论，带来思想的碰撞与创新。最后，学院建立的许多学生组织以及开展的一些研究项目为学生提供多元参与跨学科研究项目的机会，促进从知识到实践的转化。如哈佛大学嵌入式伦理学，将哲学家和计算机科学家联合起来，旨在将教育学直接分配到计算机科学课程中，教学生如何思考其工作的伦理和

---

① Harvard University, "First - year Exploration", 2020 - 02 - 10, https://csadvising. seas. harvard. edu/firstyear/.

社会影响。还有哈佛大学怀斯生物激励工程研究所，该研究所的目标是推进必要的科学和工程，以开发仿生材料、卫星设备、微型机器人和创新的疾病编程技术，模拟活细胞、组织和器官如何自我组织和自然调节。上述研究项目的最大特点是跨学科，这与人工智能专业本身的特性息息相关。在积极开展这些跨学科研究项目的过程中，需要的不仅是扎实的专业理论基础，还要具备相关学科的基本知识。因此，在学生参与项目研究的过程中，不仅能促进学生知识的转化，更重要的是能不断培养学生的创新思维和能力。

（四）资格考核

资格考核是检查研究生在选定的计算机科学分支领域进行研究的能力和准备是否充分，并评估学生知识和技能的综合能力高低的一种方式，考核内容主要包括两个部分：一是介绍学生在其分支领域进行的小型科学研究（研究背景、目的、内容和结果），二是测试学生在该分支领域的技术专长和知识广度，即委员会将针对学生的研究项目进行探讨。该考核一般在研究生第二学年的 5 月底前进行，在这个时间点进行考核促使学生在一年级时就思考自己的研究兴趣，它既是对学生一年多学习成果的考核，也是对学校培养结果的检验。

（五）培养人工智能领导人才

人工智能本身是一个跨领域的学科，其应用也表现在多个领域，如教育、能源、金融、交通和政府服务。虽然人工智能、机器学习的应用正在扩展到社会的许多部门，但是大多数决策者并不理解这些技术是如何工作和产生作用的，也不了解其可能会产生的意外后果。如果不能理解相关问题，就有可能导致公众对人工智能的信任度降低。在这种背景下，为了探索技术和政策的交叉点，哈佛大学肯尼迪学院和约翰·保尔森工程与应用科学学院联合创办了"引领人工智能：探索技术与政策"的学习项目，目的是加强领导者对人工智能的领导能力，包括如何在不抑制创新的情况下降低风险。① 通过这个项目的学习，这些领导者能够学会区分 AI 和 ML，理解它们的应用和使用；学会探索如何弥合技术和政

---

① "Leading in AI: Exploring Technology & Policy", 2020 – 02 – 10, https://www.seas.harvard.edu/leading – ai – exploring – technology – policy.

策部门之间的"鸿沟"，建立有意义的合作关系；对如何将人工智能用于公共利益获得价值产生新的见解。① 可见，该学习项目兼具创新性和实用性。

四 影响因素

人才培养质量的高低受多种因素的影响，如国家、学校、社会等因素，在哈佛大学人工智能专业影响人才培养质量的因素主要有资金、管理、教学资源三个方面，具体如下：

第一，资金投入。在美国，联邦政府是大学科研经费的主要出资者，在哈佛大学的收入构成中，联邦政府的项目资金（研究经费为主）占据 2009 年总收入的 18.7%。② 哈佛大学素有"哈佛帝国"的美誉，其富可敌国的资产主要靠筹资（慈善捐赠、捐赠运动、政府拨款、学费、哈佛大学投资经营的基金和来自企业的研究资助收入），其中捐赠和基金是哈佛大学主要的办学经费来源。截至 2013 年，哈佛大学接受的捐赠总额已达到 350 亿美元左右，从表 10 - 3 可以看到，哈佛大学的捐赠基金位列美国高校榜首。

表 10 - 3   2007 年美国大学捐赠基金排名③

名次	大学	捐赠基金总额（亿美元）
第一名	哈佛大学	349
第二名	耶鲁大学	225
第三名	斯坦福大学	172
第四名	普林斯顿大学	158
第五名	得克萨斯大学	156

---

① "Leading in Artificial Intelligence：Curriculm"，2020 - 02 - 10，https：//www. hks. harvard. edu/educational - programs/executive - education/leading - artificial - intelligence/curriculum.

② 刘刚：《英美高校投资来源及对完善我国高校投资体制的启示》，《中国高教研究》2011 年第 9 期，第 59—63 页。

③ 美国高校竞争捐赠基金：《哈佛大学占首位》，http：//www. edutime. net/News/ViewInfo. aspx？ NewsID = 4656，2018 年 10 月 28 日。

其资金由专门的哈佛管理公司（Harvard Management Company,HMC）进行管理，此公司虽然隶属于哈佛大学董事会，但是单独注册，实行百分之百的商业性管理模式，拥有自己的董事会，校长、大学司库、财政副校长、首席执行官等都是董事会成员，它的唯一使命就是服务哈佛大学，帮助哈佛大学创造收益，从表 10 – 4 我们可以看到，无论是 1年、3年、10年还是 20年，哈佛基金的投资回报率都高于基准水平，这意味着即使哈佛大学没有任何收入，也可以维持其正常运行。

表 10 – 4　　　　　　哈佛大学基金的投资回报率①　　　　　　（单位:%）

时间	哈佛管理公司	基准	相对比率
1 年	11.3	9.1	2.2
3 年	10.5	9.1	1.4
10 年	9.4	7.2	2.2
20 年	12.0	9.1	2.9

第二，管理体系。哈佛大学通过灵活的管理体系，充分调动学生的学习兴趣，让学生在自由宽松灵活的管理中感受学习的快乐。例如根据不同的学历层次来进行不同的管理，综合考虑学生的能力水平，虽然本科生和研究生都采取学分制的管理方式，但对于两者的要求是有所差别的，研究生选修课的灵活性更大一些，因为涉及见习与实验等方面的事情。

第三，教学资源。教学资源泛指对教学与人才培养实施过程产生影响的重要因素，如师资、图书馆、教学设施等方面。在师资方面，哈佛大学第 22 任校长劳威尔（Abbott Lawrence Lowell）曾这样指出:"大学就是大师云集之地。如果学校的终身教授是世界上最著名的，那么这所大学必定是最优秀的大学。"② 人工智能是跨学科特色特别明显的研究领域，因此要想培养出优秀的人工智能人才，必须要有一支优秀的教师队伍作

---

① 《2013 年哈佛捐赠基金年度报告》，http：//www.hmc.harvard.edu/investment – management/per – formance – history.html，2020 年 3 月 4 日。

② M. Lipset and D. Riesman, *Education and Polities at Harvard*, New York：Mcgraw – Hill Book Company，1975，pp.154 – 155.

为支撑。哈佛大学在硬件方面，其实验室、图书馆、博物馆、教学设施等都是世界第一流水准；在师资方面，拥有 Roger Brockett 教授、Robert Wood 教授等优秀师资，并建立了一套严格的教师管理制度，保障了哈佛教学质量的高水平。

第五节 哈佛大学人工智能专业
人才培养的评价机制

人才培养评价是"依据一定的原则建立的与培养目标、培养方案、培养过程、培养策略相适应的评价方法与标准，以保障培养目标的落实、完成"[①]。对人才培养的质量进行评价，一方面可以回应政府和社会对大学的问责，证明大学的效用，另一方面可以根据评价的信息，不断完善人才培养的各个环节。

一 组织机构

哈佛大学人工智能专业的人才培养评价与哈佛大学其他专业的人才培养评价机构是一样的，主要有校内校外两种评估。

校内机构：第一，学校自评。学校自评就是指学校开展自主的评价活动，结合国家总的教育方针和学校的办学理念、人才培养目标，制定出与之相适应的学校自评标准。最后经过数据统计和分析，生成学校自评报告，反映出学校目前人才培养存在的问题，为人才培养质量的评价提供可信度较高的数据支撑。第二，院系评价。不同的院系有着各自独有的特色，无论是在课程设置方面，还是师资配置方面，都存在明显的不同，所以在校内评价中院系评价也是不可或缺的一部分。以人工智能专业为例，院系评价就是指针对人工智能专业的人才培养目标、课程设置的合理性、资源分配的充分程度、学生的学习成果做出相应的评价，为学校自评提供更有说服力的评价依据。

---

① 张相乐：《关于本科专业人才培养模式改革的思考》，《石油教育》2004 年第 1 期，第 31—34 页。

校外机构：第一，政府部门。美国白宫科技政策办公室（OSTP）于2016年10月发布了题为《为人工智能的未来做好准备》（Preparing for the Future of Artificial Intelligence）和《国家人工智能研发战略规划》（The National Artificial Intelligence Research and Development Strategic Plan）两份重要报告，其中后者提出的七个战略规划为美国各大高校人工智能专业的人才培养规定了方向。第二，社会机构。专业认证机构是一种非政府、自愿性的专业中介机构，既不属于政府，也不属于某个社会团体或个人，是独立存在于社会中的中介机构。专业认证机构的目的就是为高等教育提供评价服务，从政府、学校、国际层面之外开展认证活动，评价过程更为全面，其结果也更具说服力。经过专业认证机构的认证，结果具备很强的权威性，能够为人才培养过程提供更为专业的建议和指导。

二 评价指标

评价指标是指对某一事物进行价值判断以及好坏判断的标准。哈佛大学人工智能专业的人才培养评价指标主要涵盖课程建设、实践教学和课堂教学三个方面。

（一）课程建设

哈佛大学人工智能专业的课程建设注重基础性、实用性、前沿性和市场化，目的是不断地为社会提供高端专业技术型人才。对其课程建设的评价包括以下几方面：第一，课程目标要着眼于发展的理念，为学生的终身发展奠基；第二，要以提高全体学生的综合素质为目的完善课程结构，重点关注课程设置是否符合人工智能专业人才培养的目标和专业技术岗位的任职要求、前后课程是否衔接得当；第三，课程内容的选择是否能够满足行业发展所需要的知识、能力和素质要求，是否与实践应用紧密联系。

（二）实践教学

在实践教学过程中，有生产实习、教学实习、教学实验、社会活动等表现形式，如果能够将所学知识在科学合理的时间内运用到实践过程中，能够牢固知识点的记忆，提高实际操作能力。第一，实践教学内容要与基础理论知识的教学相辅相成；第二，要配备足够优良的实践教学师资；第三，要建设布局合理的实践教学基地，要能够为实践教学提供真实有效的工程环境，满足学生了解企业实际的需要。

（三）课堂教学

课堂教学作为人才培养的主要途径，是一种重要的教育实践活动。良好的课堂教学应深入浅出，能够开发和强化学生的实际操作与应用能力，有较好的交流性和清晰的文化性，从而促使学生快速掌握知识。

三 评价策略

评价策略简而言之就是指对一事物用何种方式进行评定。哈佛大学人工智能专业人才培养的评价策略主要从建立评价指标体系、定性与定量相结合、强化分类评价和重视指标间的差异这四个方面来进行概述。

（一）建立评价指标体系

完善的评价指标体系是对人才培养质量进行评价的重要依据，任何事物的评价都是在一定的参考标准下进行的。因此，评价指标体系应当具有系统性、科学性和可行性等要求，要确保评价数据采样的真实性和完整性。一个完整的指标体系应包含质化指标、定性指标和定量指标，覆盖第三方评价的宏观、中观和微观层面，其主要内容包含学生素养、发展能力、就业质量和综合评价等方面。

（二）定性与定量评价相结合

哈佛大学人工智能专业的人才培养在评价策略上采用的是定性与定量相结合的方式，提高了评价的实效性。由于对人才培养的评价要以结果为导向，需要具备一定的可测性，并最终通过量化指标来显示，如学分和考试分数。同时，评价机制需要突出人才培养质量这一核心要素，如果只从定量的角度进行评价，会导致学校和教师关注量化指标，走入重科研轻教学的误区，而且人才培养质量的好坏、社会口碑和公众满意度更多的是由社会和市场来进行定性评价的。所以，斯坦福大学对于人才培养的评价从定性和定量两个角度去进行，推动人工智能人才培养的高质量和多样化发展。

（三）强化分类评价

实施分类评价是当前人才培养评价机制的基本趋势和基本原则，哈佛大学人工智能专业的人才培养评价需要用整体和系统的观点，建立分类型、分层次的评价体系。不同学校层次、不同办学水平、不同课程类别必然会产生不同的评价价值取向，在这种价值判断的过程中，其价值的评判标准也有所不同。以课堂教学为例，理论课的课堂教学和实践实习类课程的评价标准会不一样，不同的评价内容需要设置不同的专业标准和指标体系来实施分类评价。

（四）重视评价指标之间的差异

在一个完整的人才培养评价体制内，各个评价指标的重要性不尽相同，在设定和选取评价指标的过程中对各个指标的重要程度加以区分就是通常所说的差异性原则，重视评价指标间的差异有利于反映出教师能力和水平的差距，针对不同的教学手段和形式开展评价。[1] 同时，作为高等教育的重要组成部分，在设计人才培养评价指标时仍需遵循高等教育教学的基本规律，保持各项指标之间的平衡，避免出现过于强调特色而导致指标失衡的问题。就哈佛大学人工智能专业来说，其人才培养表现出较强的专业性，这就必然要求人才培养的评价也要具有专业针对性，从而促进培养人才的多样化与个性化发展。

四　保障措施

（一）依托奖学金制度

哈佛大学为学生提供多种形式的奖学金获得渠道，首先哈佛大学所有的博士生都会得到全额资助，包括学生的学费和生活费津贴。此外，哈佛捐赠基金是哈佛大学最大的金融资产，成为哈佛大学完成其教学和研究使命的永久性支持来源，也是学生奖学金资助的一大来源。该基金由1.3万多个基金组成，最大的两类基金支持师生，包括教授和本科生资助、研究生奖学金以及学生生活和活动。除了校内资助，在校学生还可以申请非哈佛奖学金，特别是由国家科学基金会研究生研究奖学金计划（NSF Graduate Research Fellowships Program，GRFP）和国防科学与工程研究生奖学金（National Defense Science and Engineering Graduate，NDSEG）提供的奖学金。虽然学生获得奖学金的渠道多元，但是相应的对学生的

---

① 皮武：《地方性大学的课程决策研究——以 H 大学为案例》，博士学位论文，南京师范大学，2012 年，第 24 页。

考核是比较严格的，如学生必须保持良好的学术成绩，课程成绩不能不及格，学生还要有参加活动或研究项目的实践经验等。SEAS 以大学的奖学金制度为依托，可以对学院人工智能人才培养提供方向，即要培养出全面发展的专业人才。

（二）依托校企合作

SEAS 致力于与校外企业建立长期的合作伙伴关系，因此该学院在许多方面与企业进行合作，一方面能为学院的教师和学生提供研究支持，另一方面也能促进知识转化，为企业发展带来活力，提升学院的价值。企业与学院的合作以哈佛大学技术发展办公室（Harvard University Office of Technology Development，OTD）为中介，促进技术向商业成果的转化，还为教师和学生提供研究奖学金、博后奖学金和设备等支持。此外，SEAS 还致力于将学生与实践联系起来，让他们能够利用自己的技能对社会产生积极影响。SEAS 与企业的联系也为学生提供了实习和毕业后工作的机会，SEAS 与哈佛职业服务办公室（Harvard University's Office of Career Services，OCS）合作，每年都为学生举办多场大型招聘会。不论是企业为学院研究和学生学习提供资助，还是为学生提供实习和工作机会，企业的人才需求及与学院合作的规模反映出 SEAS 对人工智能人才培养质量的高低，这种结果的反馈能够为学院不断完善人才培养的各个环节提供经验和教训。

第六节 哈佛大学人工智能专业
人才培养的总结启示

一 主要优势

第一，师资方面。哈佛人工智能专业的师资力量和教学资源比较优渥，拥有高水平的研究团队和实验室，涵盖了计算机科学、统计学、数据库和软件工程等与人工智能相关领域的研究人才，例如在 2010 年哈佛的罗伯特·伍德（Robert Wood）教授就因其在微观机器人方面的工作获得了奥巴马总统颁发的美国青年科学家与工程师总统奖（PECASE），这些都反映了哈佛人工智能专业的高教学水平。此外，哈佛大学还积极从学校外部引进人工智能专业人才，充实人工智能专业的教学团队，为教学质量和人才培养质量的提高提供了基本保障。

第二，课程方面。首先，哈佛强调在软件工程等相关专业中加强数据挖掘、自然语言处理等与人工智能相关的课程的教学，在程序设计等专业课程中突出人工智能方法，保证学生掌握人工智能专业知识和专业能力，培养专门的人工智能研发人才。其次，哈佛大学人工智能专业课程体系的设置体现了系统性、科学性、多样性的特点，本科生和研究生的课程相互渗透并衔接，从而保证了不论在本科还是研究生期间都可以发挥其学术价值，这也体现了其人工智能专业课程体系的优越性。

第三，实践方面。哈佛大学人工智能专业十分重视培养学生的实践应用能力，哈佛大学的本科生经常参与教师的研究项目作为课程作业的一部分，此外哈佛大学的 SAES 主动学习实验室[①]也为学生提供了实践动手学习的机会，鼓励所有相关专业的本科生在学年/暑假期间处理项目。为了更好地让学生迎接学科领域的机遇和挑战，哈佛大学致力于加强与人工智能企业的交流合作，通过体验式学习（设计项目和研究经验）让学生掌握第一手的科学研究方法，以此来提高学生在人工智能方面的研发能力。

二　存在问题

第一，人才培养内容不够全面。提及卓越人才，首先就会衡量这个人的专业水平和学术水平，但这是基于对人才培养内容的片面理解。专业知识和能力只是人才培养内容的一部分，而非全部，且在人才培养内容中不是首要培养内容，相比之下，学生的基本素养、公民意识、批判性思维、团队合作精神、坚持不懈的毅力、自信自立的品质等诸多方面才是更应该得到关注的部分。复旦大学前校长、诺丁汉大学校长杨福家院士曾说过："首先是教学生怎样做人，第二是教他们怎样思考，第三才是教他们具体的专业知识。"[②] 实际上这些都是教育的基本内容，真正的

---

① Harvard University, "Faculty & Research", 2018 – 11 – 03, https: //www. seas. harvard. edu/faculty – research/research – opportunities.

② 杨福家：《从复旦到诺丁汉》，上海交通大学出版社 2013 年版，第 44 页。

卓越人才培养应该是涵盖以上所有的。

第二，人才培养评价标准过于量化。哈佛大学的人才培养评价策略虽然强调定性与定量相结合，但在真正的实施过程中还是难免会有所侧重，主要是侧重学生的学业成绩。这种以学习成绩为导向的单一评价机制，很有可能会导致一些学生是为了获得高分，而不是培养自己的创造力，最终形成过于关注考试成绩的倾向。虽说学习成绩可以从某种意义上体现能力，但这绝对不是唯一的评价标准，因此，人才培养的评价标准不能束缚于课程考试分数上，这是目前哈佛大学包括人工智能专业的人才培养需要注意的问题。

第三，教师和学生改革参与性不高。在哈佛教学和人才培养目标改革的过程中，一般采用的是比较单一的工作方法，即由学校的管理部门作为实施主体，自上而下地推动改革。这种方式无法充分调动全校师生的积极性和参与度，脱离了在校师生这个重要的群体，真正的决策行动将难以进行。

三　学习借鉴

我国的《国家中长期教育改革和发展规划纲要（2010—2020）》明确指出，要牢固树立人才培养在高校工作中的中心地位，着力培养信念执着、品德优良、知识丰富、本领过硬的高素质专门人才和拔尖创新人才。同时还要进行人才培养体制改革，创新人才培养模式，适应国家和社会的需要，遵循教育规律和人才成才规律，深化教育教学改革，探索多种培养方式，形成各类人才辈出、拔尖创新人才不断涌现的局面。[①] 本章通过对哈佛大学人工智能专业人才培养的研究，总结出六条可供我国高校学习借鉴的经验：

第一，创新自由和谐的人才培养制度。哈佛大学的经验表明，实行规范的学分制和自由的选课制，是培养拔尖创新人才的重要举措，这对我国的人才培养制度具有多方面的启示。我国实施的学分制大多是学年学分制，更加侧重于管理层面，实际上过于注重规范性要求，学生并不

---

① 教育部：《国家中长期教育改革和发展规划纲要（2010—2020）》，http：//old. moe. gov. cn/publicfiles/business/htmlfiles/moe/info_list/201407/xxgk_171904. html，2020 年 3 月 20 日。

能真正达到选课自由。因此，我国仍需努力创新自由和谐的学分制和选课制等人才培养制度，充分给予学生选择的权利和自由，同时要保证提供充足的课程资源供学生自由选择。

第二，构建自由开放的人才培养模式。哈佛大学自由开放的人才培养模式是其取得成功的关键，近年来我国虽然更加重视对人才培养模式的创新，但依然存在特色理念不明、专业设置较窄、课程设置单一、管理模式封闭、教学评价偏颇等问题。创新我国高校的人才培养模式，就需要参考哈佛大学的经验，也就是按照注重特色、理念先行、学科交叉、民主管理、注重实践、评价多元等基本要求，遵循学思结合、知行合一和因材施教等教学原则，优化人才培养方案，扩大学生的自由选择权，增加学生自主学习的时间和空间，为学生构建智慧学习环境，感知学习者的个人知识与学习特征、与他人交互所表现出的社会性特征，从而构建更加全面准确的学习者模型，提供更加有针对性的教学服务。

第三，建立良好的课程体系。系统完整的课程体系是专业发展的前提，一个学校的课程体系若是十分混乱，那么它的专业也绝不可能领先。人工智能对于我国以及全世界来说都是属于新领域新技术，尚处于探索过程中，但我国的人工智能专业的发展目前稍落后于西方国家，因此，我们要积极借鉴别国的成功经验，结合实际为我国所用，而哈佛大学人工智能专业课程体系的系统性和合理性都是值得我们学习的。首先，在纵向学习过程中，哈佛大学尤其重视学生基础知识的学习，夯实基础。不论是本科生还是研究生的培养，都会涉及数学知识的深度学习，在此基础上进行专业学习。其次，在横向学习过程中，哈佛大学注重跨学科培养，为学生提供灵活的课程，拓展人工智能专业学习的内容，同时也向其他专业学生提供人工智能应用类课程，使学生掌握在其他领域中应用人工智能工具的方法，体现了"大课程论"的思想。例如，针对教育学专业的学生，可向他们介绍教育领域常用的人工智能工具，并使他们掌握应用这些工具优化教学的方法。另外，大学应对社会各领域在人工智能和数据科学方面所面临的挑战进行整理，形成典型的教学案例以供学生进行分析和研究，从而促进人工智能专业人才的培养。

第四，注重培养学生的实践能力。实践是检验真理的唯一标准，也是促使理论知识转化为应用知识的有效方式，哈佛大学人工智能专业不仅重视学生理论课程的学习，还有一系列的实验室和校企合作基地供学习进行实际操作，提高学生的动手能力。目前我国更多地把培养应用型人才的任务交给了高等职业院校，而高水平研究型大学在这方面则有所忽略，鉴于此，我国的研究型大学也应坚持以社会需求为导向，紧密结合人工智能领域的现状和趋势，以能力培养为核心，培养学生理论与实际的整合能力、利用所学解决实际问题的实践能力和创新能力，以提高学生的综合素质。大学应加强与人工智能企业的交流合作，建立密切的伙伴关系，为学生提供研究和实践的机会。通过校企合作，可以有效提高学生在人工智能产品方面的研发能力。此外，大学还应定期举办和参加人工智能类竞赛，如全国大学生机器人大赛、全国机器人锦标赛、机器人世界杯（Robot World Cup）、FIRA 机器人足球比赛（Federation of International Robot‑soccer Association，FIRA）、DRC 机器人挑战赛（DARPA Robotics Challenge，DRC）等。通过竞赛，不仅能够使学生加强和巩固专业知识的学习，而且还能够提高他们的创新精神和实践能力。

第五，建构以改进为目的的评价体系。我国的人工智能专业人才培养目前还处于初步阶段，还在不断探索，所以对于人工智能专业人才培养的评价应该多以改进为目的，而不是证明。CIPP 评价模式是美国教育评价专家斯塔弗尔比姆在 20 世纪六七十年代提出的，这种模式主要包括背景评价（Context Evaluation）、输入评价（Input Evaluation）、过程评价（Process Evaluation）和结果评价（Product Evaluation）四个环节。其中，背景评价是检验社会人才需求和人才培养目标是否契合、培养目标定位是否合理等的指标；输入评价针对的是师资队伍和教学软硬件设施；过程评价主要包括教学管理、课程建设、教学实施和人才培养模式；成果评价是对教学效果、社会影响和学生发展潜力的评价。有研究者以行政管理专业应用型人才培养为例，通过专家调查法和层次分析法，计算了评价指标权重。① 对于人工智能专业人才培养的评价，大学可以根据自身办学的实际建构适合自身的评价模式，发挥评价的作用，帮助学校认识人工智能专业人才培养的优势与不足。

---

① 黄牧乾：《基于 CIPP 的人才培养质量评价指标体系研究——以行政管理专业应用型人才为例》，《现代职业教育》2018 年第 34 期，第 8—11 页。

第六，改变传统的教师培养学生的模式。这主要涉及对"教育人工智能"的理解，"教育人工智能"是人工智能与学习科学相结合的一个新领域。目前，其涉及的关键技术主要体现在知识的表示方法、机器学习与深度学习、自然语言处理、智能代理、情感计算等方面，其应用发展趋势集中在智能导师与助手、智能测评、学习伙伴、数据挖掘与学习分析等领域。因此，作为人工智能专业的教育工作者，必须具有前瞻性的视野，密切关注教育人工智能的发展及其可能产生的变化。大学和学术机构一方面应该把计算机科学人才、统计学人才、数据库和软件工程师等与人工智能相关的人才组织起来，形成一支高水平的研究团队并给予支持；另一方面还应该积极从学校外部引进人工智能专业人才，充实人工智能教学团队，为教学质量提高和人才培养提供基本保障。

过去几年，人工智能技术的发展速度远超过预期，并且这种趋势还将继续保持。其中，美国的人工智能技术处于领先优势，这离不开美国高等教育对人工智能人才的培养。哈佛大学凭借优越的师资、优渥的财力及成熟的大学制度对人工智能专业人才的培养提供了坚实的保障，为国家输送了高质量的人工智能人才。

《未来简史》的作者尤瓦尔·赫拉利再三提醒人们：未来已来，未来超越想象！人工智能正在深刻影响我们身边的一切，希望通过对哈佛大学人工智能专业的研究学习，给我国人工智能专业的发展带来惊喜的教育变革。

第十一章

阿尔伯塔大学人工智能专业
人才培养研究

随着大数据、云计算、互联网等基础技术的不断突破，人工智能正以前所未有的速度发展着，在交通、医疗、信息识别等多个领域影响社会生活。同时，人工智能也得到了国家战略层面的支持，2017 年国务院印发《新一代人工智能发展规划》，规划中特别强调要"把高端人才队伍建设作为人工智能发展的重中之重""完善人工智能领域学科布局""尽快在试点院校建立人工智能学院"。该规划颁布后，在全国各大高校引发了一波人工智能热潮。作为一门新兴学科，我国人工智能人才培养的目标、内容、标准等都还不够成熟，而加拿大阿尔伯塔大学拥有世界领先的人工智能实验室和顶尖人才，在人工智能领域取得了举世瞩目的成就，分析和借鉴其人才培养模式具有重要意义。

第一节　阿尔伯塔大学人工智能专业
人才培养的发展概况

一　关于阿尔伯塔大学

阿尔伯塔大学（University of Alberta，UA）始建于 1908 年，被誉为加拿大阿尔伯塔省会城市埃德蒙顿的明珠，与多伦多大学、麦吉尔大学、不列颠哥伦比亚大学一起稳居加拿大研究型大学前五位①，是加拿大 U15

①　UAlberta, "University Rankings in Canada", 2019 - 04 - 10, https://www.ualberta.ca/a-bout/university - rankings - in - canada/index.html.

大学联盟的创始成员以及世界大学联盟成员①。参加全加拿大 14 个优秀科研网的仅有 3 所大学，阿尔伯塔大学便跻身其列（其他两所是多伦多大学和麦吉尔大学）。在加拿大的大学中，阿尔伯塔大学在皇家学会的会员人数以及申请美国技术专利和技术转让总数均居第五位②，其科研收入与所得资助总额居全国第五位。在 2018 年的 QS 大学排名中，阿尔伯塔大学位列世界第 90 名，加拿大第 4 名③。

阿尔伯塔大学拥有超过 400 个各类实验室和数个国立研究所，自 1988 年以来已经取得了超过 26 亿加拿大元的外来科研投资④。阿尔伯塔大学拥有 26 万校友，其中 93% 居住在加拿大，4% 住在美国，3% 在其他国家。该校拥有 71 位罗德奖学金获得者、60 位加拿大勋章获得者（Order of Canada）、141 位加拿大皇家学会（Royal Society of Canada）会士⑤、111 位加拿大首席研究教授（Canada Research Chair），教授数量位居加拿大第五（前四位分别是多伦多大学、不列颠哥伦比亚大学、麦吉尔大学和蒙特利尔大学），3 位加拿大卓越首席研究教授（Canada Excellence Research Chair），全加拿大仅 27 位教授拥有此头衔，该校拥有此头衔的教授数量位居加拿大第二，仅次于拉瓦尔大学⑥。

二　阿尔伯塔大学人工智能专业人才培养的历史考察

（一）萌芽阶段（1960—1970 年）

1. 计算课题的学生通过数学系获得数值分析理科硕士学位

1960 年 11 月 1 日，阿尔伯塔大学成立了一个由唐·斯科特（Don Scott）担任主任的独立计算中心，授权为整个大学提供计算服务。该中

① U15, "Group of Canadian Research Universities", 2019 – 04 – 10, http://u15.ca/our – members.
② ChairHolders, "Canada Research Chairs", 2019 – 04 – 10, https://www.chairs – chaires.gc.ca/chairholders – titulaires/index – eng.aspx.
③ QS, "World University Rankings 2018", 2019 – 04 – 10, https://www.topuniversities.com/university – rankings/world – university – rankings/2018.
④ UAlberta, "Facts", 2019 – 04 – 10, https://www.ualberta.ca/about/facts.html.
⑤ UAlberta, "Our Story", 2019 – 04 – 10, https://www.ualberta.ca/strategic – plan/overview/our – story.
⑥ Chairholders, "Canada Excellence Research Chairs", 2019 – 04 – 15, http://www.cerc.gc.ca/chairholders – titulaires/index – eng.aspx.

心是在开放式商店的基础上运行的，用户在委员会成员的帮助下进行编程。计算中心成立不久后，最开始只雇用了几个学生提供临时支持，随后才雇用了第一个全职员工乌苏拉（Ursula），一年后乌拉苏辞职，开始攻读数学理科硕士学位，1965 年，她成为计算科学系（The Department of Computing Science）的学术人员。

在计算科学系成立前，只有数学系开设了几门学术课程。约翰·麦克纳梅（John McNamee）教授了几年的数值分析和计算课程。数学 460 "数值分析"列在 1959—1960 年教学日程中，涵盖了向量和矩阵方程以及特征值的求解、有限差分、插值、微分和积分算子、初值和边值问题等主题。数学 640 "高级数值分析"于次年推出，包括大阶矩阵的特征值和特征向量、求积、偏微分方程、线性规划和博弈论等主题。第一门专攻计算机而非数值分析的课程是数学 641 "自动数字计算机和程序设计"，这也是约翰·麦克纳梅教授的课程，并在 1961—1962 年的教学日程上首次出现。课程内容包括：会计机器的科学应用和自动计算机的发展；存储系统、算术单元、输入和输出机制；一般基数的算术；简单的代数逻辑；逻辑控制系统；流程图；图书馆例行程序的构建和使用；主要机器类型代码从 1962 年到 1964 年，7 名从事计算课题的学生通过数学系获得了数值分析理科硕士学位。在 1963—1964 学年，计算中心的工作人员还为数学、工程和商业方面的学生开设了几门课程。同样在 1963—1964 学年引入了统计 256，由概率、统计和数值分析三个模块的知识构成。

最初，许多授予的理学硕士学位都与数值分析主题有关，前 7 位数值分析科学硕士的论文中的六篇是这门学科，而第七篇是编程语言。然而，在 20 世纪 60 年代末和 70 年代初，在编程语言、计算机图形和操作系统的实施和使用方面授予的学位越来越多，前四个博士学位于 1973 年授予。

2. 正式开设计算科学系

1964 年 4 月 1 日，阿尔伯塔大学开设了计算科学系（The Department of Computing Science），附属于理学院。值得一提的是，选择"计算科学（Computing Science）"而不是"计算机科学（Computer Science）"这个名字，是为了强调计算而不是计算机。另一种解释把这个名字归因于印刷错误，这两个名字都出现在有关部门组成的信件中。除了唐·斯科特是计算科学系的第一任负责人外，还有四名额外的学术人员：鲍勃·朱利叶斯（Bob Julius），彼时刚在阿尔伯塔大学被任命为助理校长；比尔·麦克明（Bill McMinn）在多伦多大学（University of Toronto）获得工程学位，曾在万国商业机器公司（International Business Machines Corporation，IBM）工作；比尔·亚当斯（Bill Adams）刚刚获得数学系理学硕士学位；基思·斯米利（Keith Smillie）在渥太华有多年的政府和工业经验，并在早些年加入了计算中心和数学系①。

为了培养计算科学的本科生，并开发研究生项目，计算科学系花了几年时间吸引新的教员，为现有的教员设立教学和研究职位。计算科学学生的第一门入门课程是计算科学 310（CMPUT 310），课程内容包括：计算机的逻辑结构；指令；算法和程序；计算机编程语言；常规计算机；汇编程序和编译程序。1966—1967 年教学日程列出了 8 门计算科学课程，第二年列出了 15 门课程。1970—1971 年教学日程提供了 40 门课程，其中 14 门是本科生课程，6 门是研究生课程，其余 20 门是研究生或高级本科生都可以修的课程。1964 年授予该系第一个理科硕士学位，1968 年授予第一个理科学士学位，1973 年授予第一个博士学位。

唐·斯科特于 1971 年卸任校长，不久后被任命为大学监察员，直到1975 年 6 月去世；鲍勃·朱利叶斯于 1967 年离开多伦多大学，随后搬到了以色列；比尔·麦克明于 1966 年辞职，致力于商业活动，1983 年因意外去世；比尔·亚当斯除了在美国的私营部门工作一年外，一直和基思·斯米利一起在计算科学系工作，直到 1992 年 8 月 31 日两人退休。

3. 计算科学系的学生数量急剧增长

1970 年，计算科学系与计算中心分离，成为一个独立的组织，这导致所有计算硬件和大部分支持人员转移到计算中心。尽管计算科学系可使用计算中心的教学和研究设备，但仍需要招聘学术和非学术人员，并购置设备以满足该系的专业研究需要。20 世纪 70 年代，计算科学系的学生数量急剧增长，招募的教职员工却非常少，其中不仅包括在该系攻读

---

① Keith Smillie，"Some Reflections on Computing and Computing Science at the University of Alberta"，2019 – 04 – 15，https：//www. ualberta. ca/computing – science/research/research – areas/artificial – intelligence.

学位的学生，也包括其他系辅修课程的学生。在 20 世纪 80 年代初，该系终于说服大学行政部门，大幅增加了对新教员和支助人员的资助。

（二）形成阶段（1971—2000 年）

1. 引进人工智能课程

计算科学系的本科课程在 20 世纪 70 年代初变化并不大，只是增加了一些课程，根本性的变化发生于 20 世纪 80 年代。在此期间，新来的教员引进了专业的课程，课程委员会制定课程的时候也受到了加拿大和美国大学的计算科学课程和计算机机械协会以及电气和电子工程师协会的影响。到 20 世纪末，课程已经非常丰富了，涵盖了算法分析、人工智能、编译器构造、计算机图形学、计算机组织、数据库管理、数据结构、离散数学和逻辑、文件管理、图像处理、介绍性编程、逻辑设计、数值方法、编程语言、仿真、交换理论、系统编程和电信等一系列课程。多年来，专业化项目由四个领域组成：计算机设计、商业应用、科学应用和软件设计，毕业于该项目的学生的毕业证书上显示了专业领域。然而，1987 年加拿大信息处理协会（Canadian Information Processing Society，CIP）对荣誉和专业化项目的认证研究表明，这些专业领域对学生的项目施加了太大的限制。根据课程委员会的建议，该系决定取消领域限制，放宽一些要求，使学生在选课上有更大的灵活性。

2. 合作培养人工智能人才

早期该系教员之间靠个人兴趣进行私下合作，但很少有正式的工作安排，并且教员也不会和自己的学生合作完成工作。从 20 世纪 80 年代开始，教师组织正式的研究小组。

1987 年，阿尔伯塔大学计算科学系与哈尔滨船舶工程学院计算机与信息科学系签署了一项正式协议，以便更好地合作和交流信息，随后，一些教员访问了哈尔滨船舶工程学院计算机与信息科学系。

1988 年，计算科学系与苏联科学院全联盟系统研究所（All – Union Research Institute for Systems Studies of the USSR Academy of Sciences）就人工智能和数据库方面的四年合作达成协议，并进行了多次互访，两个部门的主要研究领域是启发式搜索方法、层次数据库和知识表示。

在 20 世纪 60 年代末和 70 年代初，基思·斯米利开发了一个名为 Statpack2 的 APL 统计软件包，该软件包在数年的时间里享有一定的国际声誉。事实上，它的作者经常在 20 世纪 80 年代，有时在 20 世纪 90 年代评论说 Statpack2"死了，但拒绝躺下"①。

20 世纪 80 年代初，韦恩·戴维斯（Wayne Davis）与时任心理学系成员、后来成为计算科学系成员的特里·凯里（Terry Caelli）一起，组织了一系列关于图像处理和计算机视觉的每月研讨会。阿尔伯塔机器智能和机器人中心（The Alberta Centre for Machine Intelligence and Robotics，ACMIR）发展成为促进计算机视觉、智能系统、机器人和控制以及集成制造研究的中心。该中心编写了一些技术报告，并组织了研讨会，直到 1988 年才停止活动。

该系早期有项研究举世闻名，即乔纳森·谢弗（Jonathan Schaeffer）和托尼·马斯兰（Tony Marsland）领导的计算机象棋和跳棋。1980 年在加拿大信息处理协会全国会议期间，世界计算机象棋锦标赛在埃德蒙顿举行，乔纳森·谢弗的凤凰计划在十大项目中排名第一。此外，他的跳棋项目奇努克（Chinook）在 1990 年的美国国家公开赛中名列第二②，代表美国参加 1992 年在英国伦敦举行的世界跳棋锦标赛时，仅以 2 分差距错失冠军。

（三）发展阶段（2001 年——　）

1. 跨领域联合培养人工智能人才

2002 年，推出了机器学习中心（Alberta Ingenuity Centre for Machine Learning，AICML）③。AICML 是一个纯粹的应用机器学习研究中心，此时，机器学习已经发展到将人工智能、计算科学、统计学和数学相结合的方法。该中心与各行各业的工业界和科学家合作，例如他们与跨癌症研究所合作开展了一系列新技术，这些技术决定了患者如何根据个体遗传学以及其他概况对治疗做出反应；谷歌和雅虎等公司已表明对 AICML 的 Web 挖掘可视化研究持续感兴趣。AICML 也为阿尔伯塔省的学生和研究人员提供技术和资金，并重点关注阿尔伯塔省当前的专业领域，包括

---

① UAlberta, "A Short History of Computing Science at the University of Alberta", 2019 - 04 - 20, https: //www. ualberta. ca/computing - science/media - library/about/depthistsep23. pdf.

② UAlberta, "Chinook", 2019 - 04 - 20, https: //webdocs. cs. ualberta. ca/~chinook/project/.

③ AICML, "About Us", 2019 - 04 - 20, http: //aicml7. cs. ualberta. ca/? q = node/15.

机器智能、纳米技术和生物模拟。现在参加 AICML 的有 7 名主要研究人员、17 名联盟调查员、8 名研究协会和博士后研究员，以及 13 名软件开发人员和 49 名研究生①。其研究人员为基础研究及其在技术创新和突破方面的应用做出了重要贡献。

2. 世界比赛中崭露头角

2007 年，扑克机器人 Polaris 赢得了第一次人机限制扑克锦标赛（Man – Machine Limit Poker Tournament）的冠军。Polaris 是由阿尔伯塔大学的计算机扑克研究小组开发的德州扑克游戏程序。而来自卡内基梅隆大学的一个参赛项目并未达到大众期望，仅胜一场②。

三 阿尔伯塔大学人工智能专业人才培养的现状分析

当今人工智能和各产业深度结合，医疗、交通、教育、国防等领域急需大量人工智能人才，这就需要学校有针对性地为社会输送合适的人才。阿尔伯塔大学早在 20 世纪就开始发展人工智能专业，培养出了一大批活跃在人工智能前沿领域的高水平人才，并且逐步形成成熟的培养模式，用顶尖实验室孵化高端人才，高端人才进而为实验室和学校带来更多资源，人工智能专业得到进一步发展。

（一）人工智能专业排名世界领先

阿尔伯塔大学的人工智能专业是理学院计算科学系的一个细分专业，该专业在基础和应用两个方面都很强。在 2009—2019 年的计算机科学（Computer Science Rankings，CS Rankings）人工智能排名中，阿尔伯塔大学的人工智能研究在美国和加拿大地区排名第三③。

（二）人工智能实验室助力人才培养

目前，阿尔伯塔大学旗下有三个人工智能实验室：机器智能研究所（Alberta Machine Intelligence Institute，Amii）、强化学习和人工智能组

---

① Kay，Dr. Cyril M，"Outstanding Leadership In Alberta Technolo"，2019 – 04 – 12，http：// www. astech. ca/archives/indexofpastwinners/alberta – ingenuity – centre – for – machine – learning – aic-ml.

② Darse Billings，"U of A Researchers Win Computer Poker Title"，2019 – 04 – 12，http：// www. archives. expressnews. ualberta. ca/article/2006/08/7789. html.

③ CS Rankings，"Computer Science Rankings"，2019 – 04 – 15，http：// csrankings. org/#/in-dex? ai&northamerica.

（Reinforcement Learning and Artificial Intelligence，RLAI）、自控制仿生肢体研究院（Bionic Limbs for Improved Natural Control，BLINC）。其中机器智能研究所（Amii）拥有的研究人员数量最多，有 100 人，其中一些成员也在其他两个实验室兼职。Amii 主攻强化学习、深度学习、统计学习、自然语言处理和社交网络分析领域的研究，在人工智能和机器学习方面排名世界第三。谷歌、推特、IBM、加拿大皇家银行、三菱电气、思科等行业重量级企业都与阿尔伯塔大学人工智能实验室有着密切合作①。

此外，2017 年，谷歌旗下的人工智能研究全球领导者深度思考（DeepMind）公司在阿尔伯塔大学开设了其首个国际 AI 研究办公室。深度思考以开发阿尔法狗（AlphaGo）而闻名，该软件在围棋比赛中击败了世界上最好的玩家。开发阿尔法狗的谷歌深度思考团队由大卫·西尔弗（David Silver）和黄世杰带队，两人分别出自阿尔伯塔大学计算科学系和阿尔伯塔机器智能研究所。阿尔伯塔深度思考研究室（DeepMind Alberta）的建立是为了与阿尔伯塔大学的研究人员和学生密切合作，同时支持埃德蒙顿（Edmonton）市发展为一个技术和研究中心。据深度思考创始人兼首席执行官德米斯·哈萨比斯（Demis Hassabis）所说，与阿尔伯塔大学合作开设研究室的其中一个重要目的，就是他们希望支持当地人才，并投资培养下一代人工智能研究人员。研究室由理查德·萨顿（Richard Sutton）、迈克尔·博林（Michael Bowling）和帕特里克·皮拉尔斯基（Patrick Pilarski）教授领导，最初的研究队伍仅有 10 人，自 2017 年 7 月以来人数已经几乎翻了一番。

（三）人工智能专业师生屡获赞誉

近年来，阿尔伯塔大学人工智能专业师生在多项赛事上拔得头筹，并被授予了各类荣誉，主要有：赢得了超级计算集群挑战赛；获得 IBM 年度最佳研究组奖；高度参与国际大学生程序设计竞赛（International Collegiate Programming Contest，ICPC）；被选为加拿大皇家学会会员；赢得了第一场人机扑克锦标赛；被授予著名的卢瑟福教学奖和阿尔伯塔科技领导力基金

---

① Jennifer Pascoe，"Deepening Artificial Intelligence Expertise"，2019 – 04 – 15，https：//www. ualberta. ca/science/science – news/2018/january/deepening – artificial – intelligence – expertise.

会奖（Alberta Science and Technology Leadership，ASTech）等①。

第二节 阿尔伯塔大学人工智能专业人才培养的目标定位

一 价值取向

树立正确的价值取向有利于人才培养的可持续性发展，阿尔伯塔大学在培养人工智能专业人才时，坚持理论和实践、专业和人文、个性和制度的统一协调，从价值层面保障人才培养的健康均衡。

（一）理论学习与实践应用相统一

阿尔伯塔大学是世界上最顶尖的人工智能和机器学习研究型大学之一，该校从本科生到研究生的人工智能专业课程中，各阶段代表性课程主要有以下几门②（见表11-1）。

表11-1 人工智能专业代表性课程

课程代码	课程名称
CMPUT 250	计算机和游戏（Computers and Game）
CMPUT 325	非程序设计语言（Non-Procedural Programming Languages）
CMPUT 350	高级游戏编程（Advanced Game Programming）
INTD 350	游戏设计原则与实践（Game Design Principles and Practice）
CMPUT 366	智能系统（Intelligent Systems）
CMPUT 466	机器学习导论（Introduction to Machine Learning）
CMPUT 651	人工智能与电子游戏（Artificial Intelligence and Video Games）
CMPUT 664	教育计算理论建设（Computational Theory Building for Education）

① UAlberta, "Awards and Accolades", 2019-04-13, https://www.ualberta.ca/computing-science/research/index.html.

② UAlberta, "Artificial Intelligence Courses", 2019-04-13, https://www.ualberta.ca/computing-science/research/research-areas/artificial-intelligence.

以课程 CMPUT 250 计算机和游戏（Computers and Games）为例，学生被要求分组进行合作，每一组学生用提供的游戏引擎构建一个完整的、独立的游戏。他们通过对设计、讲故事、艺术、脚本和音乐的研究和应用来完善自己的想法，最终设计出游戏的原型、测试版和最终版本。本课程招募了来自阿尔伯塔大学各系的讲师授课，还有像质量效应公司（BioWare）这样的行业合作伙伴也提供讲座，为学生提供完成项目的实用建议，以及对学生作品给予反馈。学生可以在学习理论知识的过程中，结合实践项目，获得作为多学科团队项目开发电子游戏的实践经验，了解伴随电子游戏的技术，如人工智能。这充分证明了阿尔伯塔大学在培养人工智能人才时，注重理论学习与实践应用的统一。

（二）专业精神与人文精神相统一

阿尔伯塔大学作为加拿大五大研究型大学之一，在人工智能领域拥有顶尖的专家和专业的知识，不仅提供各类实践项目培养学生的研究和创新精神，还经常举办各类活动塑造学生的人文精神。2019 年 5 月 8 日至 10 日，阿尔伯塔大学召开了"人工智能、道德和社会（AI, Ethics and Society）"的国际会议①。举办本次会议的起因，源于 2018 年 6 月加拿大总理贾斯汀·特鲁多（Justin Trudeau）与法国总统埃马纽埃尔·马克龙（Emmanuel Macron）的共同承诺，建立一个"由政府，工业和民间社会专家组成的人工智能国际研究小组"。根据这一承诺，库勒高级研究所（Kule Institute for Advanced Study，KIAS）组织了一次跨学科和跨部门的会议，将人工智能的历史、伦理、政策、商业和科学方面的研究人员与企业和政府的利益相关者聚集在一起，目标是鼓励对所有对加拿大人有益的、开放和安全创新的方式，关注人工智能的社会和道德影响。

（三）个性自由与制度约束相统一

阿尔伯塔大学为计算科学系的本科生提供三种类型的理学学士学位，分别是专业理学学士学位（Specialization Bachelor of Science）、普通理学学士学位（General Bachelor of Science）和荣誉理学学士学位（Honors

---

① UAlberta, "AI, Ethics and Society Conference", 2019 – 05 – 12, https：//www.ualberta. ca/kule – institute/news – events/ai – ethics – and – society – conference.

Bachelor of Science）。其中，专业型学位适用于希望专注于科学中某一特定学科的学生；荣誉型学位适合希望在特定科学领域进行深入培训的学生。

学位类型的分类满足了不同学生的个性化需求，同时学校又对每类学习计划提出了不同要求，从而保证学生的学习质量，这充分体现了阿尔伯塔大学在培养人才时追求的个性自由和制度约束的统一。

二　基本要求

阿尔伯塔大学人工智能专业的学生有着严格的培养计划和培养模式，不管是入学前的生源选择，还是入学后的理论课程和实习实践，抑或是毕业标准，都达到了系统性、层次性、整体性、具体性等四个方面的要求。

（一）系统性与层次性要求

阿尔伯塔大学人工智能人才培养的系统性体现在课程设置上。无论是本科生、硕士生还是博士生，都需要先修一些本校的预备课程，为以后专业课程的学习做好铺垫。在此基础上，学校准备了一系列从基础数学到计算机专业再到人工智能专业的课程，让学生在递进的过程中扎扎实实完成人工智能专业系统学习。

层次性则体现在对本科生、硕士生和博士生的不同要求上。本科阶段没有指定的人工智能专业，学生主要学习计算科学方面的基础课程；硕士阶段学生需要完成规定的研究生课程，包括 7 门研究生水平的课程以及 CMPUT 603 教学和研究方法课和 CMPUT 701 计算科学论文，同时必须选择一个研究领域进行深入学习；博士阶段的目标是规划和开展高质量的研究，学生必须完成 3 门研究生水平的课程以及 CMPUT 603 教学和研究方法课并完成论文的答辩，这期间学生课程的主要部分将由原始研究组成，并且对论文质量、参加部门研讨会次数以及课程 GPA 有严格要求。

（二）整体性与具体性要求

从整体而言，阿尔伯塔大学人工智能专业致力于培养在理论和实践方面都有深入研究的顶尖人才，具体到各个类型的学生，则有不同的培养方案可供选择。例如，硕士研究生分为研究型硕士（Thesis – Based

Masters）和授课型硕士（Course - Based Masters）两大类型，善于进行理论研究的学生可以选择研究型硕士，该类学生侧重于锻炼论文写作能力，在实习实践方面可以稍微放宽要求；对具体应用感兴趣的学生则可以选择授课型硕士，该类学生会有更多时间进行课程学习，也会有更多在校内外实习实践的机会，并且不要求他们必须完成规定数量的论文写作。这种灵活的具体性要求，让阿尔伯塔大学人工智能人才的个性得到了充分发展。

三　目标构成

（一）总体目标

正如阿尔伯塔大学机器智能研究所的执行主任卡梅伦·舒勒（Cameron Schuler）认为[1]，阿尔伯塔大学致力于培养优秀的人工智能人才，推动创新和工业发展，以期进一步发展加拿大的人工智能生态系统，并为加拿大在人工智能领域建立全球领导地位奠定坚实的基础。

为加强全国人工智能研究，加拿大政府于 2017 年 3 月宣布为泛加拿大人工智能战略提供资金，以加强研究和招募人才。这项耗资 1.25 亿美元的计划由加拿大高级研究院（Canadian Institute for Advanced Research，CIFAR）管理，旨在促进蒙特利尔、多伦多、滑铁卢和埃德蒙顿的大专院校之间的合作。阿尔伯塔大学校长大卫·特平（David Turpin）认为，几十年来阿尔伯塔大学研究人员一直是人工智能的世界领导者，此次政府在人工智能领域的投资对所有加拿大人来说都至关重要。除了保留顶尖人才，加强整个加拿大的招聘和培训外，新的资金还将促进行业和学术机构之间的进一步合作，例如阿尔伯塔大学与美国滚动轴承公司（Roller Bearing Company of American，RBC）等大型公司的研究合作伙伴关系。

（二）具体目标

阿尔伯塔大学人工智能专业人才培养的具体目标旨在培养能够协助

---

① Spencer Murray and Jennifer Pascoe，"Canada bolsters funding for artificial intelligence recruitment，training"，2019 - 04 - 16，https：//www. ualberta. ca/science/science - news/2017/march/funding - for - artificial - intelligence - research - ualberta - to - push - investigation.

解决世界上最具有挑战性 AI 问题的领军人物，为各个领域输送多样化的 AI 人才。

计算不再局限于科学、工程和商业，可以出现在任何地方，现在这个领域非常广泛，学生可以通过自己感兴趣的另一个主题来增强对计算科学的研究。可以是用户界面、图形、编程语言以及自然的游戏课程等主题，也可以是艺术和设计、心理学和商业等主题，由每个学生在顾问的指导下自行设定，从而培养各种各样的 AI 人才。

第三节　阿尔伯塔大学人工智能专业
人才培养的内容构成

教学内容是培养人才的关键，本节将从主要分类、选择标准、设计原则和组织形式四个方面对阿尔伯塔大学人工智能人才培养的内容进行分析。

一　主要分类

阿尔伯塔大学坚持理论和实践相结合，不仅为人工智能专业的学生开设了丰富的公共基础课和专科课程，让学生能在大量广泛接触后找到自己的兴趣点，而且分别为本科生和研究生提供了多样化的实习项目，让学生能够在实践中对自己的兴趣点进行深入研究。

（一）理论课程学习

阿尔伯塔大学为本科生和研究生开设的人工智能专业课程中，具有代表性的主要有计算机和游戏、非程序设计语言、高级游戏编程、游戏设计原则与实践、智能系统、机器学习导论、人工智能与电子游戏等。这些代表性课程正是阿尔伯塔大学在人工智能和机器学习方面得以成为举世闻名的研究型大学的原因之一。除了公共基础课程之外，本科生主要学习计算机专业基础知识，共有 50 门左右的计算机基础课程可供选择，包括操作系统概念、数据库管理、机器人和机电一体化概论、机器学习导论等。通过大量接触计算科学在各领域的运用现状，学生会有更多机会发现计算科学以及人工智能的有趣之处，从而能结合各自兴趣点在未来有选择性地进行深入研究。研究生阶段则有大约 30 门人工智能专业课程，具体包括概率图形模型、医学影像基础知识、机器学习和大脑、游戏中的探索与学习、复杂数据的数据挖掘等。可以看到，这些课程相比较本科课程来说，不仅在研究深度和难度上有所增加，而且结合了具体应用领域，为培养人工智能在各行各业的顶尖复合人才做了很好的铺垫。

（二）本科实习计划

除了扩展学生的专业知识，阿尔伯塔大学的理学学士学位还通过科学实习计划（Science Internship Program，SIP）等项目帮助学生培养批判性思维、有效沟通、创造力、独立判断、多才多艺等能力。

科学实习计划允许小型或大型公司在一段时间内雇用学生来支持他们的运营。SIP 学生拥有扎实的知识基础和实验室的技术技能，许多学生在科学领域拥有额外的研究经验。雇主可以从不同部门的各种有才华的学生中进行选聘。在第三年获得理学学士学位的学生可以申请 SIP，学生可以将 4 个月、8 个月、12 个月或 16 个月的 SIP 工作经验加入学位计划中。学生不仅能获得薪水，还能获得宝贵的计算科学工作经验。阿尔伯塔大学的学生曾与 IBM、质量效应公司（BioWare）、美国艺电公司（Electronic Arts）、斯马特公司（SMART Technologies）、财捷公司（Intuit）、红帽公司（Red Hat）和捷讯移动科技公司（Research in Motion）等著名企业合作过①。

（三）研究生实习计划

计算科学系跟企业合作为学生提供研究机会（Student Research Opportunities），不定期在学校网站发布实习项目，供学生申请。以 2018 年的一个项目②为例进行介绍。该项目是行为检测的深度学习（Deep Learning for Behavior Detection），由加拿大自然科学与工程研究理事会提供，要求学生对 AI、游戏、机器学习感兴趣。原团队在开发人工智能代理方面有着 12 年的经验，最近开发了类似于测试台的电子游戏。人工智能代理

① UAlberta，"About SIP"，2019 - 05 - 10，https：//www. ualberta. ca/science/student - services/internship - careers.

② UAlberta，"Student Research Opportunities"，2019 - 04 - 13，https：//www. ualberta. ca/computing - science/research/student - research.

将随着时间的推移而发展，并从他们的生活经验中不断进行学习。这些代理使用基因编码的深层神经网络来表示行为，并在模拟进化过程中把它们传递到弹簧上。然后，一个单独的深层神经网络被训练来观察是否出现了任何异常行为的模拟和标志。团队期望研究新行为的出现，例如朋友、敌人识别技术的发展；简单的交流形式；学徒学习和其他。申报成功的学生将和原开发团队一起在实验室工作，并且能够与阿尔伯塔大学相关部门（如心理学和生物科学）的研究人员进行互动。学生将投入软件开发、运行计算实验和研究相关领域的工作中，能够获得与深度学习、实时决策和模拟进化相关的实践经验和技能，这对在校学生来说是非常宝贵的经历。

二 选择标准

（一）对本科生的要求

在本科阶段没有指定的人工智能专业，学生主要学习计算科学方面的基础课程。所有从高中直接入学的本科生都需要完成5门高三年级的课程。学院为每位学生配备了一个顾问，来帮助学生科学合理地规划本科课程。

（二）对硕士生的要求

申请硕士学位（理科硕士）需要四年制本科学位或同等学力，本科课程应该类似于阿尔伯塔大学计算科学专业的理学学士。通常三年制学位不符合大学要求。在进入研究生课程后，学生可能需要补修该校的本科课程来完成背景要求。在注册之前，学生在过去的课程中必须拥有3.0—4.0分的本科平均成绩。申请时，理学硕士学位的学生必须选择一个研究领域，并指定最多3名教授作为潜在的导师。阿尔伯塔大学有两种理科硕士，分别是研究型的硕士和授课型的硕士。获得录取的优秀学生可能有资格升级其博士学位。

（三）对博士生的要求

博士候选人应具备类似于阿尔伯塔大学学士学位的计算科学背景，通常三年制学位不符合大学要求。计算科学博士学位申请者必须具有计算科学或相关领域的理科硕士学位。具有一等荣誉学士学位的特殊资格申请人可直接进入博士学位课程。另外，入学后学生必须通过参加适当的本科课程来弥补缺陷。申请时，博士生必须选择一个研究领域，并指定最多 3 名教授作为潜在的导师。博士生只有在教授同意通过的情况下才能被录取。一旦被录取，博士生必须计划和实施高质量的研究，从而获得他们所学领域的先进知识。

三　设计原则

在构建人工智能专业人才培养内容的时候，阿尔伯塔大学采用了科学合理的设计原则，课程设置灵活，力求协调好学科深度和学习广度，确保每个学生都能得到个性化的指导和服务。

（一）理论与实践结合

阿尔伯塔大学人工智能领域的学生除了完成规定的校内课程之外，还要进行各类实践活动。本科生要参加科学实习计划，以获得工作实践经验；计算科学系还有一个非常活跃的本科协会（Undergraduate Association of Computing Science，UACS），可以帮助学生参与到各种活动中去。研究生也有自己的计算科学协会（Computing Science Graduate Students Association，CSGSA），除了学习规定的课程、参加学生组织之外，还有机会加入各种学生研究项目，真正参与企业项目开发。这些都体现了阿尔伯塔大学培养人工智能专业人才时遵循的理论与实践相结合的原则。

（二）多学科协同发展

阿尔伯塔大学鼓励人工智能专业的学生在医学、人类学、艺术学等其他领域积极了解探索。人工智能专业是一门应用面广、综合程度高的学科，需要学生在掌握精深的专业基础上，对其他学科的知识和技能也有所了解，从而进行更加广泛、有效的科研实践。例如，计算科学专业（Computing and X）就为本科生提供了 21 个课程选项，学生可以设计和追求一个结合了计算和几乎任何其他领域的学习计划，人工智能的学生在掌握 AI 技术的同时，能有机会对医学、人类学、艺术学等其他领域进行深入学习，为日后 AI 在这些领域的应用打好基础。

（三）个性化人才培养

阿尔伯塔大学在本科和研究生阶段都非常人性化地设置了不同类别的课程，让学生能够根据自己的兴趣，按照自己喜欢的方式来获得学位。

本科阶段想要集中学习计算科学或将计算科学与其他学科结合起来的学生，可以选择专业型学位；以后想读研深造的学生，可以选择荣誉型学位。研究生阶段想潜心研究技术应用的学生，有机会选择不需要撰写论文的授课型学位；擅长理论研究的学生则能够专心钻研学术论文的撰写。每位学生都能从自身兴趣出发，发挥特长，结合未来职业发展方向进行自由选择。

四 组织形式

为了将价值观念科学合理地落实到行动中，阿尔伯塔大学灵活地采用了多种组织形式来培养人工智能人才，希望能够更好地激发学生的学习热情。

（一）线上与线下结合

除了传统的课堂教学之外，阿尔伯塔大学还与 Coursera 合作，为公众开发高度参与和严格的大规模开放在线课程，并为阿尔伯塔大学本科学生和其他机构的学生提供学分[1]。目前，阿尔伯塔大学在 Coursera 上共开设了 32 门课，学习者共计 70.73 万人，其中人工智能相关专业课程共有 10 门[2]。例如，可供本科生学习的人工智能相关课程有：《解决问题、编程和视频游戏》（Problem Solving, Programming, and Video Games），主要介绍 Python 中的计算科学和编程，学习者可以从本课程中学习知识和技能，并将其应用于非游戏问题，《软件设计与架构》（Software, Design and Architecture）介绍软件设计模式和原则，学习者可以了解如何应用设计原则、模式和体系结构来创建可重用、灵活、可维护的应用程序，以及使用可视表示法表达和记录系统。

（二）校内与校外结合

学生可以在校内学习人工智能课程，参加学校举办的各类研讨会和茶话会。人工智能研讨会是一个每周召开的会议，对人工智能感兴趣的研究人员可以分享他们的研究成果。主持人包括阿尔伯塔大学的本地发

---

① UAlberta, "Massive Open Online Courses（MOOCs）", 2019 – 05 – 02, https：//www.ualberta. ca/admissions – programs/online – courses.

② Coursera, "University of Alberta", 2019 – 05 – 20, https：//www. coursera. org/.

言人和其他机构的访客，主要话题包括人工智能的基础理论工作、人工智能技术的创新应用、人工智能的新领域和新问题，以及其他任何与人工智能相关的话题。理论上来说，任何感兴趣的人都可以报名参加这个研讨会。茶话会主要是由阿尔伯塔大学学习人工智能的学生和教师举办的一系列讲座，会谈每周一、周三和周四举行，从 5 月底开始，一直持续到 8 月底。和每周研讨会一样，茶话会也欢迎任何对人工智能感兴趣的人报名参加。

学生也可以报名参加校外的合作项目。例如本科生的科学实习计划：小型或大型公司在一段时间内雇用学生来支持他们的运营，学生不仅能获得薪水，还能获得宝贵的计算科学工作经验；研究生的学生研究机会：计算科学系跟企业合作，为学生提供研究机会，不定期在学校网站发布实习项目，供学生申请。

（三）课程与活动结合

阿尔伯塔大学鼓励学生参加校园学生俱乐部或各类活动项目，希望学生在参与活动的过程中结识新朋友、开发新技能、发现新兴趣。计算科学系的学生在学习线上线下课程之外，还能参与到各类研讨会、茶话会、学生组织、科学实习计划、学生研究项目中，阿尔伯塔大学将这种培养方式称作体验式学习（Experiential learning）。

第四节　阿尔伯塔大学人工智能专业人才培养的实施过程

一　主要部门

人才培养从设计到落地实施，需要多方努力、共同合作，阿尔伯塔大学经过多年人工智能人才培养的经验积累，拥有了如下人才孵化基地。

（一）人工智能实践基地

阿尔伯塔大学开设不同的研究小组，为人工智能专业人才培养打造适宜的实践基地。

棋盘游戏研究小组（Board Games Research Group）①：棋盘游戏研究在阿尔伯塔大学有着悠久且令人自豪的历史，其中包括托尼·马斯兰（Tony Marsland）和乔纳森·谢弗（Jonathan Schaeffer）等先驱于20世纪80年代在国际象棋中的工作。乔纳森·谢弗、迈克尔·布鲁（Michael Buro）与他们的同事和学生一起开展跳棋项目的研究，为其他棋盘游戏程序的开发做出了重大贡献。

游戏研究组（Games Research Group）：该小组的研究人员包括10名学院教授、23名硕博士研究生、2名程序员、6名研究员，以及许多曾在该小组参与研究的硕博士会员。该小组采用计算科学的许多领域的各种技术，包括人工智能、并行处理和算法分析，主要目标是实证绩效的改进，以及更广泛领域的应用。

智能推理评判与学习组（Intelligent Reasoning Critiquing and Learning Group，IRCL）：对实时启发式搜索、交互式故事讲述和认知建模进行人工智能研究。最近的应用程序都是视频游戏。该组正在与心理学系、不列颠哥伦比亚大学奥卡诺根校区（UBC Okanagan）、冰岛的雷克雅未克大学（Reykjavik University）和迪士尼研究院进行持续合作。

医学信息学组（Medical Informatics Group）：许多研究人员（包括项目负责人、研究员、学生和研究程序员）积极地与医学研究团队合作，探索使用患者数据生成分类器的方法，这些分类器可以对未来的患者做出准确的预测。该小组与许多医学研究人员和临床医师合作参与项目，以开发有效学习分类器的系统，从而对未来患者做出准确预测。小组正在研究能够识别各种癌症（乳腺癌、脑癌、白血病）、移植、糖尿病、中风和抑郁症的系统。

（二）机器智能研究所

兰迪·戈贝尔（Randy Goebel）、罗斯格·雷纳（Russ Greiner）、罗伯特·霍尔特（Robert Holte）和乔纳森·谢弗（Jonathan Schaeffer）等人于2002年创立了阿尔伯塔机器智能研究所（Amii），目标是在阿尔伯塔

---

① UAlberta，"Artificial Intelligence"，2019 – 04 – 28，https：//www.ualberta.ca/computing – science/research/research – areas/artificial – intelligence.

大学建立世界一流的人工智能和机器学习研究中心①。经过历届师生的不懈努力，这一目标正一步步得以实现。2013 年，由迈克尔·博林（Michael Bowling）领导的一个研究团队推出了街机模式学习环境（Arcade Learning Environment，ALE），这是一个评估人工智能算法一般能力的软件平台；2016 年，帕特里克·皮拉斯基（Patrick Pilarski）领导的团队发布了 BlincDev，一个以机器人技术为中心的开源社区，该技术是在阿尔伯塔大学的自控制仿生肢体研究院（Bionic Limbs for Improved Natural Control，BLINC）开发的；在 2016 年 12 月完成并于 2017 年 3 月在《科学》杂志上发表的一项研究中，由迈克尔·保灵领导的团队开发了 Deepstack，这是第一个赢得人机限制扑克锦标赛的人工智能；2017 年，加拿大政府启动泛加拿大人工智能战略，在加拿大人工智能研究的顶级站点招募人才，其中 Amii 被评为加拿大三大 AI 卓越中心之一。

（三）深度思考研究室

深度思考的科学使命是推动人工智能的发展，开发能够在不被教授的情况下学会解决复杂问题的程序。阿尔伯塔深度思考研究室（DeepMind Alberta）团队由阿尔伯塔大学计算科学教授里奇·萨顿（Rich Sutton）、迈克尔·博林（Michael Bowling）和帕特里克·皮拉尔斯基（Patrick Pilarski）领导。这三位教授仍留在阿尔伯塔大学机器智能研究所工作，继续在该大学教授和监督研究生，进一步培养加拿大人工智能人才管道，并发展加拿大的技术生态系统②。阿尔伯塔深度思考研究室研究小组由另外 7 名研究人员组成，其中许多人在《科学》杂志上发表过有影响力的论文。阿尔伯塔大学与深度思考公司的关系很深，大约有十几名阿尔伯塔校友已经在公司工作，其中一些人在推动公司项目 Alpha Go 强化学习进展中发挥了重要作用。

二　路径选择

传统课堂显然满足不了人工智能专业学生的需求，因此阿尔伯塔大

---

① Amii Journal, "From AICML to Amii", 2019 - 04 - 28, https：//www. Amii. ca/from - aicml - to - Amii/.

② UAlberta, "Deepening artificial intelligence expertise", 2019 - 04 - 28, https：//www. ualberta. ca/science/science - news/2018/january/deepening - artificial - intelligence - expertise.

学规划制定出多条路径，以匹配新一代学生的兴趣偏好。

（一）以协作项目为导向

无论是学位课程还是专门的学生创新中心、校企合作项目，阿尔伯塔大学均以项目为导向，引导学生进行特定领域的研究并完成自己的作品。这样，学生在学习理论知识的同时能够进行实践操作，更加准确地把握该领域的关键内容，并且在完成项目的过程中激发学生的创新精神、合作精神，提高动手能力，为日后学生开展更深入的研究打下良好的基础。

（二）以学科活动为中心

阿尔伯塔大学为学生提供了丰富的课外活动，如编写学报、加入俱乐部和学生组织、参与实习计划等。通过这些以学科知识为重点的活动，来帮助学生沉浸到特定的研究环境中，在体验中学习，提升学习效果。并且，学生可以在这些活动中找到兴趣相投的人，进行同伴互助学习和合作研究。

（三）以隐性课程为依托

阿尔伯塔大学为在某些重点领域表现突出的学生颁发证书，如计算机游戏开发证书。这些重点领域在学生的学位计划或成绩单上并不显眼，通过相关证书的发放可以鼓励学生在这些领域开展深入研究。在学生完成正常的学位课程期间就可以达到申领这些证书的要求，无形中为学生在学位课程中划定了重点研究区域。此外，一些课程在结束的时候会给学生的课程作品举办颁奖典礼，虽然这些活动和课程成绩无关，但是很好地提高了学生学习的积极性。

三 策略方法

在实施人才培养计划的过程中，阿尔伯塔大学采用了多种策略，依托学生创新中心、学生组织、学生实习计划等方法，让学生在实践中锤炼过硬本领。

（一）以学生创新中心为支撑

阿尔伯塔大学作为加拿大五所研究型大学之一，通过创设良好的研究环境和研究氛围，推动学校师生进行知识创新，培养未来的行业领军人物。阿尔伯塔大学学生创新中心拥有强大的研究实力、先进的专业知识，人工智能是其研究的重点领域之一。

该中心为学生提供了一流的研究环境：（1）深厚的师资。88位导师是加拿大首席研究教授，包括人工智能领域著名的专家学者，可以为学生进行人工智能领域的科学研究提供精确指导。（2）先进的设施、设备和资源。包括加拿大第二大图书馆、加拿大最大的纳米技术中心等。（3）充足的研究经费。学生创新中心的专业知识和实力每年吸引了大批研究资助者和合作伙伴，包括联邦和省政府、行业、基金会和其他组织，其中2016—2017年度的研究经费超过500万美元。（4）较高的商业化程度。阿尔伯塔大学为公众服务的方式之一是将其研究、知识和发现从研究机构转移到社会，从而确保学校的研究创新对社会经济的影响最大化。阿尔伯塔大学的合作伙伴包括政府、工业、政府组织、大学和技术机构、研究机构、基金会、慈善捐赠者和社区组织，全球合作伙伴包括德国、美国、印度、墨西哥和中国等。

（二）以学生组织为基础

阿尔伯塔大学计算科学系有许多学术性的学生组织和俱乐部，学生可以根据自己的兴趣申请加入这些组织中，并且在参与组织活动的过程中找到志趣相投的伙伴，开展合作研究。

艾达的团队（Ada's Team）① 是阿尔伯塔大学的一个学生团体，每年都会举办很多活动，包括向高中生推广计算机科学的早期学习，辅导计算科学课程，举办小型学习交流活动等。学生注册后即可成为艾达团队的成员，团队目标是促进计算科学、游戏、技术、工程和数学的多样性。

阿尔伯塔大学编程俱乐部（UofA Problem Solving Club）② 由阿尔伯塔大学的教师和学生共同组成，全年都会参加几次重要的编程比赛，主要讨论问题的陈述、描述、攻击方法以及示例解决方案。通过这一俱乐部，学生能有机会和专业教师紧密合作，在国内外舞台展示个人风采，积累编程实践经验。

（三）以科学实习计划为依托

大学学位是许多理想职业的敲门砖，在阿尔伯塔大学就读期间，学

① UAlberta, "Ada's Team", 2019 - 04 - 28, https：//adas - team. github. io/.
② UAlberta, "About Us", 2019 - 04 - 28, https：//webdocs. cs. ualberta. ca/ ~ contest/abou-tus/.

生除了扩展专业知识，还能发展批判性思维，提升有效沟通能力、创造力，养成独立思考和判断的习惯，从而为职业生涯做充分准备。

许多参加科学实习计划（SIP）的学生获得了雇主的青睐。除了前文介绍的 SIP 宝贵的带薪实习机会以及对学生的 GPA 要求，SIP 还会举办各种关于简历和求职信以及面试技巧的研讨会，帮助学生获取理想的职位。为了激励学生的出色表现，SIP 设立了两类奖金。首先是 SIP 卓越奖，用于表彰在实习期间取得的杰出成就以及实习定点课程 INTD400 的卓越成就。每年最多可颁发 3 个卓越奖，每个奖励 500 美元。申请的学生需要完成当季学期的 INTD400 课程，并提交雇主的推荐信和 SIP 奖金申请表。其次是 SIP 旅行奖。如果在阿尔伯塔省以外的地方进行实习，并且雇主不提供前往雇主所在地的资金，学生可以申请 SIP 旅行奖。可用资金数额有限，按先到先得的原则授予。学生获得的奖金数目将与阿尔伯塔省以外的旅行距离有关，并不一定完全涵盖旅行费用，学生需要提供收据和申请表。

四　影响因素

影响人才培养的因素是多方位的，因此综合考量社会需求、校园文化、师资力量有利于学校更好地制订和实施人才培养计划。

（一）社会需求的导向性

在加拿大联邦政府资助的泛加人工智能战略计划中，一个关键组成部分就是促进人工智能驱动的初创企业商业化，并与研究机构密切合作以改善其运营。阿尔伯塔大学最近的一些行业合作包括与 RBC 等大型公司的研究合作，以及基于项目的合作。阿尔伯塔大学以强化学习的边界推动研究而闻名，联邦政府的投资和社会的需求将有助于阿尔伯塔大学在人工智能领域进行深度强化研究，为各行各业培养更多人工智能专业人才。

多年来，阿尔伯塔大学人工智能研究人员从他们的研究中创造了许多应用，包括提高截肢者生活质量的假肢，医生治疗前预防癌症、老年痴呆症和糖尿病的医学预测技术，以及自动驾驶汽车。随着这些技术的应用，人工智能正在从方方面面改变社会。事实上，人们常常没有意识到他们每天都与人工智能交互。当与电子邮件交互时，人工智能都会进行垃圾邮件检测；每次使用信用卡时，人工智能都会进行欺诈检测；每次在网上买书或看电影，人工智能都会研究个人消费行为，为消费者的下一次购买或观看提供建议。

（二）校园文化的引领性

一所学校的价值理念会在很大程度上影响学校里的每一位学生。阿尔伯塔大学作为加拿大五所研究型大学之一，通过创设良好的研究环境和研究氛围，推动学校师生进行知识创新，培养未来的行业领军人物。首先，阿尔伯塔大学设有学生创新中心，研究的重点领域之一就是人工智能，能够为学生提供一流的研究环境；其次，有多种学术性学生组织和俱乐部，如教师协会下的跨部门科学学生社团，存在的目的是向学生提供有用的服务和有趣的活动，包括提供物资设备、科学指导以及科学社区建设活动，社团代表了学生的官方声音；再次，积极开展科学实习计划，帮助学生扩展专业知识的同时，还能帮助学生发展批判性思维，提升有效沟通能力、创造力，养成独立思考和判断的习惯，并积累实践经验，从而为职业生涯做充分准备；最后，学校还会不定期举办各类学术研讨会和茶话会，邀请行业领袖为学生讲解人工智能最新发展情况，学生不仅能和这些专家学者进行交流，还能获取他们在人工智能领域的专业指导。

（三）师资力量的支持性

学校师资队伍的实力很大程度上决定了教师的教学水平和学生的能力水平。阿尔伯塔大学计算科学系拥有 46 名终身教职和终身教职员工，并拥有近 300 名博士研究生和硕士研究生。该系在人工智能专业拥有世界顶尖的专家，在招募教师时，不仅要求具备很强的沟通技巧，还要求能够进行高效的本科生和研究生教学工作。这些专家可以建立自己的资助研究项目，并监督研究生参与到项目的准备及实施过程中。2018 年，在加拿大公布的第一批首席人工智能研究主席（Canada CIFAR AI Chairs）名单中，有 3 位是阿尔伯塔大学机器智能研究所的早期职业研究人员，他们与阿尔伯塔大学科学院的新主席、所有 Amii 研究员和助理教授一起为阿尔伯塔大学培养人工智能人才提供有力支持。

第五节　阿尔伯塔大学人工智能专业
人才培养的评价机制

在人才培养实践改革的过程中，对教学效果的考核与评价显得尤为重要。阿尔伯塔大学从组织机构、评价指标、评价策略和保障措施四个维度建立了完备的人工智能专业人才培养的评价机制。

一　组织机构

（一）阿尔伯塔大学的教务管理部门

教师评估委员会（Faculty Evaluation Committee）、普通学院理事会（General Faculties Council）、教学研究中心（Centre for Teaching and Learning）为教师提供咨询、课程评估、教学研讨会等服务，协助教师完成教学工作。

（二）阿尔伯塔大学总学院理事会

总学院理事会（General Faculties Council，GFC）是阿尔伯塔大学的高级学术管理机构，负责批准学校所有的学术指南和规定。其中由该部门负责的评估程序和评分系统（Evaluation Procedures and Grading System）通过发放问卷了解学生对课程的评价及反馈，帮助教师及时调整修改课程设计和内容，为学生提供更好的课堂教学。

（三）加拿大信息处理协会

加拿大信息处理协会（Canadian Information Processing Society，CIPS）是联合国成立的国际联合会（International Federation for Information Processing，IFIP）唯一的加拿大正式组织，是计算机专业人士和业界在最佳实践、标准、政策、专业性、认证、认可、经济发展、创新和教育方面的代表。自1958年以来，CIPS通过建立标准和分享最佳实践，为个人、IT专业人员和整个行业的利益，帮助加强了加拿大IT行业。

二　评价指标

评价指标是检验专业人才培养质量的重要依据，阿尔伯塔大学通过学生成绩、行业考核和毕业生就业率等三大指标进行衡量，以便及时调整改进培养计划。

（一）学生成绩

阿尔伯塔大学人工智能专业的学生，所有课程都必须经过严格考核，包括平时作业、期中考试、期末考试等。考核的形式也多种多样，除了常见的考卷测验，还有口头汇报、作报告、同学互评、做实验等方式。学生在每次考核中的分数从一方面反映了学生的理论学习水平，另一方面反映了学生在各类实习实践活动中的知识实操水平。为了确保学生受到合乎规范的教学培养，学校成立了专门的委员会，例如研究生教育委员会（Graduate Education Committee），保障监督各项教学活动正常开展。

（二）行业考核

在设置人工智能专业之前，阿尔伯塔大学会邀请人工智能专业的权威行业协会对专业培养资质进行考核，如果职业需求有所变动，学院会根据情况调整课程设置，并请相关教育主管部门审核批准。此举加强了人工智能专业课程的前沿性和实用性，学生在步入社会之后可以尽量做到无缝衔接，这既保障了学校的就业率，也满足了社会发展需求。

（三）毕业生就业率

阿尔伯塔大学在 QS 2020 世界大学就业率排名第 87 位，是毕业生就业率最高的大学之一。其中人工智能专业作为学校王牌专业之一，拥有被称为强化学习之父的里奇·萨顿（Rich Sutton），以及美国人工智能协会（the Association for the Advance of Artificial Intelligence，AAAI）、电气和电子工程师协会（Institute of Electrical and Electronics Engineers，IEEE）等国际顶级学会的众多成员，其毕业生更是获得了众多行业知名公司的青睐，毕业生薪资也一直非常丰厚。高就业率离不开学校职业中心提供的职业指导、实习和工作机会、补助金支持，而高就业率也为学校带来了更多实习机会和资金支持，由此形成良性循环。

三 评价策略

阿尔伯塔大学为了提高人工智能专业教学质量，采用了学生评价和同行评审两种评价策略，以期通过对课程各阶段、多方面的调查评估来提升教学效果。

（一）学生评价

学生评价是反映教师教学实践的关键，可以为改进课程设计和教学能力提供反馈，这往往是教师教学能力提升的主要依据。在每门课程结束时，阿尔伯塔大学以通用学生教学评级（Universal Student Ratings of Instruction，USRI）的形式收集学生反馈。然而，在课程结束时收集学生的反馈对于修改课程教学没有什么帮助，中期课程反馈（Mid - course Feedback，MCF）则是一种有价值的反馈方式[①]，可以让学生及时反馈他们在课程中所经历的问题与困难，并让指导教师对此做出回应。这可能涉及重新调整课程内容的教学方式或学生参与的管理方式。它还可以提供一个机会向学生解释为什么课程以特定的方式运行。MCF 为教师提供了在 USRI 之前对学生做出回应的机会，并且经常能够帮助澄清教师和学生之间可能存在的沟通误解。

（二）同行评审

同行评审是解决教学多方面评价的一种方法。它不仅可以包括同行观察，还可以包括对教学组合的评估，包括简历、学生评估、教学大纲和其他课程材料，以及对教学的反思。有两种截然不同的同行评审形式：形成性评估和总结性评估。形成性评估仅仅是为了改进教学，是教学指导和发展的一部分，阿尔伯塔大学教学与学习中心通过同伴咨询计划（Peer Consultation Program）支持形成性评估；总结性评估通常与重新任命、晋升或任期相关的决策相关联，如果启动同行评审过程，需要强调评价目的，并让同行参与每种评估形式。

四　保障措施

人才培养计划最终能否被高效执行，取决于保障措施是否到位。阿尔伯塔大学众多优秀毕业生和丰硕的科研成果为学校赢得了政策和经费上的支持，并通过一套切实有效的运行机制加以保障。

① UA，"Mid - course Feedback"，2019 - 04 - 20，https：//www.ualberta.ca/centre - for - teaching - and - learning/teaching - support/mid - course - feedback.

（一）政策支持

阿尔伯塔大学人工智能研究获得了国家层面的政策支持。近年的泛加拿大人工智能战略尤为重要。该战略有四个主要目标：增加加拿大优秀人工智能研究人员和优质毕业生的数量；在加拿大埃德蒙顿、蒙特利尔和多伦多的三个主要人工智能中心建立互联的科学卓越节点；在人工智能发展的经济、伦理、政策和法律意义上发展全球思想领导；支持国家人工智能研究团体。这一政策从国家层面上保障了阿尔伯塔大学人工智能人才培养工作的快速推进。

（二）经费保障

伴随利好政策而来的是雄厚的经费支持。仅加拿大人工智能战略就获得了加拿大政府 1.25 亿美元的投资，这为阿尔伯塔机器智能研究所和另外两个研究机构的科学研究提供了充足的保障。

阿尔伯塔省政府一直以来对阿尔伯塔大学人工智能研究给予了大力支持，省政府对人工智能技术的投资将帮助阿尔伯塔大学培养更多优秀的人工智能人才。2019 年 2 月，阿尔伯塔省政府宣布，计划在五年内投入 1 亿美元来吸引更多以人工智能为基础的高科技公司在该省投资，这笔资金将捐给该省研究开发机构（Alberta Innovates）和阿尔伯塔大学的机器智能研究所，将用于和阿尔伯塔大学建立长久的合作伙伴关系，并长期支持学校科研和创造就业机会。此外，阿尔伯塔省政府还在 2018 年投资5000 万美元，用于创建全省高等教育机构的 3000 个新的高科技培训席位。

（三）制度落实

学校建立了完备的奖助学金体系，为在人工智能领域表现优异的学生提供奖学金，也为经济困难的学生提供勤工助学的岗位。

本科生不仅有机会获得学校内部多达 15 种的计算科学系奖学金，还有谷歌的安妮塔·博格（Anita Borg）计算机学科女性奖学金、加拿大计算科学票务印刷奖（优先考虑来自农村地区的学生）、微软奖学金等外部奖学金。研究生所能获得的资金支持和奖励种类更多。首先，学生享有教学和研究助学金。计算科学系每年都以教学和研究助教的形式为研究生项目中的一些研究型的学生提供财政支持（授课型的学生是自筹资金的）。这些助学金用于支付学费和生活费，前提是学生的学习成绩和职责履行程度达到学校的要求。教学和研究助学金每年的财政支持总额根据每个系具体情况可能有所不同，目前计算科学系的全日制学位课程硕士第一年可获得的资金约为 25197 美元，全日制博士生约为 262673 美元①。此外，研究生可以获得各种奖学金和奖励。学校鼓励具有杰出学术成绩的加拿大学生申请联邦和省政府奖励，鼓励留学生申请自己国家的留学奖学金。

学校也提供其他形式的财政援助，包括助学金、紧急资金以及学生贷款等。计算科学系的学生还可以申请成为教授的研究助理。除了奖助学金，科学实习计划还为学生提供了许多职位，学生可以通过参加实习获得工资报酬。

第六节　阿尔伯塔大学人工智能专业人才培养的总结启示

一　主要优势

（一）课程设置灵活

阿尔伯塔大学在本科和研究生阶段的课程设置非常灵活，采用多种分类计划，让学生能够根据自己的兴趣，按照自己喜欢的方式来获得学位。计算科学系本科阶段提供专业理学学士学位、普通理学学士学位和荣誉理学学士学位三种学位类型，研究生阶段也有研究型硕士学位和授课型硕士学位两种类型可供选择，这种多样性的课程设置充分考虑到了不同学生的个性需求，同时也体现了阿尔伯塔大学在跨学院选课方面为学生提供的便利性，这得益于学校在组织协调不同院系课程的能力上的出色表现。课程设置灵活多样，学生才能便捷地获取多领域的教育资源，才能更好地培养人工智能领域的多样化人才。

（二）课外实践多样

阿尔伯塔大学为本科生和研究生提供了多种多样的课外实践活动，为学生创造了良好的体验式学习环境，有助于人工智能人才的深入培养。

---

① UA bertc，"Financial Support and Awards"，2019 – 04 – 20，https：//www. ualberta. ca/computing – science/graduate – studies/financial – support – and – awards/index. html.

首先，阿尔伯塔大学设有学生创新中心，该中心研究的重点领域之一就是人工智能，能够为学生提供一流的研究环境；其次，有多种学术性学生组织和俱乐部，如编程俱乐部、计算科学协会等，这些学生团体存在的目的是向学生提供有用的服务和有趣的活动，包括提供物资设备、科学指导以及科学社区建设活动，社团代表了学生的官方声音；再次，积极开展科学实习计划，帮助学生扩展专业知识的同时，发展批判性思维，提升有效沟通能力、创造力，养成独立思考和判断的习惯，并积累实践经验，从而为职业生涯做充分准备；最后，学校还会不定期举办各类学术研讨会和茶话会，邀请行业领袖为学生讲解人工智能最新发展情况，学生不仅能和这些专家学者进行交流，还能获取他们在人工智能领域的专业指导。

（三）师资力量雄厚

阿尔伯塔大学计算科学系拥有 46 名终身教授和终身教职员工，并拥有近 300 名博士研究生和硕士研究生。该系在人工智能专业拥有世界顶尖的专家，在招募教师时，不仅要求具备很强的沟通技巧，还要求能够进行高效的本科生和研究生教学工作。这些专家可以建立自己的资助研究项目，并监督研究生参与到项目的准备及实施过程中。在阿尔伯塔大学机器智能研究所的早期职业研究人员中，就有 3 位成为首批加拿大首席人工智能研究主席团成员，这为阿尔伯塔大学培养人工智能人才提供了有力支持。

二 存在问题

（一）研究方向较为单一

著名的现代强化学习之父萨顿自 2003 年以来，一直在阿尔伯塔大学计算科学系担任教授，并领导该校的强化学习和人工智能实验室，这也是阿尔伯塔大学在强化学习领域研究成果卓著的原因之一。但是近年来，阿尔伯塔大学人工智能专业除了强化学习、智能游戏等方向排名领先，拥有顶级学者和实验室，但在深度学习、自然语言处理、计算机视觉等应用方向研究较少，不利于培养社会需求的多种人工智能应用型人才。

（二）过于依赖量化评价指标

阿尔伯塔大学对学生的考核依赖各种量化指标，包括课堂出勤、互动、测试、课后作业、论文及期末成绩等环节，在这种严格的淘汰制考核中，学生把一大部分精力放在了获得高 GPA 上，为了高分疲于奔命。这样固然可以提高学生学习的积极性，但是从另一方面来看，对一个学生优秀与否的评价完全依据学业成绩量化评价指标，而忽视对学生内在美和健全人格的评价，这对提升学生的道德情操、让学生全面健康发展来说是一个不小的挑战。

三　学习借鉴

阿尔伯塔大学在人工智能专业人才培养领域颇有建树，培养出一大批人工智能精英，纵观其整个培养过程，可以看到在课程设置、实习实践、学习模式和学科融合等方面有很多值得国内高校学习借鉴的地方。

（一）课程设置个性化

阿尔伯塔大学课程设置灵活，为不同类型的学生提供个性化服务。兴趣广泛的学生可以选择普通课程，主修计算机，辅修其他任何感兴趣的专业；立志于人工智能领域开展深入研究的学生可以选择荣誉课程，为研究生阶段的学习打下扎实的基础；偏重动手实践的学生可以选择攻读以课程为基础的硕士学位；偏重理论研究的学生可以选择以论文为主的硕士学位。

反观国内一些高校，全校只有一种课程类别，无法满足所有学生的个性需求。而且硕士入学后，也没有机会更改自己的研究重点，严格区分学硕专硕，学生如果发现自己的兴趣发生了改变，也无法调整既定的培养计划。

（二）实践渠道多样化

阿尔伯塔大学跟许多大小企业都有合作，学生从本科阶段开始就可以申请进入企业实习，积累宝贵的实践经验。2014 年安大略省大学理事会的体验式学习报告（2014 – 2016 Biennial Report）发现，具有相关工作经验的毕业生在以下方面领先于同龄人[1]：（1）全国毕业生调查显示，具有实习经验的本科毕业生比同龄人获得更多，有更高的就业率，更有

---

[1]　UAlberta, "2014 – 2016 Biennial Report", 2019 – 04 – 16, https: // cou. ca/wp – content/uploads/2017/02/COU – Biennial – Report – 2014 – 2016. pdf.

可能在毕业后两年偿还债务；（2）应用实习计划可以增强学生的市场竞争力，并可以在毕业时大大改善职业前景；（3）由于大学的体验式学习机会，成千上万的学生在他们的学习领域找到了全职工作；（4）在竞争日益激烈的就业市场中，体验式学习使学生在工作场所做好准备，为职业成功做好准备。

而国内一些高校只注重课程完成率、学生的考试成绩，忽略了学生参与实习的需要。并且有些高校在设计课程的时候，形式非常单一，只有线下的课堂教学，没有很好地利用教研技术资源开展线上教学，也没有设计实践环节，多数学生没有合作完成某个项目的体验。

（三）学习模式团队化

无论是学位课程还是专门的学生创新中心、校企合作项目，阿尔伯塔大学均以项目为导向，引导学生进行特定领域的研究并完成自己的作品。这样，学生不仅能在学习理论知识的同时进行实践操作，准确把握该领域的关键内容，而且能够在这种学习模式中逐步建立起团队的概念，在一次次的讨论和摩擦中，明白团结协作的重要性，知道在一个团队中该如何扮演好自己的角色。人工智能研究非常依赖团队合作，单打独斗很难有大的成就，提前适应团队化的学习氛围，可以让学生用较少的代价积攒宝贵经验，为今后进入职场打下良好的基础。

（四）学科发展融合化

阿尔伯塔大学的人工智能专业设在理学院的计算科学系，但是学生除了在理学院学习，还可以跨学院学习其他课程。学校鼓励学生通过自己感兴趣的另一个主题来增强对计算科学的研究，即计算不再局限于科学、工程和商业，可以是用户界面、图形、编程语言以及自然的游戏课程等主题，也可以是艺术和设计、心理学和商业等主题。各院系间合作密切，学科高度交叉融合，有利于为各行各业培养人工智能方向的复合型人才。通常情况下，国内高校每个院系之间是独立工作的，学生只能选修本学院开设的课程，学生兴趣得不到发展，教学资源利用率也得不到提高。而人工智能人才要求具有多学科知识背景，掌握单一学科知识的人难以在这个领域有所建树，社会需要的是高水平复合型人才。

人工智能对社会的影响越来越深刻，正在农业、医疗、交通、教育、国防等领域掀起一场巨大的变革，进入了与各产业深度融合发展的新阶段。当前，大力发展人工智能已经上升到了国家战略层面，各国相继出台一系列政策来保障和推动人工智能产业的发展，与此同时，我国正面临大量人才需求，迫切需要培养各级各类人工智能专业人才。阿尔伯塔大学人工智能专业人才辈出，对其培养模式进行详细研究具有重要意义。本章主要阐述了阿尔伯塔大学人工智能专业在发展概况、目标定位、内容构成、实施过程、评价体制等五个方面的具体情况，对其培养模式进行了全方位探究，并总结出国内高校在培养人工智能专业人才时可以学习借鉴的地方。

第十二章

世界一流大学人工智能专业
人才培养的透视与展望

　　"人工智能"这一概念是由美国学者约翰·麦卡锡（John McCarthy）在 1956 年的达特茅斯会议上正式提出的，即让机器来模仿人类学习、思考、理解以及其他方面的智能。尽管人工智能在 1974 年至 1980 年以及 1987 年至 1993 年先后经历了两次低谷期，但随着计算机能力的提高、特定疑难问题的攻破、科学责任标准的日益完善，人工智能仍以势如破竹的气势渗透到经济、政治、文化、生活等领域的方方面面。截至 2016 年，人工智能相关的产品、硬件和软件的市场规模超过 80 亿美元。《纽约时报》称当前各行业领域对人工智能的兴趣已达到"疯狂"状态。① 大数据的应用开始进入其他领域，如生态学中的训练模型②和经济学中的各种应用。现如今，人工智能已成为数字化转型之战的重要推动力，在国家发展战略中上升到政治层面，世界各国均将人工智能作为国家发展的重要前沿领域，而人工智能也通过科技创新直接影响各国在国际竞争中的地位。人工智能的迅猛发展是一个国家的优势，但同时（至少在短期内）也是整个国家面临的严峻挑战。当前，许多国家都面临着人工智能人才短缺的压力，包括一些世界上最大的经济体国家。最近一项研究表明，全球大约有 30 万名 AI 专业人员；而另一项民意测验证实，约有 56% 的

---

① Steve Lohr, "IBM Is Counting on Its Bet on Watson, and Paying Big Money for It", *New York Times*, October 17, 2016.

② Hampton and Stephanie E, "Big Data and the Future of Ecology", *Frontiers in Ecology and the Environment*, Vol. 3, 2013, pp. 156－162.

AI 专业人员认为缺少充足而合格的 AI 专业人员是使整个业务运营中达到必要实施水平的最大障碍。① 因此，人工智能人才培养在新的时代背景下具有必要性、紧迫性和重要性。

英美等发达国家是世界高等教育的中心，有一批国际公认、享誉全球的世界性一流大学，在全球高等教育体系中占有举足轻重的地位。世界一流大学因具备着科研实力雄厚、师资队伍杰出、办学特色鲜明、管理规范科学、基础设施完善等特征，对其他大学在教学、研究、管理等方面具有引领性和示范性作用。世界一流大学作为人工智能专业开设和进行人才培养的领头人，在人工智能学科建设和人才培养机制方面日益完善并逐步走向成熟。通过前面章节的介绍，我们不难发现，当今世界一流大学已经建立了目标鲜明、体制完备、组织规范的运营模式。

鉴于此，审视和剖析世界一流大学人工智能人才培养的战略举措是当前推动我国高校人工智能专业建设和人才培养逐步完善的必要路径，也是推动我国科技创新变革与综合国力增强的关键。

第一节　多边发展的目标定位

世界一流大学分布在不同的地理位置，不同国家的发展要求、意识形态、基本国情，不同学校的办学理念、价值取向、培养类型等均会给大学人工智能人才培养的目标定位带来差异，但综合世界一流大学人工智能人才培养的目标定位来看，也存在共性，如面向人工智能领域谋求社会发展、人才培养和科学研究是世界一流大学秉持的最基础也是最重要的价值取向，以及在人才培养目标中体现出的多个向度的共性。

一　多元共生的价值取向

价值取向是经过价值主体的不断选择而在具体的历史文化情境中产生，被刻上了不同时代的烙印，同时也随着时代的发展不断地变迁与进

---

① Velocityglobal, "Three Countries Fighting the AI Talent Shortage", 2019 – 05 – 27, https：//velocityglobal. com/blog/three – countries – fighting – the – ai – talent – shortage/.

化。纵观世界一流大学人工智能人才培养的全过程，其所秉持的价值追求在多个要素之间变迁，表现出明显的历史阶段性和所处时代的本质特性，而现阶段的价值追求和取向则是多种因素综合作用下的必然产物，呈现出多元共生的态势。

（一）社会取向

当今世界，大学已成为社会的中心，大学为社会培养人才、推动社会经济发展、维护社会政治稳定，可以说，大学早已与社会政治、经济和文化等紧密地联系在一起。世界一流大学是全球高等教育领域的主力军，担负着为世界培养和输送一流创新型人才的重任。因此，在其人才培养方案制订的过程中，世界一流大学除了要遵循自身的教育理念和特定的专业教育规则，还要基于社会对人工智能人才培养提出的要求审慎考虑、适度调整，进而完善人才培养方案的制订。

鉴于新加坡劳动力老龄化这一社会现状，南洋理工大学成立的机器人研究中心（Robotics Research Centre，RRC）一直在深入研究工业和基础设施机器人自动化这一领域，以期未来能协助工人建设、检查和维护民用基础设施，从而降低工人劳动的危险系数。斯坦福大学计算机科学系一直以来都秉持着"领导世界计算机科学与工程研究"的使命，且在过去的几十年内，斯坦福大学计算机科学系一直致力于尖端研究，以引领计算机进入新领域时代，为未来社会做出贡献，包括提高生活质量，维护健康，保护环境和能源等方面。在英国国家政策的推动和资金资助下，爱丁堡大学人工智能专业的自然语言处理博士培训中心（Natural Language Processing，NLP）和生物医学人工智能博士培训中心（Biomedical Artificial Intelligence，BioMedAI）得以建立。新博士培训中心的建立是英国发展人工智能国家战略的集中体现，旨在投资人工智能的技能发展和培养技术人才，从而推动英国生产力的增长。

（二）学生取向

大学作为一个学术性组织，不同于现代学徒制，在人才培养上具有特殊的组织属性，要培养出综合素质突出的复合型人才。2019 年召开的"世界大学校长论坛"中，美国莱斯大学校长李达伟提到，"杰出的大学要有影响世界的能力，世界一流大学要具有世界眼光"。尤其当今是以人工智能、大数据为代表的"第四次工业革命"时代，全球对大学人才培养的素质和质量都提出了更高的要求。英国格拉斯哥大学校长马凯斯特里也谈道，人的培养是一所大学最重要的使命，"格拉斯哥大学希望毕业生成为世界的改变者"①。因此，在当今全球人工智能人才短缺的时代，世界一流大学在人工智能专业人才培养上显现出培养满足社会发展需求、适应社会经济发展、综合素质突出、创新能力卓越的复合型人才导向。

佐治亚理工学院人工智能专业的价值取向即借助人工智能对未来科技发展和社会经济发展的变革力量来培养学术人才，在人才培养上坚持"学"与"术"并重，并将"学"与"术"纳入到人工智能人才培养的全过程中。不仅在学习上始终秉持着"以生为本"的教育理念，而且学院领导及教学中心皆以此为最高标准为教学发展提供相应支持。

牛津大学人工智能专业开展的课程中，强调对学生哲学思维与算法逻辑思维能力的培养，并发展学生成为未来领袖的思维。不仅如此，牛津大学为学生创建了开放的教学和研究环境，为学生开展各类社团活动，这为培养学生较强的组织领导能力、锻造未来的领袖型人才创造了必要条件。

（三）研究取向

人工智能自身的科技发展和卓越成长也是培养人工智能人才的重要推动力。人工智能自诞生之日起，如一颗冉冉升起的新星一样蓬勃发展，但其发展历程并不是一帆风顺的，遭受过两次严重挫折，史称"两次人工智能寒冬"，可以说人工智能是在一片质疑声中成长起来的。现如今，尽管人工智能已进入空前繁荣发展期，但人工智能仍然面临一些尚未解决的问题，如人工智能的核心问题"莫拉维克悖论"（Moravec's paradox）②、视觉统计模型不足等问题，这些都需要在未来的人工智能科学研究中进一步探讨与论证。当前人工智能人才短缺，势必会对科学研究的进一步发展造成不利影响。因此，人工智能人才培养是人工智能科学研究的助推器，能为人工智能领域在未来的进一步发展和探索创造

---

① 胡春艳：《世界一流大学该培养什么样的人》，《中国青年报》2019 年 10 月 29 日。

② Ralph Losey, "Moravec's Paradox of Artificial Intelligence and a Possible Solution by Hiroshi Yamakawa with Interesting Ethical Implications", 2017 – 10 – 30, https：//e – discoveryteam. com/2017/10/29/moravecs – paradox – of – artificial – intelligence – and – a – possible – solution – by – hiroshi – yamakawa – with – interesting – ethical – implications/.

可能。

佐治亚理工学院在人才培养上坚持"学"与"术"并重，"学"即深厚的理论学习，"术"即具有足够的科研实践机会。扎实的理论知识是进行科研活动的前提，佐治亚理工学院在课程体系的安排上非常注重理论知识的渗透，培养学生学习中必不可少的学术性态度，追求谨慎、专业、科学的本质。其次，佐治亚理工学院一直被认为是人工智能领域科研论文的最佳贡献者。[①]仅2019年，佐治亚理工学院就在会议中发表了18篇研究论文，涉及机器学习领域的多个方面，包括混合无条件梯度（Blended unconditional gradients）、具有公平约束的聚类（Clustering with fairness constraints）和观察代理（Observational agents）。

麻省理工学院人工智能专业专注于开发基础新技术，致力于以科研引领发展。麻省理工学院马萨诸塞校区计算机与信息科学学院教授埃默里·伯格（Emery Berger）发布了2019年全球院校计算机科学领域实力排名的开源项目CSranking，主要以各高校在计算机领域顶级学术会议上发表的论文数量为媒介来衡量各高校在计算机科学领域的实力，而麻省理工学院在该项目中排名第二。由此，我们可以看出麻省理工学院在人工智能专业发展和人才培养过程中都极其重视学术和科研注重。

二　多向度的人才培养目标

世界一流大学的人才培养目标来源于其宗旨使命、办学理念和价值诉求，反映了各个大学的办学目的和教育方向。尽管不同的大学因其使命愿景、价值追求、办学理念的差异而促成了人工智能人才培养目标定位的不同，但纵观世界一流大学人工智能人才培养目标中蕴含的关键词，我们可以挖掘出其中的共性，而这也是人工智能人才培养过程中的精髓。

纵观世界一流大学人工智能人才培养目标定位，通过进一步提取、分析和归纳研究，本节以知识、能力、科研、素质、人才定位、服务六

①　Georgia Tech，"ICML 2019：Georgia Tech Researchers Present at Global Machine Learning Conference"，2019 - 06 - 13，https：//scs. gatech. edu/news/622225/icml - 2019 - georgia - tech - researchers - present - global - machine - learning - conference.

个要素所蕴含的相关关键词和关键句来分析一流大学人才培养目标定位。根据表 12 - 1 的人才培养目标构成要素与核心内涵分析，我们可以认为，世界一流大学人工智能人才培养目标主要表现为"注重所学知识的深度和广度""培养学生创造力（创新力），能从容应对并解决具有挑战性问题的能力""能较好地认识人工智能与社会发展之间的伦理问题""促进研究和探究能力""造就领导型人才"以及"培养学生的社会责任感，为社会持续做贡献"。当然，世界一流大学人工智能人才培养目标并非仅有这六个向度，这是其中最为主要且重要的，而这六个向度也并不决然分开，通常情况下在一流大学人才培养过程中会自然而然地交织为一个有机整体。

表 12 - 1　　　　　　　世界一流大学人工智能人才培养
目标构成要素与核心内涵分析

目标构成要素	核心内涵及其频次
知识	获取知识是追求幸福生活的一种途径（1）；具有良好的知识结构（4）；学习广博的知识（6）；所学习知识具有一定的深度和广度（2）；掌握扎实的基本理论知识和专门知识（1）
能力	有意识地培养自己的创造力（2）；跨学科合作，提升创新能力（3）；解决复杂的技术问题能力（4）；能作出科学合理的决策（1）；有效的领导力和管理技能（3）；终身学习的能力（2）；具有能进行有效的交流及与团队合作的能力（7）；较强的适应新环境、新群体的能力（5）；具有提出、从容应对并解决带有挑战性问题的能力（5）；培养学生的伦理意识（4）；培养学生独立获取知识，学会学习的能力（3）
科研	能从事相关领域的科学研究、技术开发、教育和管理工作（1）；培养学生的研究能力（8）；科研训练（5）；培养研究和探究能力（5）
素质	身心健康、高素质（1）；具有全面的文化素质（6）；培养学生具有健全人格（5）；具有成为高素质、高层次、多样化、创造型人才所具备的人文精神（2）；具有国际化视野（5）；具有强烈的多元文化认同感（3）；加强对学生非智力因素的培养，强化身心素质、人文素质与职业素质（1）

目标构成要素	核心内涵及其频次
人才定位	追求全面发展的创新型实用型人才（5）；具有使命感的国际型人才（2）；培养具有回馈社会、心系社会并有时代担当的人才（6）；多学科交叉的整合创新人才（2）；培养毕业生成为创新和实践的领袖（2）；培养引领世界发展的领导者（4）；培养成为世界一流的研究人员（1）；培养学生成为未来引领型人才（2）；培养能够协助解决世界上最具有挑战性 AI 问题的领军人物（1）；培养兼具格局和视野的国际领导型人才（1）
服务	要求学生具有公民意识，培养学生的社会责任感（4）；能够持续地为社会做出贡献（3）；推动高价值经济增长（1）；为国家服务（1）；无缝衔接社会需求（1）；解决当今世界以及未来将要面临的重大挑战（1）；迎合市场的结构性需求（1）

（1）人才培养目标向度一：注重所学知识的深度与广度。不少世界一流大学深谙人工智能具备着交叉学科的特性，因此在人才培养目标中对人工智能专业学生所学理论和专业知识的深度与广度作出了相应要求。如斯坦福大学要求学生"学习广博的知识，发展基本能力"；爱丁堡大学提出在人才培养过程中要注重"本科寻求广博知识，硕士精于专业知识，博士探寻高深领域"；哈佛大学同样提出，人工智能交叉学科的特质决定着人工智能基础知识的广博性和专业知识的高深性。

（2）人才培养目标向度二：培养学生的创造力（创新力），且能从容应对并解决具有挑战性问题的能力。世界一流大学，即主要学科拥有一批大师级别的人才，能批量培养出世界一流的具备原创基础理论人才的创新型大学。世界一流大学将学生的创新能力和创造力摆在首位，是利用其创新力来主导学习力的大学。人工智能作为创新力的衍生，其技术进步和变革仍处于不断发展和完善中，人工智能的未来依旧充满着挑战性和不确定性，因而人工智能人才培养目标要求发展学生的创新力，并对学生能从容应对并解决具有挑战性问题的能力提出一定要求。如麻省理工学院要求学生在学习过程中具备创新精神，且具有提出、解决带有挑战性问题的能力；斯坦福大学追求培养全面发展的创新型实用型人才，且要求学生能快速适应未来的环境，能从容应对未知的挑战。

（3）人才培养目标向度三：能较好地认识到人工智能与社会发展之间的伦理问题。人工智能带来的科技进步将在潜移默化中逐步实现"人—机器"到"人—智能机器—机器"社会结构的跨越。智能系统操作逐渐代替人类劳动，人类双手得到解放的同时也会由此引发一系列社会伦理问题，如失业、安全、隐私等。不少世界一流大学都认识到这一问题，在人才培养过程中设置相应的社会情境，要求学生能设身处地运用所学知识合理地解决。如爱丁堡大学在人工智能课程计划中提出，通过课程的学习学生不仅要掌握智能过程的基本原理和机制，更重要的是要对人工智能出现的哲学、道德、法律等社会问题进行深层次的探讨，[①] 以期在课程学习中对人工智能快速发展背后可能引发的社会问题形成客观认识；牛津大学在人才培养目标中提出要培养能遵守人工智能社会道德的学生；卡内基梅隆大学要求培养学生的伦理意识，使人工智能知识能更好地服务于社会，促进人工智能专业知识、社会责任意识与道德理念的综合发展。

（4）人才培养目标向度四：促进研究和探究能力。大多数世界一流大学都要求培养学生的研究和探究能力，通过人工智能的前沿领域，探讨最具专业性和挑战性的相关问题，不断创造人工智能的新知识并开拓人工智能的新边界。如伦敦大学学院要求培养学生的学习能力和研究能力；麻省理工学院要求学生在人工智能专业的学习过程中能从事相关领域的科学研究、技术开发、教育和管理工作；佐治亚理工学院要求学生能进行相应的科研训练，并在实践中不断创新；爱丁堡大学要求学生能在学习的过程中学习、探究，形成逻辑推理、批判性思考和问题解决能力。

（5）人才培养目标向度五：造就领导型人才。许多世界一流大学都将人才培养目标的人才定位定义为造就领导型人才，虽然有的一流大学将其表述为造就领袖，也有的一流大学表述的领导场域不同，但其本质

---

① University of Edinburgh, "Degree Programme Specification 2019/2020", 2019 – 12 – 04, https: //www.ed.ac.uk/studying/undergraduate/dps – 2019 – 2020/utaicsc.htm.

内涵基本一致，即在某个领域内造就具备高超领导力的人才，目标具备前瞻性与深远性。如卡内基梅隆大学提出要培养毕业生成为创新和实践的领袖，培养引领世界发展的领导者；伦敦大学学院要求培养学生成为未来引领型人才；阿尔伯塔大学提出培养能够协助并解决世界上最具有挑战性 AI 问题的领军人物。

（6）人才培养目标向度六：培养学生的社会责任感，为社会持续做贡献。世界一流大学培养人工智能人才，不仅是培养符合自身办学理念和价值追求的人才、培养掌握一定知识和能力的人才，而且也是为国家和社会培养人才。人才培养最终的归宿仍旧是流入社会、回馈社会，并履行一定的社会责任，为社会持续做贡献，推动社会发展。哈佛大学要求训练学生良好的敬业精神和强烈的社会责任感；伦敦大学学院提出学生在学校期间不仅要学习知识、培养能力，而且要有服务人类社会的使命和意识；卡内基梅隆大学要求学生在学习知识，进行科研训练、培养多项能力的同时，要培养好学生的社会伦理意识，使人工智能更好地服务于社会；斯坦福大学在人才培养目标中也提出要培养能回馈社会、心系社会并有时代担当的人才。

第二节　多维度指向的内容构成

纵观世界一流大学，人工智能人才培养的内容构成包括其主要分类、选择标准、设计原则和组织形式。当前，世界一流大学在人工智能人才培养的主要分类方面大多已实现了本科、硕士和博士三个阶段的全面覆盖，在各个阶段人才培养过程中遵循多位一体的选择标准、多元化的设计原则和多样化的组织形式。

一　多位一体的选择标准

世界一流大学根据培养目标的不同，针对本科、硕士和博士阶段而分设不同的选择标准，但总体来看，人工智能人才培养在各个阶段的选择标准上也有其共性，归纳起来可以分为三类：在教学内容的选择上既注重深度又兼具广度；在课程设置上遵循人工智能的特性，即交叉学科特性；在教学方式上注重理论与实践相结合。

南洋理工大学在教学内容的选择上既注重深度，又兼顾广度。一方面，学生既要在规定的时间内修完计算机思维简介、离散数学等核心课程和主要选修课程，也要修完科学传播、英语水平等通识课程、限制性选修课和非限制性选修课。数学和计算机科学作为人工智能课程的基础，理应在教学内容的选择上具有一定深度，这为之后人工智能专业知识的深入学习打下扎实的基础。另一方面，南洋理工大学人工智能专业人才培养目标明确提出，培养具备多种知识能力和专业技能，了解社会对本专业的需求以及明晰肩负的道德责任等问题，这就对人工智能学生知识学习的广度也提出了一定要求，学生不仅要精通熟练人工智能专业领域的知识，也要对通识课程传授的广域知识了然于胸。

斯坦福大学在教学内容的选择上既注重基础知识的广泛覆盖，也注重专业知识的深度开拓。人工智能研究生教学内容设置上不仅提供基础知识技能，包括逻辑、知识表示、概率模型和机器学习，同时也给学生提供了可供深入学习的一系列主题，如机器人、视觉和自然语言处理。斯坦福大学也是人工智能交叉学科的资深践行者之一，他主张结合宽泛的学科背景，以人工智能课程为突破口，整合其他相关课程的教学内容，实现人工智能交叉学科联合培养。当前，斯坦福大学共设置 10 个文理学士学位专业修习计划，均为"计算机科学 + 人文专业"项目，如"计算机科学 + 文学名著""计算机科学 + 哲学""计算机科学 + 拉美文化"等。斯坦福大学在教学上同样也注重理论与实践的结合。每一节课程上完之后，教师都会配以相应的课程作业和编程项目练习进行课外补充，使学生在课堂中学习到的理论知识在实践操作中得到充分认证。

二　多元化的设计原则

人工智能专业的自身特性决定了人工智能人才培养中多元化的设计原则，如专业性、多领域性；而世界一流大学在人工智能人才培养的过程中又辅之以相对应的设计原则，如基础性、专业性、个性化和差异性等。人工智能专业包含计算机科学和数学等核心知识，因而要遵循基础性的设计原则；除了计算机科学以外，人工智能还包含信息论、控制论、自动化、生物学、医学、语言学、哲学等领域，因而具备了多领域性的设计原则；从人工智能自身的专业发展历程来看，自达特茅斯会议确立术语名称以来，世界一流大学在课程教学、科研研究、技术研发等领域开展广泛研究，并具备了一定的成果产出，因而具备了其自身的专业性原则。世界一流大学在人工智能人才培养过程中分设了不同的方向，如数据科学专业方向、机器学习方向等，因而学生可以根据自身的兴趣选择不同的专业方向进行学习，这也造就了人工智能人才培养的个性化原则。

伦敦大学学院计算机科学系是欧洲应用计算机科学研究的重要中心之一，在课程设置中并未一味注重前沿专业性的人工智能研究，同时也注重人工智能基础课程的开设，坚信只有稳步扎实的底子才能为人工智能的深入探究做好准备。机器学习和深度学习领域也是伦敦大学学院的专业性所在，领先的专业技术、雄厚的财力支撑，以领导人工智能、机器学习和计算机视觉的开发。此外，伦敦大学学院在课程体系上构成了多领域结合的原则，如机器学习领域就涉及计算机科学、金融工程、统计学等诸多学科，属于学科交叉领域。

爱丁堡大学以学生的兴趣为原则而构建了具备多重选择的课程体系。在本科阶段，经过大学一年级和大学二年级基础理论知识的学习，到了大学三年级，学生的学习方向就得更为聚焦，学生可以根据自己的兴趣，从人工智能和计算机科学以及信息学其他课程的一系列选项中选择专业课程；到了大学四年级，学生将从人工智能和计算机科学中的大量高级课程中进行选择，根据学生的兴趣进行专业组合的学习。在硕士阶段也是如此，课程除了包括60学分的硕士学位论文、10个学分的信息学研究评论以及10学分的信息学项目提案，还包括100学分的选修课程，有多达120门的选修课程可供学生基于兴趣进行选择。多样性的课程选择和以学生兴趣为基准的设计理念，充分体现了世界一流大学人工智能专业人才培养的人性化和个性化。

三　多样化的组织形式

人工智能作为一个融合理论与实践于一身的专业，其专业特性决定了在人才培养过程中要具备课程教学、实践操作等多种组织形式。世界一流大学作为大学教育和人才培养中的引领者和示范者，理应在教学组织形式中实现突破性发展，从而实现人工智能人才培养质量的提升。

麻省理工学院在人工智能人才培养开展过程中，为学生提供了丰富的教学组织形式，包括线上教学、集体教学、科学实验和开展讲座。集体教学是最基础也是最传统的授课方式，但麻省理工学院较为特别的是其独特的、有别于传统大班教学的授课方式。麻省理工学院遵循"最基本的注意点是研究，即独立地去探索新问题"，师生比例控制在1：7的范围内，保证课堂教学的高效率以及符合独立研究的精神。科学实验室课堂教学的有效延伸，人工智能科研实验组当前共有116人、63个项目，被分成21个小组。① 在科学实验中，麻省理工学院以学生的兴趣为基本准则，鼓励学生根据自己的兴趣在交叉学科领域内探索知识。线上教学和开展讲座是对课堂教学和科学实验的有效补充。麻省理工学院提供各种在线课程，重点关注技术趋势、挑战和机遇。此外，麻省理工学院也会定期开展相关主题的讲座，邀请人工智能领域内做出突出贡献的业内人士或者企业界的资深人士为学生在实验室举办技术讲座和招募活动，为麻省理工学院人工智能专业学生和行业领域内人士展开对话创造机会。

哈佛大学在人才培养过程中开展的组织形式包括课堂教学、实验教学以及体验式教学。除了传统的课堂教学和实验教学以外，哈佛大学颇具特色的是体验式学习。哈佛大学通过与计算与社会研究中心、应用计算科学研究所、伯克曼互联网与社会中心等机构形成良好的互动式合作，从而为学生在人工智能领域设计项目和研究实验提供了良好的机遇和平台。学生可以选择其中一个机构，通过嵌入这一个主要的研究机构，可以了解到最新的科学和工程方法，以解决人工智能领域的社会需求和挑战，并结合当前热点设计了一些实训课程，包括智能机器人、智能金融、智能医疗、智能搜索、智能教育、智慧旅游、无人控制等领域。

第三节　多方参与的人才培养实施过程

纵观世界一流大学，人工智能人才培养是一个多方参与、共同实施

---

① MIT，"CSAIL"，2019－04－08，https：//www.csail.mit.edu/.

的过程。不同国家的发展战略、意识形态，不同学校的发展定位、办学理念等都会影响一流大学在人工智能人才培养过程中的路径选择和策略方法。总体而言，世界一流大学在人工智能人才培养的实施过程中具备如下特征：首先，世界一流大学是其人工智能人才培养的主导和引领，但人才培养的实施过程也离不开国家、社会、科研机构、企业等多方面的维系；其次，在人才培养的过程中，世界一流大学开辟了多元化、科学化的多方合作路径，实行跨学科交叉培养，力图在学院之间、高校之间以及校企之间建立紧密联系；再次，世界一流大学均拥有适合自身发展的完善而配套的制度和体系；最后，以独特而鲜活的校园文化为人才培养注入生命力。

一　多方机构共同维系

纵观前述章节对世界一流大学人工智能人才培养实施过程中主要参与部门的描述，世界一流大学人工智能人才培养的实施过程，需要国家、社会、高校、科研机构等多个主体共同维系，缺一不可。

伦敦大学学院人工智能人才培养的实施过程主要由以下部门展开合作：伦敦大学学院人工智能专业研究小组、研究中心、研究社区（校企合作）以及国家研究所。伦敦大学学院人工智能专业设有多个研究小组，如自然语言处理小组、计算机视觉小组、计算统计与机器学习小组、统计机器学习小组、智能系统小组等。研究小组在人才培养过程中以项目实践教学为主，在学校和外部机构的支持下，以理论知识和项目实践结合为导向，与银行、政府建立项目合作关系。研究中心是由伦敦大学学院或跨机构、跨学院组建的大型研究团队，是吸收了学院内各优势学科力量组合而成的一支强大队伍，如盖茨比计算神经科学部门，汇集统计数据、机器学习等领域的最新科研成果，并与天体物理学、生物科学等领域专家通力合作，带领学生研究人工智能的前端领域，推动社会向更加自动化的领域过渡。[①]

阿尔伯塔大学经过多年人工智能人才培养的经验积累，拥有了如下

[①]　University College London，"About CSML"，2019 – 05 – 27，http：//www.csml.ucl.ac.uk/about/.

人才孵化基地：研究小组实践基地、阿尔伯塔机器智能研究所、Deep-Mind 人工智能人才管道。阿尔伯塔大学的研究小组实践基地由多个研究领域构成，包括棋盘游戏研究小组（Board Games Research Group）、游戏研究组（Games Research Group）、智能推理评判与学习组（Intelligent Reasoning Critiquing and Learning Group，IRCL）以及医学信息学组（Medical Informatics Group）。而阿尔伯塔机器智能研究所和 DeepMind 人工智能人才管道侧重于程序开发、论文发表等科研训练，作为阿尔伯塔大学人工智能专业的重要研究机构，为其人才培养提供重要保障。

二　开辟多方合作路径

人工智能具有交叉学科的特性，此外，其自身的科学性、专业性也要求一流大学在人才培养过程中要配置可供开展科学研究的设施设备，因而，在人才培养的实施过程中，开辟多方合作路径就成为诸多一流大学的首要选择。

当前，南洋理工大学在人工智能领域已建立了多所实验室和研究中心，其中最主要和核心的包括数据科学与人工智能研究中心、南洋理工大学企业认知与人工智能实验室、计算智能实验室和机器人研究中心。南洋理工大学的人工智能专业特别提倡合作式的联合培养模式，包括联合研究院的人才培养、高校联合人才培养以及校企合作的人才培养。首先是联合研究院的人才培养模式，南洋理工大学的 AI 项目团队积极与海外企业合作成立联合研究院，致力于在双方擅长领域展开深入合作，以寻求技术突破。如 2018 年和阿里巴巴集团建立了人工智能技术联合研究所。截至目前，南洋理工大学已与阿里巴巴在自然语言处理、计算机视觉、机器学习等技术领域开展了科研合作项目。[①] 其次是高校联合人才培养。因各高校在人工智能领域的研究侧重点不同，因此南洋理工大学与其他世界一流大学展开合作，充分整合两所高校的优质学习资源，实现人才培养模式的优势互补。如 2010 年南洋理工大学与卡内基梅隆大学合

---

① NTU，"NTU Singapore and Alibaba Group Launch Joint Research Institute on Artificial Intelligence Technologies"，2019 – 05 – 04，https：//www.alibabagroup.com/en/news/press ＿ pdf/p180228.pdf.

作推出的双博士学位课程，旨在培养高质量的设计机器人和系统的人才。最后是南洋理工大学与多家企业开展校企合作，如商汤（SenseTime）、Salesforce 等知名企业，南洋理工大学的博士生在就读期间可以参与商汤的项目研究，而南洋理工大学与 Salesforce 成立了 Salesforce – NTU 人才计划，旨在通过工业博士计划培养人工智能相关领域的研发人才。

麻省理工学院主要通过科系合作、校企协同和校校联盟的形式来实现培养高质量的人工智能人才的探索。首先是学科间的合作。在招生时，相对于强调专业的针对性和相关性，麻省理工学院更期望从其他学科中选拔优秀人才，也就是其推出的跨系招生计划（Interdepartmental）。从不同学科中选拔优秀人才，这为麻省理工学院在人工智能人才培养过程中的交叉学科教学奠定了基础。其次是在不同时期以不同形式与多方企业展开协作培养，其中以人工智能的专业学习为主，以培养人工智能应用型人才为目标，履行麻省理工学院首任校长罗杰斯"科学与实践并重"的理念。最后是世界一流大学高校联盟。在后期的人才培养实施过程中，麻省理工学院开始在国内外高校间寻求广泛而深刻的合作，谋求人才培养、科学研究的协同创新。2019 年，由麻省理工学院、上海交通大学、清华大学等 15 所知名高校与商汤科技共同发起了"全球高校人工智能学术联盟"，致力于吸引全球人工智能领域的高校、科研院所和专家学者等，打造顶尖的人工智能学术交流平台。[①]

三　完善配套的教学制度体系

世界一流大学人工智能人才培养成功范式的形成，离不开其高成熟度的教学制度体系，只有在完善配套的制度体系的支配下，其人才培养的环节才能游刃有余地高效开展。

爱丁堡大学人工智能专业在人才培养过程中构建了既具备英国教育传统，又符合自身发展特色的教学制度体系，包括：（1）促进学生个性发展的专业设置模式。在专业设置的时间上，早期注重以模块化课程和教学来组织安排，既节约教学时间、提高学习效率，又夯实了基础知识

---

① 新浪财经：《全球高校人工智能学术联盟正式揭牌，成员共话学术发展趋势》，ht-tps：//finance. sina. com. cn/roll/2019 – 08 – 31/doc – iicezueu2383158. shtml，2019 年 8 月 31 日。

的学习；在专业设置的口径上，强调突破学科壁垒，从人工智能专业建立以来就注重学科交叉，以进一步拓宽人工智能专业及相关专业的研究领域。（2）构建以导师制为核心的教学管理模式。导师制是英国高校历来的优良传统，学校始终注重将导师制贯穿到人才培养的全过程，在学期开始时导师与学生根据专业方向及研究兴趣进行双向选择并配对组合，在后期的学习过程中，学生学习计划的制订和指导、课程的选择和确立、专业的选择和确定、项目的开展和实施、论文推进、职业规划等环节都需要导师的参与，且导师在各个环节中发挥着关键作用。（3）自由、宽松而灵活的课程模块。首先是为学生提供多种时限的学年设置，其次是依照学科群组织课程，将单科专业和联合专业的相关课程联系起来，最后是表现在学分的区间设置上，学生在设定的学分范围内自由选择课程。（4）多元化的教学组织形式。学院通过课堂教学、项目实践、研讨会和辅导等交叉结合的方式进行教学，其背后践行的原则是：保证基础理论和专业知识教学的同时，更注重理论知识与现实生活的结合，以及在实践中的开发与运用。（5）能动高效的同行监督评价制度。为了提升教学和人才培养质量，加强教师在教学中的批判性思考，信息学院推出了同行观察教学制度。无论是课程教学，还是研讨会、项目实践，均可采取此方式进行。同行观察教学涉及三个阶段：观察前、观察过程和观察后，观察者就以上三个阶段分别做相应记录。通过观察教学可以给授课教师提供积极评价和改正建议，同时，观察者也可学习授课教师好的教学方法以完善自身不足。

哈佛大学在人工智能人才培养过程中主要通过以下制度体系来加以规范：首先是将哈佛大学的通识教育理念和精英教育理念融入人工智能人才培养机制的建构。哈佛大学通过为学生提供通识课程，试图向所有入学的学生提供一种共同的通道，让学生虽然学习不同的课程，但是都能掌握发现、思考和解决问题的途径和方法。此外，哈佛大学也是精英教育理念的践行者。哈佛大学在人工智能专业并不专门培养硕士生，哈佛大学研究生院更多的是面向拔尖博士生的培养。在培养过程中，哈佛大学研究生院会通过专业性的课程、资格考核、班级项目、暑期实习等途径来考核学生的专业知识与能力。其次是高效完备的管理组织机构。约翰·保尔森工程与应用科学院是哈佛大学人工智能专业的重要组织机构之一，该学院内设有学生职业发展办公室、活动办公室、学位管理办公室、计算机办公室等办公部门以及哈佛科技与创业中心（TECH）、学习孵化器（LInc）等在内的 26 个部门，这些部门涉及学业救助、学位授予、课程安排、学生就业、研究项目资助等，为人工智能专业人才培养提供完善而充分的保障。最后，高水平的师资队伍以及卓越的师生配对比例。20 世纪三四十年代，哈佛大学就基于对人才培养质量卓越的追求而对师资队伍进行了大刀阔斧的改革，从而有了哈佛大学著名的 8 年内非升即走的终身教职制度。此后，哈佛大学人力资源办公室（The Office of Human Resource）又进行了相应补充，从薪酬、绩效管理、津贴福利、退休等方面做了详细的规定。小班教学也是哈佛大学的优良传统，哈佛大学在人工智能本科生的培养过程中，其课堂教学规模生师比为 7：1，由此足以显现哈佛大学对师资资源的高投入。

四　文化浸润

世界一流大学都拥有着自身独特而鲜活的文化，人才培养模式在不同的文化中经过浸润和洗礼，其人才培养的过程和结果也会呈现出差异。

牛津大学将提高学生人文素质贯穿到大学校园文化建设中，校园环境的营造能为学生读书、开展多种形式的课内外活动提供良好的空间，借助于历史的陶冶、自然的陶冶、艺术的陶冶等手段提高学生的人文素质。牛津大学在人工智能人才培养的过程中，不仅注重专业学习，也侧重加强对学生人文素质的熏陶。主要通过使学生掌握一定的文化、历史、哲学等基本知识，让学生从国内外的历史文化中汲取人文精华，接受高尚的人文陶冶，培养高尚的人文情操，建立深厚的人文底蕴。通过古典人文著作的熏陶来促进学生智力的提升、心智的启蒙以及身心和谐发展。

伦敦大学学院极其注重校园隐喻文化的建设。伦敦大学学院在人工智能人才培养过程中，不仅注重通过项目来培养学生的跨学科学习能力，也特别注重提升学生的跨文化素养。如文理学位项目（BASc）提供 3 年校内学习加 1 年海外学习的模式，学生自身也要掌握 1 门外语，海外学习将为学生提供跨文化学习的机会和环境。

哈佛大学最显著的文化特征即"自由"，在人才培养过程中着重体现在学术自由、学习自由、教学自由和创新自由上。在这种理念的引导下，培养独立、自主、具有探索精神和创新能力的人，就成了哈佛大学的培养目标。哈佛大学推行自由选修制，学生可以跨系、跨学院甚至跨学校选课，这种自由度极高的人才培养模式也为其人工智能人才培养的过程注入了鲜活的生命力。

第四节　完备细致的评价机制

　　世界一流大学在人工智能人才培养方面处于世界领先地位，不仅表现在高水准、专业化的实施过程中，也表现在完备的评价机制上，即在人工智能人才培养的全过程中配备有全程化且较为科学完备的评价机制。总体来说，世界一流大学人工智能人才培养的评价机制具有以下几个鲜明的特征。首先，世界一流大学多以课程学习、实践表现、科研成果、就业率和毕业生平均工资等方面作为人才培养质量的重要评价指标，从人才培养的过程和结果两个维度来考量其人才培养质量。其次，人工智能人才培养在评价策略上多采用定量与定性、形成性评价与终结性评价相结合的方式。多元化的评价策略从一定程度上确保了学生学习效果以及课程的高质量开展，且在评价过程中注意到学生身上不同类型的知识与能力，从而确保评价的高效性、公平性和客观性。最后，世界一流大学均拥有政府政策、企业以及基金会资助等多方来源的保障措施。保障措施作为建设机制中的重要组成部分而深深影响着人才培养的评价机制，是深化教学改革的重要依托，也是人工智能人才培养得以可持续发展的重要保证。世界一流大学通过全面客观的毕业评价指标、多元化的评价策略以及优厚而充分的保障措施，保证了大学人工智能人才培养工作的良性循环和高质量发展，促进了人工智能毕业生就业、企业招生以及相关领域和市场的有序运行。

一　全面而客观的评价指标

　　南洋理工大学人工智能专业的人才培养评价工作由新加坡教育部、学术委员会、人工智能及数据道德咨询委员会共同开展，旨在为南洋理工大学人工智能专业的毕业生和南洋理工大学的人才培养质量提供公正而客观的评价。就评价指标而言，南洋理工大学主要围绕课堂表现、测验、作业完成度和实践表现来进行综合评价。课堂表现包括学生的课堂出勤率、课堂上给予老师的反馈度和活跃度等；测验包括课堂测验、阶段测验和期末测验，基本涵盖了各个重要评价阶段；作业完成度就是学生完成课后作业的情况，包括完成度和正确率；实践表现主要观察的是学生在实践过程中的知识运用的熟悉度和解决问题的能力。此外，人工智能专业的学生毕业后，新加坡教育部每年会以毕业生的就业率和薪资来对毕业生毕业 6 个月后的就业情况进行调查。就人工智能专业所在的工程学院来看，毕业生就业率基本保持在 90% 以上，薪酬大多保持在 3500 新元以上。①

斯坦福大学构建了包括课程学习、科研成果、实践活动等多元化人才评价指标。其中，课程学习评价是人才培养评价的基本方式，教师会根据课程目标而采取相应形式的评价方式，包括随堂的小论文考试、课后的小论文考试、客观测试、口试或相关的论文和项目等。课外实践活动同样是斯坦福大学人才培养评价的基本指标，与一般大学以参加实践活动数量作为衡量指标不同，斯坦福大学更注重考查的是学生在活动过程中的表现，看重的是他们在活动中的收获以及为团体带来的效益。科研成果是斯坦福大学评价人工智能学生创造性的重要指标，且在科研项目的训练上，斯坦福大学给予了学生充分的学术自由，学生可以选择在专题报告会或其他的学术会议上进行演讲，可以参加优秀论文奖的评比，可以用科研项目获得相应的学分，也可以在专业期刊上发表论文等。

爱丁堡大学构建了课程学习、研究项目、考试、就业率、平均薪资等全面而多元的评价指标。其中，一部分通过课程作业、大型项目和考试的方式进行评估，另外也包括一些小型的个人项目和小组项目，以及毕业前的个人大型项目，而最终学位的获得则根据大学的标准分数进行分类，划分等级为 70%、60%、50% 和 40%。此外，也有专门针对人工

①　Ministry of Education Singapore，"Graduate Employment Survey"，2019 - 05 - 16，https：// www. moe. gov. sg/docs/default - source/document/education/post - secondary/files/web - publication - ntu - ges - 2018. pdf.

智能专业毕业生的评价，爱丁堡大学选取就业率和收入现状进行考核，人工智能专业的本科生在毕业 6 个月之后的平均年薪为 26000 英镑（基本范围：24000—29000 英镑），而在英国国内人工智能专业的本科生毕业 6 个月之后的平均年薪为 25000 英镑（基本范围：20000—30000 英镑）。此外，从就业去向来看，从事人工智能领域的专业工作或管理工作的比例达到85%，仅有15%的本科毕业生从事的非人工智能领域的相关工作，人工智能专业就业针对性较强。

二 多元化的评价策略

就人工智能人才培养的评价策略而言，世界一流大学也存在诸多共性，多采用定性评价与定量评价相结合，形成性评价、诊断性评价与终结性评价相结合，中观层面和微观层面相结合等。

斯坦福大学针对学生考试成绩的评定一般采用累积计分法，采用形成性评价与终结性评价相结合的评价策略。成绩累积计分的依据是学生平时研讨课上发表意见的表现、日常小测验、期中和期终考试成绩以及教师对论文中体现出的创新能力的评价，根据这些评价项目按照一定比例综合评定学生课程成绩，避免单一指标评定。此外，考试成绩的呈现也采用定量与定性评价相结合的方式。斯坦福大学对学生成绩的评定通常不给具体分数，而是采用等级评分和根据成绩分布曲线进行评分的方法，以引导学生发现不足。

卡内基梅隆大学针对人工智能课程考核上采用绩点制的评价方式，而在其评价过程中又采取定性评价与诊断性评价相结合的策略。如任课教师可以根据学生的课业表现将其成绩从高到低依次分等级记为 A、B、C、D、R 等级，分别代表 4、3、2、1、0 绩点（0 绩点表示不及格）；如果学生未能达到相应的等级要求，卡内基梅隆大学也给出了另外一套弹性等级性质的诊断性评价，用 X、I 等序列表示，其中 X 属于诊断性评价，表示条件性不及格，即当学生得到 X 等级时，教师会给予学生一定量的学习任务，如果学生在下一学年结束前，通过努力学习能够获得 D 等级，即及格通过，否则，系统会自动给予一个 R，即不及格。

牛津大学针对人工智能人才培养采用定性评价与定量评价相结合、校内评价与社会评价相结合的策略。牛津大学针对人工智能专业学生的书面考试采用评分制和等级评判制。如哲学概论考试采用评分制的定量评价策略。考试分为 A、B 两个部分，共包含 12 个问题，学生从中选择 4 个问题作答，且至少每个部分选择一题，每个问题都计为 12 分，如每道题都在 14—20 分，则为优秀；8—13 分为通过；低于 8 分为不及格。牛津大学针对学生论文则采用等级评判制的定性评价策略，每个项目论文将由至少 2 名评估员盲评打分，至少有 1 名考官，每位评估员将独立撰写关于论文的简要报告，认真评估背景、贡献、能力、批判能力，最终评定为优秀、及格或不及格。除此之外，牛津大学在人工智能人才培养上也善于纳入并采用毕业生的社会评价。在人工智能专业学生毕业后，牛津大学与相关用人单位取得联系，获取用人单位对毕业生各方面信息的反馈，基于此，学校将组织专门人员，针对不同的信息或意见，有针对性地调整人才培养的具体目标和方式。

三　优厚而充分的保障措施

优厚而充分的保障措施，是保证和推动世界一流大学人工智能人才培养得以可持续运行的重要因素，是维持和保障世界一流大学人工智能人才培养高质量产出的必要环节。纵观前文，世界一流大学在人工智能人才培养方面的保障措施，无一不是优厚充分而完备细致的。

南洋理工大学在保障措施上主要收获了来自政府的政策性支持和相关机构的资金资助。自从新加坡 2014 年提出"智慧国家 2025"之后，一直对人工智能在城市建设、医疗系统、交通等方面的应用和发展给予关注，也由此加大了对人工智能人才培养的力度。南洋理工大学作为新加坡综合实力较强的大学，肩负着新加坡人工智能领域人才培养的重任。因此，一方面政府为南洋理工大学提供资源，积极促成合作；另一方面，政府联合国家基金会给南洋理工大学提供了必要的资金支持和设备支持。此外，南洋理工大学也积极谋求与企业的合作与交流，在人工智能领域开展了诸多项目，获得了业界一些大型企业的相关资金与技术支持。

爱丁堡大学在学业保障方面从宏观和微观层面获得了完备细致的支持与服务。在宏观层面，艾伦·图灵研究所作为国家机构，受到英国各大学卓越的研究中心的智力支持，汇集了数据科学和人工智能领域的顶尖人才，能顺利实现与相关产业、政策制定者和公众的互动交流，其为爱丁堡大学人工智能人才培养提供的支持与保障无疑是深厚而强大的。职业服务中心机构的建设以及同行观察教学制度的提出，作为学校内部"自我的支持与保障"，从微观层面引领人工智能人才培养的良性运作。面向人工智能专业学生的课内外学习、实践活动和就业，在课内不断优化教师教学水平；在课外为学生提供丰富的免费课程学习资源和针对性的建议指导，开展人工智能领域实践活动，活跃校园学习氛围并激发学生在人工智能领域深入探索的兴趣。可以说，校园提供的支持、服务与保障将促进学生更深入、更广泛、更高效地进行人工智能理论与实践研究，具有深远的意义和价值。

佐治亚理工学院以建设人才培养机制的保障措施为重，包括实行奖励机制和定期开展同行评审制度。一方面，佐治亚理工学院为了吸引、开发、培养、奖励、留住优秀人才，同时也为了充分发挥学校的潜能，实施了绩效管理系统，每位教师的职位能力、自我评估、反馈和培训、职业发展等均与教师业绩挂钩。另一方面，佐治亚理工学院为了提升和保障人工智能人才培养质量，开展定期同行评审（Periodic Peer Review，PPR）。作为一个教师发展工具，PPR首先提供了一个发展平台，帮助终身教职员工根据自身兴趣以及该部门的需求和使命，制订教学、研究和服务方面的专业发展计划。且为了确保专业能力，PPR可以评估教员多年在教学、研究和服务方面的有效性。此外，PPR也具备其特有的评估标准。评估标准并不是一成不变的，所使用的标准可能是教员所在单位通常使用的标准，也可以应用其他标准来体现高级教员所创造的意义和价值。

第五节　总结与启示

2015年10月，国务院印发的《统筹推进世界一流大学和一流学科建设总体方案》中对推进世界一流大学和一流学科建设的总体要求、主要任务、支持举措和组织实施等方面作出了系统规划和战略部署。2017年1月，教育部、财政部、国家发展改革委联合印发了关于《统筹推进世界一流大学和一流学科建设实施办法（暂行）》的通知，明确提出"面向国家重大战略需求……突出学科交叉融合和协同创新，突出与产业发展、社会需求、科技前沿紧密衔接；加强建设关系国家安全和重大利益的学科，鼓励新兴学科、交叉学科，布局一批国家急需、支撑产业转型升级和区域发展的学科"。现阶段，我国高校人工智能专业学科建设和人才培养尚处于起步阶段，力量薄弱，发展还很不成熟，在人才培养的目标定位、运行机制、师资队伍、设施建设、组织机构、评价机制等方面均与世界一流大学存在很大的差距。在统筹推进中国高校跻身世界一流大学和一流学科的关键时期，吸收和借鉴世界一流大学人工智能专业人才培养的历史经验与现实实践，基于我国现阶段的国情理性借鉴，从而制定出符合我国社会发展需求的本土化策略。

一　构建多向度的培养目标，树立交叉融合的培养模式

在当前国际竞争中，中国正努力赶超美国在 AI 教育和研发领域的地位，但就我国高校而言，人工智能专业尚处于起步阶段，力量薄弱，尚未出台统一标准的人才培养方案，目标定位也尚不明晰。在人工智能人才紧缺的状态下加强人才培养，确立明晰而具体的培养目标更具紧迫性和现实性。首先，高校要对培养什么样的人才、培养的人才具备何种知识、能力和品质以及通过何种途径来实现具备可行性、实操性的指引。在人工智能顶层设计中打破传统专业方向的壁垒，[①] 培养目标要足够聚焦，面向人才培养体系的全局性和多向度，打造培养目标的系统性、连贯性和针对性。其次，形成交叉融合的培养模式。我国目前高校多采取"人工智能 + X 专业"的模式，对于学科之间的融合、衔接和过渡重视不够。[②] 高校应结合自身学科特色，勇于探寻新的交叉点，另辟蹊径，构建具有自身特色的目标体系。

二　树立可持续发展理念，稳步推进学科建设

我国正出现高考报考人工智能、高校兴办人工智能学院或相关专业

---

① 周全：《关于高校人工智能人才培养的思考与探索》，《教育教学论坛》2019 年第 16 期，第 131—132 页。
② 方兵、胡仁东：《我国高校人工智能学院：现状、问题及发展方向》，《现代远距离教育》2019 年第 3 期，第 90—96 页。

的热潮，但总体而言在人才培养内容构成上还存在分类覆盖面窄、选择标准较为单一、设计原则较为表浅、组织形式浮于表面等问题。具体而言，我国的人工智能人才培养刚处于起步阶段，现阶段尚处于部分高校试点本科阶段，少部分一流高校尝试创建研究生阶段的时期；在选择标准上，师资队伍建设和基础设施设备力量薄弱，课程设置的广度和深度、跨学科的交叉特性难以得到根本保证，而理论与实践的结合也因种种原因浮于表面，难以深入开展。在设计原则上，现阶段的技术、人力、师资、设施等资源的有限，个性化、专业性的设计原则以及多样化的组织形式也暂时难以得到满足。为此，我国高校需要从以下几个方面逐步改善：首先，针对人工智能专业覆盖面窄的问题，应在认清自身硬件配备与软件条件的情况下，审时度势，避免为了提高招生率和升学率而盲目跟风兴办人工智能专业；其次，在选择标准上要厘清人工智能的专业方向，避免落入套用旧的培养体制培养人工智能专业人才的窠臼。清华大学智能技术与系统国家重点实验室教授邓志东认为："国内人工智能人才的培养，不仅有计算机科学技术方向，还有信息化方向、电子信息工程方向，以及芯片等硬件方向。"① 再次，在设计原则上，要结合自身发展定位，理性认识自身的局限和不足。在稳打稳、实打实地奠定好人工智能人才培养的基础之后，再向专业性、个性化、交叉领域的方向发展。最后，在组织形式上，政府要做好带头引领作用，号召一些具有社会代表性的企业积极加入与高校人工智能人才培养的合作中，做好技术与人才的对接工作。

三　提升高校合作意识，助推理论和实践对接

我国部分高校已建立人工智能学院、研究院以及相关专业，但就主要参与者而言，尚且停留在院校单打独斗的阶段，且尚未显现形成合力的效应。且诸多高校囿于师资设备等软硬件设施的欠缺而导致理论教学与实践教学的脱节。世界一流大学在人才培养过程中特别注重以课程和项目的结合为依托，这也是由人工智能注重实践的专业属性决定的。高

---

① 新浪财经：《人工智能专业首次独立招生人才缺口或达百万》，https：//finance. sina. com. cn/roll/2019 - 05 - 24/doc - ihvhiews4134138. shtml，2019 年 5 月 24 日。

校在实践环节的落实上往往由于场地、资金、人力等因素的限制无法开展，而企业在助推人工智能专业的实践开展上具有无与伦比的优势，且校企合作往往能将双方发展优势最大化。但从现实实践情况来看，受限于运行机制、资金投入等多种因素，校企合作往往浮于表面，不能按照期望效果可持续开展。因此，高校和企业理应树立利益共同体意识，在人才培养过程中积极谋求学院与学院之间、校与校之间以及学校与企业之间的紧密合作。

四　加强质量保障和评价机制建设，助力人才培养质量的整体提升

世界一流大学在评价机制建设上具备了多元化的评价指标和多样化的评价策略。在人才培养评价机制方面，我国理应开创定性与定量相结合、形成性与终结性相结合、线上与线下相结合、中观与微观等相结合的多元格局，打破固有以考试分数来衡量人才培养质量的惯性思维，努力实现评价指标与人才培养目标的对应和衔接。就保障措施而言，我国现已具备了政府的政策、资金等方面的支持，在其他领域获得的保障相对较少。人工智能人才培养的可持续发展，既离不开政府的政策和资金支持，也离不开企业、民间组织、大众等社会民间力量的支撑。人工智能人才培养关系着我国科技创新的未来走向，深刻影响着我国的综合国力和国际竞争力。社会各界理应树立利益共同体意识，在人工智能人才培养过程中力所能及地给予支持和资助，从而引领我国人工智能更好更快地发展。

参考文献

一 中文文献

（一）著作

陈利民：《办学理念与大学发展——哈佛大学办学理念的历史叹息》，中国海洋大学出版社 2006 年版。

杜瑛：《高等教育评价范式转换研究》，上海教育出版社 2013 年版。

何新主编：《中外文化知识词典》，黑龙江人民出版社 1989 年版。

和震：《美国大学自治制度的形成与发展》，北京师范大学出版社 2008 年版。

南京大学人工智能学院：《南京大学人工智能本科专业教育培养体系》，机械工业出版社 2019 年版。

吴式颖、任钟印主编：《外国教育思想通史》（第二卷），湖南教育出版社 2002 年版。

吴式颖、任钟印主编：《外国教育思想通史》（第九卷），湖南教育出版社 2002 年版。

杨福家：《从复旦到诺丁汉》，上海交通大学出版社 2013 年版。

张沉香：《外语教育政策的反思与构建》，湖南师范大学出版社 2012 年版。

（二）期刊

蔡军、汪霞：《多元与协商：麻省理工学院本科生课程评价特征与启示》，《高教探索》2015 年第 5 期。

畅肇沁：《牛津大学导师制下学生学习模式探索及启示》，《中国高教研究》2018 年第 10 期。

陈武林：《美国研究型大学教师队伍管理的制度化效用》，《现代教育管理》2011 年第 11 期。

道然：《以人工智能为例浅析技术革命为我国经济发展带来的机遇与挑战》，《中国战略新兴产业》2018 年第 2 期。

杜才平：《美国高等院校应用型人才培养及其启示》，《教育研究与实验》2012 年第 6 期。

方兵、胡仁东：《我国高校人工智能学院：现状、问题及发展方向》，《现代远距离教育》2019 年第 3 期。

黄牧乾：《基于 CIPP 的人才培养质量评价指标体系研究——以行政管理专业应用型人才为例》，《现代职业教育》2018 年第 3 期。

贾爱平：《北京航空航天大学新增人工智能等三个专业》，《中国教育报》2019 年 5 月 28 日第 1 版。

江萍：《独立学院人才培养目标定位的研究》，《南京医科大学学报》（社会科学版）2012 年第 4 期。

蒋红斌、梁婷：《通识精神的彰显与我国大学通识教育改革》，《教育研究》2012 年第 1 期。

康健：《"威斯康星思想"与高等教育的社会职能》，《高等教育研究》1989 年第 1 期。

雷环、爱德华·克劳利：《培养工程领导力，引领世界发展——麻省理工学院 Gordon 工程领导力计划概述》，《清华大学教育研究》2010 年第 1 期。

李曼丽：《我国高校通识教育现状调查分析》，《清华大学教育研究》2001 年第 2 期。

李盼宁、朱艺丹：《让科学幻想成为现实——李开复在卡内基·梅隆大学计算机科学学院 2015 年毕业典礼上的演讲》，《世界教育信息》2015 年第 28 期。

李德毅、马楠：《智能时代新工科：人工智能推动教育改革的实践》，《高等工程教育研究》2017 年第 5 期。

李志峰、汪洋：《卡内基梅隆大学本科课程体系：核心要素与实践》，《现代教育管理》2017 年第 6 期。

李宗葛：《卡内基·梅隆大学的计算机系》，《科技导报》1985 年第 4 期。

刘博超：《人工智能时代的高校担当》，《光明日报》2018年6月11日第12版。

刘刚：《英美高校投资来源及对完善我国高校投资体制的启示》，《中国高教研究》2011年第9期。

刘海涛：《麻省理工学院本科课程及学分设置的实践与思考》，《高教探索》2018年第2期。

刘瑞挺：《哈佛大学与计算机教育》，《计算机教育》2004年第3期。

刘瑞挺：《卡内基·梅隆大学与计算机教育》，《计算机教育》2004年第7期。

马赛、郝智秀：《学分制在哈佛大学创立和发展的历史轨迹——兼论美国学分制产生和发展的社会背景》，《高教探索》2009年第1期。

史万兵、曹方方：《麻省理工学院本科生能力培养模式对我国的启示》，《黑龙江高教研究》2017年第6期。

王世斌、肖凤翔：《对教学学术性与学生学术实践的追求——美国研究型大学培养拔尖创新人才的基本策略》，《天津大学学报》（社会科学版）2012年第3期。

王婷婷、任友群：《人工智能时代的人才战略——〈高等学校人工智能创新行动计划〉解读之三》，《远程教育杂志》2018年第5期。

王严淞：《论我国一流大学本科人才培养目标》，《中国高教研究》2016年第8期。

王永利：《牛津大学获有史以来最高额度单笔捐款》，《世界教育信息》2019年第14期。

吴飞、杨洋、何钦铭：《人工智能本科专业课程设置思考：厘清内涵、促进交叉、赋能应用》，《中国大学教学》2019年第2期。

杨博雄、李社蕾：《新一代人工智能学科的专业建设与课程设置研究》，《计算机教育》2018年第10期。

张茂聪、张圳：《我国人工智能人才状况及其培养途径》，《现代教育技术》2018年第8期。

张珊珊：《英国高校质量文化与内部质量保障机制研究——以伦敦大学学院（UCL）为例》，《教育与考试》2013年第1期。

张相乐：《关于本科专业人才培养模式改革的思考》，《石油教育》2004

年第 1 期。

志皓：《〈麻省理工技术评论〉选出 2018 十大突破技术》，《电世界》2018 年第 7 期。

周全：《关于高校人工智能人才培养的思考与探索》，《教育教学论坛》2019 年第 16 期。

（三）学位论文

何梅：《牛津大学人才培养的历史传统与现代走向》，硕士学位论文，西南师范大学，2005 年。

李曦：《高中英语教学中终结性评价和形成性评价的比对分析》，硕士学位论文，东北师范大学，2007 年。

皮武：《地方性大学的课程决策研究——以 H 大学为案例》，博士学位论文，南京师范大学，2012 年。

王晓辉：《一流大学个性化人才培养模式研究》，硕士学位论文，华中师范大学，2014 年。

余新荣：《高校战略规划研究》，硕士学位论文，上海师范大学，2008 年。

周念云：《高等职业教育人才培养目标体系研究》，硕士学位论文，广西师范大学，2006 年。

二　英文文献

Bhaswati Guha Majumder, *Singapore's NTU Ties Up with AI Company Sense Time to Launch New Program for PhD Researchers*, Singapore：Nanyang Technological University, February 2, 2019.

Grant Alexander, *The Story of the University of Edinburgh：During Its First Three Hundred Years*, London：Nobel Press, 2011.

Hampton, Stephanie E., "Big data and the Future of Ecology", *Frontiers in Ecology and the Environment*, No. 3, 2013.

Newquist, Harvey P., *The Brain Makers：Genius, Ego, and Greed in the Quest for Machines That Think*, New York：Sams Publishing, 1994.

McCorduck, Pamela, *Machines Who Think* (2nd ed.), Natick：MA：A. K. Peters, 2004.

Nils J. Nilsson, "The Quest for Artificial Intelligence：A History of Ideas and

Achievements", *Kybernetes*, Vol. 102, No. 3, 2011.

Norvig P, *Paradigms of Artificial Intelligence Programming*: *Case Studies in Common Lisp*, San Francisco: Morgan Kaufmann Publishers Inc, 1999.

Palfreymand, *The Oxford Tutorial*: *Thanks, You Taught me How to Think*, UK: Oxford Center for Higher Education Policy Studies, 2001.

Shimon Y. Nof, *Handbook of Industrial Robotics* (2nd ed.), John Wiley & Sons, 1999.

Steve Lohr, "IBM is Counting On Its Bet on Watson, and Paying Big Money for It", *New York Times*, October 17, 2016.

UNESCO, *World Declaration on Higher Education for the Twenty – first Century*: *Vision and Action*, October 9, 1998.

后 记

继2017年中国《政府工作报告》中首次出现"人工智能"后，2018年"人工智能"再度被列入政府工作报告正文，报告进一步强调了"产业级的人工智能应用"，人工智能成为国家重点关注的领域，被视为国家重大战略计划。为了有效落实国家战略，2018年35所大学获得人工智能专业建设资格，而2019年增加到180所，人工智能专业建设持续火爆。同时，中国一流大学纷纷成立了人工智能学院，并在2020年建成50家人工智能机构。2020年1月，教育部等三部委联合发布通知，要求切实优化招生结构，扩大高层次人工智能专业人才培养规模。作为一个热门专业，如何培养高层次人才、培养什么样的高层次人才成为一个亟待解决的问题。为此，本书旨在从中外比较的角度对世界一流大学人工智能人才培养的历史和现状进行全面考察，了解其培养的目标、内容和模式，并以此为中国高校人工智能人才培养模式的构建提供理论支持和实践向导，进而推进"人工智能＋X"复合专业培养新模式的改革创新。依据学术实力、办学历史和专业设置等三个方面的标准，本书选择斯坦福大学、南洋理工大学、麻省理工学院、佐治亚理工学院、卡内基梅隆大学、伦敦大学学院、爱丁堡大学、牛津大学、哈佛大学、阿尔伯塔大学等10所研究型大学作为研究对象，通过综合运用文献分析法、扎根理论研究法、调查研究法、案例研究法开展研究。本书符合时代发展潮流和国家政策需求，无论2017年国务院印发的《新一代人工智能发展规划》，还是2018年教育部印发的《高等学校人工智能创新行动计划》，抑或是2022年全国人工智能院长论坛发布的《人工智能人才培养方案》白皮书，都体现了对高层次人工智能专业人才培养的战略需求。因此，本书有着重要的现实意义和学术价值。

本书作为南京大学陆小兵博士主持的国家社科基金项目"在地国际化：新时代一流大学人才培养创新体系及路径研究"的研究成果之一，是研究团队通力合作的结晶。在写作过程中，得到了南通大学钱小龙教授的悉心指导，无论在理论架构、价值导向，还是在写作思路、研究方法运用等方面，钱教授都提供了许多建设性的意见，为本书的顺利出版奠定了坚实的基础。陆小兵作为项目主持人，主要负责规划设计整体框架、收集筛选研究文献，提供写作思路和研究策略，并完成相关章节的撰写。南通大学黄蓓蓓博士作为研究项目的关键成员，负责协调安排研究成员开展研究工作和参与相关章节的写作，统一写作风格和格式规范，最后收集和整理全稿。具体而言，本书的主要执笔人排名如下：陆小兵、黄蓓蓓、钱小龙、周佳琦、刘霞、黄新辉、徐锦霞、王周秀、徐玲、陈瑞瑞、顾天翼、谢玲玲、徐洁、李源、杨茜茜、张佳琦、邵珠雪、马金平等。陆小兵初审了全稿，南通大学周佳琦负责全书的校对、修改和编辑工作。由于写作进程比较紧张，内容上如有任何不当之处，敬请读者谅解和不吝赐教。在本书的写作过程中，我们参阅了国内外不少学者的研究成果，尤其是在案例研究中引用了相关的网站信息，对所有使用的文献资料我们都一一做了标注，但也可能有所疏漏，在此一并表示诚挚的感谢。

在本书的撰写和出版过程中，得到了中国社会科学出版社的大力帮助和支持，在此表示深切的谢意。还要特别感谢责任编辑孔继萍，她在本书的编辑和出版过程中付出了辛勤的劳动，提供了非常细致和周到的服务，为本书的按期出版贡献了自己的智慧。

著者
2024 年 6 月